- 精品课程新形态教材
- 21世纪应用型人才培养规划教材
- "双创"型人才培养优秀教材

Windows Server 2016 服务器配置与管理

Windows
Server 2016
FUWUQI PEIZHI
YU GUANLI

主编 余爱华 边振兴 谢 娜

湖南大学出版社·长沙

内 容 简 介

本书主要包括 Windows Server 2016 安装和配置、本地用户账户与用户组的设置与管理、Windows Server 2016 的文件管理与磁盘管理、DHCP 服务、DSN 服务、Web 服务、FTP 服务、创建 Actice Directory 域、Windows Server 2016 组策略的管理、证书服务器的配置与管理、VPN 服务、NAT 服务等。

本书可作为计算机网络技术专业、计算机应用技术专业和软件专业教材。

图书在版编目（CIP）数据

Windows Server 2016 服务器配置与管理/余爱华，边振兴，谢娜主编. -- 长沙：湖南大学出版社，2020.9（2023.1 重印）
ISBN 978-7-5667-1958-4

Ⅰ. ①W… Ⅱ. ①余… ②边… ③谢… Ⅲ. ①Windows 操作系统-网络服务器-教材 Ⅳ. ①TP316.86

中国版本图书馆 CIP 数据核字（2020）第 110074 号

Windows Server 2016 服务器配置与管理
Windows Server 2016 FUWUQI PEIZHI YU GUANLI

主　　编：余爱华　边振兴　谢娜
责任编辑：张建平
印　　装：北京俊林印刷有限公司
开　　本：787mm×1092mm　1/16　　印张：20　　字数：450 千
印　　次：2023 年 1 月第 2 次印刷
书　　号：ISBN 978-7-5667-1958-4
定　　价：49.50 元

出 版 人：李文邦
出版发行：湖南大学出版社
社　　址：湖南•长沙•岳麓山　　邮　　编：410082
电　　话：0731-88822559（发行部），88821343（编辑室），88821006（出版部）
传　　真：0731-88649312（发行部），88822264（总编室）
网　　址：http://www.hnupress.com
电子邮箱：574587@qq.com

版权所有，盗版必究
图书凡有印装差错，请与发行部联系

《Windows Server 2016 服务器配置与管理》编写委员会

主　编：余爱华　边振兴　谢　娜
副主编：施　莹　李　剑　邓其富　乔俊峰
　　　　左国存　彭俊杰　林　斌　张　鹏
　　　　侯晓磊　石慧婷　罗定福　刘　红
　　　　刘子明　曹立志　龚雄涛　孟云玲
　　　　赵　琰

前　言

根据党的二十大精神，中国式现代化要加快建设网络强国、数字中国。建设网络强国意味着必须坚持提升网络空间领域创新能力，实现更广范围、更深程度、更高水平发展。没有网络安全就没有国家安全，没有信息化就没有现代化。国家安全体系和能力现代化，坚决维护国家安全和社会稳定。网络安全作为网络强国、数字中国的底座，将在未来的发展中承担托底的重担，是我国现代化产业体系中不可或缺的部分。当前，网络空间已经成为继陆、海、空、天之后的第五大主权领域空间。网络管理员和网络工程师作为网络空间的高技能型人才，必须具备网络操作系统管理及网络服务管理的核心技能。

为企业搭建服务器并提供网络服务是网络管理员的基本工作，使用 Windows Server 操作系统来实现这项工作简单方便，上手容易。

本书以一个中小型企业的网络需求为目标，分成了 12 个项目，每个项目下分解成了多个小任务，内容由简单到复杂，从易到难。读者可通过任务实践理解相关的知识并掌握相关的技能，从而实现中小型企业网络服务器的搭建。

本书特点如下：

（1）本书采用项目引导和任务驱动的形式，对每个项目都进行细致的项目设计，并绘制网络拓扑结构图。每个项目都有项目背景、项目分析、项目相关知识作为铺垫；每个项目下的各个任务都有详细的任务实施过程和步骤。

（2）本书注重理论联系实际，能够很好体现"教、学、做"一体的教学思想，以"做"为中心，边做边教，边做边学，从而完成理论知识的学习以及职业技能的提升。

本书可作为计算机网络技术专业、计算机应用技术专业和软件专业的"网络操作系统""Windows Server 操作系统"等课程的教学教材。

由于编者水平有限，书中难免有不足之处，敬请广大读者批评指正。

编　者

目　录

项目 1　Windows Server 2016 安装与配置 ……………………………………………… 1
任务 1-1　企业网络设计 ………………………………………………………………… 5
任务 1-2　Windows Server 2016 的安装 ……………………………………………… 8
任务 1-3　Windows Server 2016 基本设置 …………………………………………… 14
任务 1-4　Windows Server 2016 的管理工具 ………………………………………… 22

项目 2　本地用户账户与用户组的设置与管理 ……………………………………… 25
任务 2-1　Windows Server 2016 的本地用户账户设置与管理 ……………………… 28
任务 2-2　Windows Server 2016 的用户组设置与管理 ……………………………… 33

项目 3　Windows Server 2016 的文件管理与磁盘管理 …………………………… 37
任务 3-1　NTFS 权限设置 ……………………………………………………………… 44
任务 3-2　文件夹压缩与加密 …………………………………………………………… 54
任务 3-3　共享文件夹的创建与设置 …………………………………………………… 59
任务 3-4　磁盘管理 ……………………………………………………………………… 67

项目 4　DHCP 服务 ……………………………………………………………………… 86
任务 4-1　DHCP 服务器安装与测试 …………………………………………………… 89
任务 4-2　管理 IP 作用域 ………………………………………………………………… 97
任务 4-3　DHCP 的选项设置 …………………………………………………………… 100

项目 5　DNS 服务 ………………………………………………………………………… 105
任务 5-1　DNS 安装与配置 ……………………………………………………………… 107
任务 5-2　配置与管理 DNS 服务器 ……………………………………………………… 111
任务 5-3　实现辅助 DNS 服务器部署 …………………………………………………… 124
任务 5-4　实现子域的委派 ……………………………………………………………… 129

项目 6　Web 服务 ………………………………………………………………………… 136
任务 6-1　配置 Web 服务器 ……………………………………………………………… 139
任务 6-2　创建和管理 Web 服务器 ……………………………………………………… 142
任务 6-3　创建新的网站 ………………………………………………………………… 146

项目 7　FTP 服务 ………………………………………………………………………… 157
任务 7-1　安装和配置 FTP 服务器 ……………………………………………………… 159

任务 7-2　FTP 站点的基本设置 ……………………………………………… 166
　　任务 7-3　创建隔离用户的 FTP 站点 …………………………………………… 178

项目 8　创建 Active Directory 域 ……………………………………………… 185
　　任务 8-1　创建 Active Directory 域 …………………………………………… 187
　　任务 8-2　将计算机加入或脱离域 ……………………………………………… 202
　　任务 8-3　使用"Active Directory 用户和计算机"管理工具 ………………… 206
　　任务 8-4　将共享文件夹发布到 ADDS ………………………………………… 215

项目 9　Windows Server 2016 组策略的管理 ………………………………… 223
　　任务 9-1　本地计算机策略 ……………………………………………………… 225
　　任务 9-2　域组策略 ……………………………………………………………… 229
　　任务 9-3　密码策略、账户策略、用户权限分配策略 ………………………… 243

项目 10　证书服务器的配置与管理 …………………………………………… 247
　　任务 10-1　企业 CA 的安装与使用 …………………………………………… 248
　　任务 10-2　SSL 网站证书 ……………………………………………………… 257
　　任务 10-3　独立根安装与申请 ………………………………………………… 263

项目 11　VPN 服务 ……………………………………………………………… 272
　　任务　VPN 服务器配置 ………………………………………………………… 273

项目 12　NAT 服务 ……………………………………………………………… 294
　　任务 12-1　安装 NAT 服务 …………………………………………………… 297
　　任务 12-2　开放因特网用户来连接内部服务器 ……………………………… 300
　　任务 12-3　地址映射 …………………………………………………………… 303
　　任务 12-4　因特网连接共享 …………………………………………………… 307

参 考 文 献 ……………………………………………………………………… 312

项目 1 Windows Server 2016 安装与配置

【项目导入】

现代企业的基本办公手段都已经实现了信息化,企业都会在内部建立起局域网:网络布线、安装和配置网络设备、架设服务器等。架设服务器首先需要在服务器上安装网络操作系统。

【项目分析】

当前网络操作系统主要有:UNIX、LINUX 和 Windows 系列,UNIX 的系统性能和稳定性好,LINUX 开源且免费,但 UNIX 和 LINUX 对管理员要求高。而 Windows 操作系统采用图形界面,配置简单,对管理员要求较低,受到很多中小企业的欢迎。

Windows Server 2016 是微软开发的服务器操作系统,Windows Server 2016 可以帮助信息部门的 IT 人员搭建功能强大的网站、应用程序服务器与高度虚拟化的云应用环境,无论是大、中或小型企业网络都可以使用 Windows Server 2016 的强大管理功能与安全措施,来简化网站与服务器的管理,改善资源的可用性、减少成本支出、保护企业应用程序与数据,让 IT 人员更轻松有效地管理网站、应用程序服务器与云应用环境。

【项目目标】

- 了解 Windows Server 2016 技术和功能
- 对企业局域网进行规划与设计,重点是服务器方面的设计
- 全新安装 Windows Server 2016 系统
- 配置 Windows Server 2016 系统

相关知识

1. 企业网络需求

某企业约有 200 名员工，全部采用电子化办公，企业设有研发部、销售部、财务部、行政部等四个部门，每个部门的人数最大为 50 人。对该企业的具体网络需求如下：

（1）IP 地址

公司约有一半员工使用台式机办公，这些计算机可以设定固定 IP 地址，其余员工使用笔记本，这些电脑需要自动从网络获取 IP 地址等相关信息以连接到网络。

（2）域名

企业有自己的域名，并拥有自己的网站宣传自己，公司员工均使用域名来访问企业资源。

（3）共享文件

各部门的员工之间有时会有临时性的共享文件夹，需要通过网络互相查找对方的计算机和共享资源。

（4）电子邮件

公司要求每个员工都有公司域名的个人邮箱，使用该邮箱与公司内的员工互发邮件，还能使用该邮箱与网络上的用户互发邮件。

（5）文件传输

需要架设 FTP 服务器来满足部门员工共享大量的文档及技术资料的需要。

（6）打印服务器

为各部门配置网络打印机，各部门的员工只能使用本部门的打印机。

（7）统一管理

要求对网络上的资源实行统一的管理，员工只需要一个用户名和密码就能访问所需的资源，无需在多个资源服务器上反复登录。

（8）安全性

需要对企业的全部员工和计算机，或者一些有共同特性的员工执行一些强制性的、统一的配置。例如：强制定期修改密码、统一应用软件的版本等。

（9）互联访问

公司内部员工能访问互联网，互联网上的用户也能访问架设在企业内部的网站。

（10）远程访问

企业内部的一些应用系统不允许对外开放，但员工可以在出差或下班回到家中时可以接入到企业内部网络进行办公，这些访问都要求保证数据的安全。

2. Windows server 2016 简介

（1）Windows Server 2016 版本

Windows Server 2016 可以提供具有高度经济实惠和高度虚拟化的环境，它仅分为如表

项目 1　Windows Server 2016 安装与配置

1-1 所示的 3 个版本。

表 1-1　Windows Server 2016 不同版本之间的主要差别

版本	适用场合	主要差异	支持虚拟机数量	支持客户端数量
Datacenter	高度虚拟化的云环境	完整功能	没有限制	根据购买的客户端访问授权数量而定
Standard	无虚拟化或低虚拟化的环境	完整功能	2 个	根据购买的客户端访问授权数量而定
Essentials	小型企业环境	部分功能不支持仅支持两个处理器	不支持	25 个用户账户

（2）Windows 网络架构

Windows 的网络架构可以分为工作组（workgroup）架构、域（domain）架构与前两者的混合架构。其中，工作组架构是分布式的管理，适用于小型网络；域架构是集中统一的管理模式，适用于中大型网络。图 1-1 所示为工作组架构网络，图 1-2 所示为域架构网络。

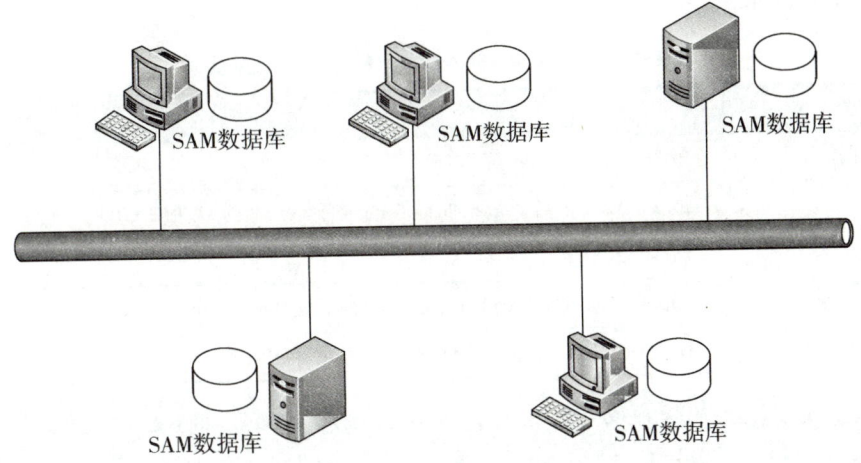

图 1-1　工作组架构网络

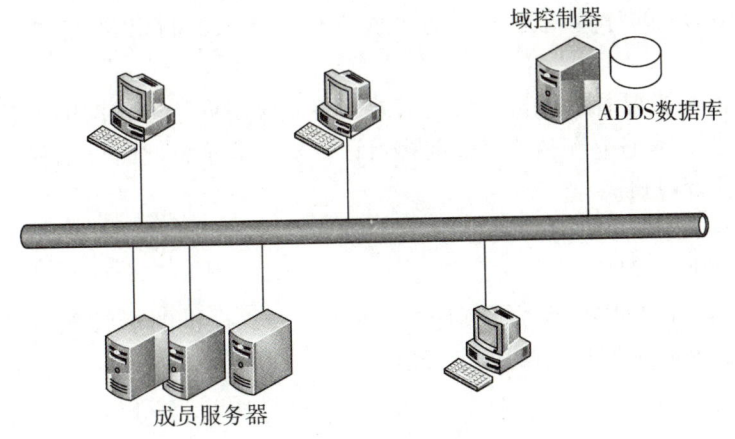

图 1-2　域架构网络

工作组网络也称为对等网络（peer-to-peer），网络上的每台计算机都是平等的，既可以作为客户机也可以作为服务器，资源分布在各个计算机上。每台计算机都有一个本地安全账户数据库，称为 security accounts manager database（SAM）。用户如果想访问某台计算机内的资源，系统管理员就必须在该计算机的 SAM 数据库内创建用户账户。例如，如果员工 Janet 要访问每台计算机上的资源，则必须在每一台计算机上创建 Janet 账户，并分别设置这些账户的权限，这样的设置比较麻烦，并且，如果需要修改密码时就需要到每台计算机上依次修改该用户密码。这样的架构适合企业内部计算机数量不多的环境。

域架构的网络如也是由一组通过网络连接到一起的计算机组成，它可以将计算机内的文件、打印机等资源共享出来提供给网络用户使用。与工作组不同的是，域内所有计算机共享一个集中的目录数据库（directory database），其中包含整个域内所有用户的账户和计算机账户等相关数据。在 Windows Server 2016 中，Active Directory 域服务就是提供目录服务的组件，它负责域中目录数据库的添加、删除、修改与查询等工作。安装了域服务组件的计算机称为域控制器（domain controller）。

（3）Windows Server 2016 的系统需求

如果要在计算机内安装与使用 Windows Server 2016，此计算机的硬件配置必须满足表 1-2 所示的基本需求。

表 1-2 Windows Server 2016 的最小配置要求

种类	需求
处理器	最少 1.4GHz，64 位
内存	最少 512M（对于带桌面体验的服务器安装选项为 2 GB）
硬盘	最少 32G
显示设备	Super VGA（800X600）或更高分辨率的显示器
其他	DVD-ROM、键盘、鼠标或者其他兼容的装置

提示：32GB 视为确保成功安装的绝对最低值。满足此最低值应该能够以"服务器核心"模式安装包含 Web 服务（IIS）的服务器角色的 Windows Server 2016。"服务器核心"模式中的服务器比带有 GUI 模式的服务器中的相同服务器大约 4GB。

RAM 超过 16 GB 的计算机还需要为页面文件、休眠文件和转储文件分配额外磁盘空间。

因此，实际的需求要看计算机配置、需要安装的应用程序、扮演的角色和安装的功能等数量多少而改变。本书中许多项目需要多台计算机来演示，此时可以利用 VMware Workstation 来搭建这些计算机。

（4）Windows Server 2016 的安装模式

①带有 GUI 的服务器

安装完成后具有图形用户界面（GUI），界面友好，提供图形管理工具，这种安装模式相当于 Windows Server 2016 中的完全安装。

②服务器核心安装

安装完成后仅提供最小化的环境,没有图形界面,只能使用命令提示符、Windows Powershell 或通过远程计算机来管理,但它具有可以降低维护与管理需求,可以减少使用硬盘容量、可以减少被攻击次数的优点。服务器核心安装支持以下服务器角色:

- Active Directory 凭证服务
- Active Directory 域服务
- Active Directory Right Management Services
- Active Directory 轻量型目录服务
- DHCP 服务
- DNS 服务
- Hyper-V
- Windows Server Update Service
- 打印与文件服务
- Web 服务
- 路由及远程访问服务
- 文件服务
- 流媒体服务

两种安装模式各有优点,安装完成后可以随意切换这两种环境,因此可以先选择带有 GUI 的服务器模式,通过其友好的图形界面来设置服务器,设置完成后切换到比较安全的服务器核心安装环境。

任务 1-1　企业网络设计

任务描述:以某个公司或企业为例,分析企业的需求,并根据企业需求对公司的整个局域网做一个整体的规划与设计,主要是网络服务器方面的规划与设计。

任务目标:第一,了解公司的网络拓扑结构;第二,能够规划公司的网络服务器。

1. 网络拓扑

公司属于中小规模企业,所以采用交换机直接连接各员工计算机和服务器,网络拓扑结构如图 1-3 所示,服务器连接到中心交换机上,员工计算机连接到接入层交换机上。公司申请几个 IP 作为公网 IP 地址,公司内部采用私有 IP 地址。

为保证企业内部网络能和互联网通信,在局域网内我们使用一台服务器作为接入服务器,采用 NAT 技术减少申请公网 IP 的地址数量,为保证互联网的用户能够访问企业内部的网站,在该服务器上做端口映射,为保证员工在出差或下班时间能够访问企业内部进行办公,接入服务器上启用 VPN 服务,保证通信安全。企业需要为该服务器申请公网 IP,这里我们假定为 10.6.65.1。

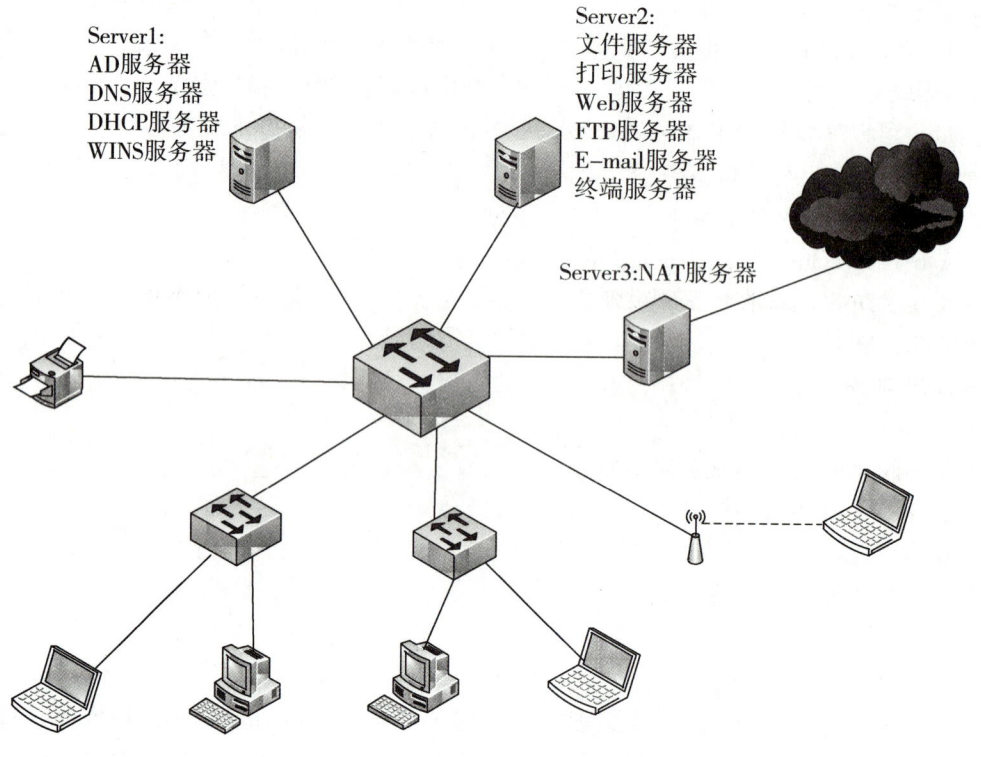

图 1-3　网络拓扑结构

2. 网络服务器规划

基于企业的需要，网络中架设以下服务器：

(1) DNS 服务器

企业首先要向域名注册代理机构申请注册自己的域名。在企业内部部署 DNS 服务器，为企业内的计算机提供域名解析服务。在该 DNS 服务器上，需要把常用的资源添加到 DNS 域中，主要有 www、ftp、pop3、smtp，打印机等。为提高效率，对于互联网上的域名解析，可以在 DNS 服务器上设置转发器，转发器指向当地的 ISP 的 DNS 服务器进行域名解析。

这里有一个问题，由于 DNS 服务器是放在企业内部，因此添加 www、ftp、pop3、smtp 主机或者别名等记录，记录的 IP 指向这些主机的私有 IP，对于同样都在企业内部的计算机来说使用这个 DNS 是没有问题的，它们将得到这些主机在内部局域网的 IP 地址，然后使用这些地址来访问这些主机。然而互联网的用户机如果也让这台 DNS 服务器来进行域名解析，将得到主机的私有 IP，从而无法访问这些主机。常用的做法是：在申请注册域名时，也同时让 ISP 提供域名解析服务，需要注意的是主机记录的 IP 应该指向企业的公网 IP，然后在局域网边界的接入服务器上做端口映射，把公网 IP 上的应用端口（例如 Web 的 80 端口）映射到内部主机的应用端口上。这样，企业内的 DNS 服务器为企业内部的计算机提供域名解析，企业内的计算机通过私有 IP 地址访问企业内的服务器；互联网上的

ISP 为互联网的用户提供本企业域名的解析服务,互联网的用户将获得企业的公网地址,他们通过公网 IP 地址访问企业的服务器。

(2) WINS 服务器

虽然 WINS 由于有 DNS 服务的存在而显得不是很有必要,然而企业用户有时也会直接使用计算机或者组名,而不是 DNS 名来查找另外的计算机,因此我们还是规划在企业内部部署一个 WINS 服务器。

(3) DHCP 服务器

DHCP 服务器主要是为自动获取 IP 地址的计算机(主要是笔记本电脑等移动设备)提供 IP 地址、网关的信息。在配置 DHCP 服务器时,应该注意把服务器的 IP 地址段和分配给台式机的 IP 地址段排除在外。

(4) Web 服务器

企业网站已经成为不可缺少的宣传手段,同时现有的多种应用系统也是以网页形式来实现。因此在企业内部部署 Web 服务器十分必要。为减少 Web 服务器的数量,采用虚拟主机技术,可以在一台服务器上同时部署多个网站。对外服务的网站用户可以匿名访问;而对内服务的办公系统则需要用户登录才能访问,并设置源 IP 限制、日志以增加安全性。

(5) FTP 服务器

FTP 服务是一个传统的文件共享手段,虽然现在也可以通过网页上载或者下载文件,但 FTP 更适合大量的文件上载或者下载。应研发部要求,在企业内部署 FTP 服务器。设置一个目录为只读目录,用以发放公共资料;设置另一个目录为读写目录,供员工自由上载文件供他人使用。此外为增加方便性,可以为每个员工设置一个仅个人可以访问的目录,供员工把私有的资料放在网上。鉴于知识产权、安全等原因,FTP 服务不能对互联网用户开放。

(6) 电子邮件服务器

在 Windows Sever 2016 中安装 Microsoft 的电子邮件服务器是一件麻烦的事情,目前国内有很多国产化的邮件服务器软件,管理简单,用户喜爱,价格低。但我们还是使用 Microsoft 的 Exchange Sever 来完成邮件功能,用户使用 Outlook Express 或者其他客户端收发软件。为安全起见,收发邮件均须身份认证。由于企业内的员工需要和互联网互发邮件,而邮件服务器却在企业内部,因此需要在接入服务器上做端口映射。各员工的邮箱可设置限额(1GB)。

(7) 文件服务器

文件服务器是一个很常见的服务,他提供文件共享功能的最简单方式。此外,由于服务器稳定性、硬盘可靠性比个人电脑好,用户也可以把重要的文件保存在服务器上。我们规划在文件服务器上共享一个只读目录,放置各种公用表格、文件等资料,再为每位员工设置一个仅供个人读写访问的目录。

(8) 活动目录服务器

活动目录(active directory,AD)服务是 Windows Server 的精华部分,AD 设计是为了用户在大型网络中一次性登陆就能访问在不同服务器上的资源,此外有了 AD,就能够很容易地在企业内使用组策略来强制全部或者部分用户的计算机执行某些策略,因此我们规划在网络中部署 AD 服务器，其他服务器作为成员服务器加入到域中，AD 的引入会使得问题复杂化，管理难度有些增加，也较难理解，因此虽然在工程上应该先部署 AD 服务器，但本书从教学的角度出发，把 AD 的部署和组策略的实施放在了较后的章节。

任务 1-2　Windows Server 2016 的安装

> **任务描述**：在确定安装 Windows 操作系统后，根据网络的组织方式确定要安装的操作系统版本，还应再次检查计算机的所有硬件是否符合所选版本安装的最小硬件条件。此外，还应核对是否具有各种硬件的 Windows Server 2016 驱动程序。如果没有，则应向硬件设备生产商联系，请他们提供驱动程序。
>
> **任务目标**：本任务中，工程师应完成如下工作：第一，应做好安装前的各项准备工作；第二，能够正确选择安装方式；第三，规划磁盘空间；第四，安装完成后进行必要的设置。

最常见的安装方式是从 DVD 光盘上全新安装 Windows Server 2016，安装过程较为简单，时间也较短。安装步骤如下。

步骤 1：将 Windows Server 2016 安装光盘放入 DVD-ROM 内。

步骤 2：系统从光盘启动后，出现如图 1-4 所示界面，单击"下一步"按钮。

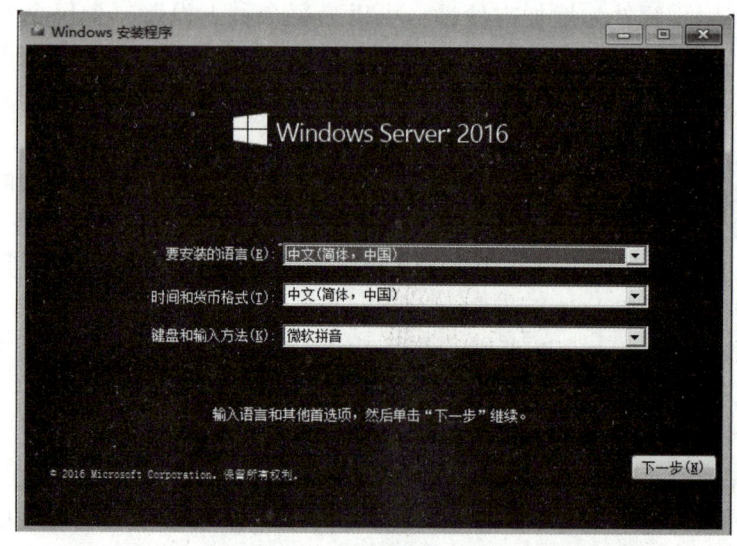

图 1-4　"安装 Windows"

步骤 3：如图 1-5 所示，单击"现在安装"按钮。

项目 1 　 Windows Server 2016 安装与配置

图 1-5　是否开始安装

步骤 4：弹出如图 1-6 所示对话框，暂时不输入产品秘钥，可以安装完成后激活时输入产品秘钥，单击"下一步"即可。

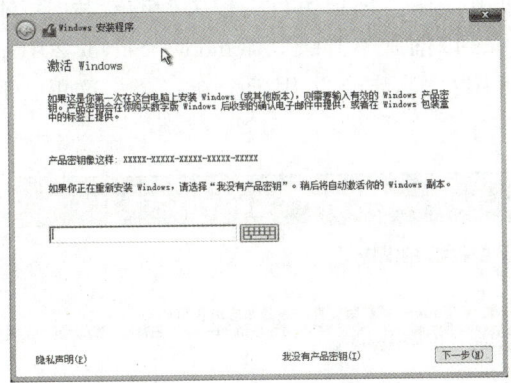

图 1-6　激活 Windows

步骤 5：如图 1-7 所示，选择需要安装的版本后，这里选择"Windows Server 2016 Standard（桌面体验）"，单击"下一步"。

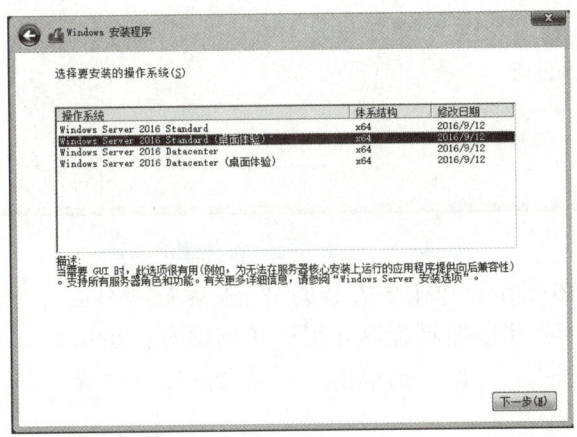

图 1-7　选择要安装的操作系统

步骤 6：图 1-8 为许可条款界面，勾选"我接受许可条款"复选框，单击"下一步"。

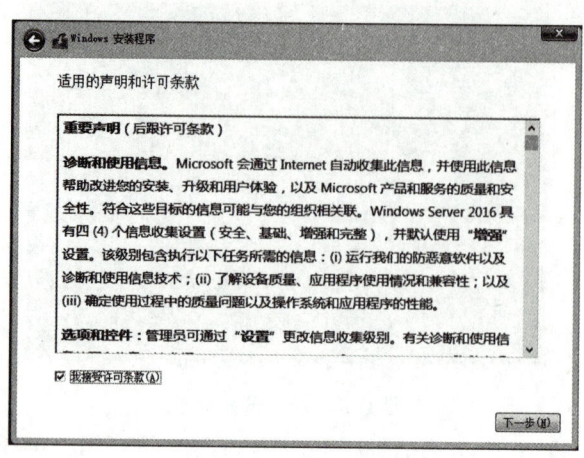

图 1-8　许可条款

步骤 7：如图 1-9 所示，在"你想执行哪种类型的安装？"对话框中有两种选择："升级"用于从 Windows Server 以前版本升级到 Windows Server 2016，如果当前计算机没有安装操作系统，则该项不可用；"自定义"用于全新安装。这里，我们单击"自定义：仅安装 Windows（高级）"。

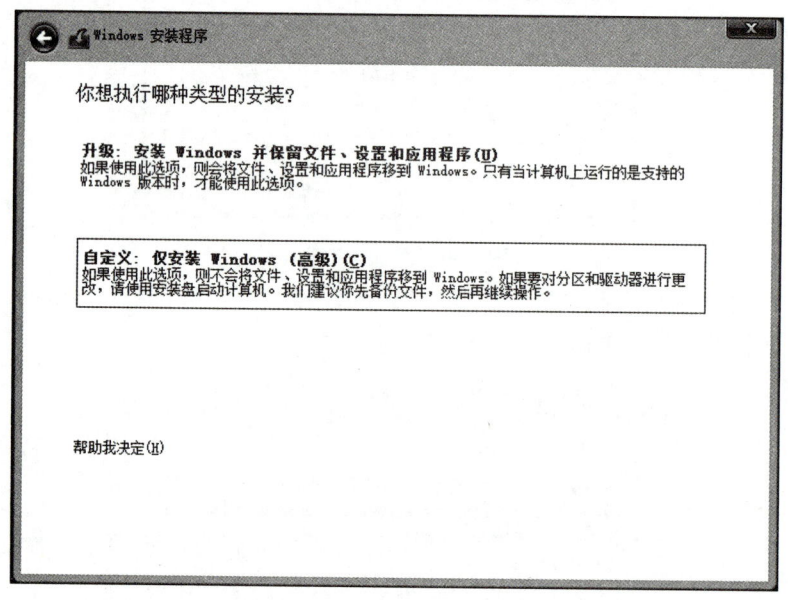

图 1-9　你想执行哪种类型的安装

步骤 8：如图 1-10 所示，单击要安装的 Windows 磁盘分区，单击"下一步"。

如果需要安装厂商提供的驱动程序才可以访问磁盘，请单击"加载驱动程序"；如果需要删除、格式化或创建主分区，请单击"驱动器选项（高级）"。

项目 1　Windows Server 2016 安装与配置

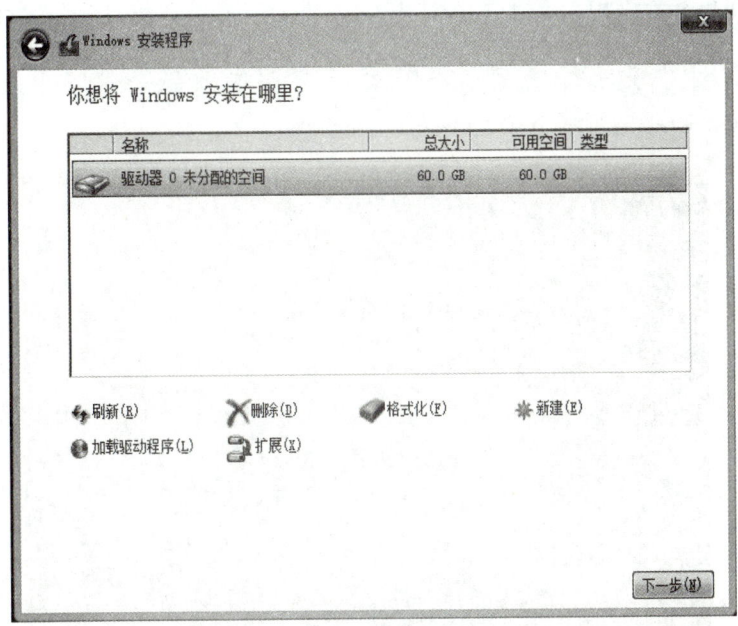

图 1-10　磁盘分区信息

步骤 9：如图 1-11 所示，安装程序将开始安装 Windows Server 2016。依次是复制文件、展开文件、安装功能、安装更新、安装完成。这个过程需要较长时间，安装过程会提示进度，但不需要人员参与。

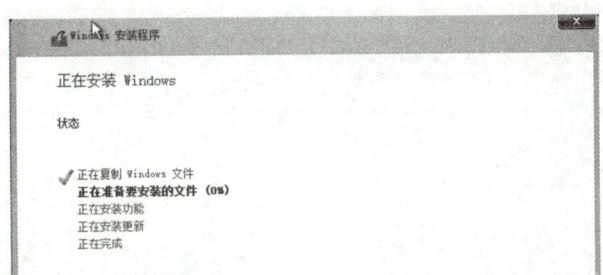

图 1-11　正在安装 Windows

步骤 10：安装完毕后，安装程序会自动重启计算机，重启之后首次登录界面如图 1-12 所示。要求输入 Administrator 的密码，设置好后单击"完成"。

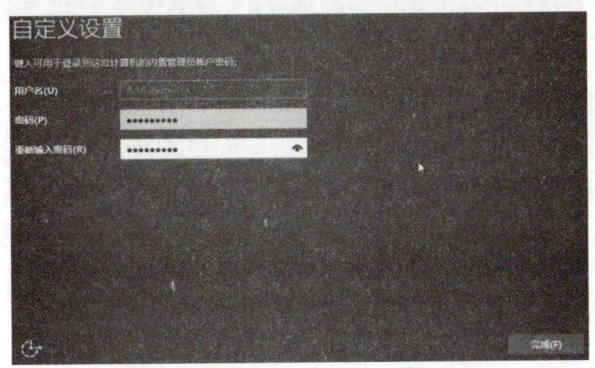

图 1-12　首次登录输入密码

> 提示：密码默认至少6个字符，不包含用户账户名字中超过两个以上的连续字符，并且至少包含大写英文字母，小写英文字母，数字和其他字符中的其中三种。

步骤 11：如图 1-13 所示，按 Ctrl+Alt+Delete。

图 1-13　Ctrl+Alt+Delete

步骤 12：如图 1-14 所示，输入系统管理员密码，按回车登录。

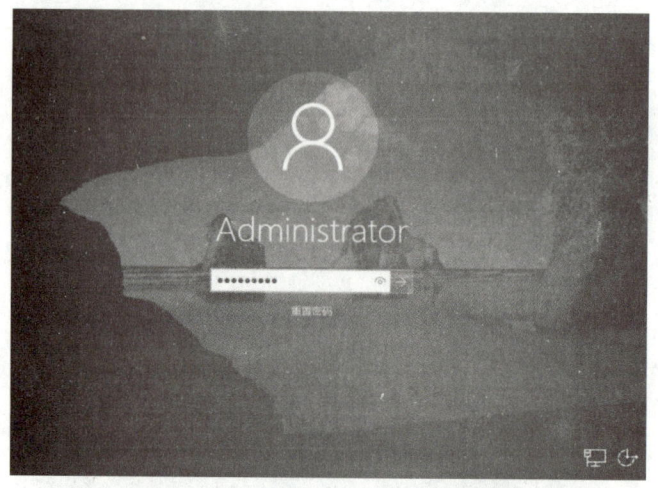

图 1-14　登录

步骤 13：登录成功后会出现如图 1-15 所示的服务器管理器界面。

项目 1　Windows Server 2016 安装与配置

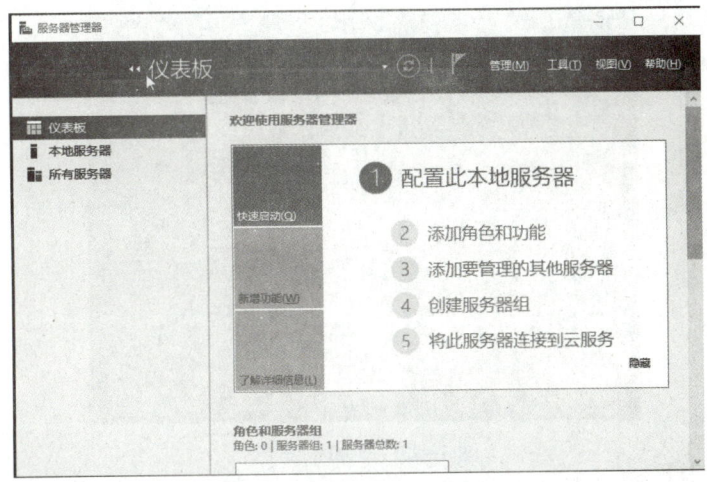

图 1-15　服务器管理器

提示：如果硬盘内已经有其他操作系统，则可能需要通过 BIOS 中的设置程序将启动顺序改为从光盘启动。

如果从网上下载 Windows Server 2016 ISO 镜像文件，可以从网上下载工具 Windows USB/DVD download tool 来制作 Windows Server 2016 的启动盘，然后从 U 盘启动计算机并进行安装，这里也需要通过 BIOS 中的设置程序将启动顺序改为从 U 盘启动。

步骤 14：注销、登录与关机。

如果暂时不想使用计算机，可以选择注销计算机或是锁定计算机。按窗口键可到如图 1-16 所示屏幕，然后单击 Administrator 账户，可以选择锁定或注销。

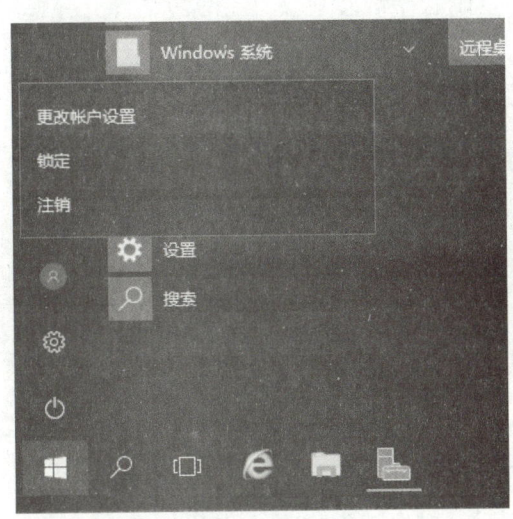

图 1-16　注销、锁定

如果需要关闭计算机或重新启动计算机，可以将光标移到右下角，右边将出现超级按钮，单击齿轮图形后，可单击电源或关机或重启，如图 11-7 所示。

13

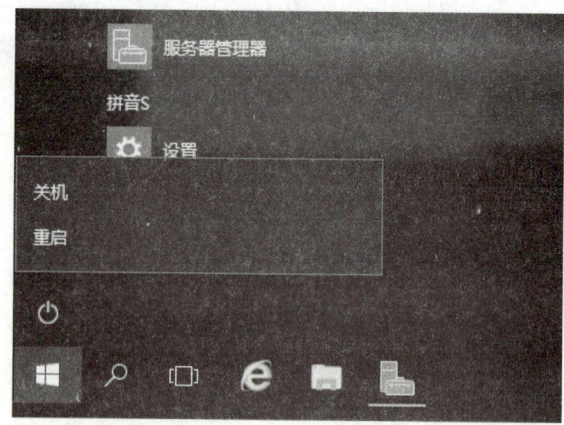

图 1-17 关机、重启

任务 1-3　Windows Server 2016 基本设置

> **任务描述**：不同的网络操作系统、不同的网络模式，其网络组件的配置是相似的。为顺利组建对等网、方便使用共享资源，需要对 Windows 做一些简单的设置，包括修改计算机名、配置网络属性等。
>
> **任务目标**：通过学习，应当熟悉网络基本配置的操作流程，了解相关的基础知识；能够正确选择组件中的各个参数，熟练掌握网络组件的配置方法。

计算机显示器显示的内容是由一个一个点组成的，这些点称为像素，例如水平 1920 点，垂直 1080 点，1920×1080 就是我们说的分辨率，分辨率越高，图像越清晰，边缘越光滑。

如果屏幕刷新频率太低，显示器可能会闪烁，造成眼睛不舒服，我们应该选择 75Hz 以上的刷新频率。

每台计算机都有一个计算机名，不能和网络上的其他计算机同名。建议将同一部门的计算机划分在同一个工作组，这样可以使这些计算机通信更加方便快捷，计算机默认的工作组为 WORKGROUP。

每台计算机要与网络上的计算机通信，必须要有一个 IP 地址，这个地址不能与网络上的其他计算机重复。

1. 调整显示分辨率、刷新频率

步骤 1：如图 1-18 所示，在桌面空白处单击鼠标右键，通过菜单"显示设置"打开"设置"窗口进行调整。

项目 1　Windows Server 2016 安装与配置

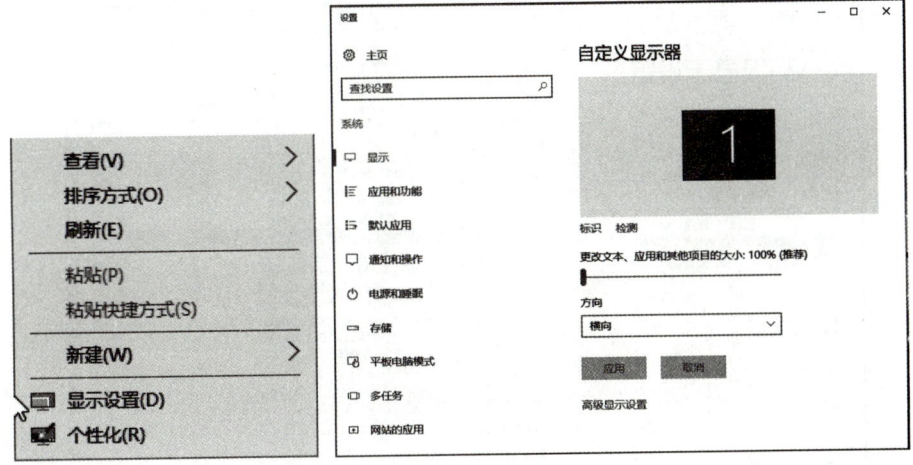

图 1-18　显示设置

步骤 2：在图 1-18 中，单击"高级显示设置"，打开"高级显示设置"对话框，如图 1-19 所示，设置屏幕分辨率。

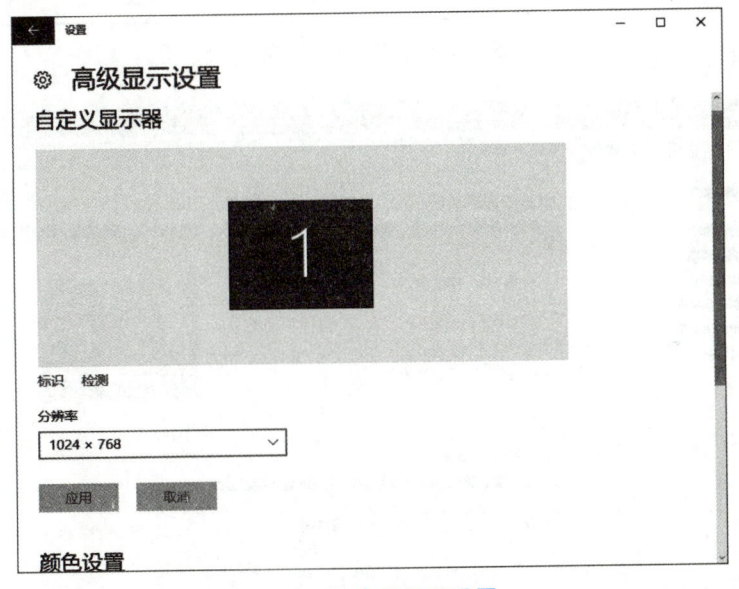

图 1-19　高级显示设置

步骤 3：单击图 1-20 所示的"高级设置"可以打开"显示适配器属性"窗口，通过单击"列出所有模式"进行设置。

步骤 4：在"高级显示设置"对话框中单击"文本和其他项目大小调整的高级选项"，打开"更改所有项目大小"的对话框，如图 1-21 所示，可选择"较小""中等"和"较大"来调整文字和其他项目的大小。

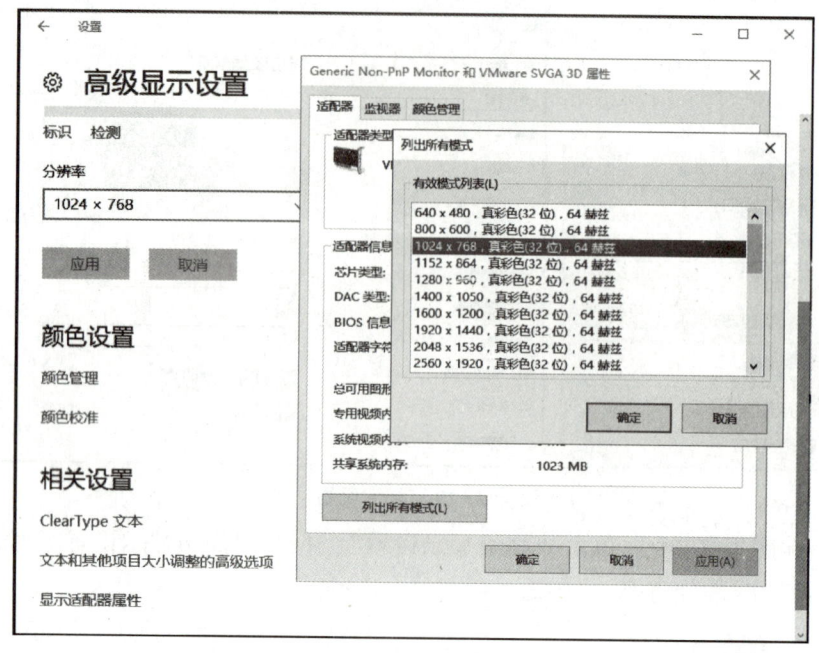

图 1-20　显示适配器属性

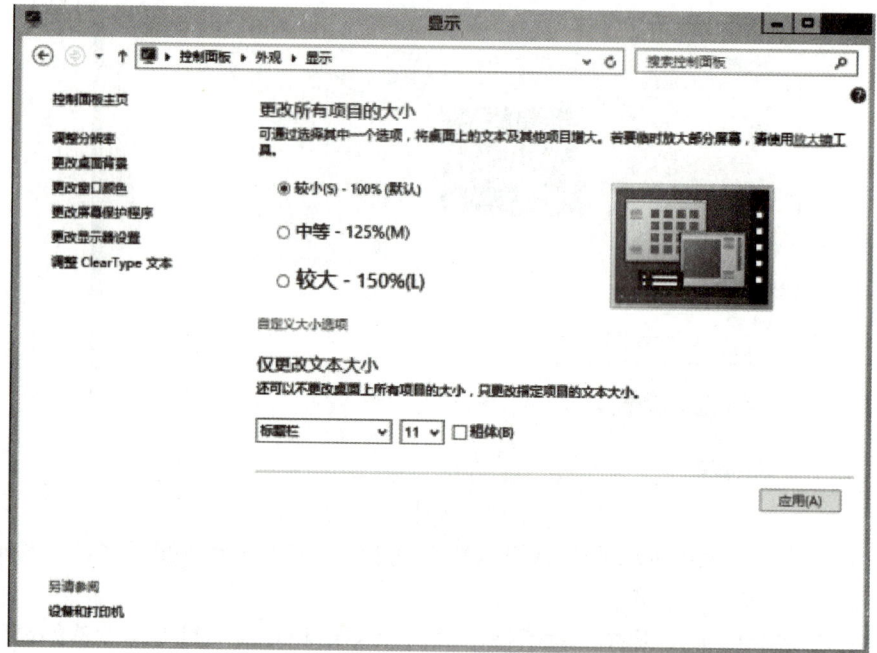

图 1-21　更改项目的大小

2. 计算机名设置

每台计算机都有一个唯一的计算机名，并且该计算机名不能与网络上其他计算机同名，系统在安装时会自动设置一个计算机名，但我们还是建议将计算机名改为有意义的名字。

为了让计算机之间更加方便的进行通信，同一部门或性质类似的计算机通常被划分在同一个工作组，每台计算机默认隶属的工作组名为 WORKGROUP。更改计算机名或工作组名步骤如下所示。

步骤 1：单击左下角的"服务器管理器"，打开"本地服务器"窗口，如图 1-22 所示。

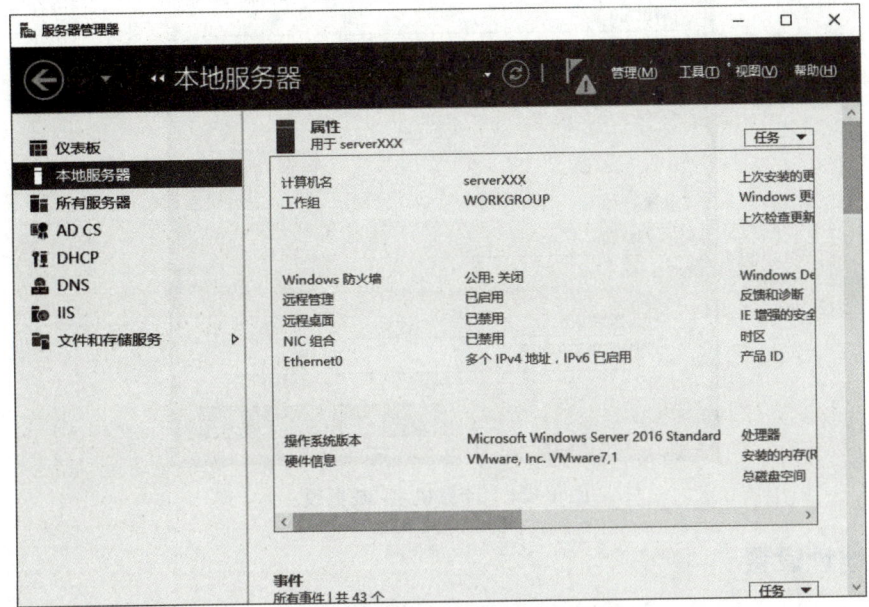

图 1-22　本地服务器

步骤 2：单击系统自动设置的计算机名，可以打开"系统属性"窗口，如图 1-23 所示。单击"系统属性"对话框中的"更改"。

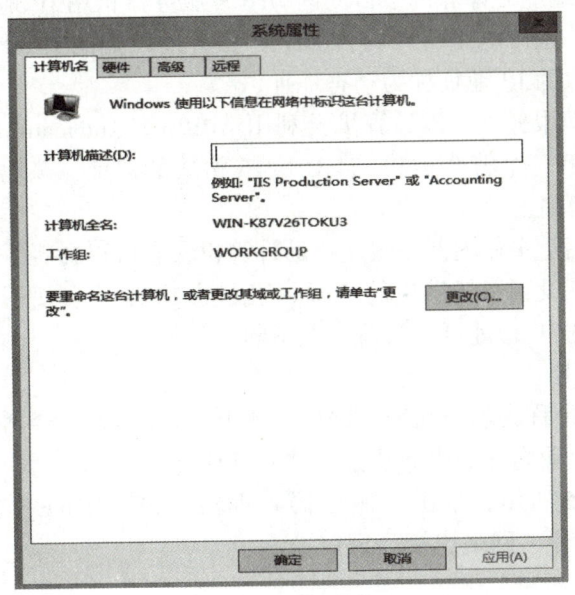

图 1-23　系统属性

步骤 3： 更改图 1-24 中的计算机名后单击"确定"，按照提示重启后更改才会生效。

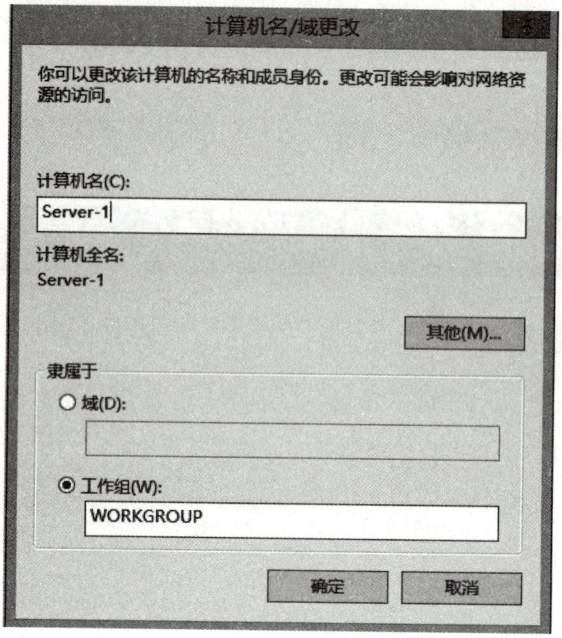

图 1-24 计算机名/域更改

3. IP 地址设置

一台计算机要与网络上其他计算机通信，必须进行适当的 TCP/IP 参数设置，例如 IP 地址、网关和 DNS 服务器设置。计算机获取 IP 地址的方法有两种。

（1）自动获取 IP 地址

设置自动获取 IP 地址的计算机会自动向 DHCP 服务器租用 IP 地址，这台 DHCP 服务器可能是一台计算机，也可能是一台具备 DHCP 服务器功能的 IP 分享器、宽带路由器或无线路由等。自动获取的 IP 地址称为动态地址。

如果找不到 DHCP 服务器，该计算机会利用 APIPA（Automatic Private IP Addressing）机制来自动为自己设置一个符合 169.254.0.0/16 格式的地址，该地址仅能与同网络中的也使用这种格式的计算机通信。

自动获取方式适用于企业内部一般用户的计算机，它可以减轻系统管理员手动设置的负担，并可以避免手动设置可能发生的错误。租到的 IP 地址有使用期限，期限过后，需要重新租用，新租用的 IP 地址可能与前一次不同。

（2）手动设置 IP 地址

手动设置的 IP 地址称为静态地址。这种设置 IP 地址的方式会增加管理员的负担，而且容易出错，但一般企业内部的服务器会使用静态地址。

步骤 1： 如图 1-25 所示，单击"服务器管理器"窗口中的"本地服务器"右边的"以太网"设置值，打开"网络连接"窗口。

项目 1　Windows Server 2016 安装与配置

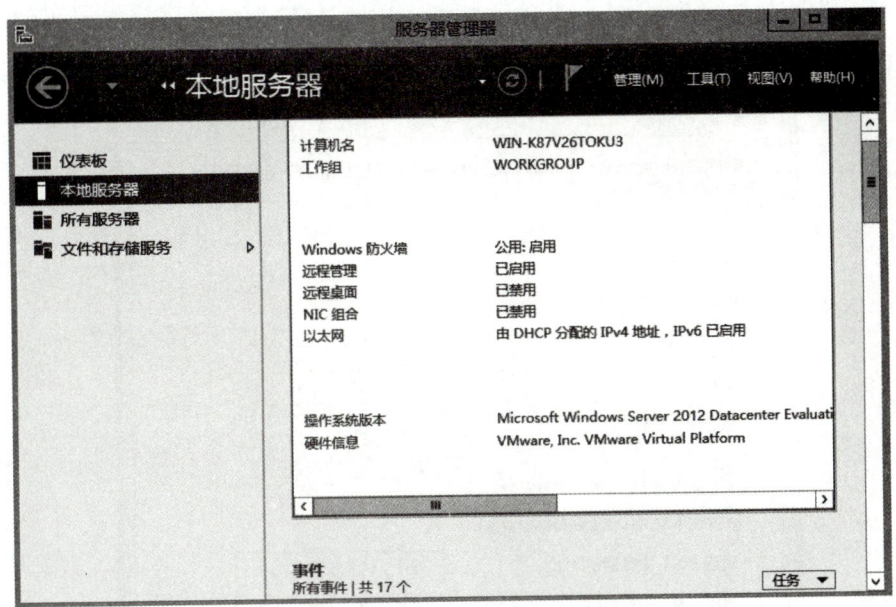

图 1-25　服务器管理器

也可以在桌面模式下，右键单击右下方任务栏的网络图标，打开网络和共享中心，单击以太网，如图 1-26 所示。

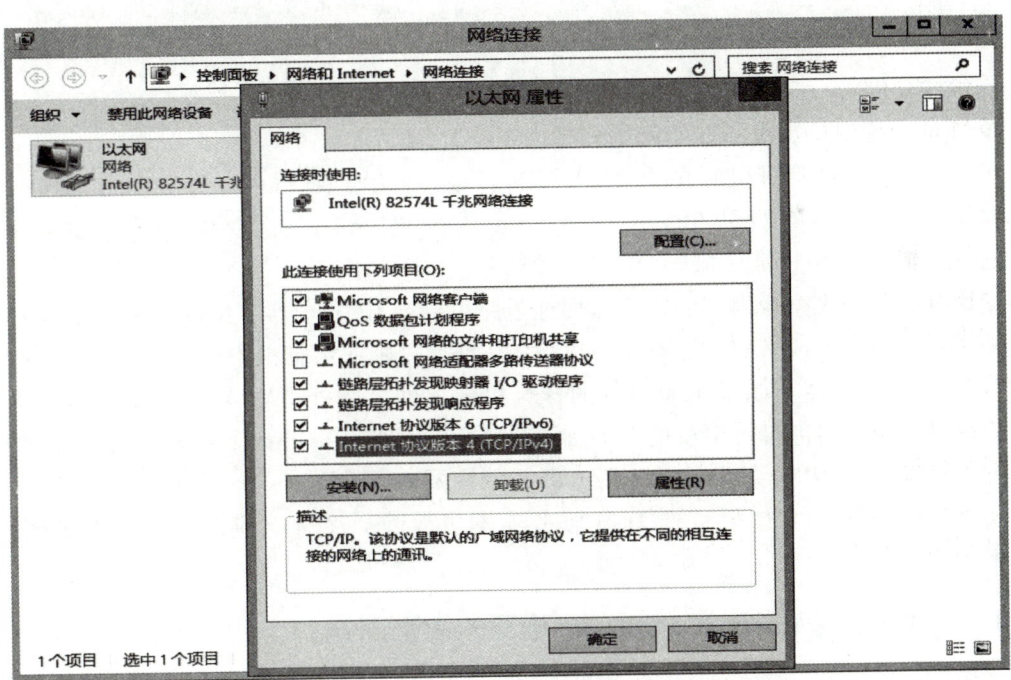

图 1-26　以太网属性

步骤 2：单击"以太网属性"窗口中的属性，打开"Internet 协议版本 4（TCP/IPv4）属性"设置 TCP/IP 属性，如图 1-27 所示。设置完成后，单击"确定"可完成 IP 地址设置。

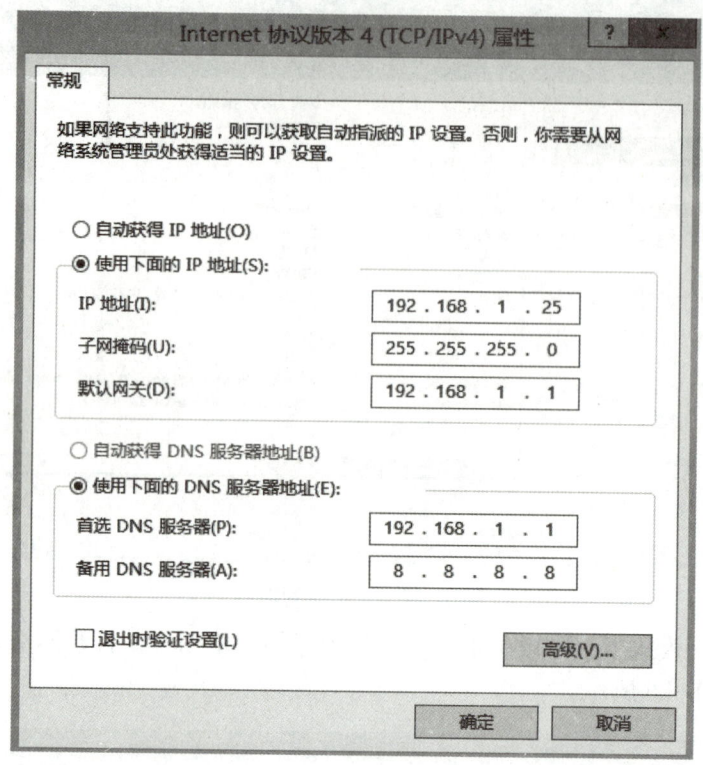

图 1-27　Internet 协议版本 4（TCP/IPv4）属性

IP 地址：按照计算机所在的网络环境进行设置。

子网掩码：按照计算机所在的网络环境进行设置。IP 地址输入完成后直接点 Tab 键会自动填入子网掩码的默认值。A 类地址默认掩码 255.0.0.0，B 类地址默认掩码 255.255.0.0，C 类地址默认掩码 255.255.255.0。

默认网关：如果企业内部的计算机要通过路由器或 IP 分享器（NAT）来连接 Internet，此处需要输入路由器或 NAT 服务器的内网 IP 地址，否则保留空白不输入即可。

首选 DNS 服务器：如果企业内部的计算机要上网，此处请输入 DNS 服务器的 IP 地址，它可以是企业内部自行架设的 DNS 服务器的 IP 地址，Internet 上任何一台正常运行的 IP 地址，也可以是 IP 分享器（NAT 服务器）的内网 IP 地址。

备用 DNS 服务器：如果首选 DNS 服务器发生故障，没有响应，会自动连接该处的 DNS 服务器地址。

4. 启用或禁用 Internet Explorer 增强的安全配置

Windows Server 2016 是扮演服务器角色的，为了减少被攻击的可能性，我们不应该用它来上网，因此，Windows Server 2016 默认是启用 Internet Explorer 增强的安全配置（IE ESC），这样可以将 IE 的安全级别定到最高，也会阻挡除了微软网站之外的大部分网站。

如果要连接其他大部分网站，可以禁用 IE ESC：单击"服务器管理器"中"本地服务器"右边的"IE 增强的安全设置",如图 1-28 所示,打开如图 1-29 所示窗口进行设置。

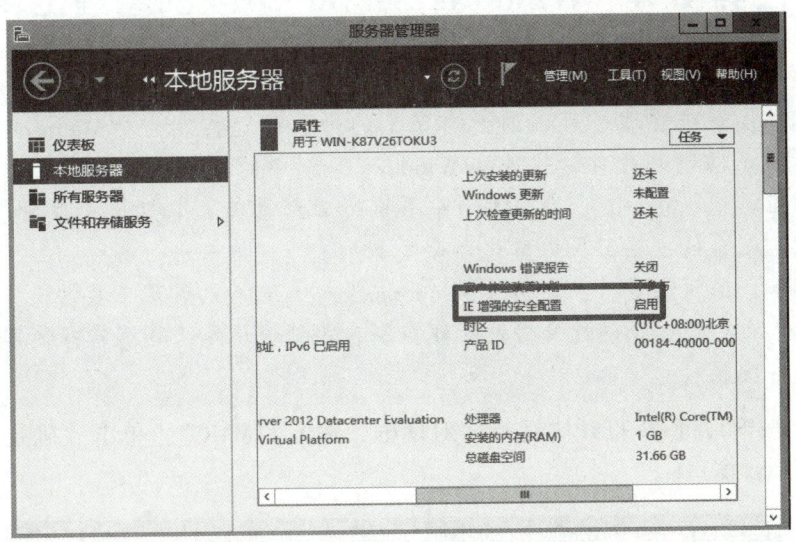

图 1-28 打开"IE 增强的安全配置"

图 1-29 中我们仅针对系统管理员来禁用 IE ESC,也可以将一般用户的 IE ESC 禁用。禁用后,IE 的 Internet 安全级别会自动被降为中高,这样就不会阻挡所连接的网站。

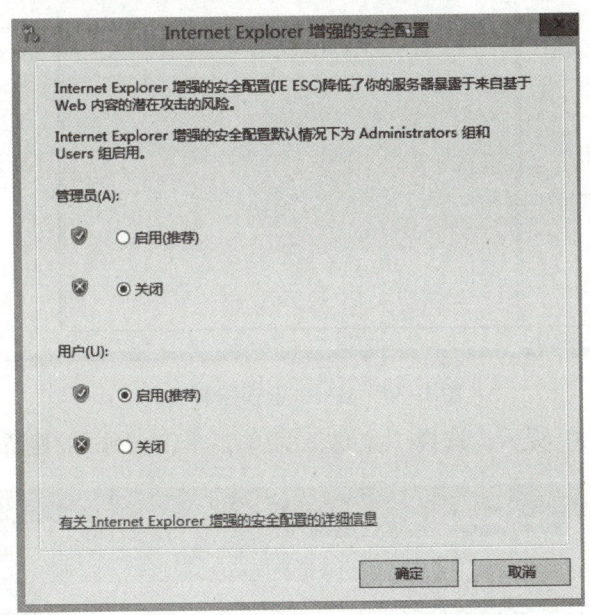

图 1-29 Internet Explorer 增强的安全配置

如果要查看 Internet 的安全级别或者想调整 Internet 的其他安全级别,可以通过按 Windows 键切换到"开始"屏幕,单击 Internet Explorer,按下 Alt 键,单击"工具"菜单,Internet 选项,打开"安全"选项卡。

任务 1-4　Windows Server 2016 的管理工具

任务描述：系统管理员可以通过自定义的微软管理控制台（Microsoft Management Console，MMC）来管理硬件、软件和 Windows 系统中的网络组件等，它允许管理员将常用的管理工具组织在一起，但 MMC 并不执行管理功能，它只是集成管理工具而已，可以添加到控制台的主要工具类型称为管理单元。

任务目标：通过学习，应当熟悉 Windows Server 2016 的管理工具的操作流程，了解微软管理控制台；能够正确选择微软管理控制台的管理单元，熟练掌握使用微软管理控制台进行服务配置。

步骤 1：按窗口键+R 打开"运行"对话框，输入"MMC"，单击"确定"，打开如图 1-30 所示控制台窗口。

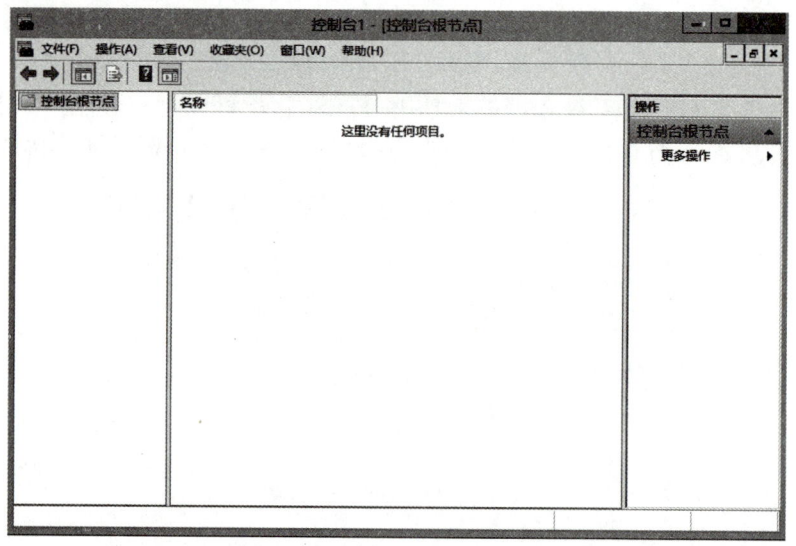

图 1-30　MMC 管理控制台窗口

步骤 2：如图 1-31 所示，选择"文件"菜单，单击"添加/删除管理单元"。

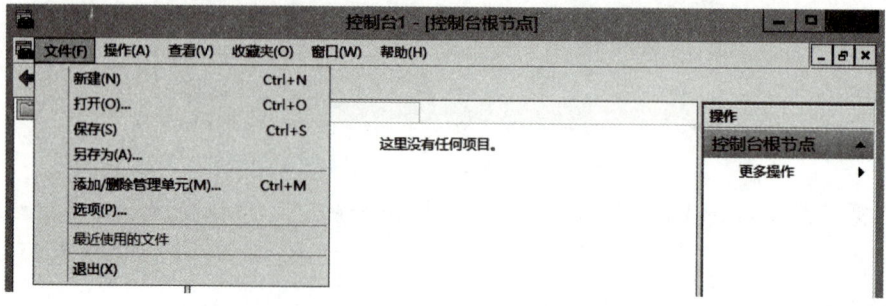

图 1-31　选择"添加/删除管理单元"

步骤 3：在图 1-32 中选择"计算机管理"，单击"添加"按钮，选择"本地计算机"，单击"完成"。

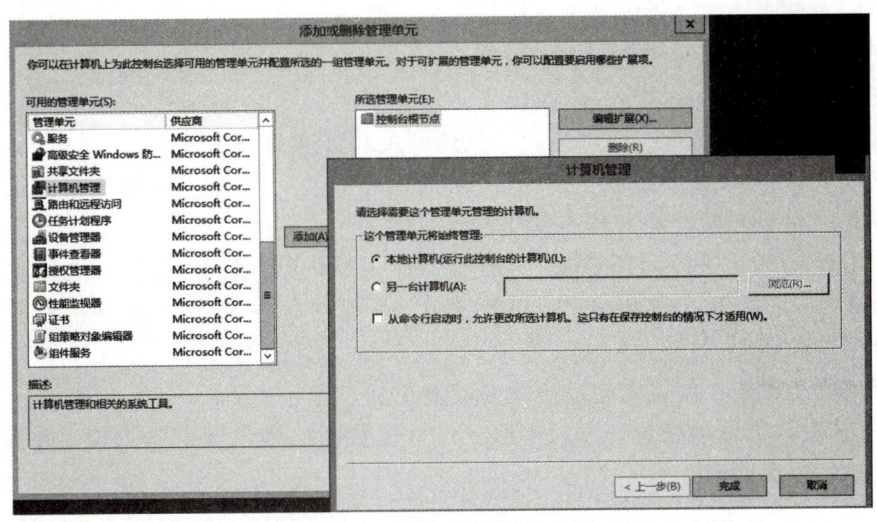

图 1-32　选择管理本地或另一台计算机上的"计算机管理"

步骤 4：回到如图 1-31 所示的界面后继续从列表中添加"证书"；

步骤 5：回到 MMC 主界面，通过"文件"菜单下"保存"子菜单将 MMC 控制台保存起来，默认控制台文件名为"控制台 1.msc"，可以选择保存路径，建议保存到桌面，以便于日后访问。

项目小结

本项目分析了一个中小企业的网络拓扑结构、IP 地址规划、服务器等。本书主要围绕以上内容来分项目进行实施，主要根据拓扑图中的规划来进行服务器的搭建。微软为满足不同企业需求，发行了 3 个版本：Datacenter、Standard、Essentials。Windows Server 2016 有一个最低的硬件要求，它的安装过程也非常简单。安装完成后需要进行几个配置：计算机名、管理员密码、IP 地址等。微软为解决管理工具问题推出的 MMC 可以把多个管理工具集成到一个控制台中。

上机实训

实验目的
掌握 Windows Server 2016 的安装与基本配置。

实验内容
在一台服务器上安装 Windows Server 2016，更改服务器名和 IP 地址，启用 Windows 防火墙和自动更新。

实验步骤

1. 使用光盘或镜像文件安装 Windows Server 2016。
2. 调整显示分辨率、颜色与刷新频率。
3. 安装完后为 Windows Server 2016 更改计算机名为 ST_ Server。
4. 为系统分配 IP 地址、子网掩码、默认网关和首选 DNS 服务器。
5. 查看本机的 IP 地址参数，使用 ipconfig 命令查看或打开"网络连接详细信息"查看。若出现 IP 地址重复，则找出与哪个网卡重复。
6. 使用 ping 命令进行回环测试，ping 同一个网络内其他计算机的 IP 地址。
7. 激活 Windows Server 2016，若不想激活，可通过命令 slmgr /rearm 来延长试用期。
8. 启用防火墙。
9. 启用自动更新，使系统自动下载并安装更新。
10. 打开微软管理控制台，添加本地"计算机管理"和"证书"管理，并保存为"控制台1.MSC"到桌面上。

习　　题

1. Windows Server 2016 要求 CPU 主频不得低于_____，内存不得低于_____，硬盘空间不得低于_____；建议 CPU 主频高于_____，硬盘空间大于_____。
2. Windows Server 2016 中用户的密码要求_____。
3. Windows Server 2016 的计算机名最长为_____个字符。
4. 企业为什么选择 Windows Server 2016？
5. Windows Server 2016 有哪些版本？简述不同版本的使用场合。

项目 2　本地用户账户与用户组的设置与管理

【项目导入】

公司在一台服务器上安装了 Windows Server 2016。每个用户都需要有一个账户名和密码才能访问计算机上的资源,为满足不同人员访问该计算机的需求,需要为这些人员创建账户和设置相应的访问权限。

【项目分析】

Windows Server 2016 是一个多用户多任务服务器操作系统,使用者可以通过创建账户实现对系统资源的访问。

Windows Server 2016 内置了大量的组账户,每个组账户对应着系统特定的权限:管理用户和计算机的访问,其访问范围包括网络对象、本地对象、共享、打印机队列和设备等;创建分配表;筛选组策略等。因此,对用户账户的权限设置可以通过对用户账户隶属组来实现。

【项目目标】

- 了解本地账户的类型与命名规则
- 了解本地组
- 为企业用户创建和管理本地账户
- 为企业各部门创建和管理本地组

相关知识

Windows Server 2016 作为独立服务器或域中的成员服务器时，在计算机操作系统内有两种本地账户：内置本地账户和系统管理员创建的本地账户。

1. 本地账户

本地账户可以建立在独立服务器、成员服务器以及其他 Windows 系统中，本地账户只能在本地计算机上登录，无法访问其他计算机资源。每台 Windows 计算机都有一个存放账户数据的数据库，称为安全账户管理器（SAM）。SAM 数据库文件在系统盘下"\Windows \ system32 \ config \ SAM"。

2. 内置本地账户

Windows Server 2016 中有一种账户类型叫内置账户。当 Windows Server 2016 安装完毕后，系统会在服务器上创建它们。在独立服务器上或是在成员服务器上，内置本地账户有 Administrator 和 Guest。内置本地账户也存储在 SAM 中。

Administrator（系统管理员）：该用户具有最高的权限，可以用此用户来管理计算机：创建和删除用户、修改用户属性、设置安全策略、创建和删除用户组、设置用户权限、添加管理打印机等。该用户无法被删除，但可以将其改名。

Guest（来宾）：该用户为没有账户的用户临时使用，权限可以由系统管理员组的成员给定。该用户也不能被删除，但可以被禁用。默认情况下，该用户是被禁用的，需要启用时才启用。

3. 内置本地组账户

系统内置了许多本地组，它们本身具有一些权利和权限，这让它们具备管理本地计算机或访问本地资源的能力。只要用户账户被加入到本地组中，该用户就具有该组拥有的权利和权限。图 2-1 所示是内置的本地组。

Administrators：该组成员具有全部的权限和权利。其成员可以为自己提供缺省情况下不具备的任何权限、管理计算机上的所有对象（包括文件系统、打印机和账号管理）。内置的系统管理员 Administrator 隶属于这个组，而且无法将它从该组删除。

Backup Operators：该组成员具有备份与恢复文件系统的权限，即使文件系统为 NTFS 且他们没有取得该文件系统的权限。要直接访问文件系统，需显式取得该文件系统的权限。但 Backup Operators 组成员可以通过 Windows Server Backup 工具来备份和还原文件。缺省情况下，Backup Operators 本地组没有成员。

Guests：该组成员对计算机的访问能力有限。这个组允许非经常性用户访问特定网络资源。一般来说，大多数管理员不允许 Guests 访问，因为这样会有安全风险。该组默认成员为用户账户 Guest。

Power Users：该组将被淘汰了，Windows Server 2008 后该组虽然存在，但并没有被赋

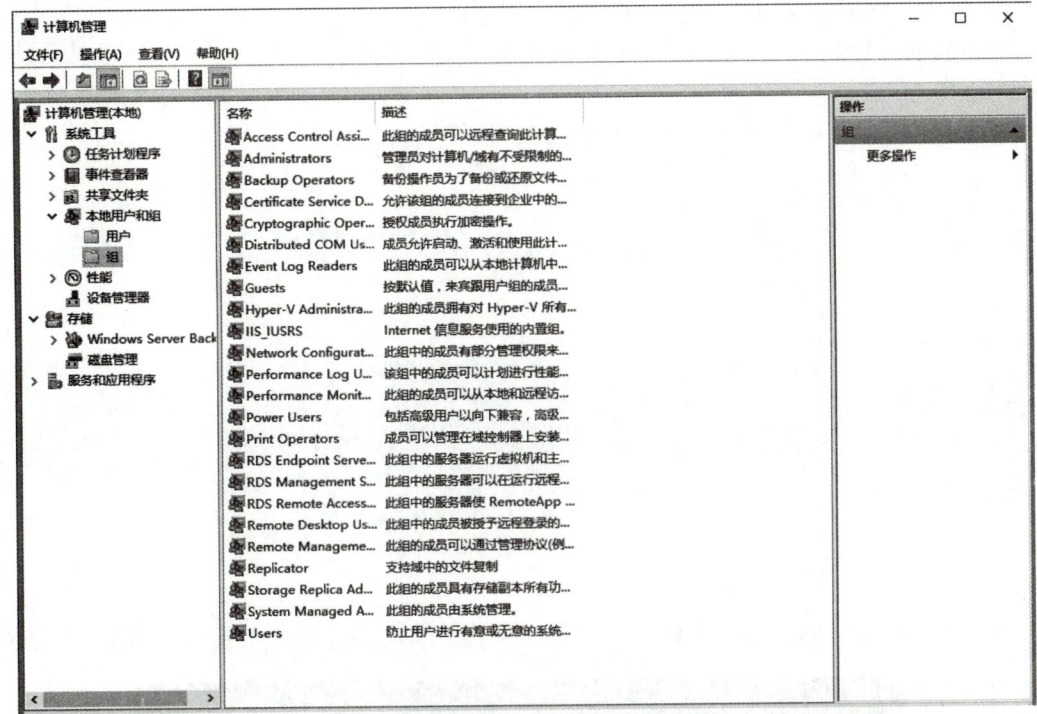

图 2-1 内置本地组账户

予较多的特殊权利和权限，它的权利和权限并没有比一般 User 大。

Network Configuration Operators：该组具有执行一般的网络设置任务的权限。更改 IP 地址，但不可以安装、删除服务与驱动程序，亦不能设置网络服务器，比如设置 DHCP 服务器或 DNS 服务器。

Performance Monitor Users：该组成员具有监视本地计算机运行性能的权利。

Remote Desktop Users：该组成员具有利用远程桌面服务从远程计算机登录的权限。

Users：该组成员是对系统访问权限很低的最终用户。它们不能将文件共享给网络上其他用户，不能关闭机器，但可以执行应用程序，使用本地打印机和网络打印机，锁定计算机等。缺省情况下，所有本地用户（除 Guest）都是 Users 组成员。

4. 特殊组账户

Windows Server 2016 内还有一些组，这些组比较特殊，用户无法更改这些组的成员。

Everyone：计算机中每个用户都属于这个组。如果用户 Guest 被启用，那么在给 Everyone 分配权限时要非常小心，因为 Guest 也隶属于这个组，它也拥有该组拥有的权限，而网络上任何一个没有账户的用户，通过网络来登录你的计算机时都是以账户 Guest 来连接的。

Authenticated Users：该组成员为利用有效用户账户来登录计算机的用户。

Interactive：该组成员为在本地登录的用户。本地登录用户指的是按 Ctrl+Alt+Delete 来登录的用户。

Network：该组成员为通过网络来登录的用户。

Anonymous Logon：该组成员为未利用有效用户账户登录的用户。默认不属于 Everyone 组。

Dialup：该组成员为利用拨号方式来连接的用户。

任务 2-1　Windows Server 2016 的本地用户账户设置与管理

> **任务描述**：组建网络后，为方便对资源进行管理与使用，首要的任务之一就是用户账户的创建。
>
> **任务目标**：通过管理和应用账户，了解用户账户的有关知识，掌握用户的管理方法和使用方法。

1. 创建本地用户账户 Janet

步骤 1：按 Windows 键切换到开始屏幕，单击 "Windows 管理工具"，如图 2-2 所示。

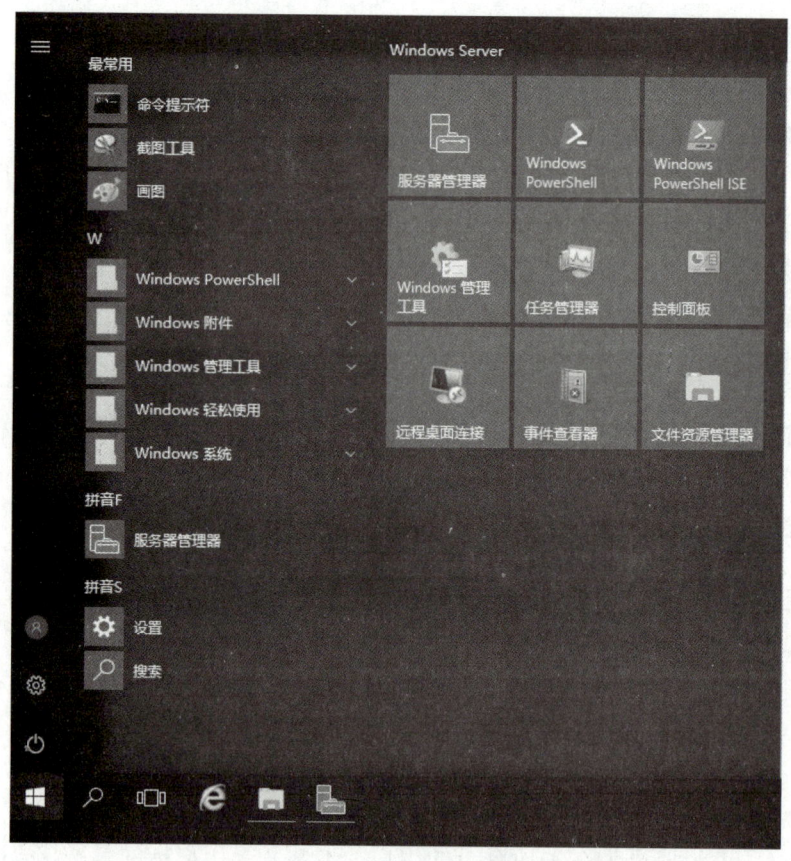

图 2-2　"开始"屏幕

步骤 2：打开"计算机管理"，如图 2-3 所示。

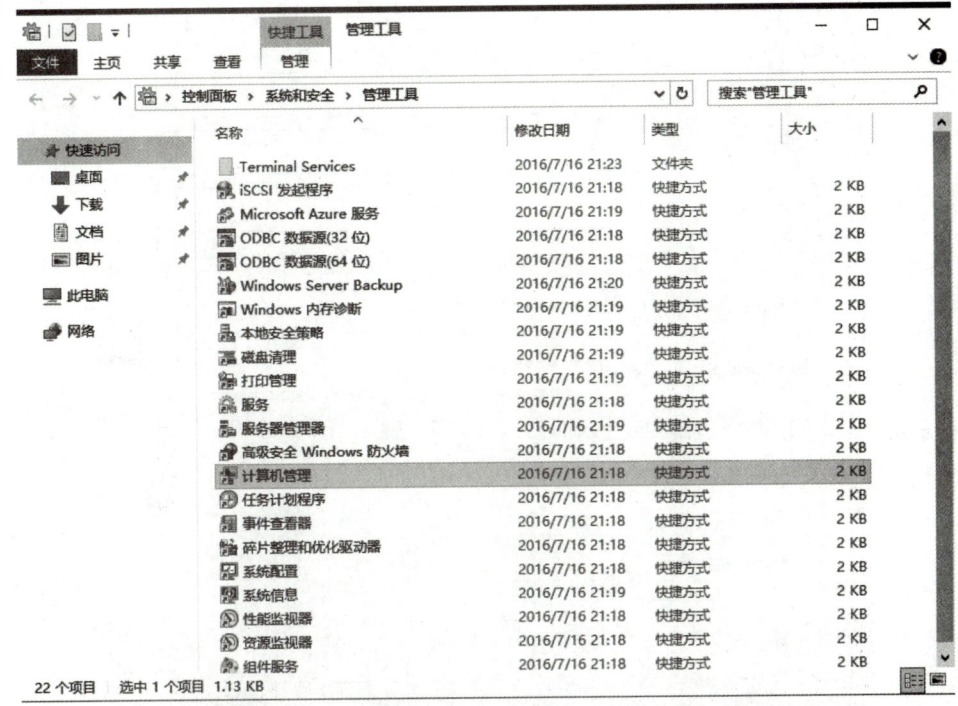

图 2-3 "管理工具"窗口

步骤 3：如图 2-4 所示，单击左边"系统工具"→"本地用户和组"，选中"用户"并单击鼠标右键"新用户"。

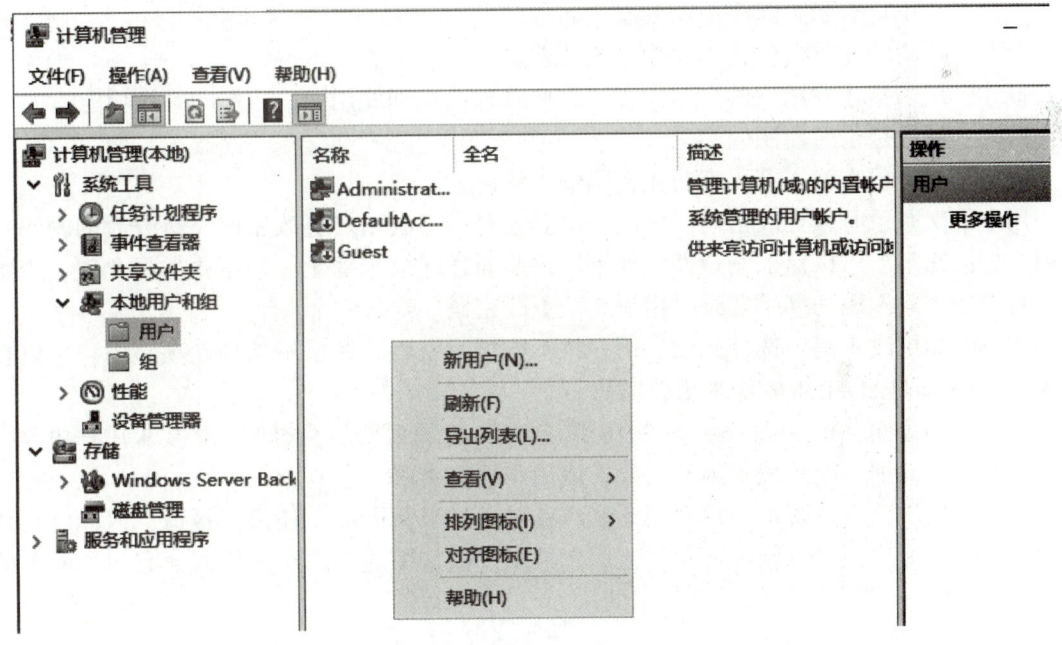

图 2-4 "计算机管理"窗口

步骤 4：在图 2-5 中输入用户的相关信息，单击"创建"按钮。

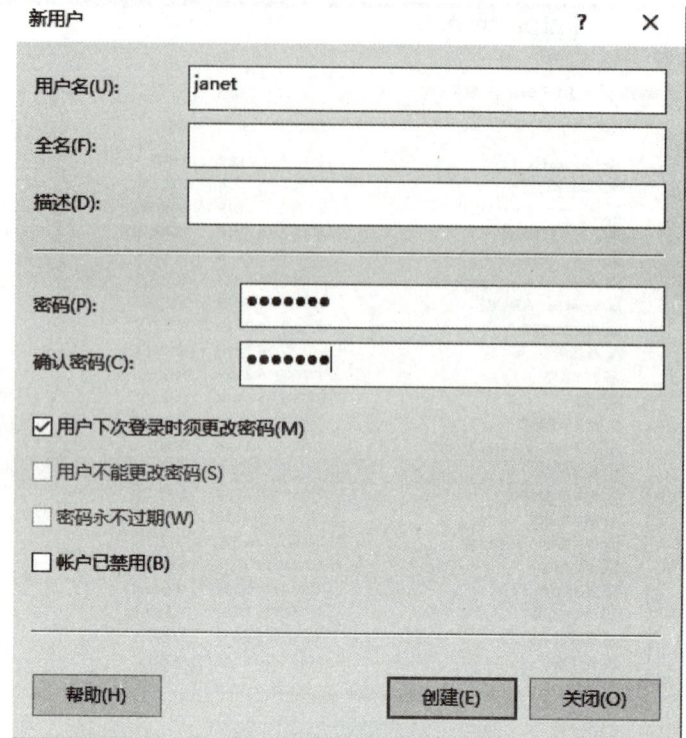

图 2-5　创建新用户

对话框中的选项说明：

用户名：用户登录时需要输入的账户名称。

全名：用户的完整名称，不影响系统功能。

描述：用来描述此用户的文字说明，方便管理员识别此用户，不影响系统功能。

密码：用户登录时使用的密码。

确认密码：再次输入密码来防止密码输入错误。

用户下次登录时须更改密码：用户下次登录时，强制用户更改密码。更改后的密码只有用户自己知道，可以保证安全性。如果用户要通过网络来登录，请不要选择此项，否则用户将无法登录，因为网络登录时用户无法更改密码。

用户不能更改密码：选择此项后用户将不能更改密码。如果不选择此项，用户可以在登录后，按 Ctrl+Alt+Delete 键来更改密码。

密码永不过期：Windows Server 2016 系统默认 42 天后密码会过期，将要求用户更改密码。如果选择此项，则系统永远不会要求该用户更改密码。

账户已禁用：可以防止用户利用此账户登录。如果新进员工还没来报道，但你已经预先为其建立了账户，可以勾选此项将该用户禁用，被禁用的用户账户前面会有一个向下的箭头符号。Guest 账户默认就是被禁用的。

2. 使用新用户账户 janet 登录

步骤 1：用户创建好后，按 Ctrl+Alt+Delete 注销计算机，如图 2-6 所示。

图 2-6 注销计算机

步骤 2：在图 2-7 中单击此新账户，输入密码，可以登录计算机。

图 2-7 新用户登录界面

步骤 3：登陆完成后，再注销，改用 Administrator 账户登录。

3. 修改本地用户账户

在图 2-8 中鼠标右键单击用户账户，通过选项进行设置。

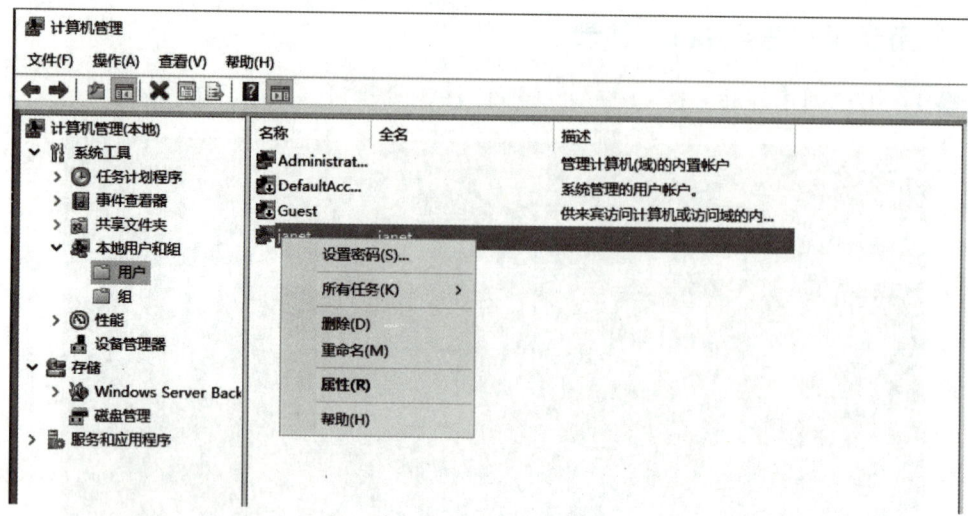

图 2-8 修改本地账户属性

设置密码：可以更改用户的密码。

删除：删除此用户。

重命名：更改用户的账户名。

属性：单击"属性"打开用户属性窗口，可以修改用户账户的其他相关数据。

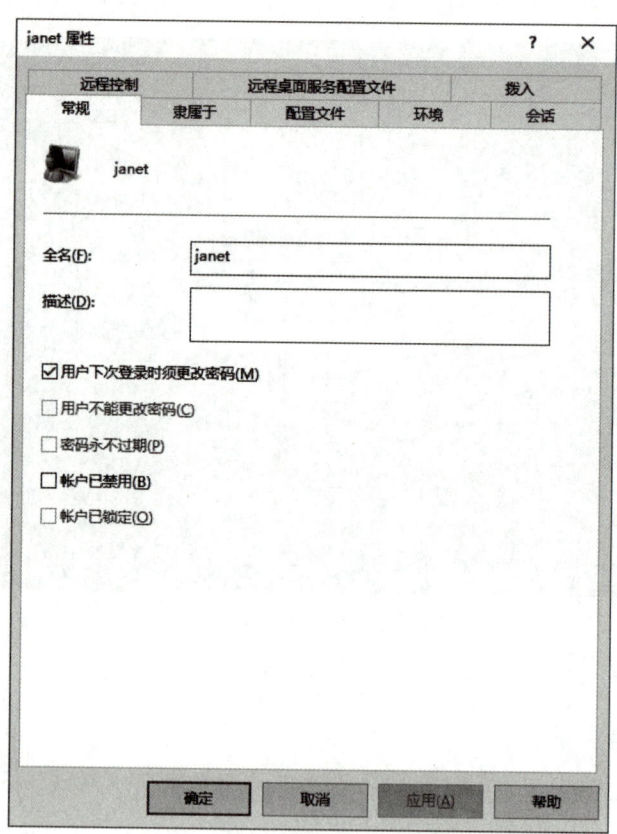

图 2-9 用户属性窗口

任务 2-2　Windows Server 2016 的用户组设置与管理

任务描述：组建网络后，为方便对资源进行管理与使用，任务之二就是组账户的创建。

任务目标：通过管理和应用组账户，了解组账户的有关知识，养成使用"组账户"进行管理的习惯，而不要使用单个账户进行管理；掌握组账户的管理方法、使用方法。

身为系统网络管理员，应该能够合理使用组来管理用户账户的权限和权力，以便减轻管理负担。例如，当设置了某个组的权限后，该组内的所有用户都自动拥有此权限，不需要单独设置每一个用户。

步骤1：按 Windows 键切换到开始屏幕，单击"管理工具"，打开"计算机管理"，单击右边"系统工具"→"本地用户和组"，选中"组"并单击鼠标右键"新建组"，如图 2-10 所示。

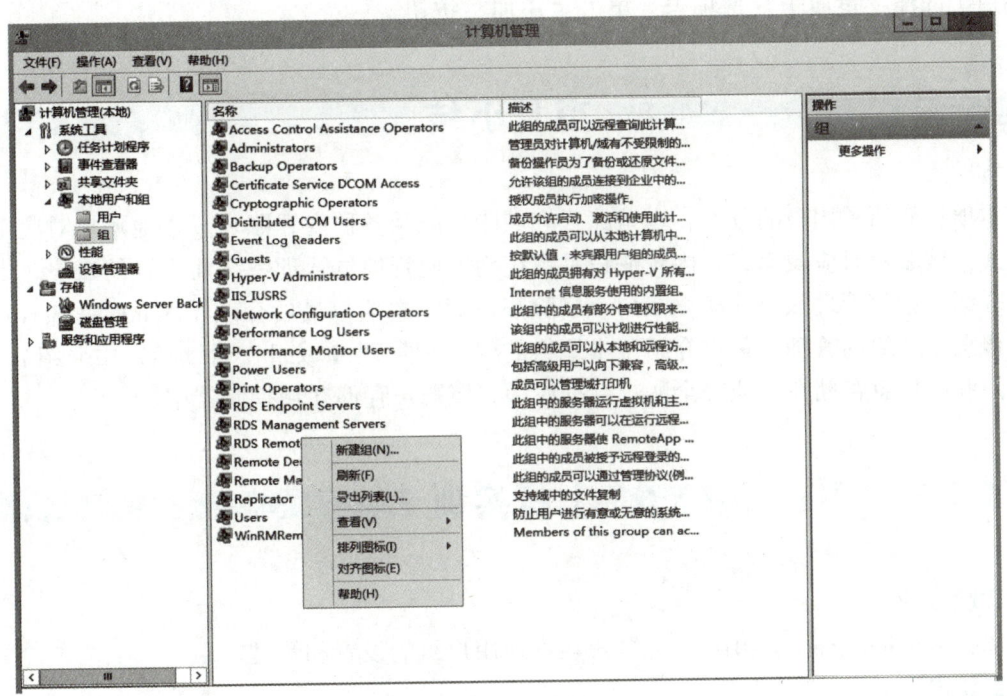

图 2-10　创建新的本地组

步骤2：在图 2-11 中输入组的相关信息，单击"创建"按钮。

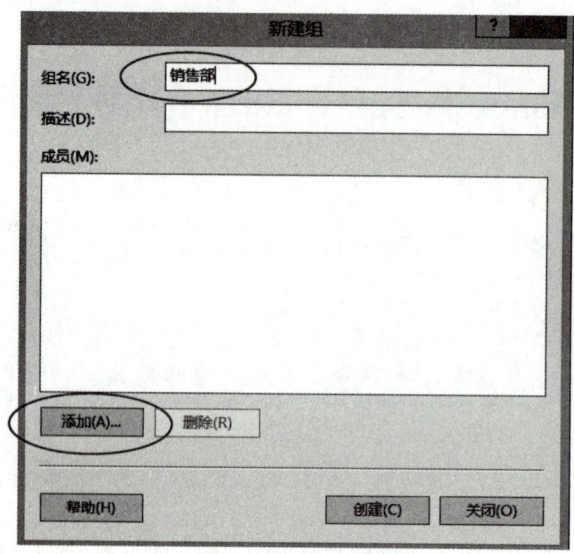

图 2-11 添加组成员

步骤 3：将其他用户账户加入到此组。双击此组，单击"添加"按钮，也可以双击用户账户，选择"隶属于"选项卡，单击"添加"按钮。

项目小结

本项目介绍了用户的分类：本地账户和域账户以及各种内置账户。本地账户对应工作组模式，域账户对应域模式；内置账户是系统为方便管理员管理系统而设置的账户。本项目还介绍了如何管理账户：建立账户、删除账户等。本项目最后介绍了 Windows Server 中组的概念以及组的管理，重点介绍了本地组的建立和管理（域组在后续项目中介绍）。本地用户和组信息存储在本地安全账户数据库中，域账户存储在域控制器中。

上机实训

实验目的
掌握 Windows Server 2016 本地账户与本地用户组的设置和管理。

实验内容
在安装 Windows Server 2016 的服务器上创建本地用户和本地组。

实验步骤
实训一
1. 创建本地用户 User1、User2 和 User3。
2. 设置密码策略（启用密码复杂性要求、最短密码长度为 8 等）。

3. 更改用户 User3 的密码。

4. 创建 MyGroup 组。

5. 将 User1、User2 和 User3 分别归到 Administrators、Power Users 和 MyGroup 组。

6. 设置 MyGroup 具有关闭系统、本地登录等本地安全策略权限。

7. 测试 User3 的权限。

8. 在服务器上建立本地组 Group_test、本地账户 user4。把 user4 加入到 Group_test 组中，设置 user4 用户下次登录时要修改密码。

9. 用 user4 登录，修改密码。

实训二

1. 在计算机 Windows Server 上建立本地组 computers 和本地账户 st1、st2、st3，并将这 3 个账户加入到 computers 组中。

2. 设置账户 st1 下次登录时须修改密码，设置账户 st2 不能更改密码并且密码永不过期，停用账户 st3。

3. 用 Administration 账户登录计算机，在用户和组管理器中做如下操作：

（1）创建用户 test，将 test 用户隶属于 Powerusers 组。

（2）注销后用 test 用户登录，通过 "whoami" 命令记录自己的安全标识符。

（3）在桌面创建一个文本文件，命名为 test.txt。

（4）注销后重新用 Administrator 用户登录，这时是否可以在桌面上看到刚才创建的文本文件？如果看不到应该在哪里找到它？

（5）删除 test 用户，重新创建一个 test 用户，注销后用 test 用户登录，此时是否可以在桌面上看到那个文本文件？这个新的 test 用户的安全标识符是否和原先的一样？

习 题

1. Windows Server 2016 本地账户存储在_____中；Windows Server 2016 内置账户中，默认被禁用的是_____。

2. 下列_____账户名不是合法的账户名？

A. abc_123　　　　　　　　B. windows book

C. dictionar*　　　　　　　D. abdkeofFHEKLLOP

3. Windows Server 2016 中默认的管理员账号是_____。

A. Admin　　　　　　　　B. Root

C. Administrator　　　　　D. Supervisor

4. Windows Server 2016 中的内置组不包括_____。

A. guests　　　　　　　　B. guest

C. Administrators　　　　　D. Users

5. 默认情况下，_____账户是被禁用的。

A. power users　　　　　　B. guest

C. Administrators   D. Administrator

6. 一个用户可以加入_____个组。

A. 1   B. 2

C. 3   D. 多

7. 本地账户的类型分为_____和_____。

8. 用户忘记密码，该采取什么方式处置？

9. 什么是本地用户和本地组？

10. 简述本地用户账户和域用户账户的区别。

项目 3 Windows Server 2016 的文件管理与磁盘管理

【项目导入】

公司创建了自己的文件服务器，内有公司最新的设备资料、考勤状况、行政文件和各部门资料等。在使用过程中发现有以下需求：管理员需对所有文件夹拥有完全控制权；所有员工对共享文件夹只拥有读取权限；每位员工只对自己的文件夹拥有完全控制权，且不能读取其他员工的文件夹；每位员工所能使用的磁盘空间有一定的限制；每位员工希望能保存尽量多的数据。

【项目分析】

在 Windows Server 2016 的文件系统中，NTFS 提供了相当多的安全功能。管理员需要对文件和文件夹设置 NTFS 权限来限制用户访问。

【项目目标】

- 了解 Windows 常用文件系统类型
- 掌握 NTFS 权限类型、规则以及设置
- 掌握文件夹压缩和加密
- 掌握共享文件夹权限、设置和管理
- 掌握基本卷的管理
- 掌握动态磁盘的管理
- 会设置磁盘配额

 相关知识

1. Windows 的文件系统

（1） FAT（File Allocation Table，文件分配表）

也称 FAT16，用于跟踪硬盘上每个文件的数据库，而 FAT 表存储关于簇的信息，这样，以后就可以检索文件了。FAT 文件系统可以在所有版本 Windows、MS-DOS 或 OS/2 等众多操作系统上被正确识别。

FAT 文件系统最初用于小型磁盘和简单文件结构的简单文件系统。FAT 文件系统得名于它的组织方法：放置在卷起始位置的文件分配表。为了保护卷，使用了两份备份。另外，为确保正确装载启动系统所必需的文件，文件分配表和根文件必须存放在固定的位置。

（2） FAT32（增强的文件分配表）

FAT32 文件系统提供了比 FAT 文件系统更为先进的文件管理特性，通过使用更小的簇来更有效率地使用磁盘空间，可以在大到 2TB 的驱动器上使用。

FAT32 是在大型磁盘驱动器（超过 512MB）上存储文件的极有效的系统，如果用户的驱动器使用了这种格式，则会在驱动器上创建多至几百兆的额外硬盘空间，从而更有效地存储数据。此外，可使程序运行加快，而使用的计算机系统资源却更少。

（3） NTFS（New Technology File System）

NTFS 是 Windows NT 操作环境和 Windows NT 高级服务器网络操作系统环境的文件系统，只有运行基于 NT 内核的操作系统才可以存取 NTFS 卷中的文件。NTFS 文件系统的可靠性和兼容性优于 FAT 和 FAT32 文件系统，支持文件和文件夹级的访问控制（权限），可限制用户对文件或文件夹的访问，审计文件的安全；NTFS 文件系统还支持文件压缩和文件加密功能，可节省磁盘空间和保护数据安全；NTFS 文件系统支持磁盘配额功能。

2. 标准 NTFS 权限

（1） 读取

可以读取文件或文件夹的内容，查看文件或文件夹的属性，但不修改文件内容。

（2） 读取和执行

包含读取能够执行的所有操作，并能运行应用程序和可执行文件。

（3） 写入

包含读取和执行的所有操作，可修改文件或文件夹属性和内容，在文件夹中创建文件和文件夹，但不能删除文件。

（4） 修改

包含写权限能够执行的所有操作，可以删除文件。

（5） 列出文件夹内容

仅对文件夹有此权限，查看此文件夹中的文件和子文件夹的属性和权限，读取文件夹中的文件内容。

（6）完全控制

对文件的最高权力，在拥有上述其他所有的权限以外，还可以修改文件权限以及替换文件所有者。

3. 特殊 NTFS 权限

特殊 NTFS 权限是对文件或文件夹权限更为详细的设置。下面就来介绍这些特殊 NTFS 权限的功能。

（1）完全控制

（2）遍历文件夹/执行文件

遍历文件夹让用户在没有权限访问文件夹的情况下，仍然可以切换到该文件夹内，此设置仅适用于文件夹，不适用于文件，该权限只有用户在组策略或本地计算机策略内未被赋予绕过遍历检查权限时才有效。执行文件让用户可以执行程序，此权限仅适用于文件，不适用于文件夹。

（3）列出文件夹/读取数据

列出文件夹让用户可以查看此文件夹内的文件名与子文件夹名，读取数据让用户可以查看文件内的数据。

（4）读取属性

让用户可以查看文件夹或文件的属性。

（5）读取扩展属性

让用户可以查看文件夹或文件的扩展属性。不同的应用程序有不同的扩展属性。

（6）创建文件/写入数据

创建文件可以让用户可以在文件夹内创建文件，此权限只适用于文件夹。写入数据让用户能够修改文件内的数据或者覆盖文件的内容，此权限只适用于文件。

（7）创建文件夹/附加数据

创建文件夹可以让用户在文件夹内创建文件夹，此权限只适用于文件夹。附加数据让用户能够在文件的后面添加数据，但无法修改、删除原文件内的数据或者覆盖原文件的内容，此权限只适用于文件。

（8）写入属性

让用户可以修改文件夹或文件的属性。

（9）写入扩展属性

让用户可以修改文件夹或文件的扩展属性。

（10）删除子文件夹及文件

让用户可以删除此文件夹内的子文件夹与文件。即使用户对此子文件夹或文件没有删除的权限，也可以将其删除。

（11）删除

让用户可以删除此文件夹或文件。

> **提示**：即使用户对此文件夹或文件没有删除的权限，但是只要他对父文件夹具有删除子文件夹及文件的权限，他仍然可以将此文件夹或文件删除。例如：用户对位于 C:\data 文件夹内的文件 a.txt 没有删除的权限，但是却对 C:\data 文件夹具有删除子文件夹及文件的权限，则他可以将 a.txt 删除。

（12）读取权限

让用户可以查看文件夹或文件的权限设置。

（13）更改权限

让用户可以更改文件夹或文件的权限设置。

（14）取得所有权

让用户可以夺取文件夹或文件的所有权。文件夹或文件的所有者，不论其对此文件夹或文件的权限是什么，他都具备更改此文件夹或文件权限的能力。

4. 资源权限发生重叠时

（1）权限继承性原则

当设置文件夹权限后，这个权限默认会被此文件夹下的子文件夹与文件继承。例如用户 janet 对文件夹具有读取的权限，则用户 janet 对文件夹内的文件也拥有读取的权限。

在设置文件夹权限时，可以让子文件夹与文件都继承权限，也可以仅单独让子文件夹或文件继承，或者都不让它们继承。

设置子文件夹或文件权限时，可以让子文件夹或文件不继承父文件夹的权限。

（2）权限的累加性

如果用户同时隶属于多个组，而且该用户与这些组分别对某个文件（或文件夹）拥有不同的权限设置，则该用户对这个文件的最后有效权限是所有权限的总和。例如：用户 janet 同时属于 GroupA 和 GroupB 两个组，其权限分别如表 3-1 所示，则用户 janet 最后的有效权限为这 3 个权限的总和。

表 3-1 NTFS 权限累积

用户或组	权限
用户 janet	写入
GroupA	读取
GroupB	读取与执行
用户 janet 最后的有效权限是：写入+读取+执行	

（3）"拒绝"权限会覆盖所有其他权限

虽然用户对某个文件的有效权限是其所有权限来源的总和，但是只要其中有一个权限来源被设置为拒绝，则用户将不会拥有此权限，例如：用户 janet 同时属于 GroupA 和 GroupB 两个组，其权限分别如表 3-2 所示，则用户 janet 的读取权限会被拒绝，也就是无法读取此文件。

表 3-2 拒绝权限优先于其他权限

用户或组	权限
用户 janet	读取
GroupA	拒绝读取
GroupB	修改
用户 janet 没有读取权限	

(4) 文件会覆盖文件夹的权限

继承的权限的优先级比直接设置的权限低，例如将用户 janet 对文件夹的权限设置为拒绝写入，并让文件夹内的文件继承此权限，则用户对此文件的权限也是拒绝写入，但如果直接将用户 janet 对此文件的权限设置为允许写入，此时因为它的优先级较高，因此用户 janet 对此文件具有写入的权限。

5. 资源复制或移动时权限的变化与处理

(1) 复制资源时

如果文件被复制到另一个文件夹，无论是复制到同一个文件夹还是不同磁盘的另一个文件夹内，它都相当于另外添加了一个文件，此新文件的权限是继承目的地的权限。

例如：用户 janet 对 C：\ data 内的文件 a. txt 具有读取的权限，对 C：\ test 具有完全控制的权限，当 a. txt 被复制到 C：\ test 时，janet 对这个新文件将具有完全控制的权限。

(2) 移动资源时

如果文件被移动到同一个磁盘的另一个文件夹，将分两种情况：

如果原文件被设置为继承父项权限：将继承目的地文件夹权限。

如果原文件被设置为不继承父项权限：将保留原来的权限。

如果文件被移动到另一个磁盘的文件夹：则此文件将继承目的地的权限。

(3) 非 NTFS 分区

如果将文件由 NTFS 分区移动或复制到 FAT、FAT32 磁盘内，则原有权限设置都将被删除，因为 FAT、FAT32 都不支持权限设置功能。

6. 磁盘

公司新购买一台服务器拟作为文件服务器，现希望用最低成本实现以下功能：为文件分配必要的存储空间；提高磁盘存储空间的利用率；提高对磁盘的 I/O 速度，以改善文件系统的性能；采取必要的冗余措施，来确保文件系统的可靠性。

Windows 系统将磁盘分为基本磁盘和动态磁盘两种类型。

基本磁盘：新安装的硬盘默认为是基本磁盘。

动态磁盘：它支持多种特殊的卷，其中有的可以提高系统访问效率，有的可以提供容错功能，有的用于扩大磁盘的使用空间。

(1) 基本磁盘

用户欲使用主分区、扩展分区和逻辑驱动器等常用的方式组织数据，并实现对磁盘的简单管理。

在此 Windows 版本中，基本磁盘可以有四个主分区（或三个主分区）和一个扩展分区。扩展分区可以包含无数个逻辑驱动器。基本磁盘上的分区不能与其他分区共享或拆分数据。基本磁盘上的每个分区都是该磁盘上一个独立的实体。基本磁盘是包含主分区、扩展分区或逻辑驱动器的物理磁盘。基本磁盘上的分区和逻辑驱动器称为基本卷。只能在基本磁盘上创建基本卷。

在数据被存到磁盘之前，该磁盘必须被分成一个或多个磁盘分区，如图 3-1 所示，一块硬盘被分成 4 个磁盘分区。

磁盘分区可以分为主分区和扩展分区两种。

● 主分区

它可以用来启动操作系统。计算机启动时，MBR 或 GPT 内的程序代码会到活动的主要分区内读取并运行启动程序代码，然后将控制权交给此启动程序代码来启动相关的操作系统。

● 扩展分区

它只用来保存文件，无法用来启动操作系统。

一个 MBR 磁盘内最多可创建 4 个主要分区，或最多 3 个主要分区和一个扩展分区，每个主要分区都被赋予一个驱动器号，例如 C、D 等。扩展分区可以创建多个逻辑驱动器。

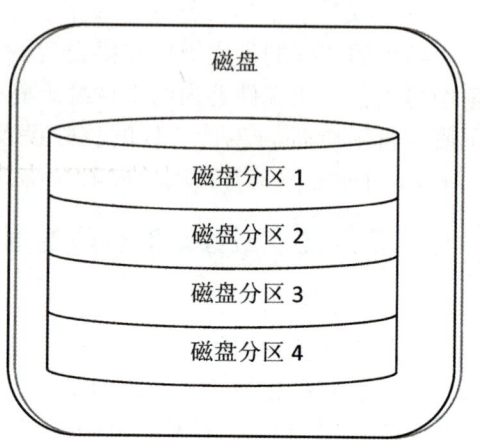

图 3-1　磁盘分区

（2）动态磁盘

用户可能经常遇到过这样的情况：在装某个软件时，它规定必须安装在磁盘的某个分区上，而恰恰此分区的磁盘空间不够了。在不重新格式化磁盘的情况下，如果不想使用第三方软件改变磁盘分区大小，怎么办？

在 Windows Server 2016 系统中，动态磁盘的功能可以轻易将空间扩展到新的未用空间中，甚至还可以扩展到另一磁盘上。在基本磁盘上，只准许同一磁盘上的连续空间划分为一个分区。在动态磁盘上没有分区的概念，它以"卷"命名。卷和分区差距很大，同一分区只能存在于一个物理磁盘上，而同一个卷却可以跨越多达 32 个物理磁盘，这在服务器上是非常实用的功能。而且卷还可以提供多种容错功能。

动态磁盘支持多种类型的动态卷，它们之中有的可以提高访问效率，有的可以提供容错功能，有的可以扩大磁盘存储空间，这些卷包含简单卷、跨区卷、带区卷、镜像卷和 RAID-5 卷（带奇偶校验的带区卷），其中简单卷为动态磁盘的基本单位，而其他 4 种分别具备不同的特色，见表 3-3。

表 3-3 动态磁盘的动态卷

卷类型	磁盘数	用来保存数据的容量	性能	排错
跨区卷	2~32 个	全部	不变	无
带区卷（RAID-0）	2~32 个	全部	提高读和写	无
镜像卷（RAID-1）	2 个	一半	提高读，写稍下降	有
RAID-5 卷	3~32 个	磁盘数-1	提高读，写下降	有

(3) 磁盘配额

公司在文件服务器上想实现如下功能：登录到服务器上的多个用户不干涉其他用户的工作能力；一个或多个用户不独占公用服务器上的磁盘空间；在个人共享文件夹中，用户不使用过多的磁盘空间；不同级别的用户可使用文件服务器的磁盘容量不同。

Windows Server 2016 中的 NTFS 支持磁盘配额，用来控制用户在服务器中的磁盘使用量，当用户使用了一定的服务器磁盘空间以后，系统可以采取发出警告、禁止用户对服务器磁盘的使用、将事件记录到系统日志中等操作。这样，域中的用户便不可随意使用服务器空间，防止在服务器磁盘中存放过期的、杂乱的个人文件了。

磁盘配额的特性如下：

磁盘配额监视个人用户的卷使用情况，因此每个用户对磁盘空间的利用都不会影响同一卷上的其他用户的磁盘配额。例如，如果卷 F 的配额限制是 500MB，而用户已在卷 F 中保存了 500MB 的文件，那么该用户必须首先从中删除或移动某些文件之后才可以将其他数据写入卷中。但是只要有足够的空间，其他单个用户就可以在该卷中保存最多 500MB 的文件。

磁盘配额只应用于卷，且不受卷的文件夹结构及物理磁盘上的布局的影响，如果卷有多个文件夹，则分配给该卷的配额将全部应用于所有文件夹。如 \\服务器\share1 和 \\服务器\share2 是 E 卷上的共享文件夹，则用户存储在这些文件夹中的文件不能使用多于 E 卷配额限制设置的磁盘空间。

如果单个物理磁盘包含多个卷，并把配额应用到每个卷，则每个卷配额只适用于特定的卷。例如，用户共享两个不同的卷，分别是 E 卷和 F 卷，则即使这两个卷在相同物理磁盘上，也分别对这两个卷的配额进行跟踪。

如果一个卷跨越多个物理磁盘，则整个跨区卷使用该卷的同一配额。例如，E 卷的配额限制为 500MB，则不管 E 卷是在一个物理磁盘上还是跨越三个磁盘，都不能把超过 500MB 的文件保存到 E 卷。

磁盘配额都是以文件所有权为基础的，对卷做任何影响文件所有权状态的更改，包括文件系统转换，都可能影响该卷的磁盘配额。因此，在现有的卷从一个文件系统转换到另一文件系统之前，管理员应该了解这种转换可能引起所有权的变化。

磁盘配额只有在 NTFS 文件系统才支持，以卷为单位管理磁盘配额，必须在 NTFS 格式的卷上才可以实现该功能。

任务 3-1　NTFS 权限设置

任务描述：在网络中会有很多资源，例如系统本身、文件、目录和打印机等各种网络共享资源以及其他资源对象。在 Windows Server 2016 操作系统中，提供了控制资源存取的工具。对资源可以灵活地控制到特定的用户、组等。这些控制是由管理员来决定的，这样才能避免非授权的访问，并提供一个安全的网络环境。

任务目标：通过学习，应掌握资源对象访问控制的基本概念，以及文件和目录等资源对象的访问控制的操作技能。

系统会替新的 NTFS 磁盘自动设置默认的权限值，如图 3-2 所示为 C 盘（NTFS）的默认权限，其中部分权限会被其下的子文件夹或文件继承。

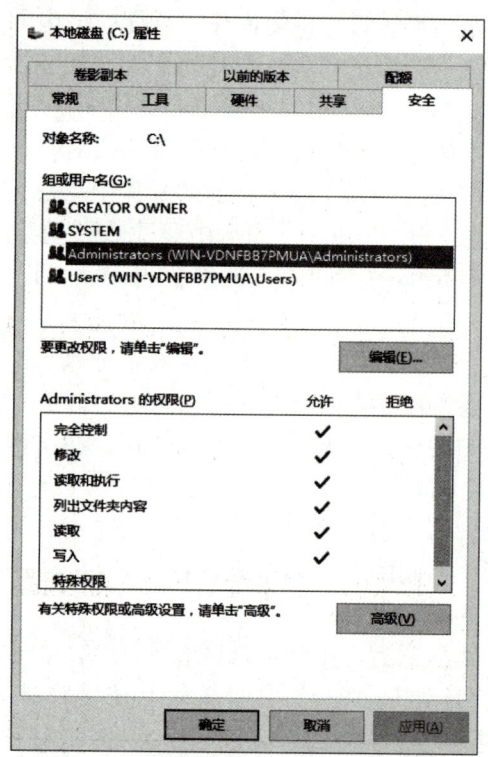

图 3-2　C 盘的默认权限

1. 分配文件夹的 NTFS 权限

例：Administrator 设置用户 user1 对 C：\ data 文件夹具有"修改"的权限。

步骤 1：以 Administrator 账户登录，在桌面环境下，单击左下方的"文件资源管理器"图标，单击"计算机"，展开 C 盘，鼠标右键单击所选文件夹，选择"属性"，单击"安全"选项卡,打开如图 3-3 所示窗口。图中的文件夹已经有一些默认权限,这些权限是从 C:继承的,是灰色的。

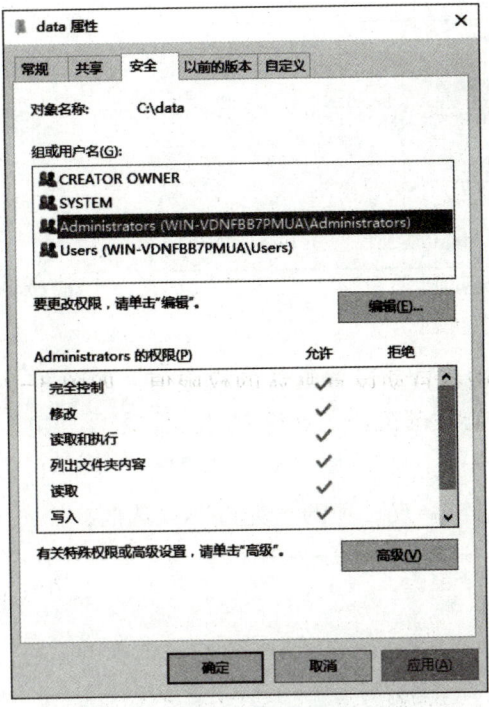

图 3-3　文件夹 data 的默认权限

步骤 2:单击如图 3-3 所示的"编辑"按钮,打开如图 3-4 所示窗口,单击"添加"按钮。

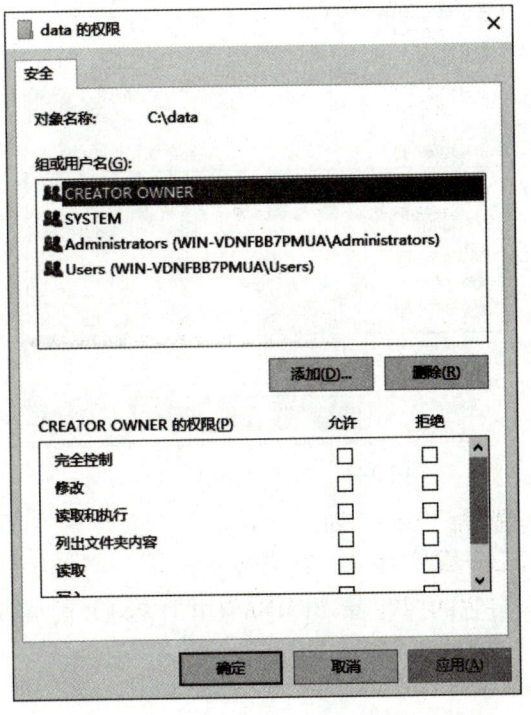

图 3-4　添加权限

步骤 3：单击"选择用户和组"窗口，单击"高级"，单击"立即查找"，找到"user1"，如图 3-5 所示。

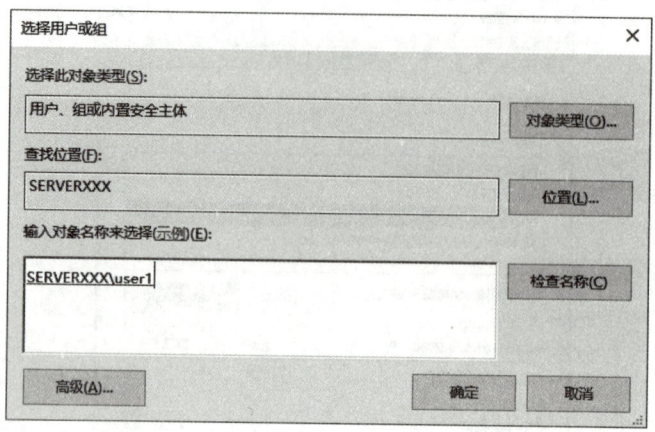

图 3-5　添加用户

步骤 4：在权限中单击"修改"项的"允许"复选框，如图 3-6 所示。

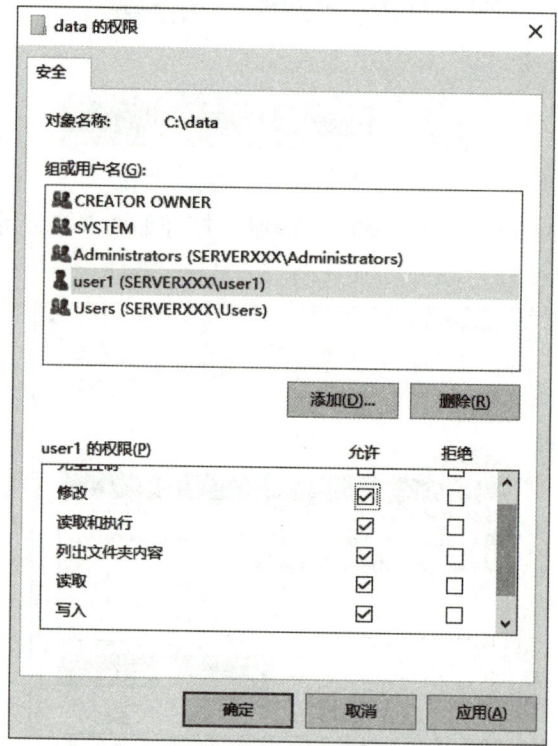

图 3-6　勾选"修改"权限

2. 分配文件的 NTFS 权限

对于指定的文件，只有它的拥有者（CREATOR OWNER）、管理员和具有完全控制功能的用户才可以设置它的 NTFS 权限。

例：Administrator 设置用户 user2 对 C：\ data \ test. txt 文件增加"写入"的权限。

步骤 1：鼠标右键单击所选文件，选择"属性"，单击"安全"选项卡，如图 3-7 所示。

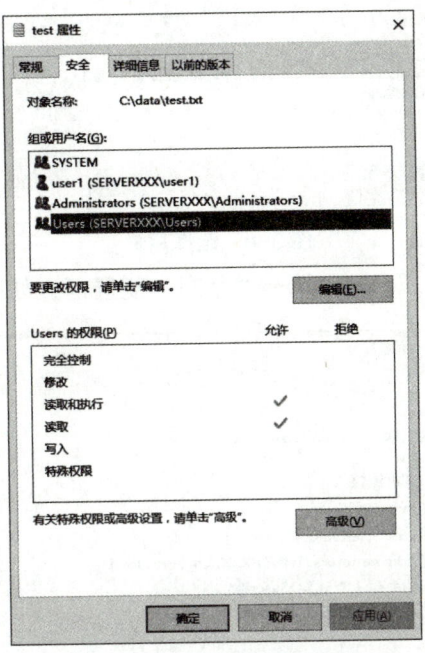

图 3-7　文件 test 默认权限

步骤 2：单击图 3-7 所示的"编辑"按钮，打开如图 3-8 所示窗口，单击"添加"按钮。单击"选择用户和组"窗口，单击"高级"，单击"立即查找"，找到"user2"，如图 3-9 所示。

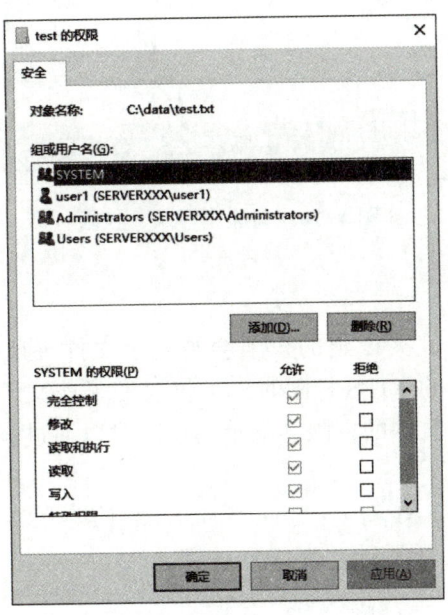

图 3-8　单击"添加"

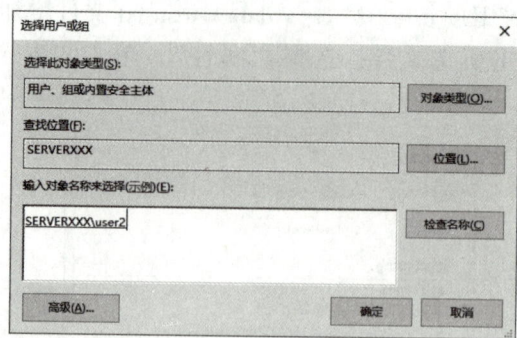

图 3-9 选择用户

步骤 3：在权限中单击"写入"项的"允许"复选框，如图 3-10 所示。

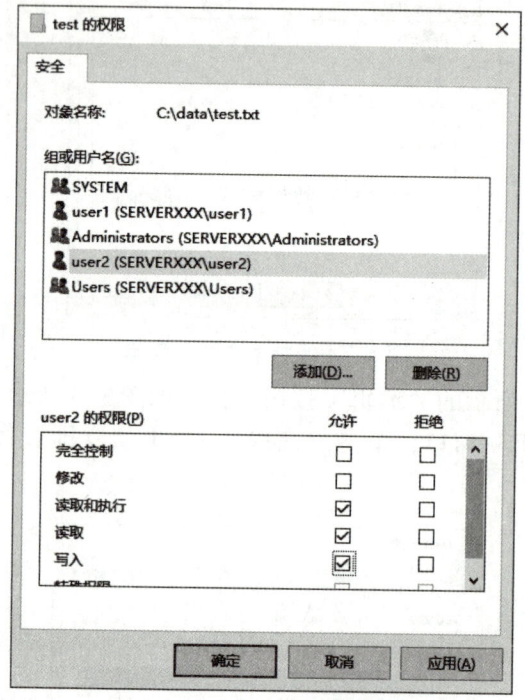

图 3-10 勾选"写入"权限

3. 删除继承的权限

默认情况下，用户为文件夹设定的权限会被这个文件夹所包含的子文件夹和文件继承。当用户改变一个文件夹的 NTFS 权限时，不仅改变了该文件夹的权限，也同时改变了该文件夹包含的子文件夹和文件的权限。继承的权限可以通过设置来阻止从父级文件夹继承下来的权限。

例：Administrator 设置 user1 对 C：\ data \ test. txt 不继承 C：\ data 的权限。

步骤 1：单击如图 3-11 所示的"高级"按钮。

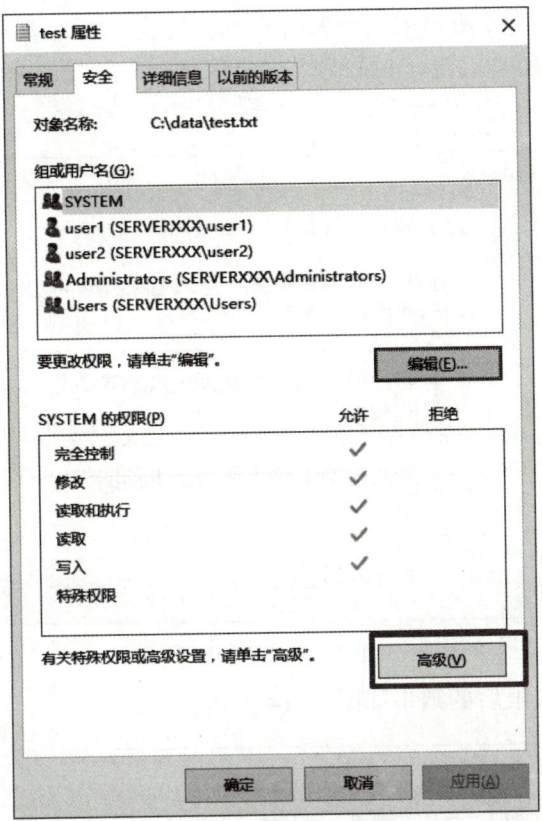

图 3-11 单击"高级"按钮

步骤 2：单击如图 3-12 所示的"禁用继承"按钮。

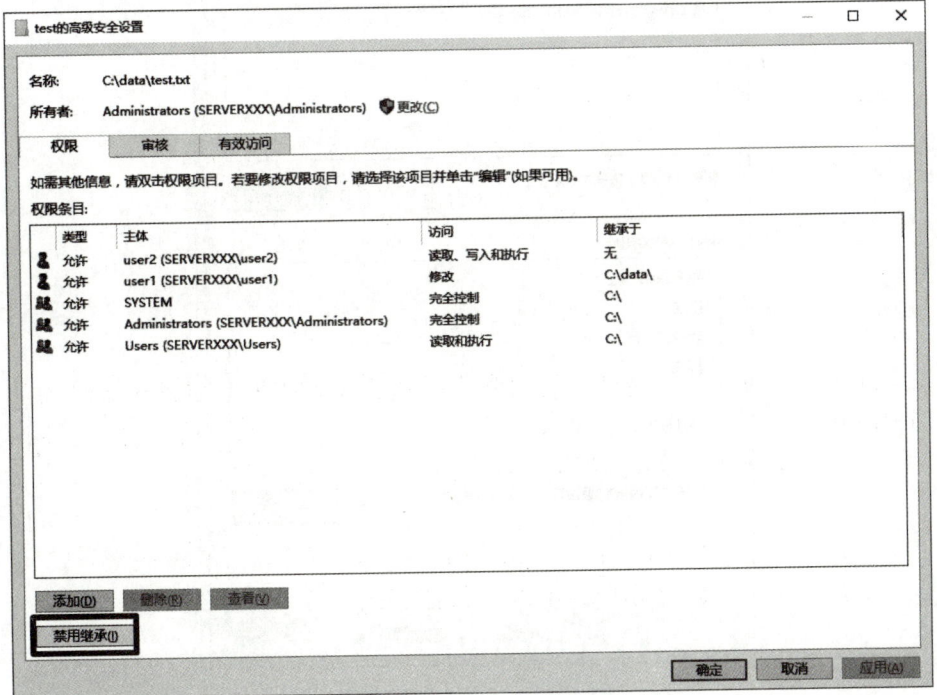

图 3-12 单击"禁用继承"

步骤 3：通过如图 3-13 所示来选择保留原本从父项对象继承的权限或删除这些权限，选择"从此对象中删除所有已继承的权限"，之后针对 C：\ data 设置的权限，test.txt 都不会继承。

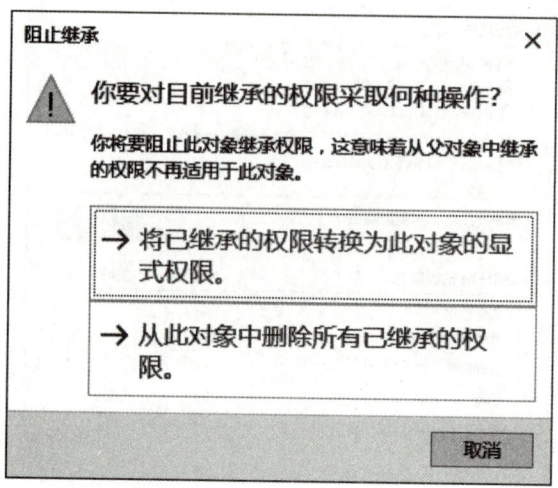

图 3-13　阻止继承

步骤 4：删除继承权限后的结果如图 3-14 所示。

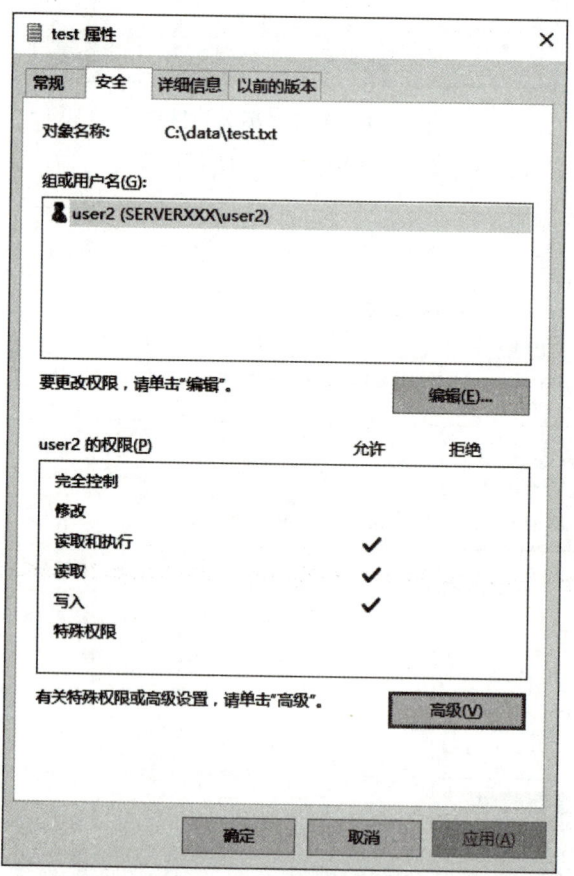

图 3-14　删除继承权限后

4. 分配特殊的 NTFS 权限

标准 NTFS 权限通常提供了必要的保证资源被安全访问的权限。但如果要分配给用户特定的访问权限，则需要设置 NTFS 特殊权限。

例：Administrator 设置 user1 对文件 C：\ data \ test. txt 具有"更改权限"的权限。

步骤 1：右键单击 test. txt 文件，单击"属性"，单击"安全"选项卡，单击"编辑"按钮，单击"添加"按钮，找到 user1 用户，单击"确定"按钮，完成后如图 3-15 所示。

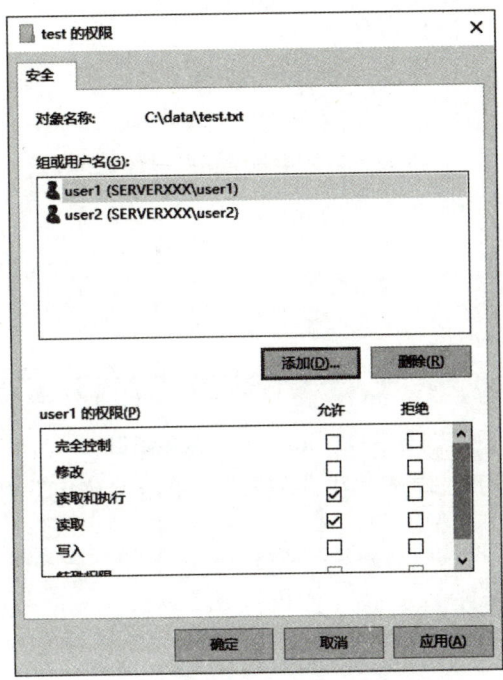

图 3-15 test 的权限

步骤 2：单击"高级"按钮，打开"test. txt 的高级安全设置"窗口，如图 3-16 所示。

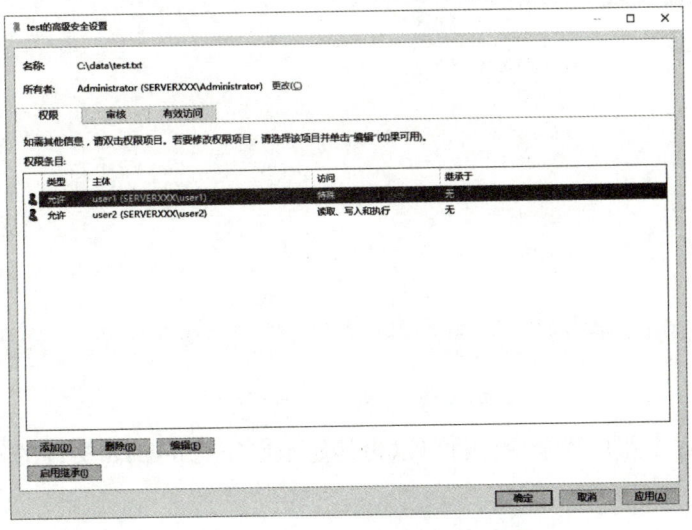

图 3-16 test. txt 的高级安全设置

步骤 3：单击图 3-15 所示的"编辑"按钮，打开"test.txt 的权限项目"窗口，如图 3-17 所示，单击右方的"显示高级设置"。

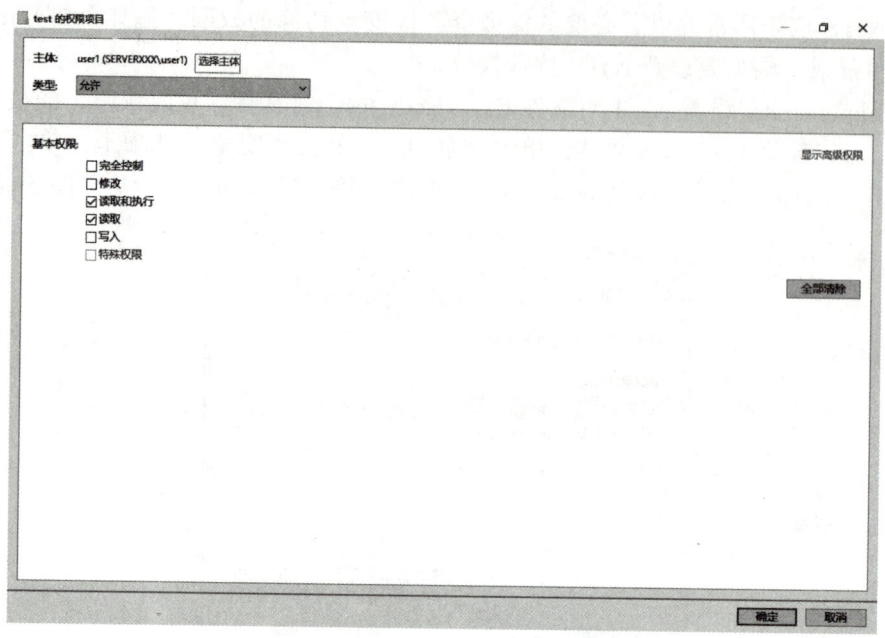

图 3-17　test.txt 的权限项目

步骤 4：如图 3-18 所示，勾选"更改权限"，单击"确定"按钮。

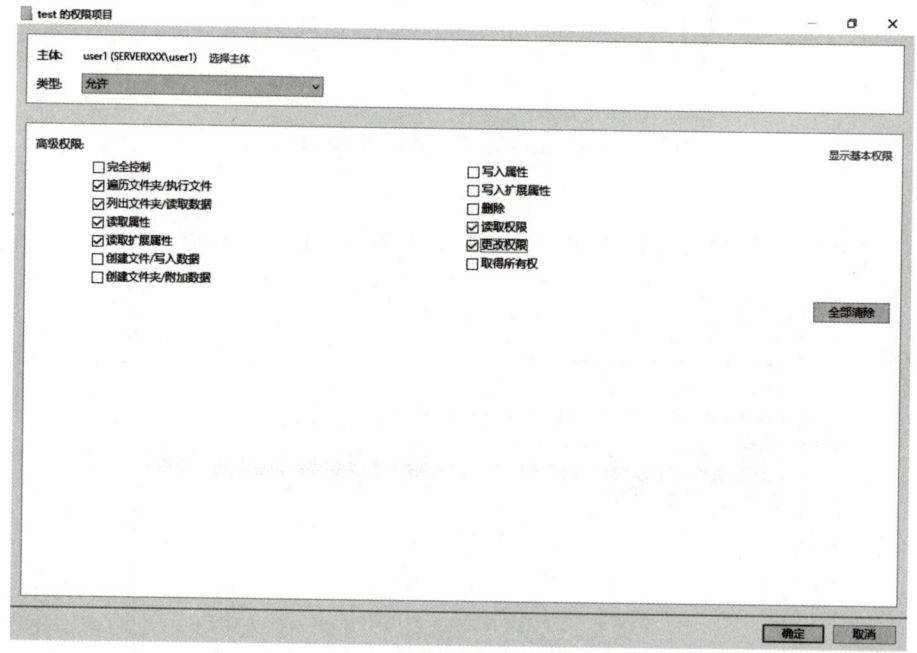

图 3-18　勾选"更改权限"

步骤 5：以 user1 账户登录后，就可以为其他账户分配 test.txt 文件的权限。

5. 取得文件与文件夹的所有权

NTFS 磁盘内的每个文件与文件夹都有所有者，默认为是创建该文件或文件夹的用户。所有者即使没有访问此文件或文件夹权限，也可以更改其拥有的文件或文件夹的权限。

例：Administrator 设置 zdxy 为 test.txt 文件的所有者。

步骤 1：右键单击文件，单击"属性"，单击"安全"选项卡，单击"高级"按钮，打开"test.txt 的高级安全设置"窗口，如图 3-19 所示。单击上方"所有者"后面的"更改"按钮。

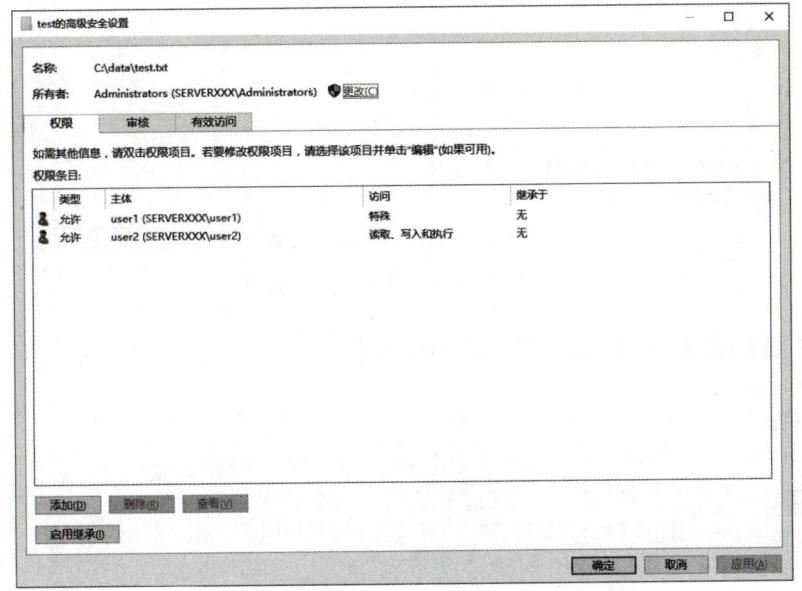

图 3-19　test.txt 的高级安全设置

步骤 2：选择用户 zdxy，如图 3-20 所示，单击"确定"按钮。

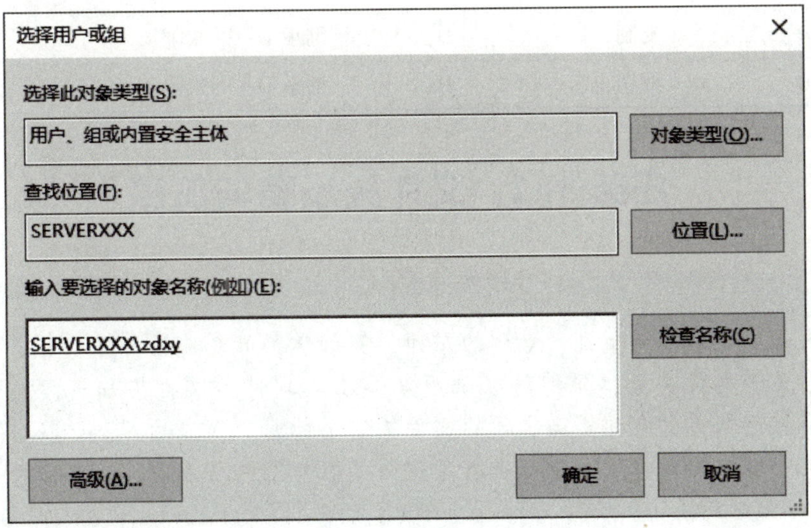

图 3-20　选择用户和组

步骤 3：所有者已经替换为 zdxy，如图 3-21 所示。

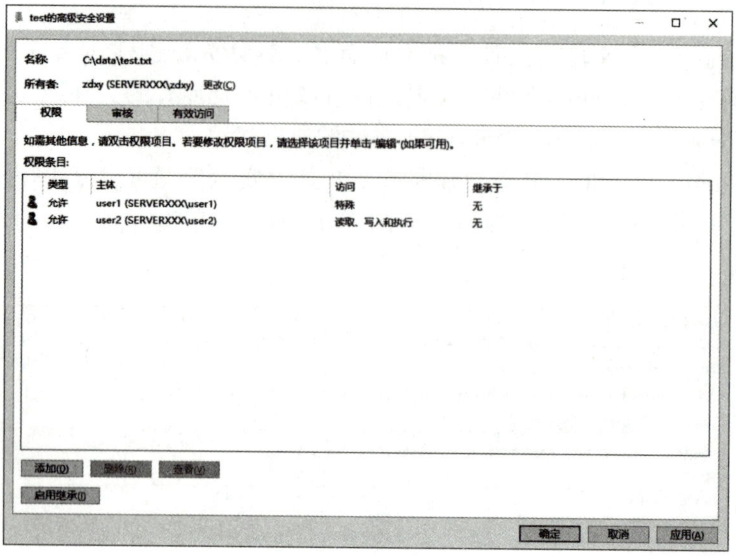

图 3-21　test 的所有者已更改

6. 文件复制或移动后的 NTFS 权限变化

见表 3-4。

表 3-4　文件复制或移动后的 NTFS 权限变化

复制或移动前位置	复制或移动	复制或移动后位置	权限变化
C:\data	复制	C:\soft	继承 C:\soft 的权限
C:\data	剪切	C:\soft	继承 C:\soft 的权限（但会保留原有的非继承的权限）或权限不变
C:\data	复制	D:	继承 D: 的权限
C:\data	剪切	D:	继承 D: 的权限

任务 3-2　文件夹压缩与加密

任务描述：

每个人都有一些不希望别人看到的东西，例如学习计划、设计方案等，大家都喜欢把它们放在一个文件夹里，虽然可以采用某些工具软件给文件夹加密，但那样太麻烦了，有没有什么简单的方法提高自己的文件夹安全性呢？

用户在存储数据时希望能够节省磁盘空间，但为了使用方便，不希望使用第三方的软件来压缩/解压缩。

Windows 自带的 EFS 加密系统对用户是透明的。如果用户加密了一些数据，那么该用户对这些数据的访问将是被完全允许的，并不会受到任何限制。而其他非授权用户试图访问加密过的数据时，就会收到"访问拒绝"的错误提示。EFS 加密的用户验证过程是在登录 Windows 时进行的，只要登录到 Windows，就可以打开任何一个被授权的加密文件。

Windows 自带的文件压缩功能对用户是透明的。用户在使用被压缩的文件时与普通文件没什么不同，但是磁盘的占用减少了。

加密文件系统（EFS）是 Windows 的一项功能。它允许用户将文件夹和文件以加密的形式存储在硬盘上，加密是 Windows 所提供的保护信息安全的最强的保护措施。该技术用于在 NTFS 文件系统卷上存储已加密的文件夹或文件。加密了文件或文件夹之后，还可以像使用其他文件和文件夹一样使用它们。因此加密、解密对加密该文件的用户是透明的，即不必在使用前手动解密已加密的文件，就可以正常打开和更改文件。

任务目标：通过学习，应掌握 NTFS 压缩和加密的基本概念，以及文件和目录等资源对象进行压缩和加密的操作技能。

1. NTFS 压缩

步骤 1：要将 NTFS 磁盘内的文件压缩，可选中该文件单击鼠标右键，选择"属性"，单击"高级"按钮，如图 3-22 所示。

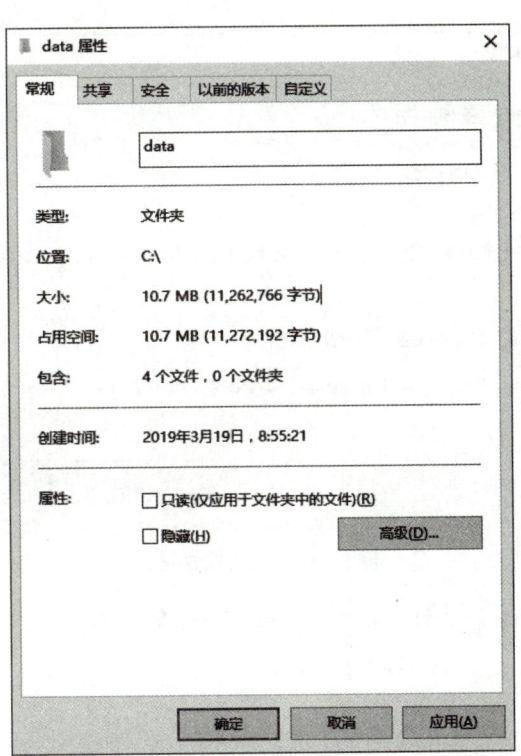

图 3-22　data 属性

步骤 2：如图 3-23 所示，勾选"压缩内容以便节省磁盘空间"复选框，单击"确定"按钮。

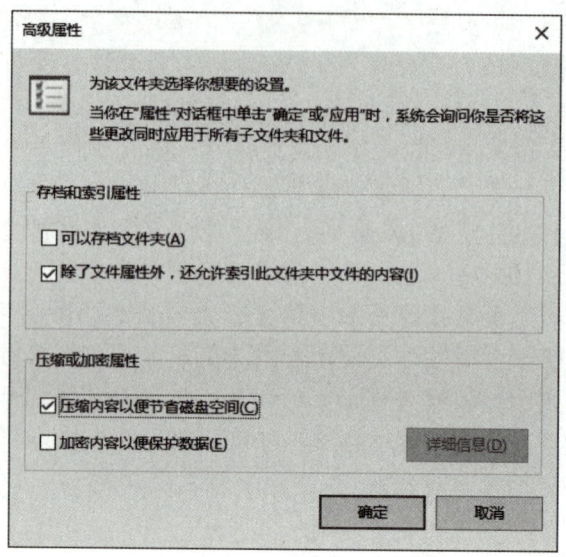

图 3-23　高级属性

步骤 3：如图 3-24 所示，选择"将更改应用于此文件夹、子文件夹和文件"，单击"确定"按钮。

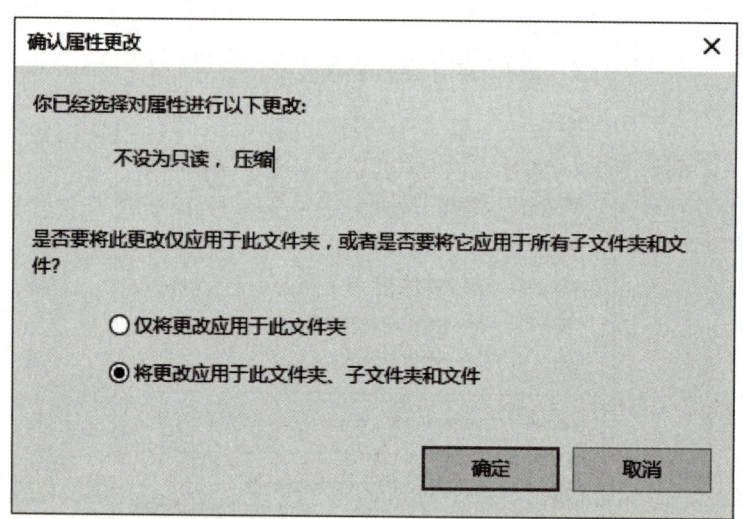

图 3-24　确认属性更改

压缩过后的文件夹有个压缩标志，如图 3-25 所示。

项目 3　Windows Server 2016 的文件管理与磁盘管理

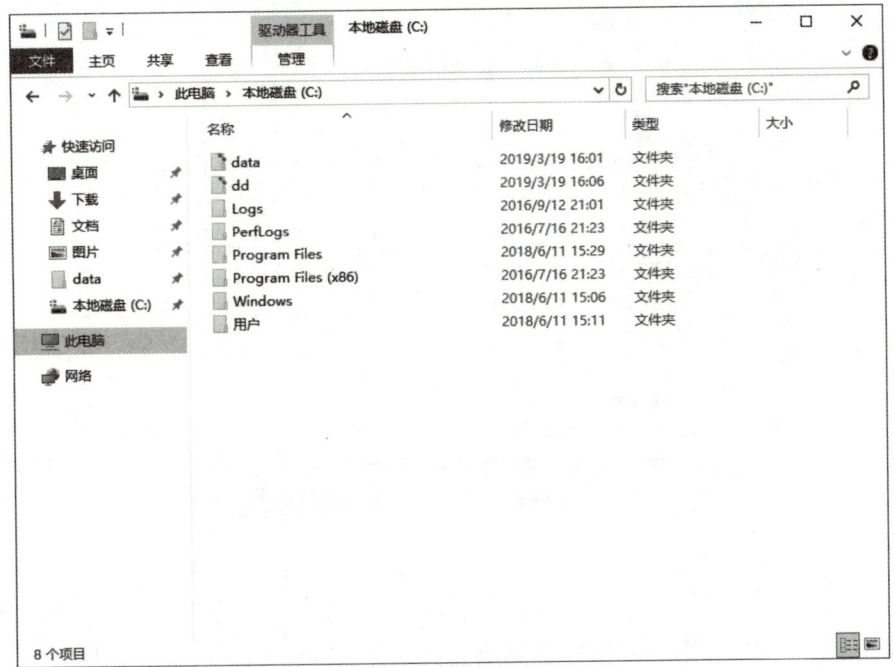

图 3-25　已压缩的文件夹

提示：可以对整个磁盘进行压缩设置。已加密的文件和文件夹无法进行压缩。

文件复制或移动时压缩属性的变化如表 3-5 所示。

表 3-5　文件复制或移动时压缩属性的变化

复制或移动前位置	复制或移动	复制或移动后位置	属性变化
C：\ data	复制	C：\ soft	继承 C：\ soft 的压缩属性
C：\ data	剪切	C：\ soft	压缩属性不变
C：\ data	复制	D：	继承 D：的压缩属性
C：\ data	剪切	D：	继承 D：的压缩属性

2. 加密文件系统

加密文件系统提供文件加密的功能，文件经过加密后，只要当初将其加密的用户或被授权的用户能够读取，因此可以提高文件的安全性。只有 NTFS 磁盘内的文件和文件夹才可以被加密，如果将文件复制或移动到非 NTFS 磁盘内，则文件会被解密。

文件压缩与加密无法并存。如果要加密已压缩的文件，则该文件会自动被解压缩。如果要压缩已加密的文件，则该文件会自动被解密。

步骤 1：要将 NTFS 磁盘内的文件压缩，可选中该文件单击鼠标右键，选择"属性"，如图 3-26 所示。单击"高级"按钮。

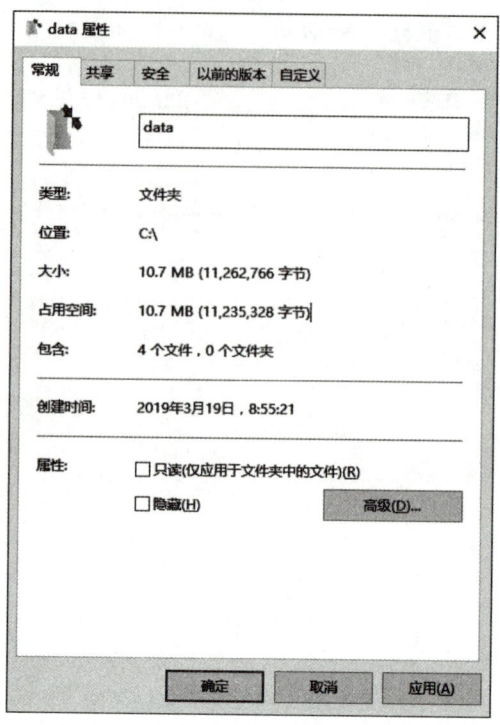

图 3-26 data 属性

步骤 2：如图 3-27 所示，勾选"加密内容以保护数据"复选框，单击"确定"按钮。

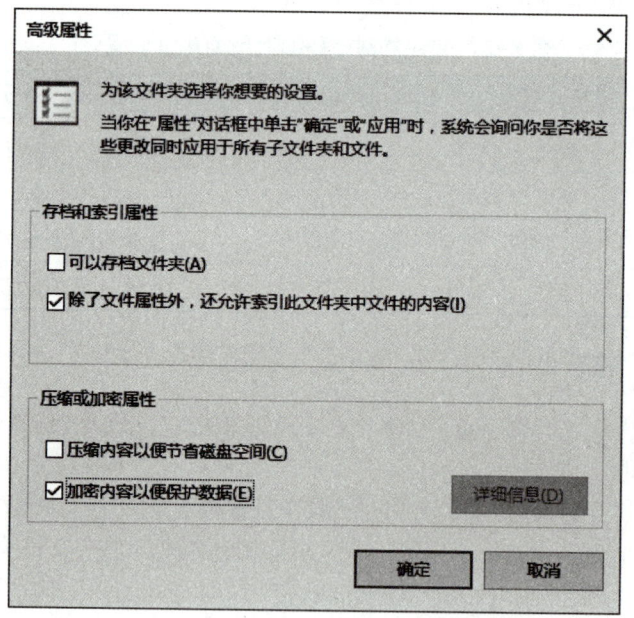

图 3-27 勾选"加密内容以保护数据"

步骤 3：如图 3-28 所示，选择"将更改应用于此文件夹、子文件夹和文件"，单击"确定"按钮。

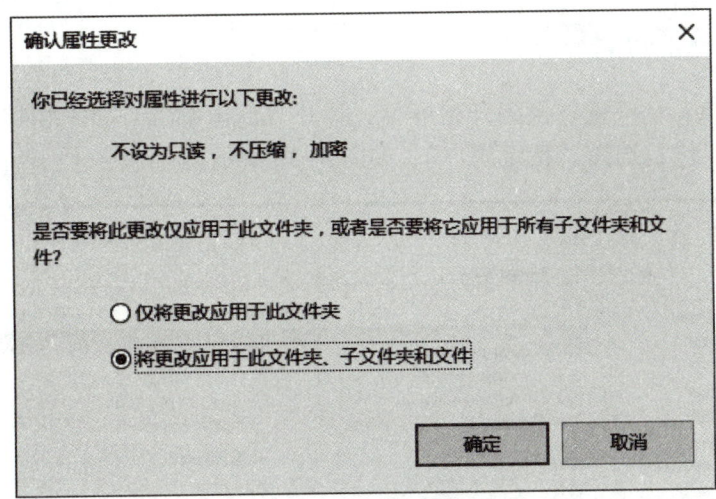

图 3-28　确认属性更改

任务 3-3　共享文件夹的创建与设置

任务描述：建立好用户账户和组账户后，就可以进行工作组网络（对等网）资源的管理和使用。为确保共享资源的安全，在资源管理中，应当实现资源的安全控制。在安装 Windows 的计算机上，共享资源的操作可分为"发布"和"使用"两部分。

任务目标：通过学习，应掌握共享资源的分布和使用技术。作为网络管理者，在开放共享资源时，应十分熟悉安全访问控制权限应用技术；此外，还应了解使用各种类型的共享资源的适用场合，以及这些使用方法，例如，显式共享、特殊共享、隐藏共享的特点与使用方法。

1. 公用文件夹

见图 3-29。

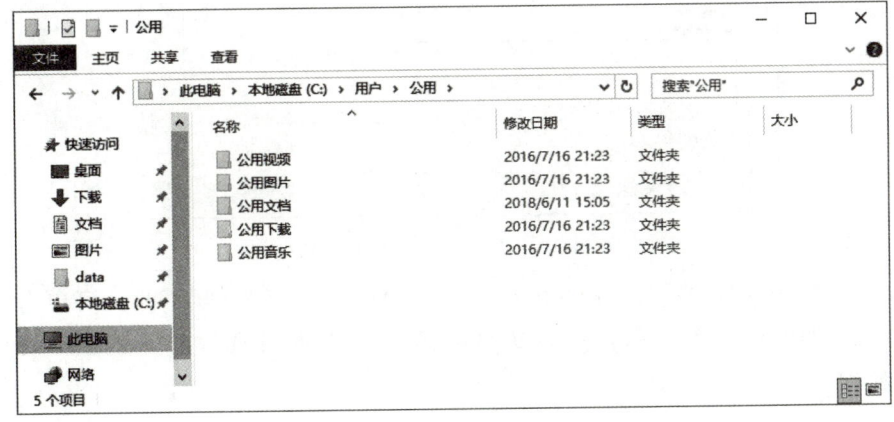

图 3-29　公用文件夹

2. 共享文件夹设置

步骤 1：按 Windows 键切换到开始屏幕，打开"此电脑"，选中文件夹，并单击鼠标右键，单击"共享"，选择"特定用户"，如图 3-30 所示。

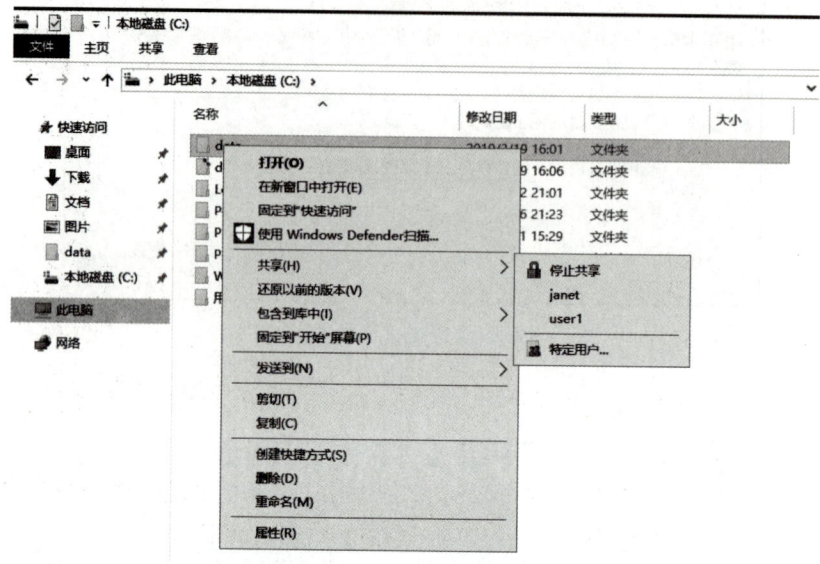

图 3-30　单击"特定用户"

步骤 2：如图 3-31 所示，单击向下箭头来选择要与之共享的用户或组。

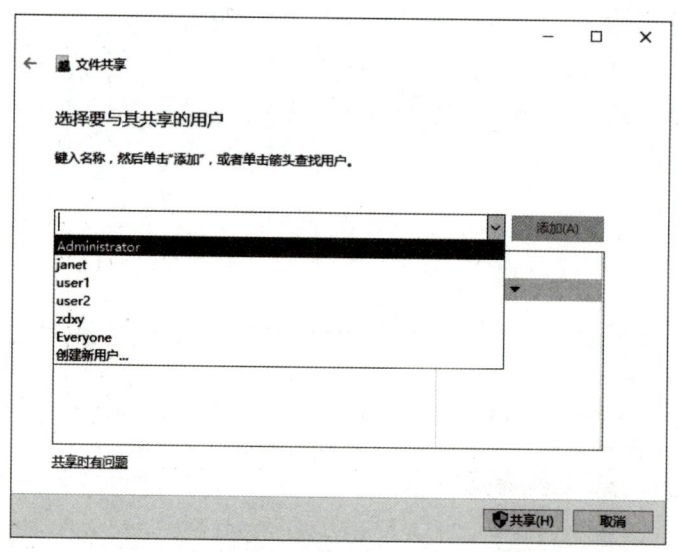

图 3-31　选择要共享的用户或组

步骤 3：被选的用户或组默认的共享权限为"读取"，如果要更改，可单击用户右边向下的箭头，如图 3-32 所示，然后从显示的列表中进行选择，完成后单击"共享"按钮。

项目 3 Windows Server 2016 的文件管理与磁盘管理

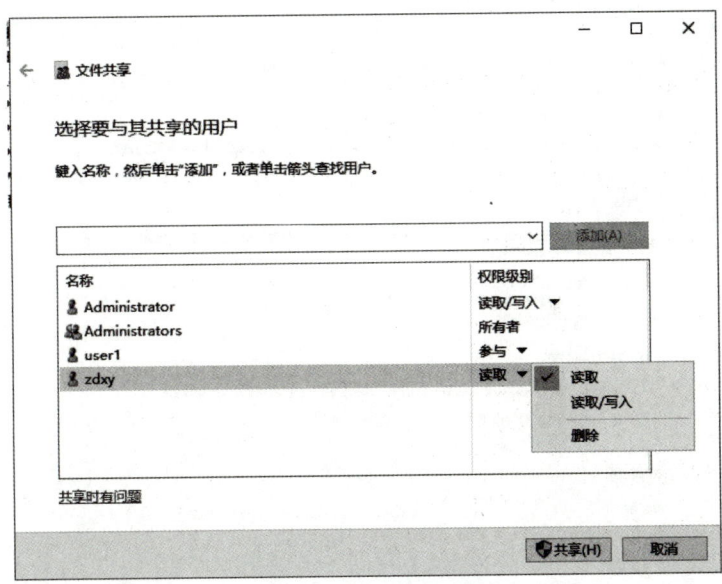

图 3-32 共享权限设置

步骤 4：如果此计算机的网络位置为"公用网络"，则会出现"网络发现和文件共享"对话框。如果选择否，此计算机的网络位置会被更改为"专用网络"。

步骤 5：出现"你的文件夹已共享"界面，如图 3-33 所示，单击"完成"按钮。

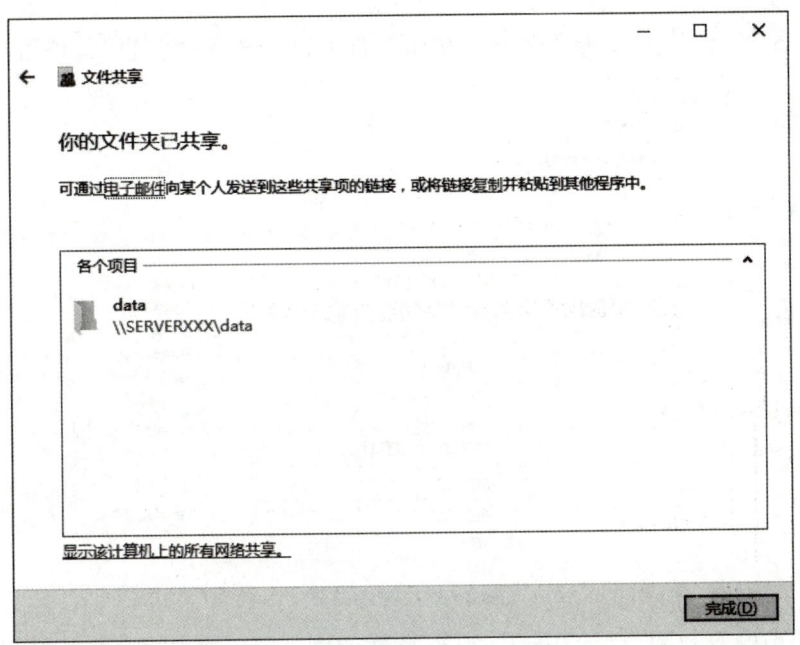

图 3-33 你的文件夹已共享

> **提示**：在第一次将文件夹共享后，系统会启用"文件和打印机共享"，如图 3-34 所示。

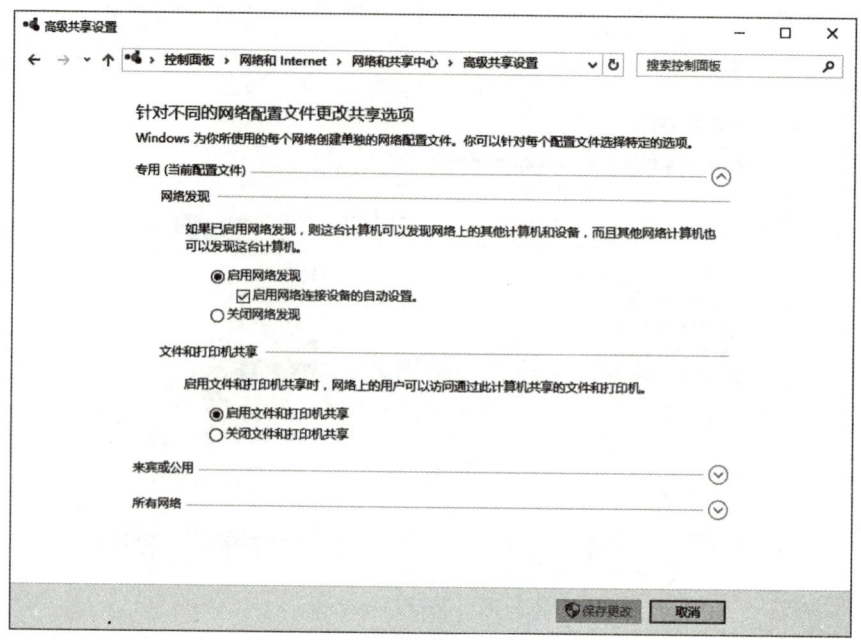

图 3-34 启用文件和打印机共享

3. 停止共享与更改共享权限

如图 3-35 所示，选中共享文件夹，单击鼠标右键，选择"共享"，单击"停止共享"

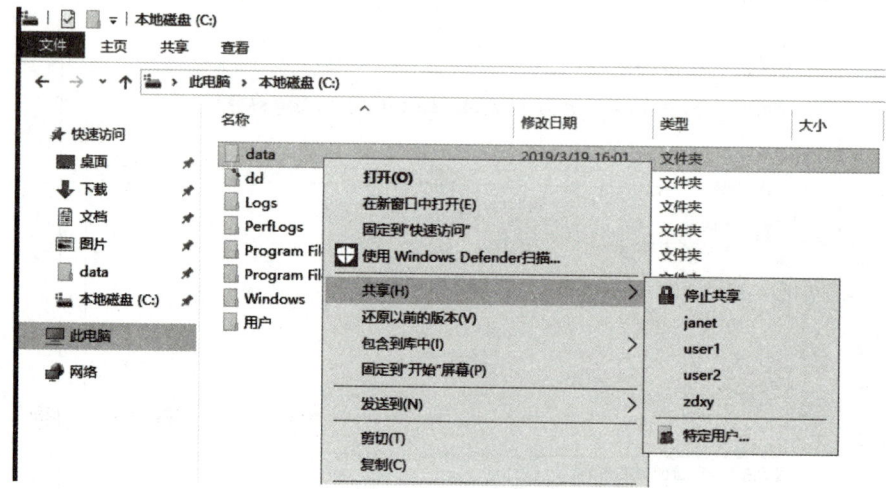

图 3-35 停止共享

如果要更改共享权限或添加用户，可以选择如图 3-36 所示的更改共享权限，或者直接选择图 3-36 中的特定用户，或单击文件夹属性中的"共享"选项卡，单击"共享"按钮。

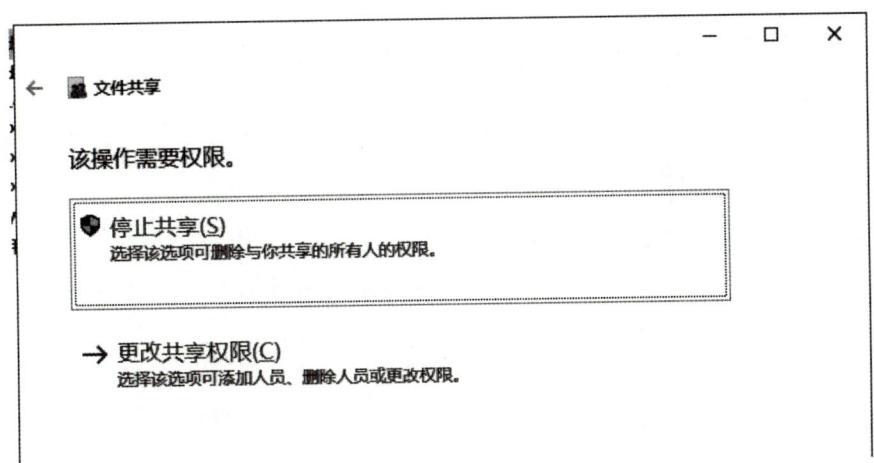

图 3-36　更改共享权限

单击图 3-37 左边的"高级共享"按钮，可以通过如图 3-37 右边的对话框设置共享权限。

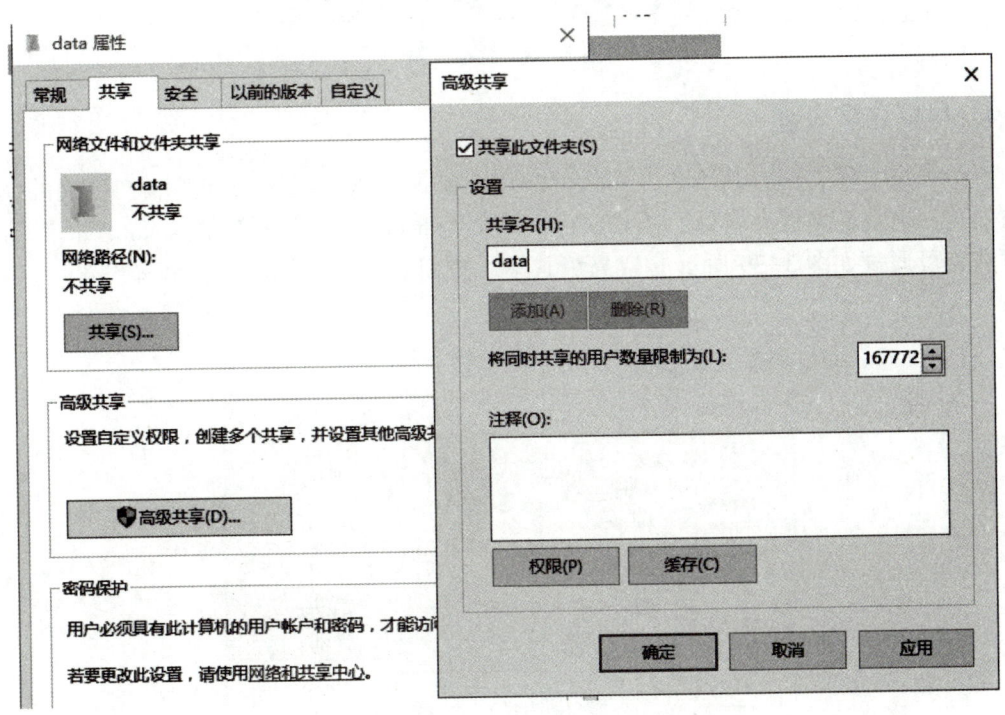

图 3-37　高级共享

如图 3-38 所示，设置 zdxy 的共享权限为"读取"。

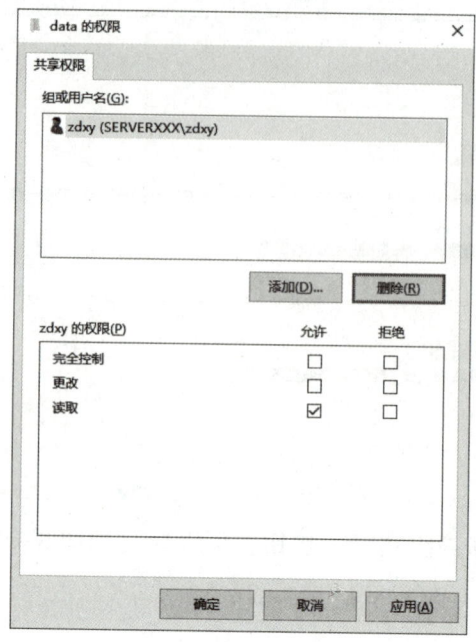

图 3-38 共享权限

4. 共享名字设置

每个共享文件夹都有共享名，网络上的用户是通过共享名来访问共享文件夹的文件，默认的共享名就是文件夹名称，例如文件夹名字为 books，共享名就是 books。如果要添加共享名，可通过如图 3-39 所示的"高级共享"按钮，单击"添加"按钮来设置。

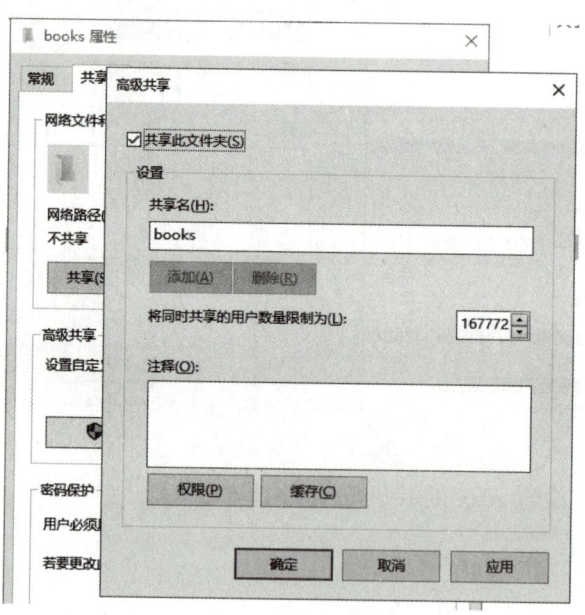

图 3-39 共享名设置

如果共享文件夹有特殊的用途，不想让用户在网络上浏览到，只要在共享名最后加上一个符号$，就可以将共享文件夹隐藏起来。隐藏共享文件夹的方法，如图3-40所示。

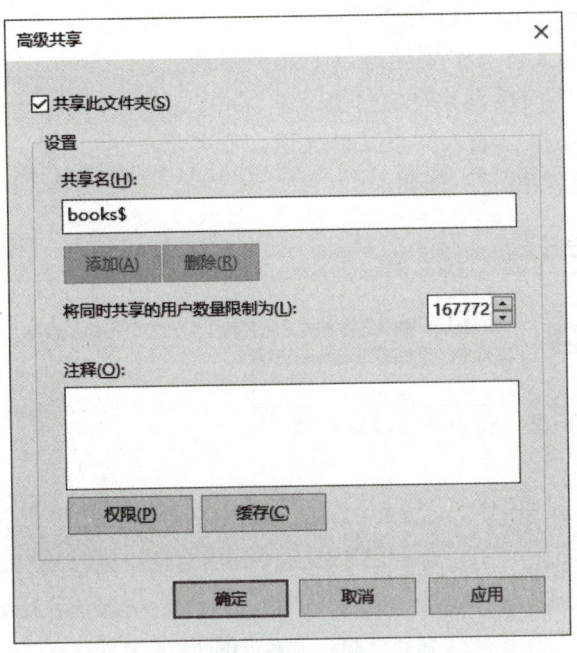

图3-40　隐藏共享文件夹

提示：系统已经自动创建了多个隐藏共享文件夹，它们是供系统内部使用或系统管理用的，如C$、ADMIN$等。

5. 管理共享文件夹

可以通过"计算机管理"工具来管理共享文件夹：按Windows键切换到"开始"屏幕，单击"Windows管理工具"，双击"计算机管理"，打开如图3-41所示窗口。

展开"系统工具"下的"共享文件夹"，单击"共享"。图中列出了系统以及共享的文件夹名称，包含隐藏的共享文件夹，文件夹的路径，适用于哪一种客户端来访问，目前连接的用户数等。

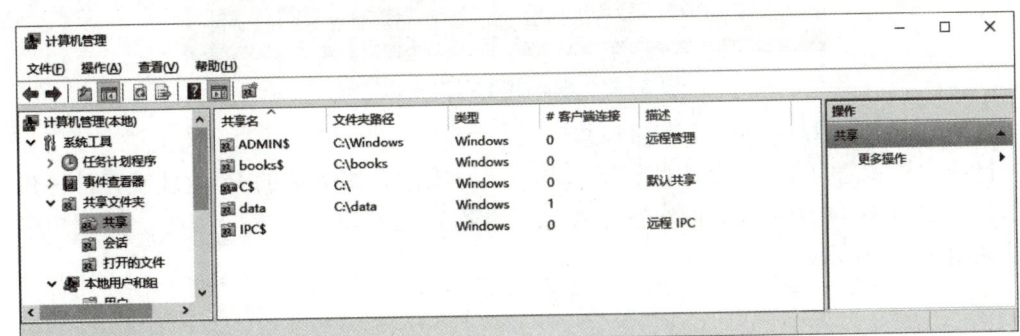

图3-41　共享文件夹管理

6. 使用共享文件夹

共享文件夹的表示为：\\计算机名\共享名，或者使用：\\计算机 IP 地址\共享名。网络用户访问共享文件夹主要通过以下几种方式。

(1) 通过"运行"连接到共享文件夹

打开"运行"对话框，输入共享文件夹所在服务器的 IP 地址或者计算机名和共享名，如图 3-42 所示，单击"确定"按钮。

图 3-42　通过"运行"对话框访问共享文件夹

首次连接共享文件夹时需要提供用户名和密码，如图 3-43 所示。

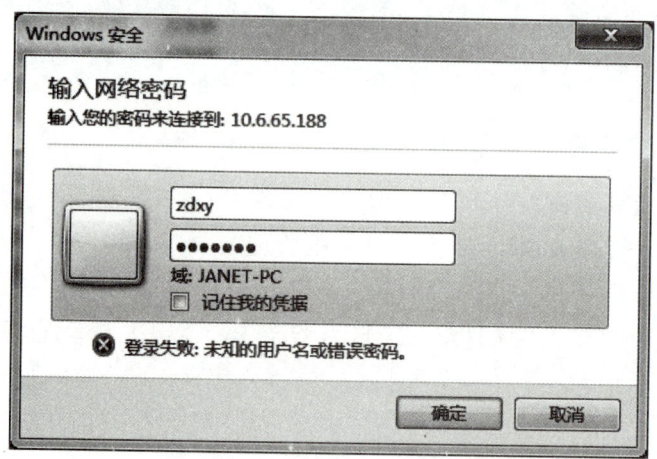

图 3-43　输入共享用户名和密码

(2) 通过"资源管理器"连接到共享文件夹

打开"资源管理器"，在地址栏输入共享文件夹所在服务器的 IP 地址或者计算机名和共享名，如图 3-44 所示，按回车键。注意：首次连接共享文件夹时需要提供用户名和密码，如图 3-43 所示。

项目 3　Windows Server 2016 的文件管理与磁盘管理

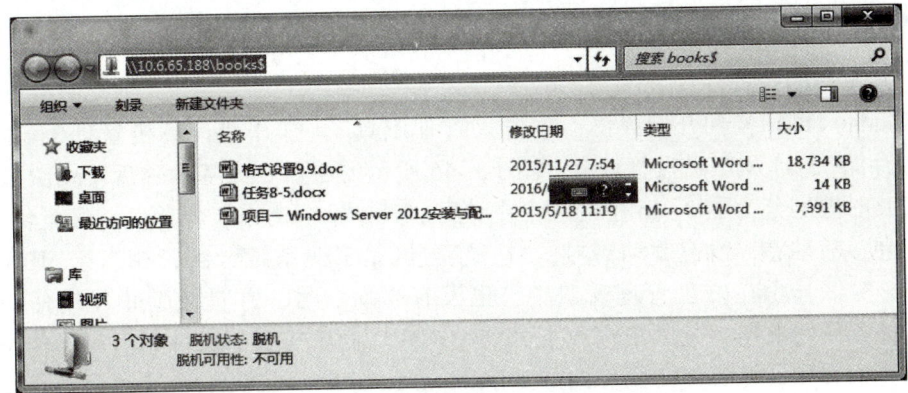

图 3-44　通过"资源管理器"连接到共享文件夹

（3）通过"网络驱动器"连接到网络计算机

见图 3-45。

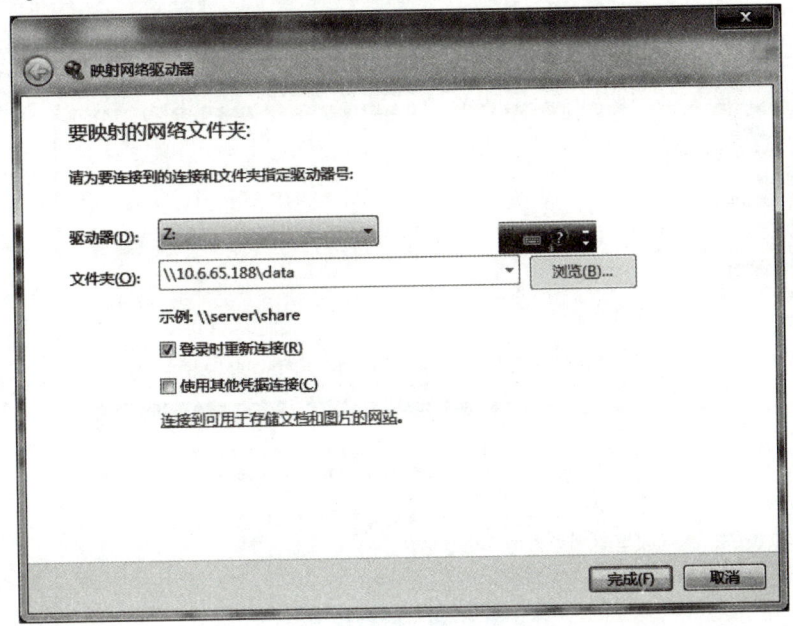

图 3-45　映射"网络驱动器"

任务 3-4　磁盘管理

任务描述：Windows Server 2016 的存储管理无论在技术上还是功能上都是很强大的，磁盘管理为我们提供了很好的管理界面与性能。

任务目标：通过学习，掌握基本磁盘和动态磁盘的配置与管理，学会根据用户需求为用户分配磁盘配额。

1. 基本磁盘的管理

（1）基本卷的管理

按 Windows 键切换到开始屏幕，单击"管理工具"，打开"计算机管理"，单击右边窗格的"存储"，打开"磁盘管理"。如图 3-46 所示的磁盘 0 为基本磁盘、MBR 磁盘，该磁盘在安装时被划分为图 3-46 中的三个主分区，其中一个为系统保留区，容量约 450MB，它是系统卷、活动卷，没有驱动器号；另一个分区是 EFI 系统分区，相当于 MBR 磁盘的系统卷，该分区显示在磁盘管理窗口中，也没有驱动器号，并且被禁止使用任何操作命令，无法保存任何数据，分区内存放了 BIOS/OEM 厂商所需要的文件和启动操作系统的文件等，只能由使用计算机 EFI 固件内的 Boot Manager 来访问；另一个是磁盘分区 C，容量为 59.45GB，它是安装 Windows Server 2016 的启动卷。

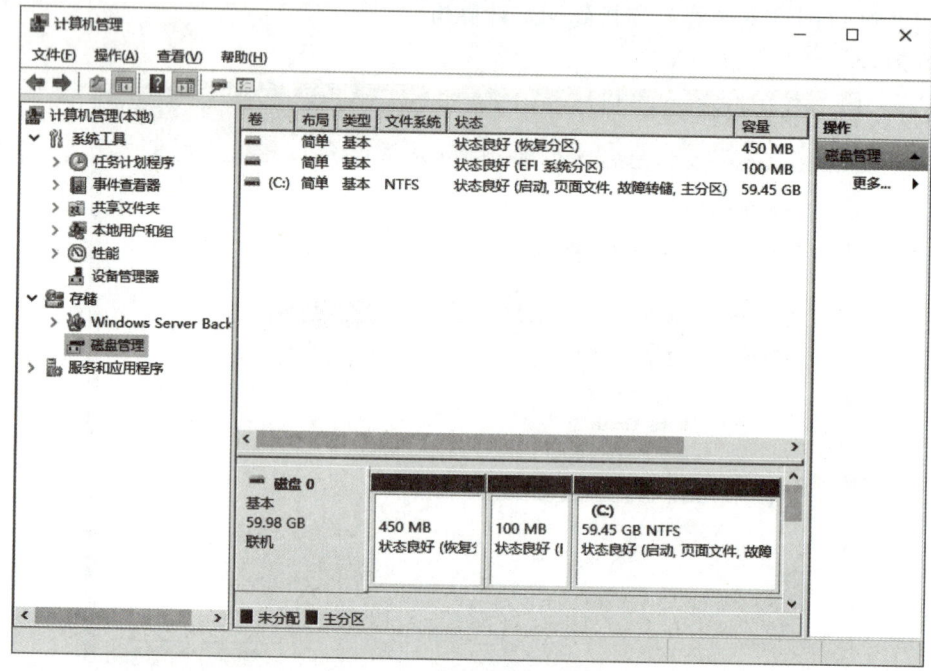

图 3-46　磁盘管理

（2）压缩卷

可以将 NTFS 卷压缩，也就是说可以将磁盘中的第二个磁盘分区的驱动器腾出一些空余的空间，变成另一个未划分的空间，简单说就是缩小原来磁盘的空间，以便将腾出的空间划分为另一个磁盘分区。

如图 3-47 所示，选中 C：磁盘并单击鼠标右键→"压缩卷"→输入要腾出空间的大小，单击"压缩"按钮，如图 3-48 所示。

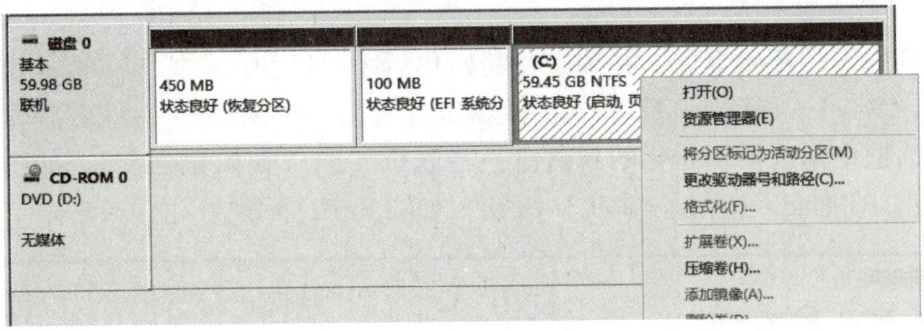

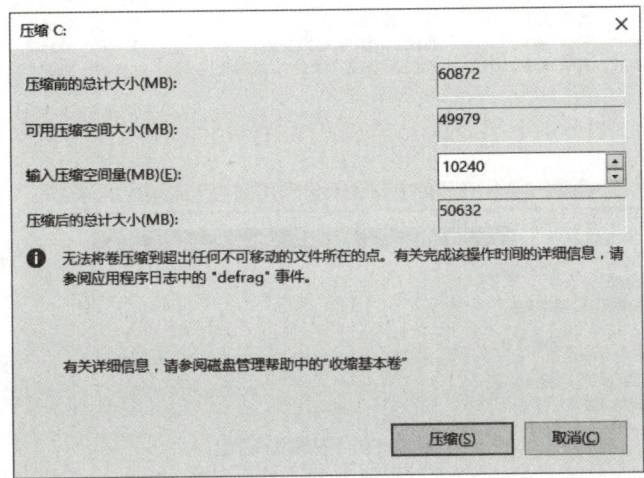

图 3-47 压缩卷

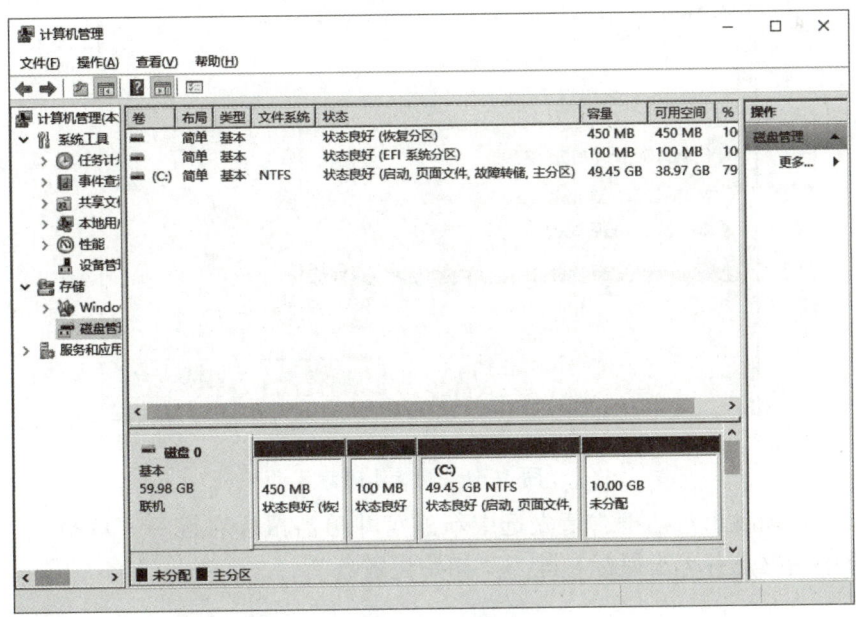

图 3-48 压缩量

图 3-49 为完成后的界面，图中右边多出一个约 10GB 的可用空间，而原来的 C 盘只剩下 49.45GB。

图 3-49 压缩结果

（3）安装新磁盘

在计算机内安装新磁盘后，必须经过初始化后才可以使用：按 Windows 键切换到"开始"屏幕→"Windows 管理工具"→"计算机管理"→"存储"→"磁盘管理"→在自动跳出的对话框中勾选要初始化的新磁盘→"联机"→"初始化磁盘"，如图 3-50 所示，选择 MBR 或 GPT 样式→单击"确定"按钮，如图 3-51 所示。

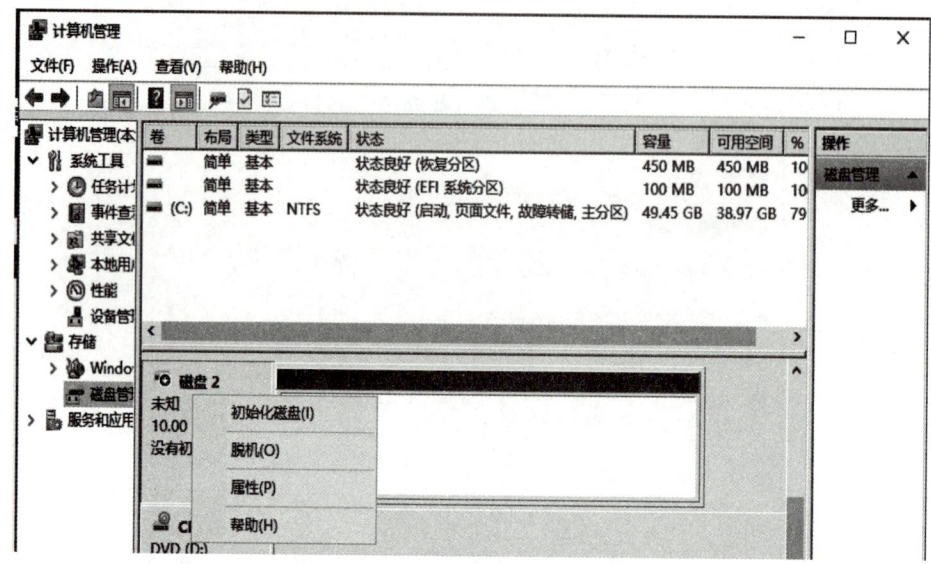

图 3-50　安装新磁盘

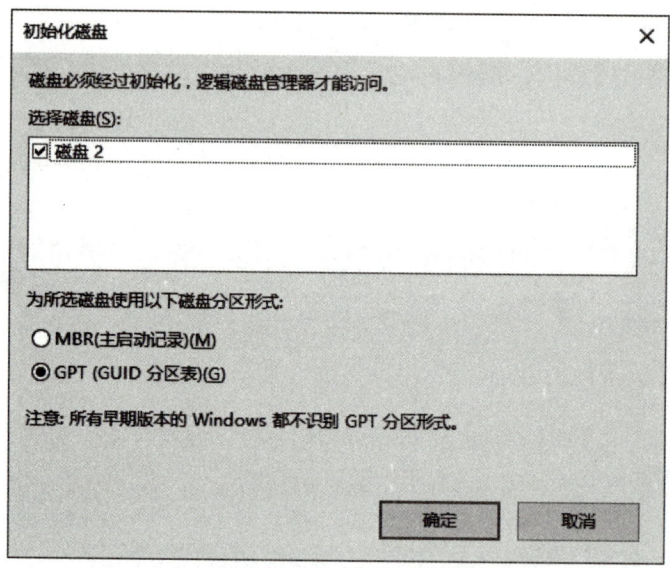

图 3-51　初始化磁盘

如果没有自动跳出对话框，请先选中新磁盘并单击鼠标右键→"联机"，如图 3-52 所示，再选中新磁盘并单击鼠标右键→"初始化磁盘"。

项目 3　Windows Server 2016 的文件管理与磁盘管理

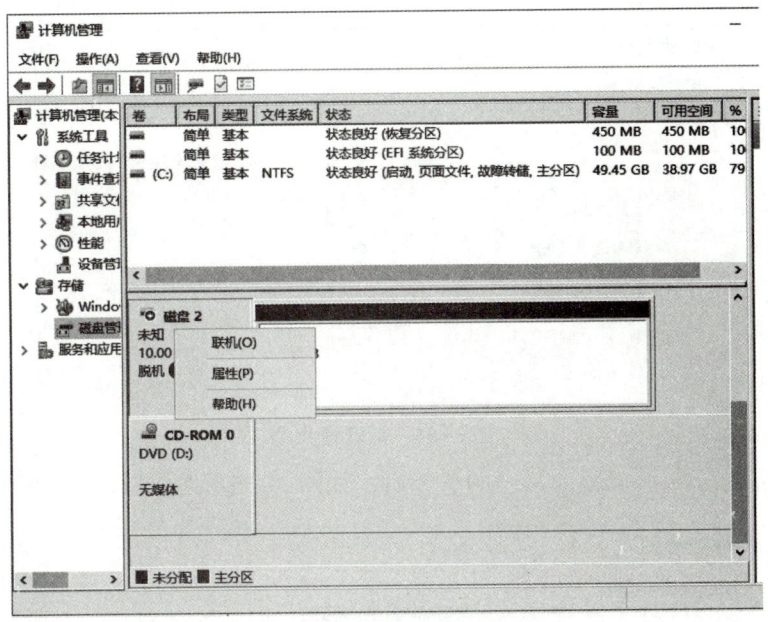

图 3-52　联机

（4）创建主分区

对 MBR 磁盘来说，一个基本磁盘内最多可以有 4 个主分区，而 GPT 磁盘最多可以有 128 个主分区。

步骤 1： 如图 3-53 所示，选中未分配空间并单击鼠标右键→"新建简单卷"。新建的简单卷会自动被设置为主分区，但是新建第四个简单卷会被设置为扩展分区。

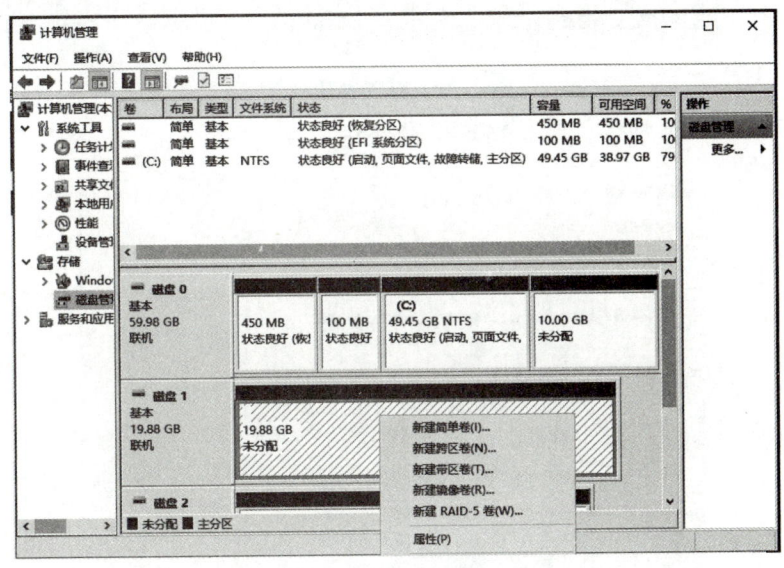

图 3-53　创建磁盘主分区

步骤 2： 出现"欢迎使用新建简单卷向导"界面，单击"下一步"按钮。

步骤 3： 如图 3-54 所示，设置该分区的大小 10GB，然后单击"下一步"按钮。

71

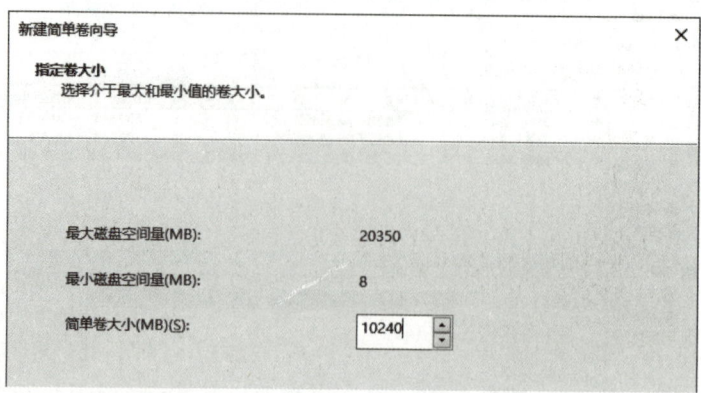

图 3-54　指定卷大小

步骤 4：完成分配一个驱动器号的选择后，如图 3-55 所示，单击"下一步"按钮。

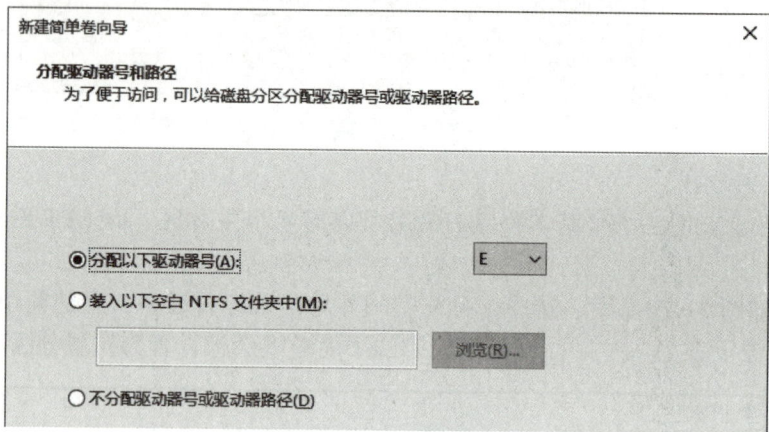

图 3-55　分配驱动器号

步骤 5：如图 3-56 所示，默认格式化磁盘分区。

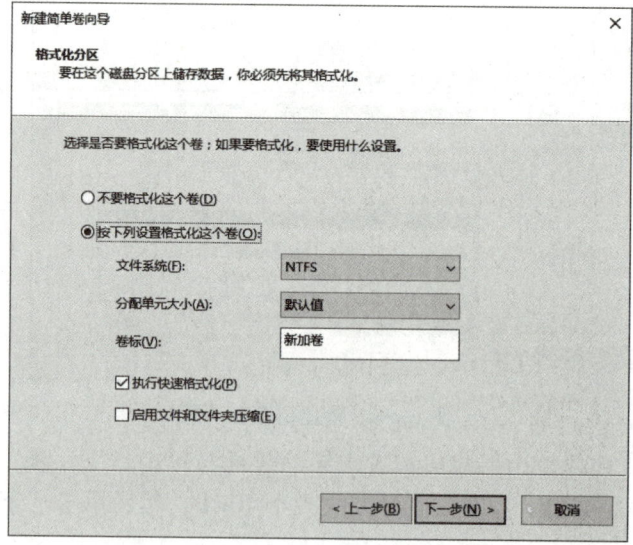

图 3-56　格式化分区

步骤 6：出现"完成新建简单卷向导"界面时单击"完成"按钮。
步骤 7：系统开始格式化磁盘分区，图 3-57 为完成后的界面，其大小为 10GB。

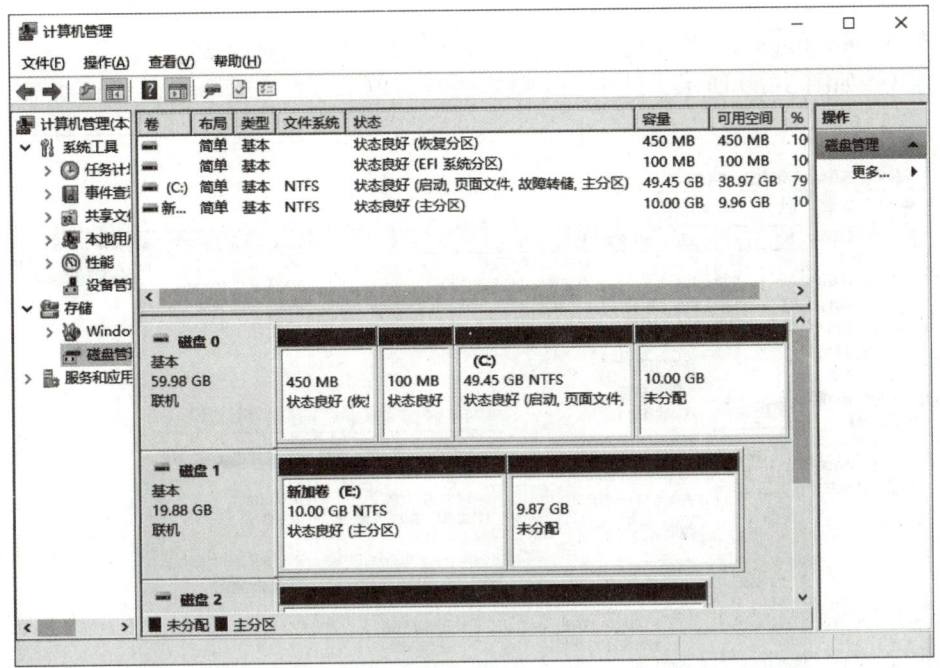

图 3-57　完成界面

> **提示**：如果创建过程中没有选择分配驱动器号码，则可以在完成磁盘分区创建后，通过"更改驱动器号和路径"来完成此步设置，如图 3-58 所示。

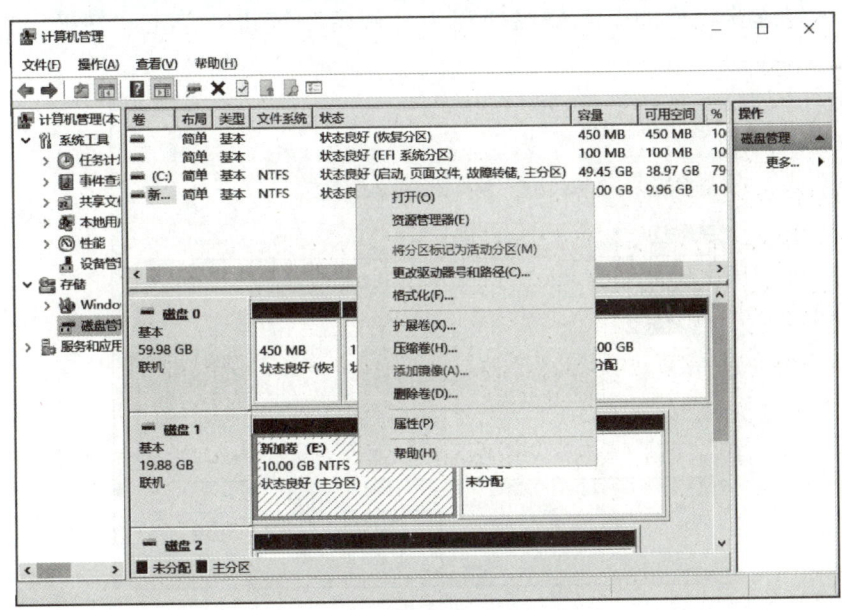

图 3-58　更改驱动器号

2. 动态磁盘的管理

（1）基本磁盘转换为动态磁盘

只有 Administrators 或 Backup Operators 的成员才有权限执行转换工作。

步骤 1：如图 3-59 所示，选中一个基本磁盘并单击鼠标右键→"转换到动态磁盘"。

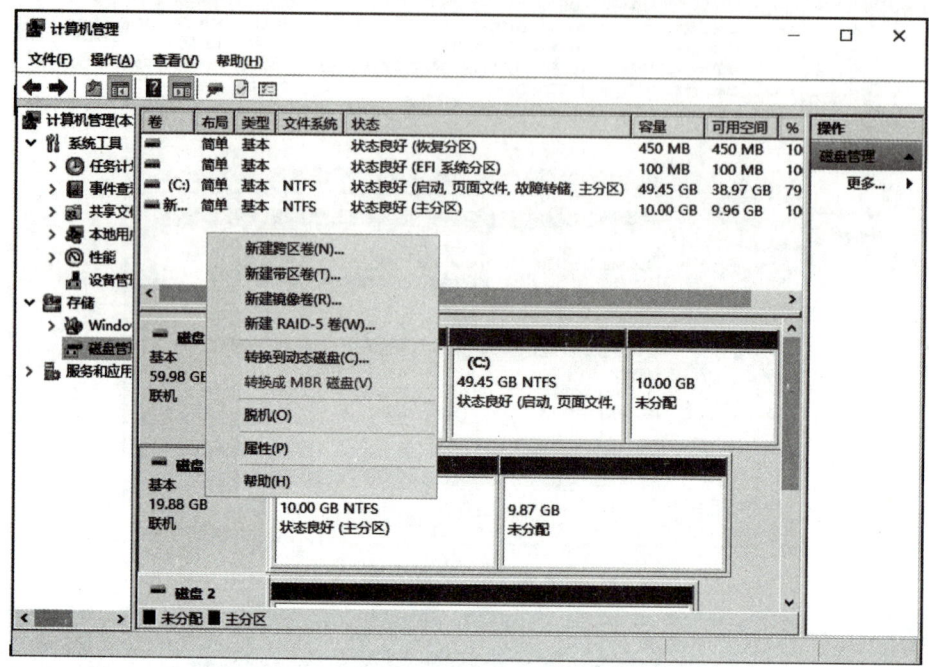

图 3-59　转换到动态磁盘

步骤 2：勾选要转换的基本磁盘→单击"确定"按钮→单击"转换"按钮，如图 3-60 所示。

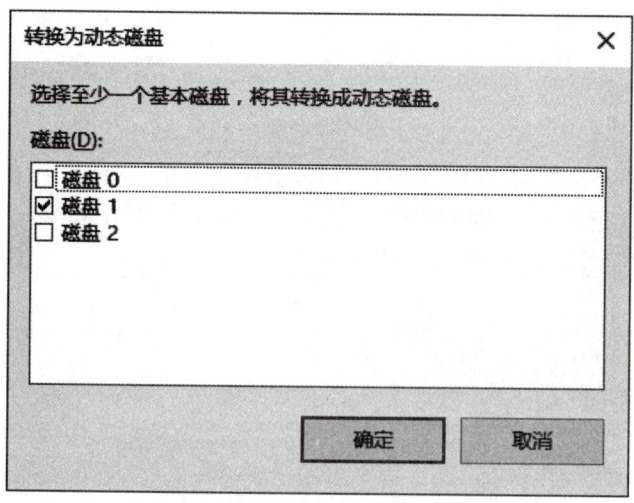

图 3-60　勾选要转换的基本磁盘

（2）简单卷

简单卷是动态磁盘中的基本单位，它的地位与基本磁盘中的主要磁盘分区相当。可以从未分配空间中来创建简单卷，并且在需要时可以将其扩大。

步骤 1： 如图 3-61 所示，选中一块未分配的空间，并单击鼠标右键→"新建简单卷"。

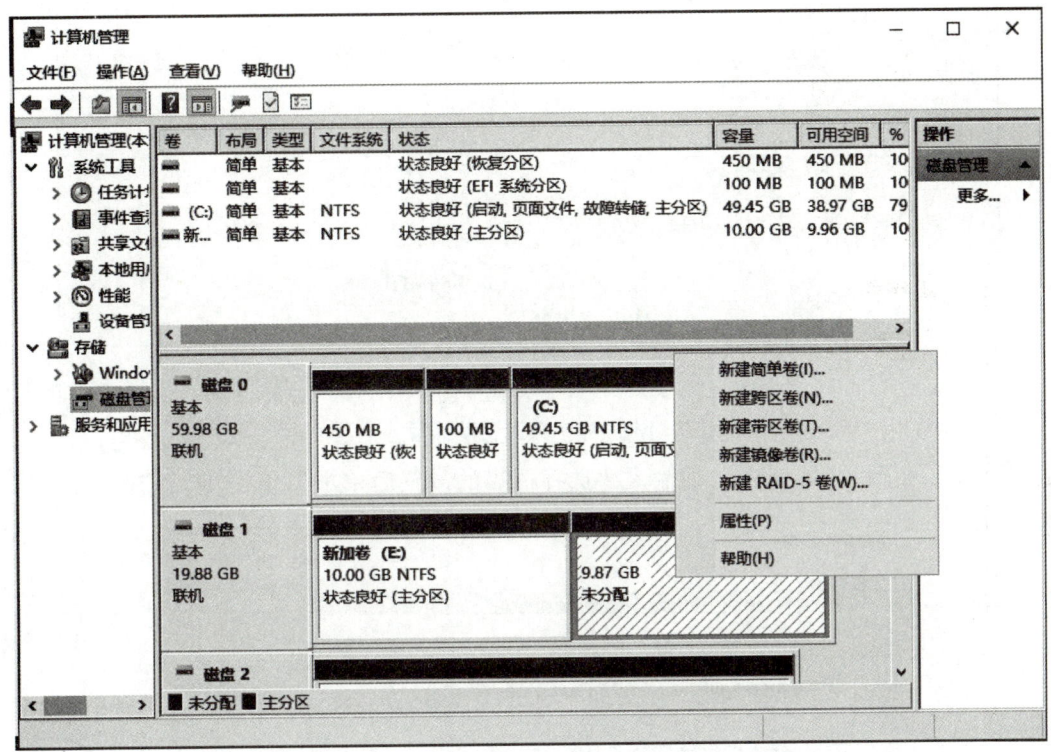

图 3-61　创建简单卷

步骤 2： 出现"欢迎使用新建简单卷向导"界面，单击"下一步"按钮。

步骤 3： 如图 3-62 所示，输入卷的大小后单击"下一步"按钮。

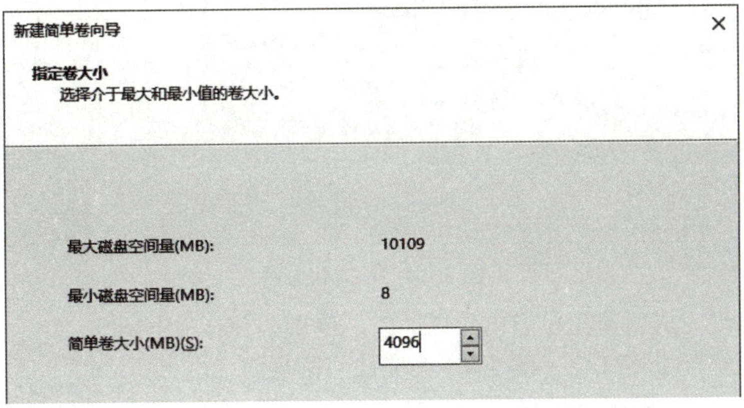

图 3-62　指定卷大小

步骤 4：在图 3-63 中指定驱动器号，单击"下一步"按钮。

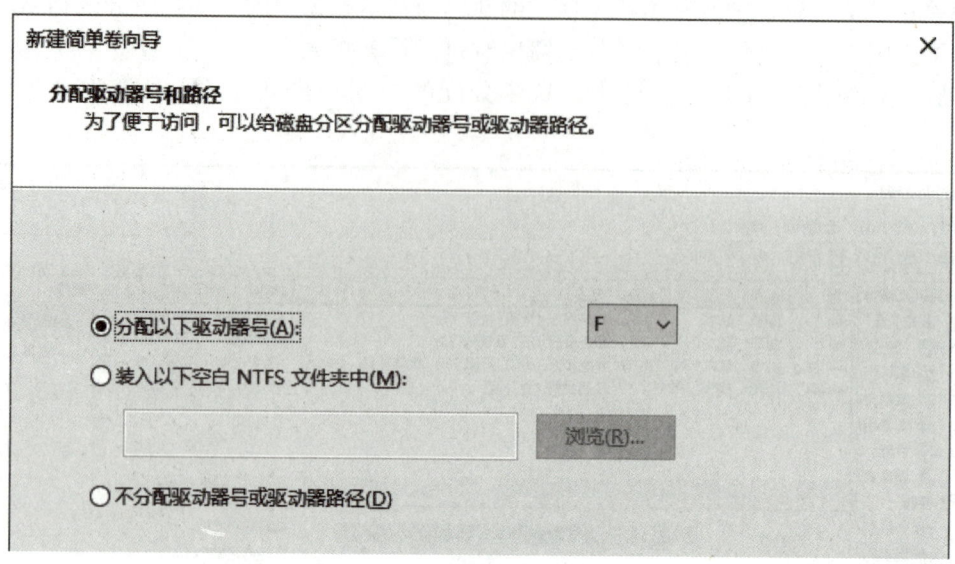

图 3-63　分配驱动器号

步骤 5：如图 3-64 所示，请输入并选择适当的设置后单击"下一步"按钮。

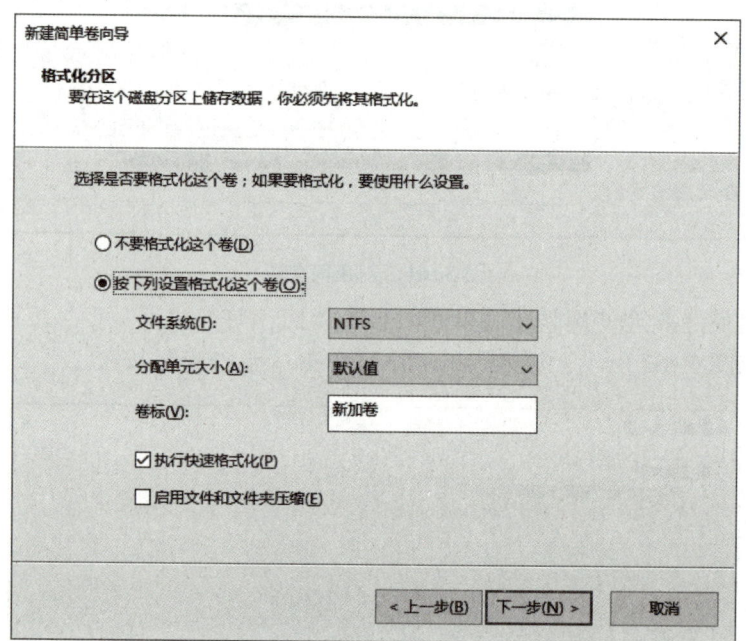

图 3-64　格式化分区

步骤 6：出现完成新建简单卷向导界面时，单击"完成"按钮。
步骤 7：系统开始格式化，图 3-65 为完成后的界面。

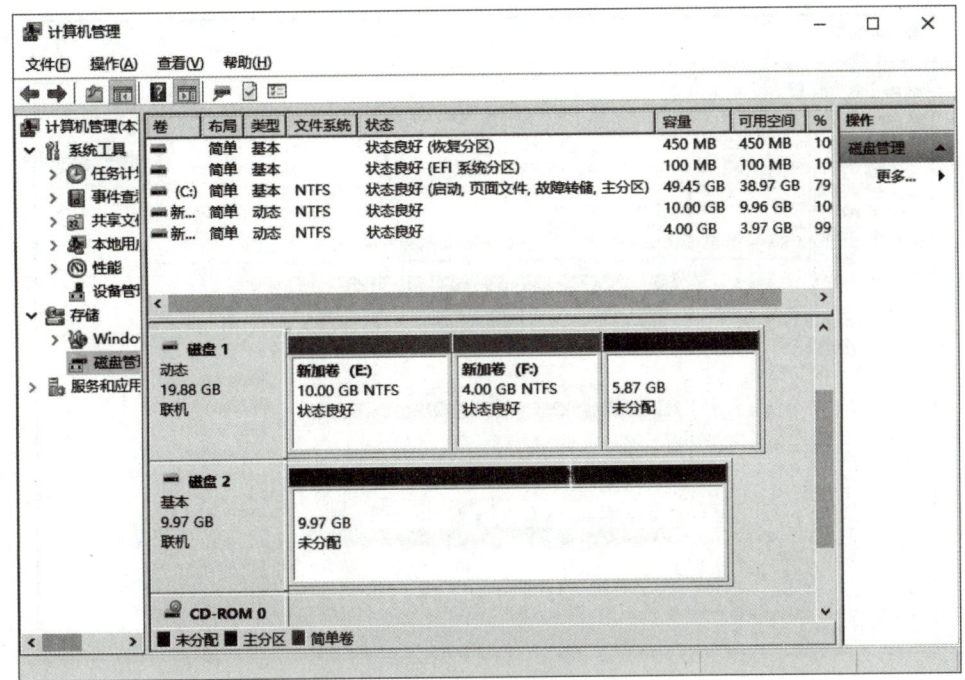

图 3-65　完成界面

（3）将动态磁盘转换为基本磁盘

步骤 1： 将全部卷备份到要从动态磁盘转换为基本磁盘的磁盘上。

步骤 2： 在"磁盘管理"中，右键单击要转换为基本磁盘的动态磁盘上的卷，然后单击"删除卷"。对该磁盘上的所有卷逐个进行上述操作，以删除磁盘上的全部卷。

步骤 3： 删除磁盘上全部卷后，右键单击该磁盘，再单击"转换为基本磁盘"。

（4）管理镜像卷

中断镜像：右击镜像卷中任何一个成员，在弹出的快捷菜单中选择"中断镜像"即可。镜像关系中断以后，两个成员都变成了简单卷，但其中的数据都会被保留。并且，磁盘驱动器号也会改变，处于前面卷的磁盘驱动器号沿用原来的，而后一个卷的磁盘驱动器号将会变成下一个可用的磁盘驱动器号。

删除镜像：右击镜像卷中任何一个成员，在弹出菜单中选择"删除镜像"，选择删除其中的一个成员，被删除成员中的数据将全部被删除，它所占用的空间将变为未指派的空间。

（5）管理 RAID-5 卷

步骤 1： 如图 3-66 所示，选中磁盘 1 的未分配空间，单击鼠标右键→"新建 RAID-5 卷"。

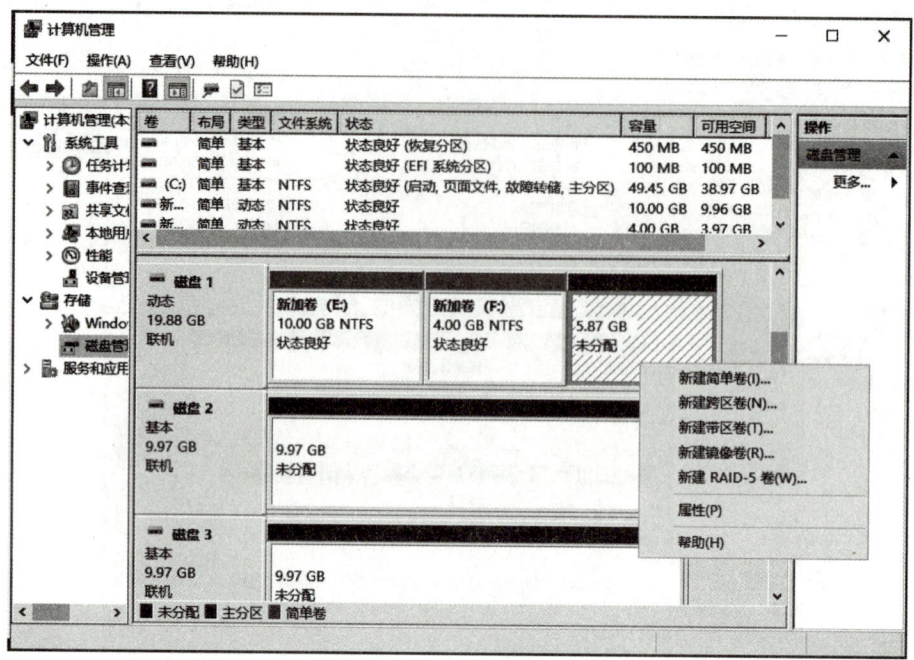

图 3-66 新建 RAID-5 卷

步骤 2：出现"欢迎使用新建 RAID-5 卷"界面，单击"下一步"按钮。

步骤 3：分别从磁盘 1、2、3 选择 4096MB 空间，也就是该 RAID-5 卷总容量大约 12GB，但需要三分之一的容量来保存奇偶校验，因此实际容量大约 8GB，单击"下一步"按钮。

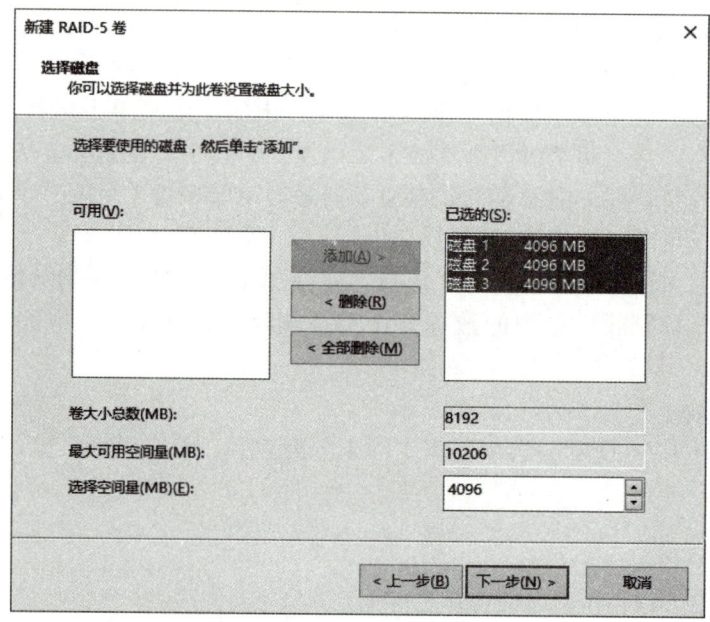

图 3-67 选择磁盘及空间量

步骤 4：指定驱动器号，单击"下一步"按钮。

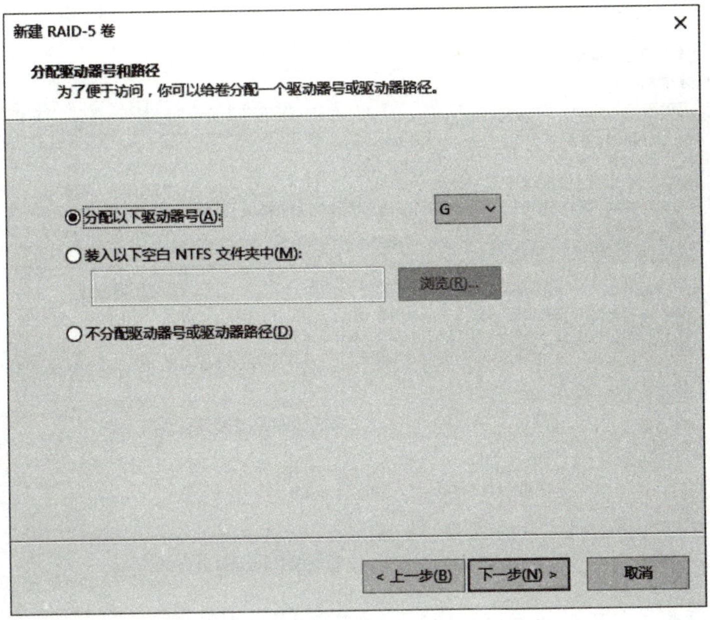

图 3-68 分配驱动器号

步骤 5：输入适当值后单击"下一步"按钮。

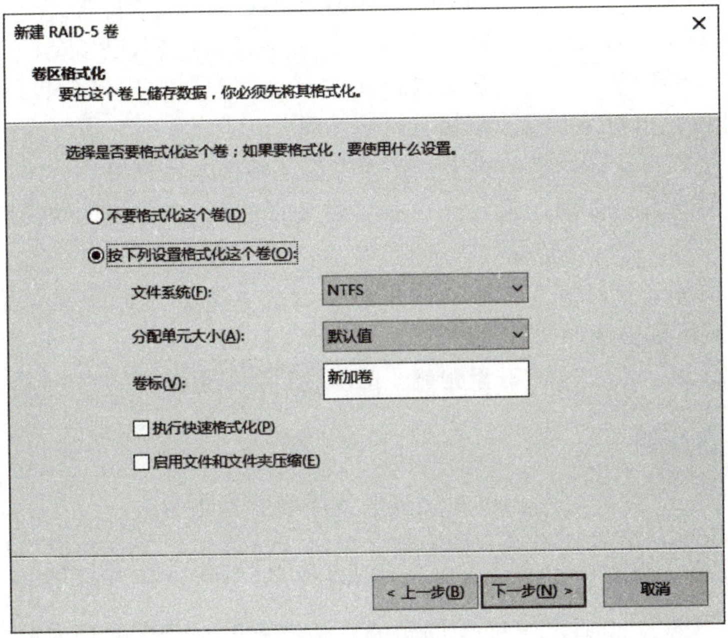

图 3-69 格式化分区

步骤 6：出现正在完成新建 RAID-5 卷界面，单击"完成"按钮。

步骤 7：开始创建 RAID-5 卷，图 370 为正在创建 RAID-5 卷的界面，正在格式化的卷即为 RAID-5 卷，它分布在 3 个磁盘内，并且每个磁盘容量都为 4GB，根据步骤 4 的选择，该 RAID-5 卷格式化完成后卷标为 G：。

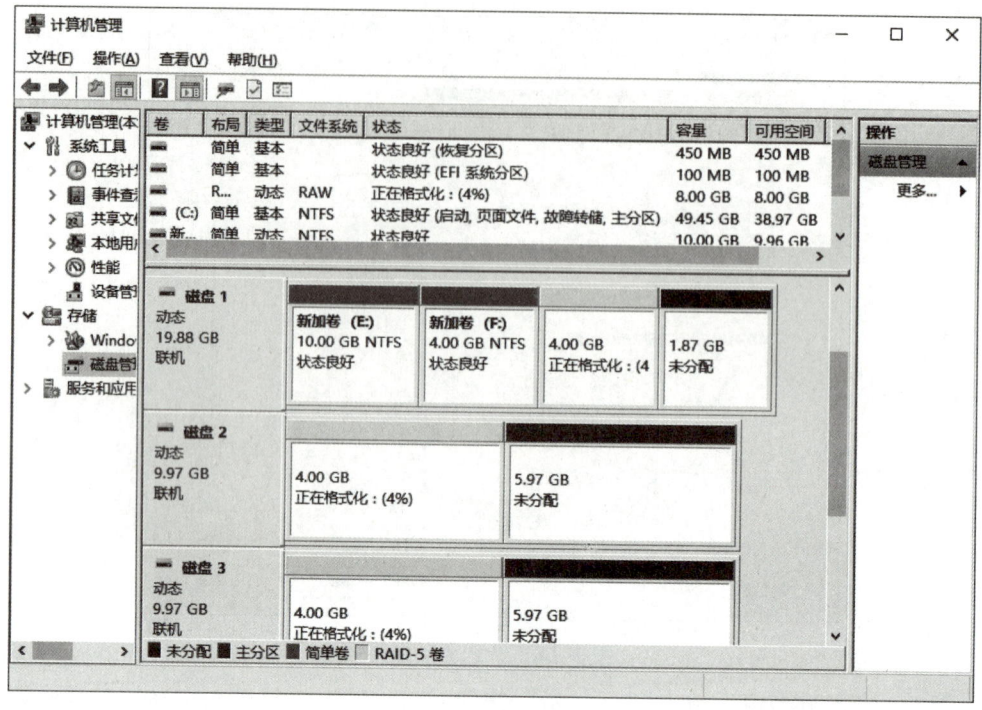

图 3-70　RAID-5 卷

（6）修复 RAID-5 卷

如果 RAID-5 卷中某一磁盘出现故障，在"磁盘管理器"中将会看到标记为"丢失"的动态磁盘。要修复 RAID-5 卷，可执行以下步骤：

步骤 1：将故障盘从计算机中拔出，将新磁盘正确接入计算机。

步骤 2：打开计算机管理控制台，右击"磁盘管理"，在弹出的快捷菜单中选择"重新扫描磁盘"。

步骤 3：右击原来 RAID-5 卷中正常的成员之一，在弹出的快捷菜单中选择"修复卷"，在弹出的对话框中选择新磁盘后点击"确定"按钮。

步骤 4：将标记"丢失"的磁盘删掉，RAID-5 卷恢复正常。

3. 设置磁盘配额

例：Administrator 设置用户 zdxy 对磁盘的使用额度为 20MB。

步骤 1：按 Windows 键切换到开始屏幕，单击"计算机"动态磁贴，选中驱动器并单击鼠标右键，选择"属性"，单击"配额"，如图 3-71 所示。默认情况下：系统的磁盘配额项功能是被禁用的，此时图 3-71 中的交通灯是红色的。若交通灯为黄色，表示在卷上重建配额信息，配额是非活动的，若交通灯为绿色，表示在改卷上启用磁盘配额。

步骤 2：在图 3-72 中勾选"启用配额管理"复选框。

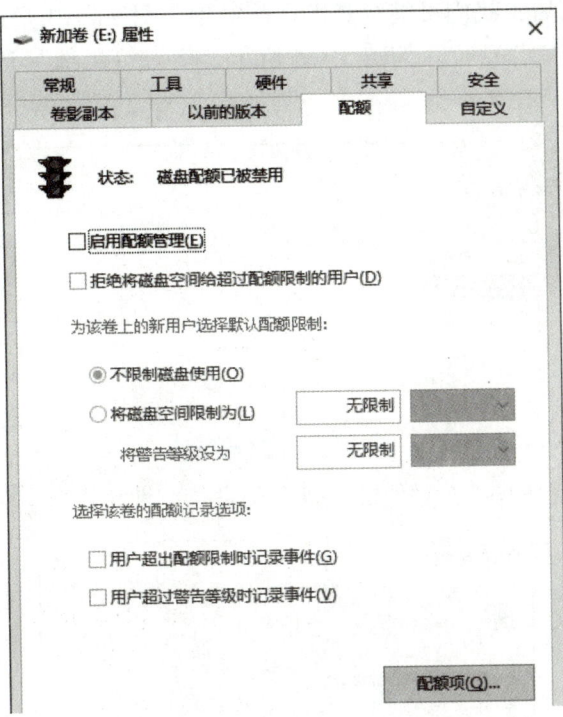

图 3-71 磁盘配额属性

步骤 3：在图 3-72 中勾选"拒绝将磁盘空间给超过配额限制的用户"，并对磁盘空间限制和警告等级进行设置，这个参数将对所有用户产生效果。另外还可以让超过警告限额或者超出配额的情况进行日志记录。

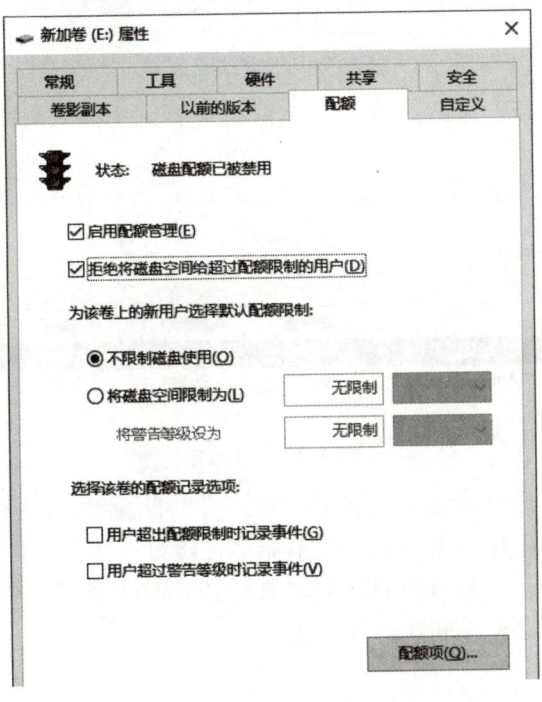

图 3-72 磁盘配额选项

步骤 4：配置好之后，我们可继续点击"配额项"对 zdxy 用户进行个性化设置。在配置项对话框中，点击"配额项"。如图 3-73 所示，单击"配额"选项卡下的"新建配额项"。

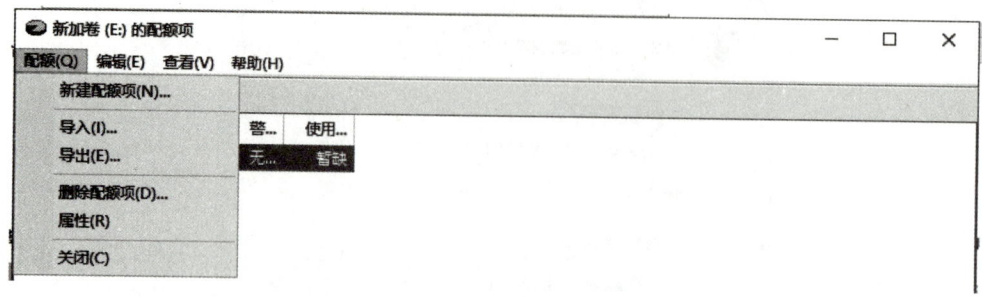

图 3-73　新建配额项

步骤 5：选择用户"zdxy"，对他的磁盘空间进行个性化设置，如图 3-74 所示。

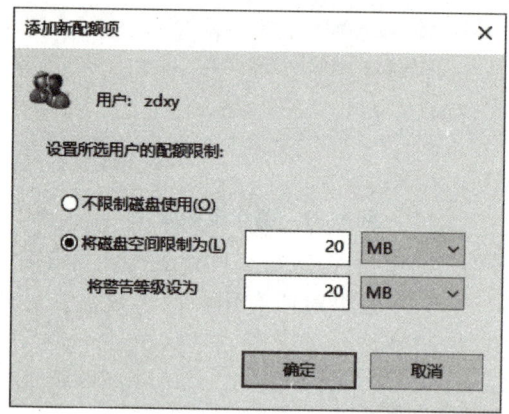

图 3-74　改变磁盘配额

步骤 6：单击"确定"之后，就可以在窗口中看到为用户 zdxy 新建的配额项，如图 3-75 所示。

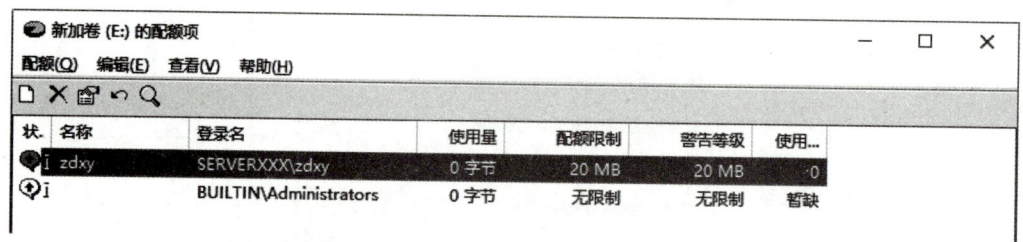

图 3-75　配额项

步骤 7：关闭图 3-75 所示窗口，点击"确定"启用刚才设置配额项几分钟之后，配置就能生效了。此时 zdxy 用户便不能不受节制地往磁盘上传送文件了，zdxy 用户受自己的配额项限制。使用 zdxy 登录到计算机，复制文件到 C 盘，最多只能上传 20MB 了，并且上传到 20MB 时就会警告提示，如图 3-76 所示。

项目 3　Windows Server 2016 的文件管理与磁盘管理

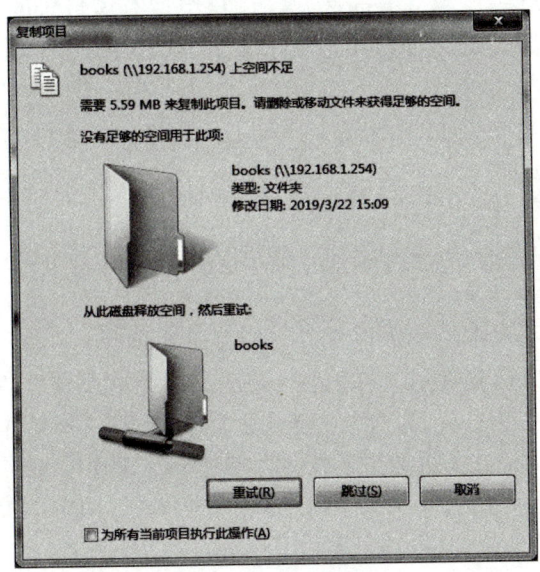

图 3-76　测试配额项

项目小结

本项目介绍了 Windows Server 2016 中应用的 FAT32 和 NTFS 文件系统，NTFS 文件系统下的文件和文件夹权限的规则，分配权限的操作步骤，安全权限在文件和文件夹移动或复制时的变化，文件压缩和加密的知识，共享权限的规则，如何共享文件夹、如何管理共享文件夹等；本项目还介绍了磁盘的类型及转换，磁盘碎片整理以及磁盘配额。

上机实训

实验目的

掌握 Windows Server 2016 NTFS 权限与磁盘的安全与管理。

实验内容

1. 设置 NTFS 权限并验证。
2. 设置共享文件夹。
3. 动态磁盘与基本磁盘的转换。
4. 磁盘配额的设置。

实验步骤

1. 在 NTFS 分区创建一个目录 templ，As 用户组拥有该目录的只读权限，Bs 用户组拥有该目录的写入权限。此时如果用户 test 属于 As 和 Bs 两个组，则 test 用户对该目录有何种权限？

2. 在 NTFS 分区创建一个目录 temp2，As 用户组拥有该目录的写入权限，Bs 用户组拥有该目录的拒绝写入权限。此时如果用户 test 属于 As 和 Bs 两个组，则 test 用户对该目录有何种权限？

3. 在 NTFS 分区创建一个目录 temp3，该目录下有一个文件为 a.doc，user1 用户对该目录设置了加密操作。此时：

（1）user2 用户对该文件有读取权限吗？

（2）如果此时系统删除了 user1 用户，然后又重新创建了 user1 用户，那么 user1 用户能读取该文档吗？

（3）为了让 user3 用户也能读取该文件，应该怎么操作？

（4）如果 user1 用户被删除了，如何让 user2 用户读取到该文件？

4. 在虚拟机中将 E 盘格式化为 NTFS 格式，然后新建一个文件 b.doc，接着配置卷影副本。此时如果删除 b.doc，试着通过卷影副本恢复该文件。

5. 系统管理员只允许 user1 用户使用 D 分区（NTFS）10MB 的空间。

6. 请分析以下这种现象：系统创建了用户 user6，并用 user6 登录系统。此时，E 盘（NTFS）不允许该用户写入文件，但是允许创建文件夹，并允许在新建的文件夹上写入文件。请说明：

（1）是什么原因导致 user6 用户允许创建文件夹，并允许在文件夹写入文件？

（2）怎样做到拒绝此类操作发生？

7. 在 NTFS 驱动器上创建一个目录 temp4，并将该目录设置为匿名共享。

8. 在 NTFS 驱动器上创建一个目录 temp5，将该目录设置为隐式共享，并且只允许 users 组的用户访问。

9. E：是 NTFS 磁盘，建立 D:\DATA 文件夹,本地用户组 manager。分配用户组 manager 对这个文件夹有读取与执行的 NTFS 权限，user3 隶属于 manager 组，分配 user3 对 D:\DATA\exer.txt 有写入的 NTFS 权限。以 user3 登录，查看 user3 的最终权限。

10. 分别用压缩文件夹和 NTFS 压缩的方法对 D:\DATA 文件夹进行压缩,将该文件夹解压后进行加密操作，并查看加密文件夹的颜色变化。

11. 将 D:\DATA 文件夹共享出来,赋予用户组 Group_test 完全控制的权限，以组成员 user4 登录到服务器，对文件夹 D:\DATA 的文件做删除操作。

12. 为 nuaa 用户设置一个隐藏的共享文件夹，使用 nuaa 账户登录下载并删除共享文件夹里的文件。

> 删除已建连接：net　use　*/del
> 新建连接：net　use　\\IP 地址　/user：nuaa

13. 在一块基本 MBR 磁盘上创建主分区 B：和扩展分区，在扩展分区里创建逻辑盘 E：和 F：，最后将这块磁盘升级为动态磁盘。

> 创建扩展分区：
> diskpart → select disk 0 → create partition extended

14. 在动态磁盘上创建带区卷。

15. 对磁盘 C：进行磁盘配额操作，设置客户 USER3 的磁盘配额空间为 20MB，现将 Windows 系统光盘的内容拷贝到 C：盘，看是否成功。

16. 对磁盘 C：进行磁盘检查和碎片整理。

习　　题

1. 一个基本磁盘 MBR 上最多有_____主分区？
   A. 1 个　　　　　　　　　　B. 2 个
   C. 3 个　　　　　　　　　　D. 4 个

2. 要启用磁盘配额管理，Windows Server 2016 驱动器必须使用_____文件系统。
   A. NTFS　　　　　　　　　　B. NTFS 或 FAT32
   C. FAT32

3. 带区卷又称为_____技术，RAID-1 又称为_____卷，RAID-5 又称为_____卷。

4. 磁盘碎片整理可以_____。
   A. 合并磁盘空间　　　　　　B. 减少新文件产生碎片的可能
   C. 清理回收站的文件　　　　D. 检查磁盘坏扇区

5. FAT32 是_____位的文件系统，以_____字节作为一个扇区，存放文件的最小单位是_____。

6. NTFS 权限有_____权限和_____权限。

7. 共享权限分三种：_____、_____和_____。

8. 在同一 NTFS 分区上将文件移动到新文件夹，该文件将_____。
   A. 保留原来 NTFS 权限　　　B. 继承新文件夹 NTFS 权限

9. 当复制压缩文件时，在目标盘上是按文件_____大小申请磁盘空间。

10. 客户端连接共享文件夹时，如何进行身份认证？

11. 什么是基本盘和动态盘？

12. 有哪些卷类型？各有何特点？

13. 试比较镜像卷和 RAID-5 的区别。

14. 什么是磁盘配额？

15. 使用磁盘配额应遵循哪些原则？

16. 带区卷和跨区卷有何区别？

17. 简述基本磁盘与动态磁盘的区别。

项目 4 DHCP 服务

【项目导入】

公司的服务器和计算机都在一个局域网中,通过路由器接入互联网,网络管理员需要对公司内部的计算机 IP 地址、网关、DNS 等进行配置。公司内部的计算机数量较大,还有很多的移动 PC,这个时候就希望能配置一台服务器来实现计算机 IP、网关、DNS 等网络参数的自动配置。图 4-1 为公司网络拓扑图。

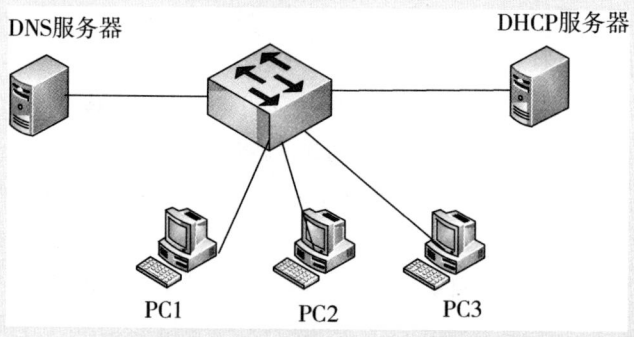

图 4-1 公司网络拓扑

【项目分析】

TCP/IP 参数有客户机 IP、网关、DNS 等,动态主机配置协议 DHCP(Dynamic Host Configuration Protocol)是专门用于 TCP/IP 网络中的主机自动分配 TCP/IP 参数的协议。我们可以在网络中部署 DHCP 服务,实现对客户机 TCP/IP 参数的自动配置并对网络中的 IP 地址进行管理。

【项目目标】

- 了解 DHCP 协议
- 了解 DHCP 技术的工作过程
- 能够安装 DHCP 服务器
- 能够配置 DHCP 服务器
- 能够管理 DHCP 服务器
- 能够配置 DHCP 客户端

 相关知识

1. 主机 IP 地址的设置

TCP/IP 网络中的每一台主机都有一个 IP 地址，并通过此 IP 地址来与网络上其他主机通信，每台主机的 IP 地址可以通过以下两种途径来设置。

手动输入：比较容易因为输入错误而影响到主机的网络通信能力，且可能会因为占用其他主机的 IP 地址而影响到该主机的工作，加重系统管理员的负担。

自动向 DHCP 服务器获取：用户的计算机会自动向 DHCP 服务器获取 IP 地址，接收到此获取请求的 DHCP 服务器便会分配 IP 地址给用户的计算机。可以减轻管理负担、减少手动输入错误所造成的影响。

要想使用 DHCP 方式来分配 IP 地址，整个网络内必须至少有一台启动了 DHCP 服务的服务器，也就是需要有一台 DHCP 服务器，而客户端也需要采用自动获取 IP 地址的方式，这些客户端被称为 DHCP 客户端。图 4-2 为一个支持 DHCP 的网络示例，图中甲、乙网络内各有一台 DHCP 服务器，同时在乙网络内分别有 DHCP 客户端与非 DHCP 客户端（手动输入 IP 地址的客户端）。

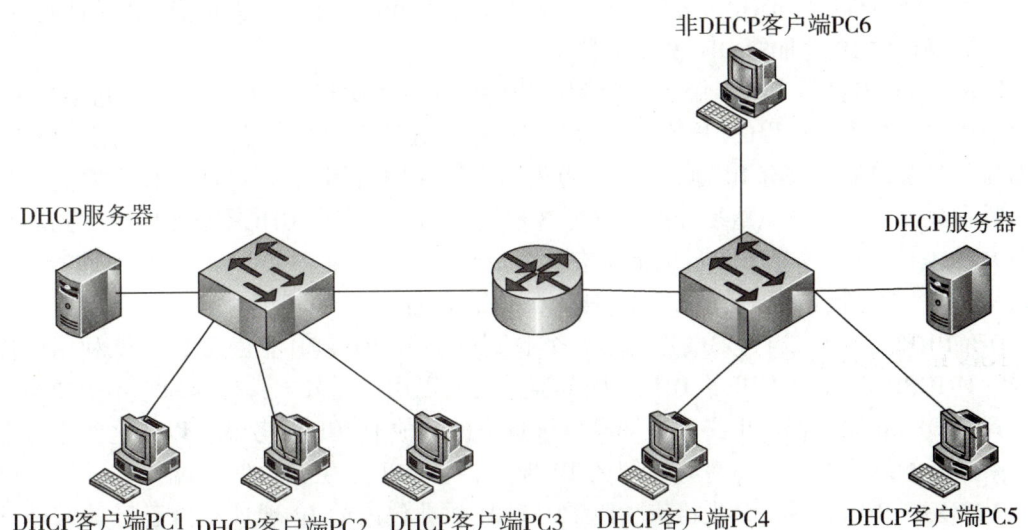

图 4-2 DHCP 客户端和非 DHCP 客户端

DHCP 服务器只是将 IP 地址出租给 DHCP 客户端一段期间，若客户端未适时更新租约，则租约到期时，DHCP 服务器会收回该 IP 地址的使用权。

我们将手动输入的 IP 地址称为静态 IP 地址，而向 DHCP 服务器租用的 IP 地址称为动态 IP 地址。

除 IP 地址之外，DHCP 服务器还可以提供其他相关设置选项给 DHCP 客户端，例如默认网关的 IP 地址、DNS 服务器的 IP 地址等。

2. DHCP 的工作原理

DHCP 客户端计算机启动时会寻找 DHCP 服务器，以便向它索取 IP 地址等设置值。然而它们之间的通信方式，要看 DHCP 客户端是向 DHCP 服务器索取（租用）一个新的 IP 地址，还是在更新租约（要求继续使用原来的 IP 地址），两者会有所不同。

（1）向 DHCP 服务器索取 IP 地址

DHCP 客户端在以下几种情况下，会向 DHCP 服务器索取一个新的 IP 地址：

该客户端计算机是第一次扮演 DHCP 客户端角色，即它是第一次向 DHCP 服务器索取 IP 地址；

该客户端原先所租用的 IP 地址已被 DHCP 服务器收回且已租给其他计算机了，因此该客户端需要重新向 DHCP 服务器租用一个新的 IP 地址；

该客户端自己释放原先所租用的 IP 地址（且此 IP 地址已经被服务器出租给其他客户端），并要求重新租用 IP 地址；

客户端计算机更换了网卡；

客户端计算机被移到另外一个同段。

在以上几种情况下，DHCP 客户端与 DHCP 服务器之间会通过以下 4 个数据包来相互通信。

DHCPDISCOVER：DHCP 客户端会先送出 DHCPDISCOVER 广播信息到网络中，以寻找一台能够提供 IP 地址的 DHCP 服务器。

DHCPOFFER：当 DHCP 服务器收到客户端的 DHCPDISCOVER 信息后，它会从 IP 地址池中挑选一个尚未出租的 IP 地址，然后以广播方式传送给客户端（之所以用广播方式，是因为此时客户端还没有 IP 地址）。在尚未与客户端完成租用 IP 地址的程序之前，IP 地址会暂时被保留，以避免重复分配给其他客户端。如果有多台 DHCP 服务器也收到客户端的 DHCPDISCOVER 信息，并且也都响应给客户端（表示它们都可以提供 IP 地址给此客户端），则客户端会挑选第一个收到的 DHCPOFFER 信息。

DHCPREQUEST：当客户端挑选第一个收到的 DHCPOFFER 信息后，它就利用广播方式响应 DHCPREQUEST 信息给 DHCP 服务器。之所以用广播方式，是因为它不但要通知所挑选到的 DHCP 服务器，也必须通知没有被选上的其他 DHCP 服务器，以便这些服务器将其原本欲分配给此客户端而暂时保留的 IP 地址，释放出来供其他客户端使用。客户端收到 DHCPOFFER 信息后，会先检查 DHCPOFFER 数据包内的 IP 地址是否已经被其他计算机使用。若发现此地址已经被其他计算机占用，则它会送出一个 DHCPDECLINE 信息给 DHCP 服务器，表示拒绝接受此 IP 地址，然后重新再送出 DHCPDISCOVER 信息来索取另一个 IP 地址。

DHCPACK：DHCP 服务器收到客户端要求 IP 地址的 DHCPREQUEST 信息后，就会利用广播方式发出 DHCPACK 确认信息给客户端（之所以用广播方式，是因为此时客户端还没有 IP 地址）此信息内包含客户端所需的相关设置，例如 IP 地址、子网掩码、默认网关、DNS 服务器等。

DHCP 客户端在收到 DHCPACK 信息后，就完成了索取 IP 地址的程序，也就可以开始利用这个 IP 地址来与其他计算机通信了。

(2) 更新 IP 地址的租约

如果 DHCP 客户端想要延长其 IP 地址使用期限，则 DHCP 客户端必须更新其 IP 地址租约。更新租约时，客户端会发送 DHCPREQUEST 信息给 DHCP 服务器。

DHCP 客户端在下列情况下，会自动向 DHCP 服务器提出更新租约要求：

DHCP 客户端计算机每一次重新启动时，都会自动发送 DHCPREQUEST 广播消息给 DHCP 服务器，以便要求继续租用原来使用的 IP 地址，若租约无法更新成功，客户端会尝试与默认网关通信；若通信成功且租约并未到期，则客户端仍然可以继续使用原来的 IP 地址，然后等待下一次更新时间的到来。

任务 4-1　DHCP 服务器安装与测试

任务描述：在为公司计算机自动分配 IP 地址之前，必须在服务器上安装 DHCP 服务器，默认情况下，Windows Server 2016 安装时不会自动安装 DHCP。

任务目标：通过学习，掌握在 Windows Server 2016 中安装 DHCP 服务，建立作用域，完成基本配置。

1. 安装 DHCP 服务器角色

在安装 DHCP 服务器角色之前，请先完成以下工作：

服务器使用静态 IP 地址：服务器需要使用手动输入 IP 地址、子网掩码、DNS 服务器地址等，如图 4-3 所示。

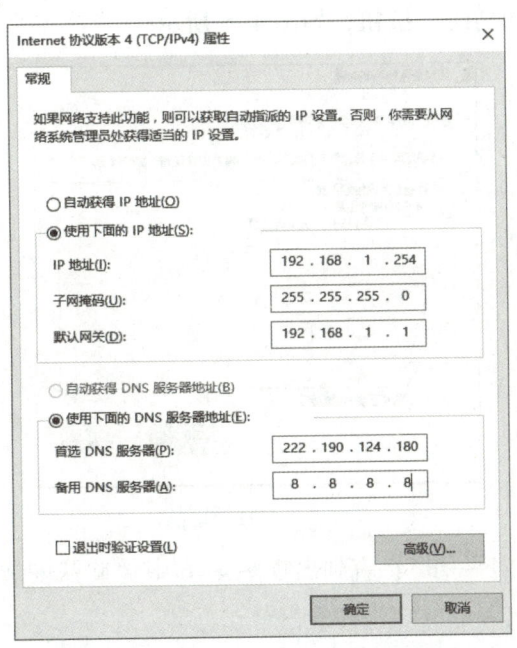

图 4-3　DHCP 服务器 TCP/IP 配置

事先规划好要出租给客户端计算机的 IP 地址范围（IP 作用域）：假设 IP 地址范围是从 192.168.1.20 到 192.168.1.220。

我们需要在 Windows Server 2016 计算机中添加 DHCP 服务器角色的方式来安装 DHCP 服务器，安装步骤如下：

步骤 1：使用管理员账户登录。

步骤 2：启动"服务器管理器"，单击"仪表板"处的"添加角色和功能"，持续单击"下一步"，直到出现"选择服务器角色"界面时，勾选"DHCP 服务器"，如图 4-4 所示。

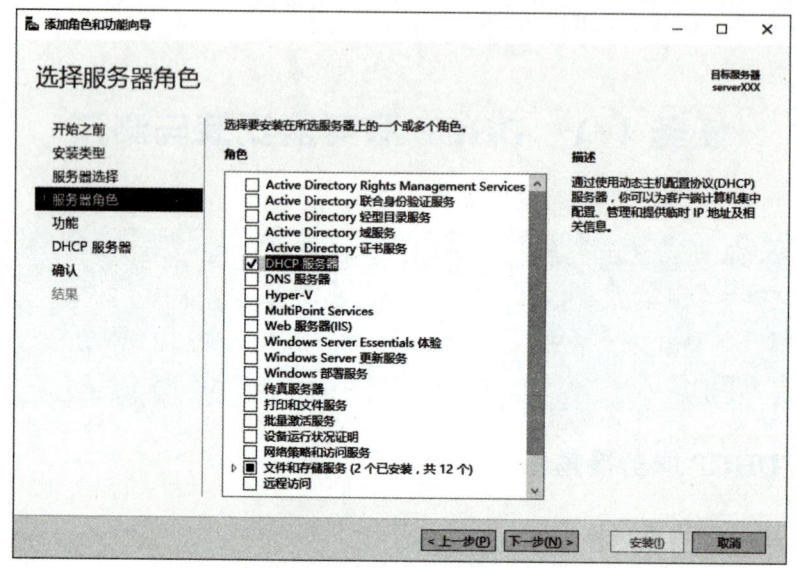

图 4-4　选择服务器角色

步骤 3：单击"添加功能"按钮，如图 4-5 所示。

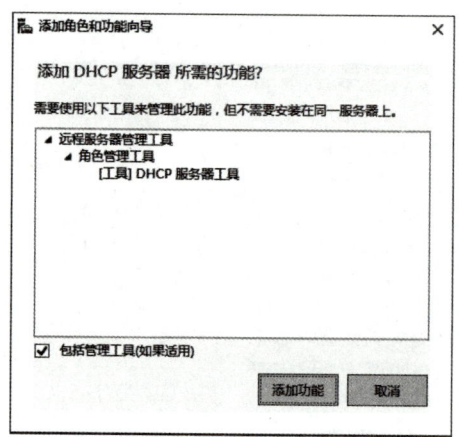

图 4-5　添加功能

步骤 4：持续单击"下一步"，直到出现图 4-6 中"确认安装所选内容"界面，然后单击"安装"按钮。

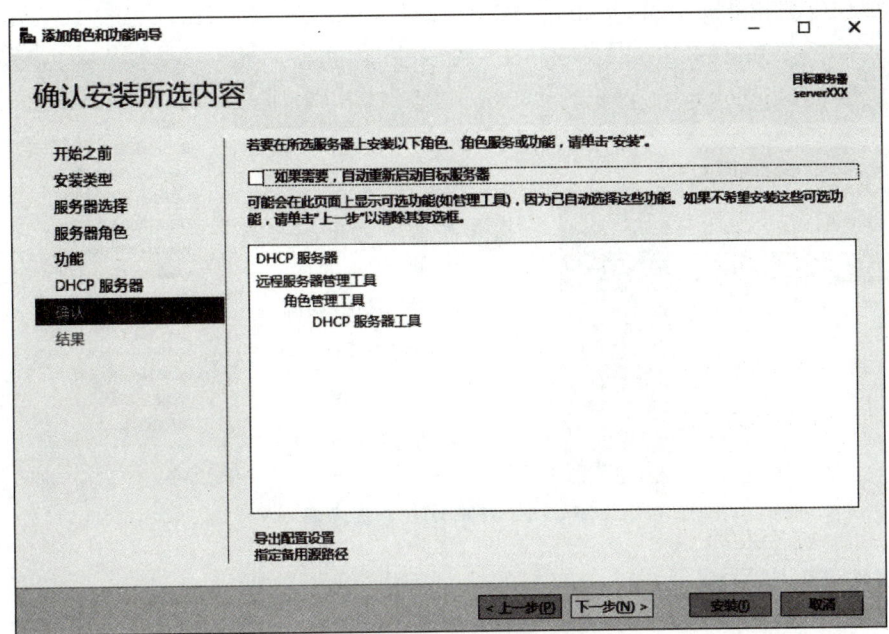

图 4-6 DHCP 服务器安装

步骤 5：安装完成后，单击图 4-7 中的"关闭"按钮。

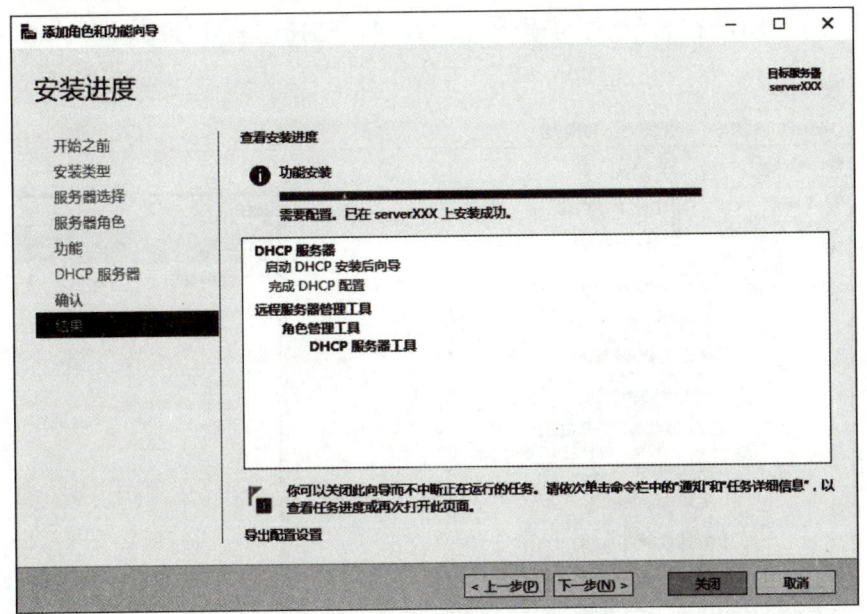

图 4-7 DHCP 服务器安装完成界面

步骤 6：安装完成后，在"服务器管理器"中，通过如图 4-8 所示的"工具"菜单中的"DHCP"来管理 DHCP 服务器。也可以按"Windows 键⊞"切换到"开始"菜单，单击"DHCP"打开 DHCP 服务管理器。

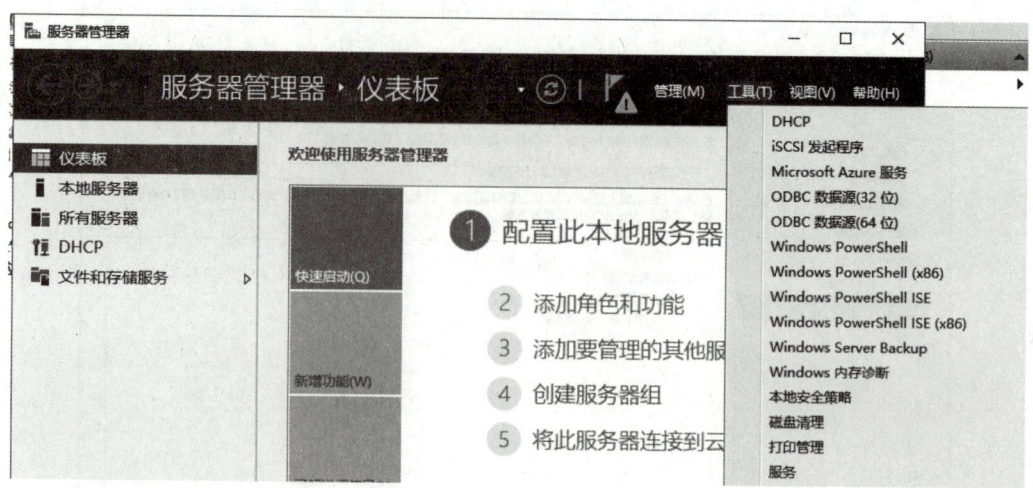

图 4-8　打开 DHCP 管理器

2. 建立 IP 作用域

必须在 DHCP 服务器内，至少建立一个 IP 作用域，当 DHCP 客户端向 DHCP 服务器租用 IP 地址时，DHCP 服务器就可以从这些作用域内，选取一个尚未出租的适当的 IP 地址，然后将其出租给客户端。

步骤 1：在 DHCP 控制台中，右键单击"IPv4"选择"新建作用域"，如图 4-9 所示。

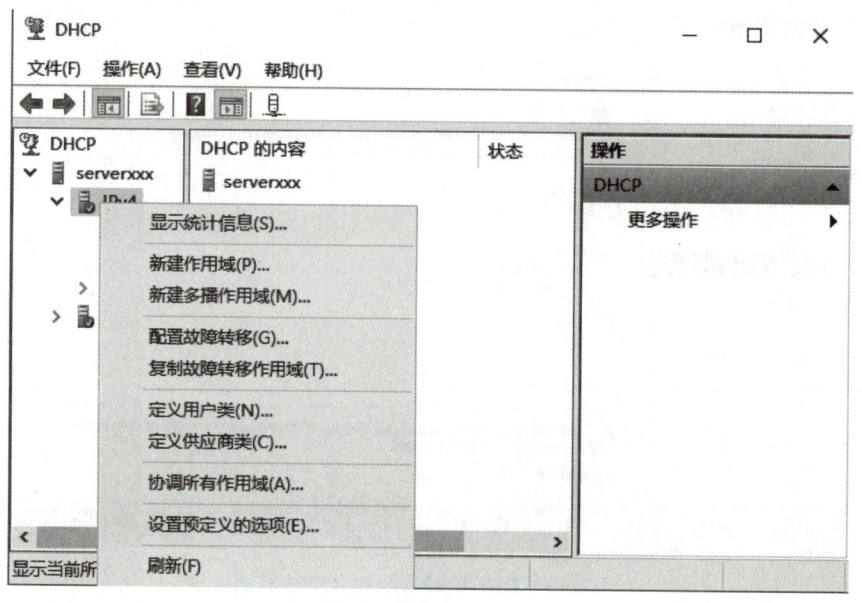

图 4-9　新建作用域

步骤 2：在"欢迎使用新建作用域向导"界面时单击"下一步"按钮。
步骤 3：如图 4-10 所示，在"作用域名称"界面中输入域名后单击"下一步"按钮。

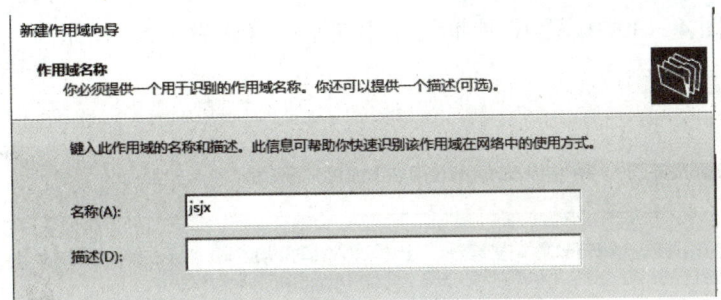

图 4-10 作用域名称

步骤 4：如图 4-11 所示，在"IP 地址范围"界面中设置此作用域中要出租给客户端的起始 IP 地址、结束 IP 地址和子网掩码的长度，单击"下一步"按钮。

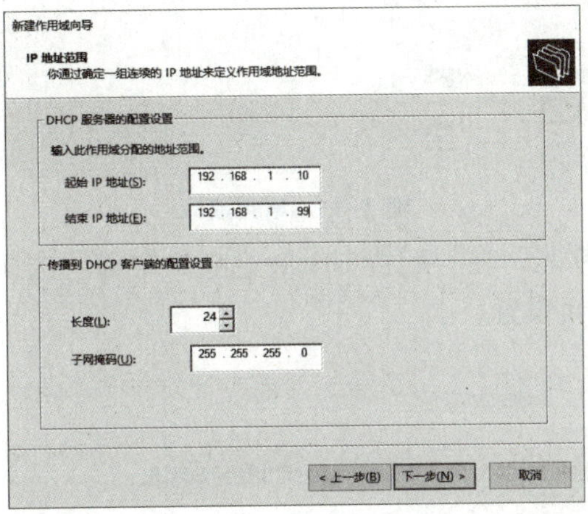

图 4-11 IP 地址范围

步骤 5：若图 4-11 中输入的作用域中有些 IP 地址已通过静态方式分配给非 DHCP 客户端，则需要在"添加排除和延迟"界面中将这些 IP 地址排除，如图 4-12 所示。单击"下一步"按钮。

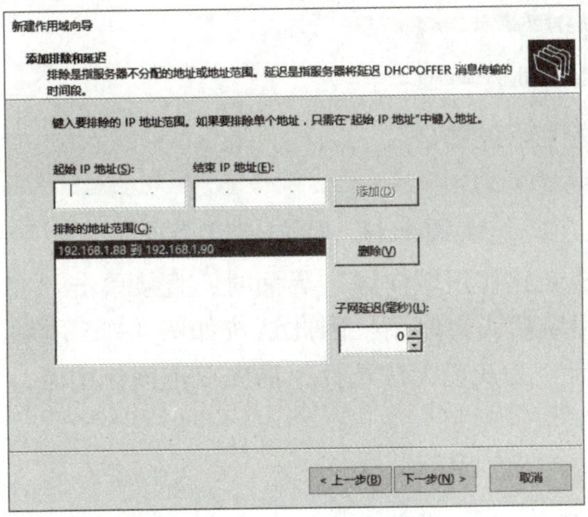

图 4-12 添加排除和延迟

步骤 6：在图 4-13 中设置 IP 地址的租用期限，默认为 8 天，单击"下一步"按钮。

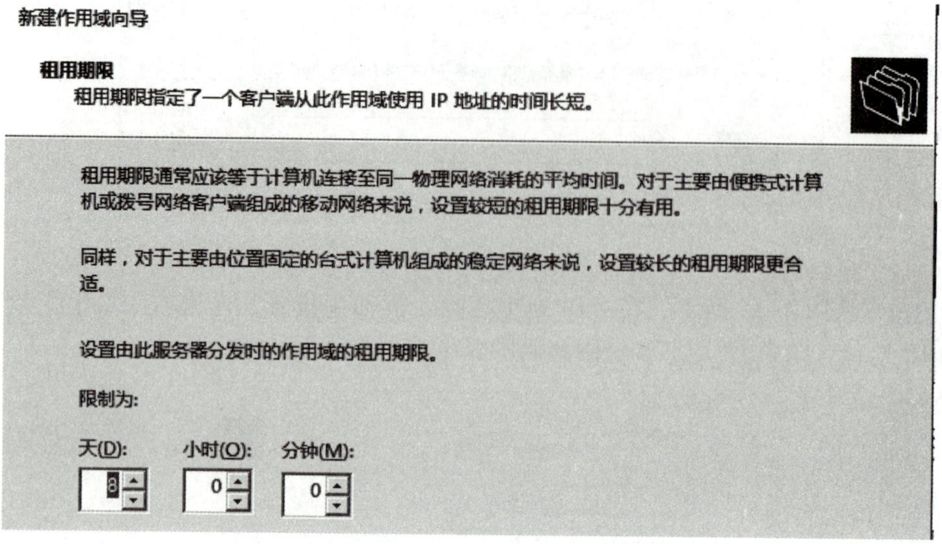

图 4-13　租用期限

步骤 7：如图 4-14 所示，在"配置 DHCP 选项"界面，选择"否，我想稍后配置这些选项"。这些选项以后再设置。

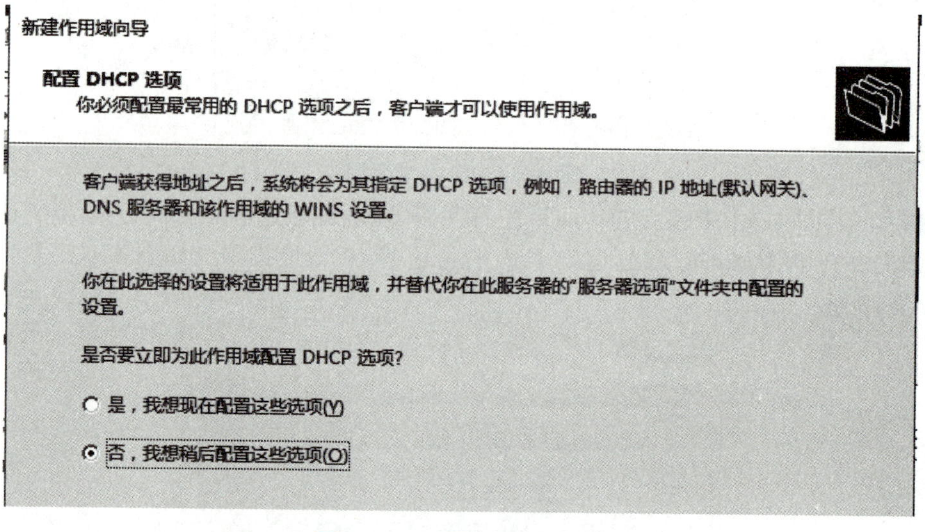

图 4-14　配置 DHCP 选项

步骤 8：出现"完成新建作用域向导"界面时，直接单击"完成"按钮。
步骤 9：此时该作用域默认为停用，因此请按如图 4-15 所示右键单击该作用域，选择"激活"（如果"激活"为灰色无法选择，请先双击该作用域，再选择"激活"）。

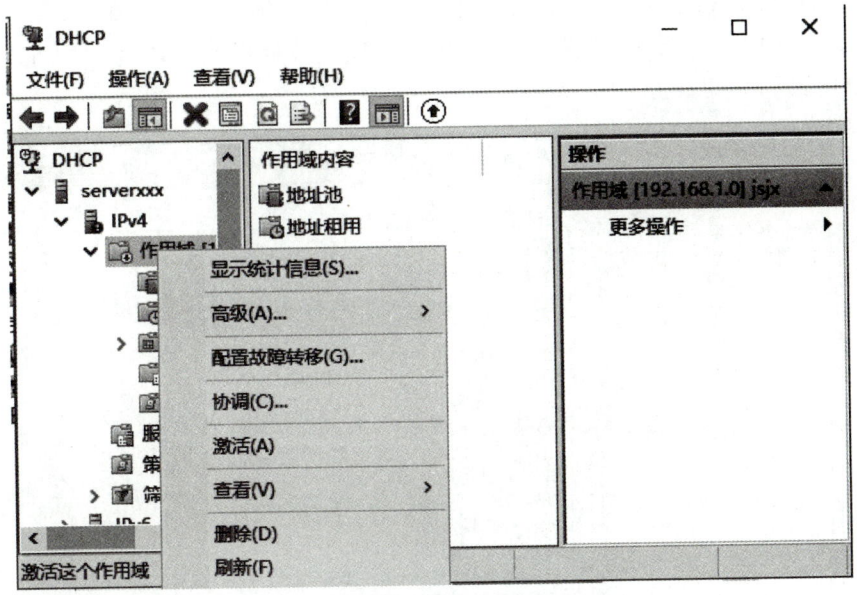

图 4-15　激活作用域

3. DHCP 客户端设置与配置

在图中所示的测试环境中的 DHCP 客户端 Win7-PC 计算机上来测试。

步骤 1：按"开始"键，打开"控制面板"，单击"网络和 Internet"，打开"网络和共享中心"，右键单击"本地连接"，打开"属性"，单击"Internet 协议版本 4（TCP/IPv4）"，单击"属性"按钮，弹出"Internet 协议版本 4（TCP/IPv4）属性"对话框。选择"自动获得 IP 地址"和"自动获得 DNS 服务器地址"，如图 4-16 所示。

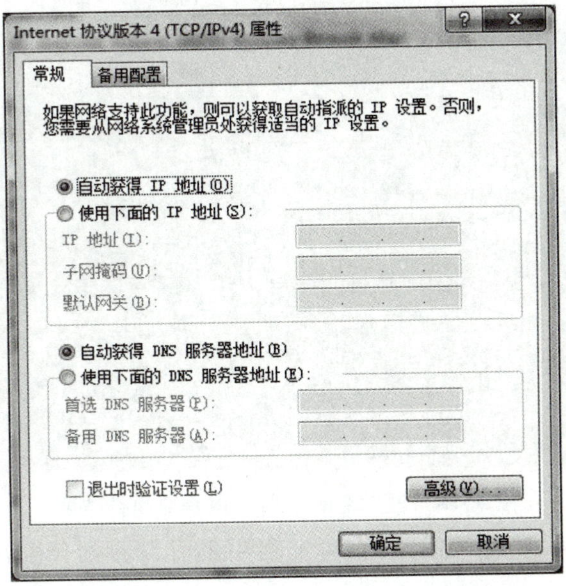

图 4-16　DHCP 客户端 TCP/IP 配置

步骤 2：确认无误后，回到"网络和共享中心"，右键单击"本地连接"，单击"状态"，打开如图界面，由图 4-17 可以看出 Win7-PC 已经取得 DHCP 给的 IP 地址、子网掩码和此地址的租约到期日。

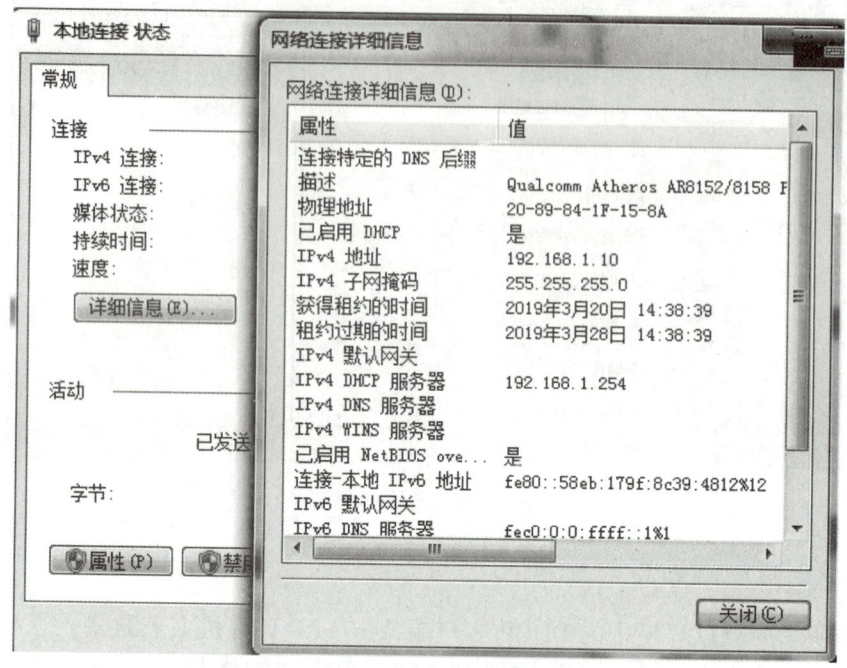

图 4-17 网络连接详细信息

步骤 3：在客户机上，按"⊞+R"，输入"cmd"，打开命令提示符窗口，输入"ipconfig /all"来检查是否已经租到 IP 地址。图 4-18 中显示为成功租用的界面。

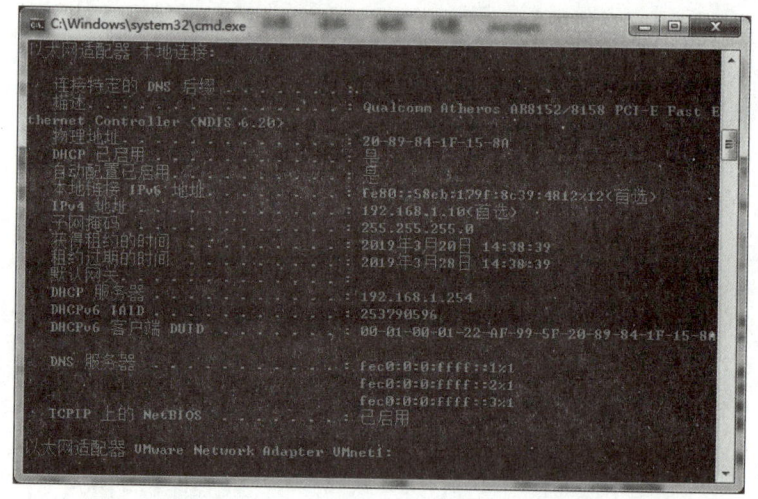

图 4-18 客户端 ipconfig /all 命令执行结果

步骤 4：打开"DHCP 管理器"，在地址租用里可以看到分配出去的 IP 地址，如图 4-19 所示。

项目 4　DHCP 服务

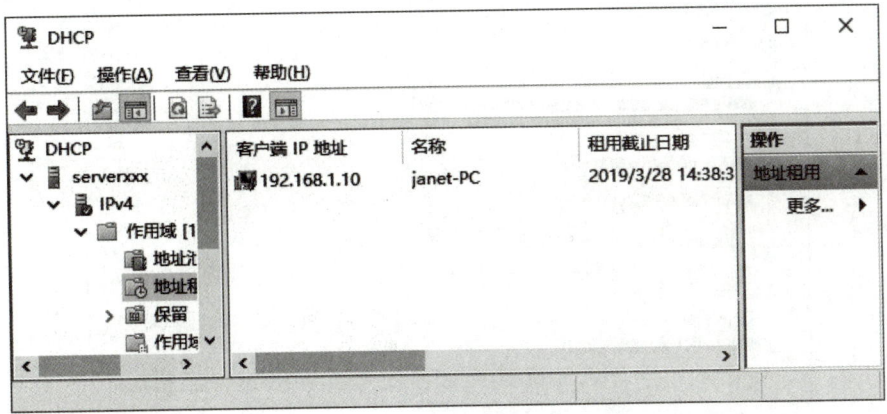

图 4-19　DHCP 服务器地址租约结果

任务 4-2　管理 IP 作用域

任务描述：DHCP 服务器安装完成后，在使用过程中可能还需要进行一些配置和管理工作。DHCP 作用域是对子网中使用 DHCP 服务的计算机进行 IP 地址管理性分组。在安装 DHCP 服务器的过程中已经创建了一个作用域，如果要另外创建作用域，可以手工进行，如果在安装过程中没有添加作用域，需要进行这一步操作。在一个网络中，有时需要给某些 DHCP 客户端设置固定的 IP 地址，这些 IP 地址不能分配给别的客户端，这时需要通过 DHCP 服务器中的保留功能来实现。

任务目标：通过学习，能够在 DHCP 服务器中创建新的作用域，并对已有的作用域进行管理，包括删除作用域和协调作用域。能够通过设置保留功能将特定的 IP 地址与特定的客户端进行绑定。

1. 一个子网只能建立一个 IP 作用域

在一台 DHCP 服务器内，一个子网只能够有一个作用域，例如一个范围为 192.168.1.10~192.168.1.99 的作用域，子网掩码长度为 24，就不能再建立相同网络 ID 的作用域，例如范围为 192.168.1.200~192.168.1.250 的作用域，子网掩码长度为 24，则会出现如图 4-20 所示的警告提示。

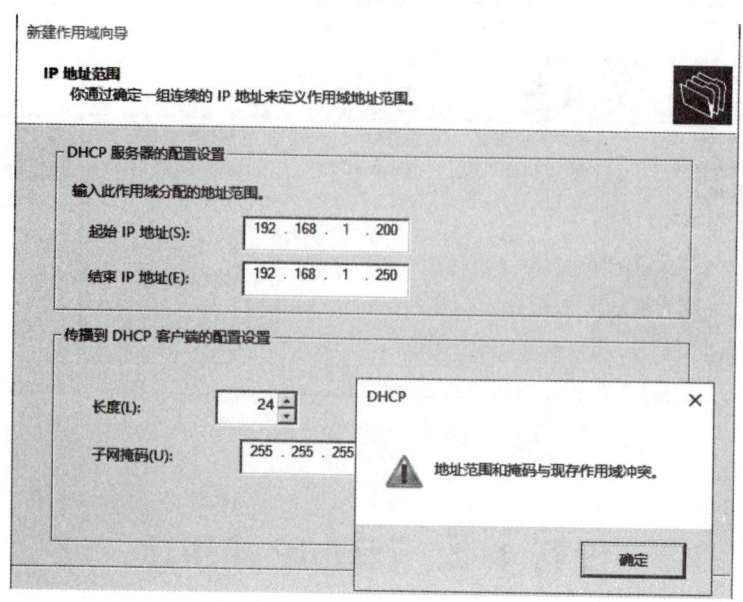

图 4-20 作用域冲突

如果建立 IP 地址包含 192.168.1.10~192.168.1.99 和 192.168.1.200~192.168.1.250 的 IP 作用域，子网掩码长度为 24，请先建立一个包含 192.168.1.10~192.168.1.250 的作用域，然后将其中的 192.168.1.100~192.168.1.199 这一段排除即可，如图 4-21 所示。

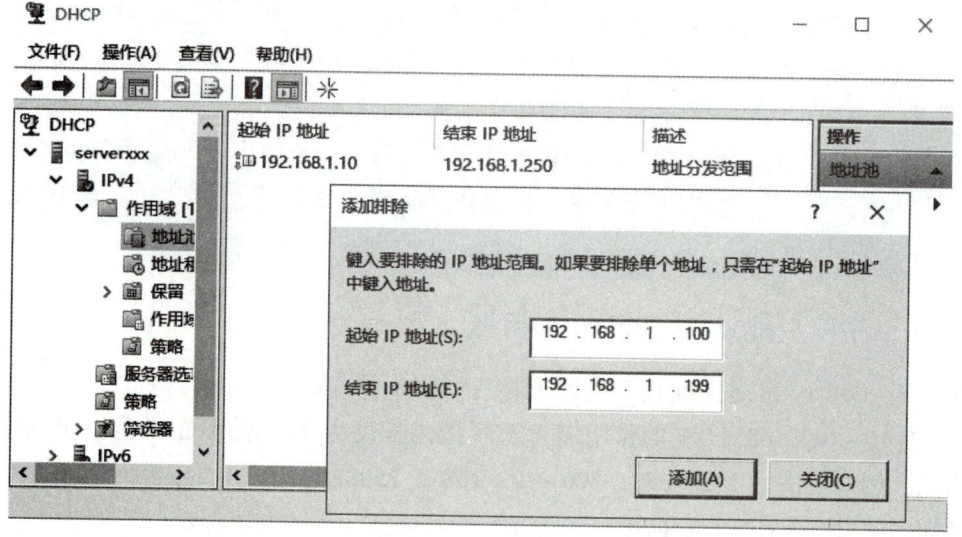

图 4-21 添加排除

2. 给客户端设置保留地址

我们可以保留特定 IP 地址给特定客户端来使用，也就是说当这个客户端向 DHCP 服务器租用 IP 地址或更新租约时，DHCP 服务器会将这个特定的 IP 地址出租给此客户端。

步骤 1： 如图 4-22 所示，右键单击"保留"，选择"新建保留"。

项目 4　DHCP 服务

图 4-22　新建保留

步骤 2：在"新建保留"对话框，输入保留名称、IP 地址和 MAC 地址，选择支持的类型，如图 4-23 所示，单击"添加"按钮。

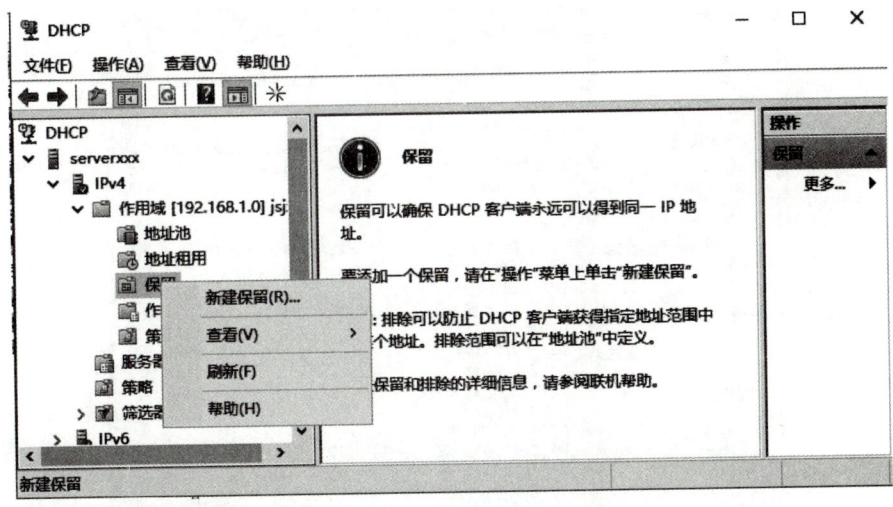

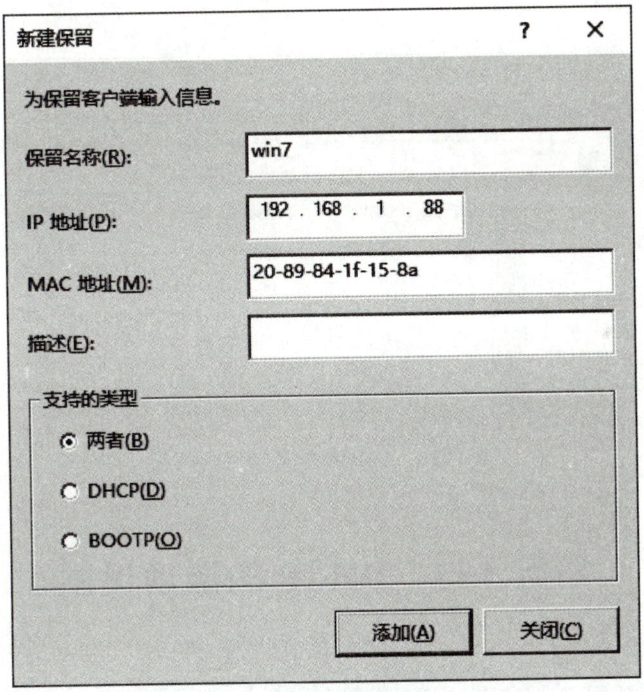

图 4-23　保留信息

步骤 3：在客户端使用"ipconfig /renew"来更新 IP 租约。还可以使用"ipconfig /release"命令自行将 IP 地址释放，之后 DHCP 客户端会每隔 5 分钟自动再去找 DHCP 服务器租用 IP 地址。图 4-24 显示更新后获得的 IP 地址。

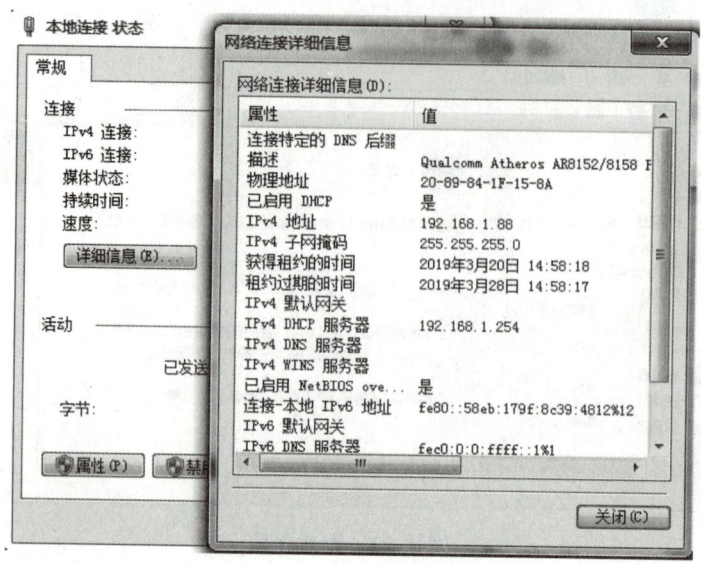

图 4-24　客户端更新 TCP/IP 信息

步骤 4：利用"地址租用"界面来查看 IP 地址的租用情况，包含已出租的 IP 地址和保留的地址，如图 4-25 所示。

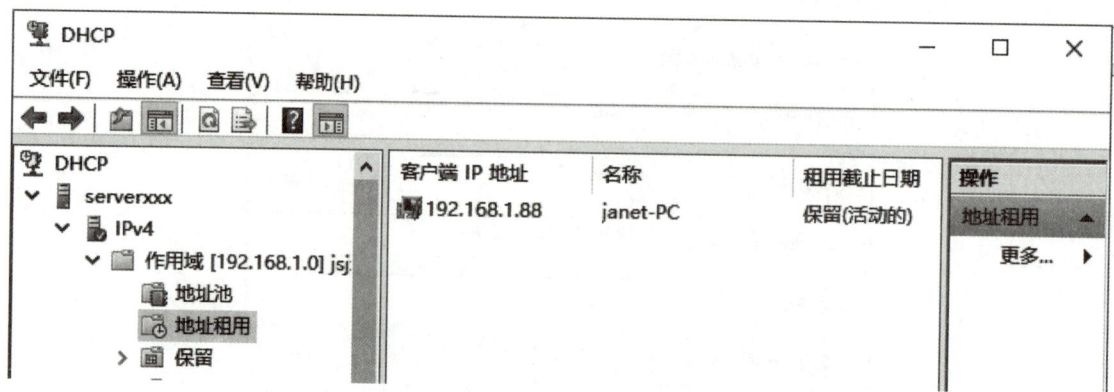

图 4-25　DHCP 服务器租约信息

任务 4-3　DHCP 的选项设置

任务描述：除分配 IP 地址、子网掩码给 DHCP 客户端外，DHCP 服务器还可以分配其他选项给 DHCP 客户端，例如默认网关、DNS 路由器、WINS 服务器等。当 DHCP 客户端向 DHCP 服务器租用 IP 地址或更新租约时，可以从 DHCP 服务器取得这些选项设置。

任务目标：通过实践，可以通过图 4-26 中箭头来设置不同级别的 DHCP 选项。

如图 4-26 所示,当服务器选项、作用域选项、保留选项与策略内的设置有冲突时,其优先级为"服务器选项(最低)"→"作用域选项"→"保留选项"→"策略(最高)"。例如服务器选项将 DNS 设置为 10.65.111.193,而某作用域的选项将 DNS 设置为 192.168.1.1,此时客户端租到该作用域 IP 地址,并且其 DNS 的 IP 将是该作用域选项设置的 192.168.1.1。

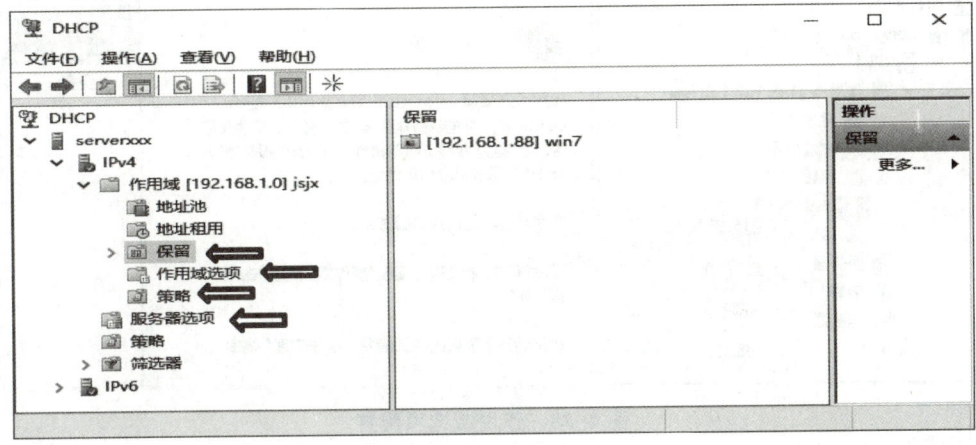

图 4-26　DHCP 选项

服务器选项:它会被应用到该服务器内的所有作用域,客户端无论从哪个作用域租用 IP 地址,都可以得到这些选项。

作用域选项:只适用于该作用域,作用域选项会被该作用域内的所有保留所继承。

保留:针对某个保留 IP 地址设置的选项。

策略:通过策略来针对特定计算机设置选项。

如果 DHCP 客户端用户自行设置了 DNS 的 IP 地址,如图 4-27 所示,则客户端的设置比 DHCP 服务器的优先级高。

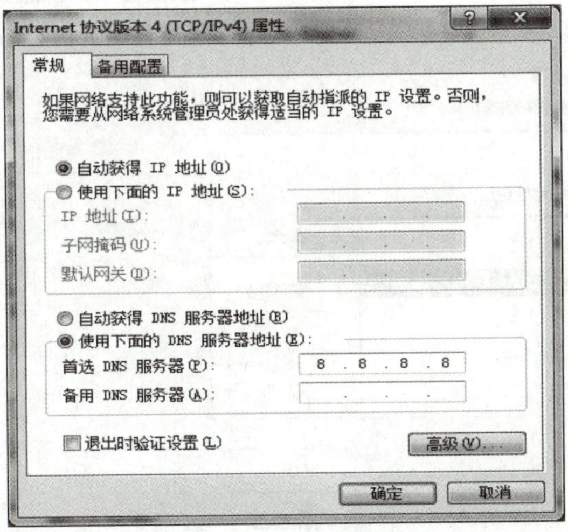

图 4-27　客户端自行设定

步骤 1：设置选项时，选中此作用域的"作用域选项"并单击右键→"配置选项"，如图 4-28 所示。

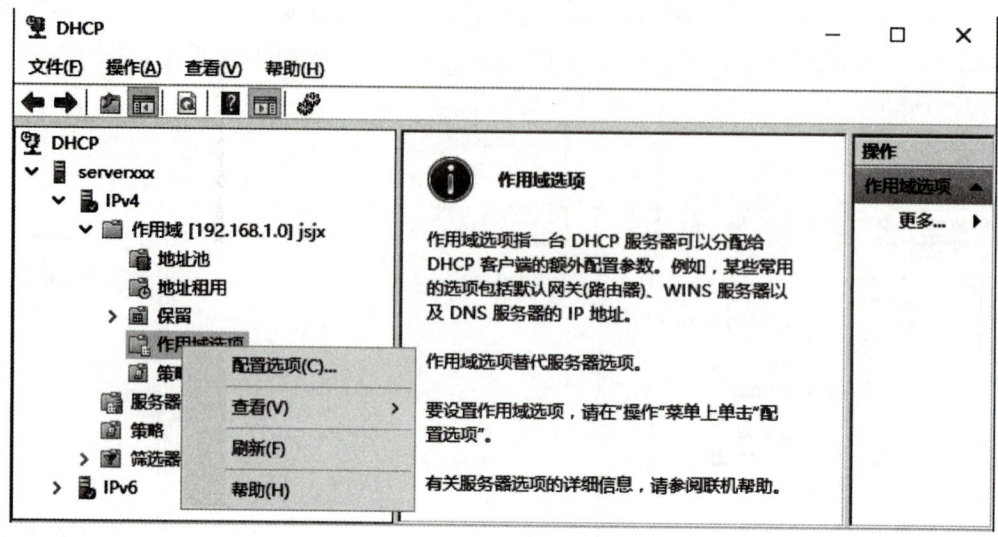

图 4-28　作用域选项配置

步骤 2：如图 4-29 所示，在弹出的对话框中勾选"003 路由器"→输入路由器的 IP 地址，单击"添加"按钮。然后单击"应用"按钮。

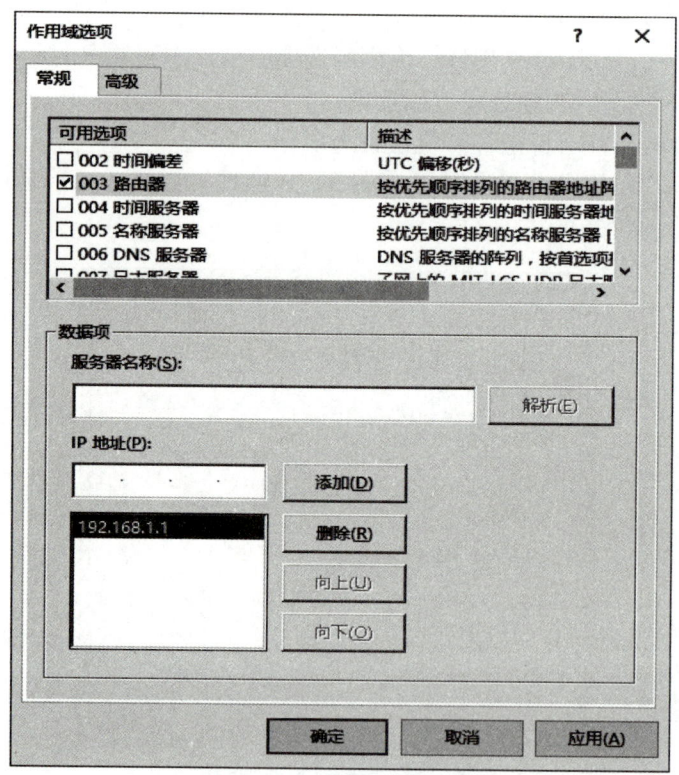

图 4-29　路由器/网关配置

项目 4　DHCP 服务

步骤 3：完成设置后，在客户端利用 ipconfig /renew 命令来更新 IP 租约，此时可以发现客户端的默认网关已经被指定为我们设置的路由器 IP 地址。可以通过 ipconfig /all 命令来查看，如图 4-30 所示，客户端默认网关已经被设置成 192.168.1.1。

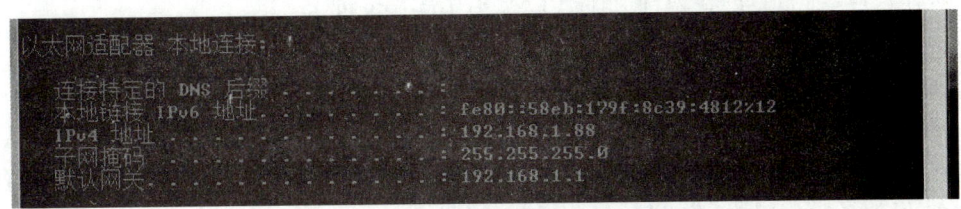

图 4-30　客户端执行 ipconfig 命令结果

项目小结

本项目介绍了静态 IP 地址方案和动态 IP 地址方案的区别，动态 IP 地址的优点是减少了 IP 地址和 IP 参数管理的工作量、提高了 IP 地址的利用率。DHCP 的工作过程有 DHCP-DISCOVER、DHCPOFFER、DHCPREQUEST、DHCPACK 四个步骤。本项目着重介绍了 DHCP 的安装、DHCP 服务器的配置、DHCP 服务器的管理及 DHCP 客户端的配置等。

上机实训

实验目的

掌握 DHCP 服务器的安装与配置。

实验内容

在一台安装了 Windows Server 2016 的服务器上，完成 DHCP 服务器的安装与配置，并对其进行验证。

实验步骤

实验一

根据图 4-31 完成自动分配 IP 地址任务：

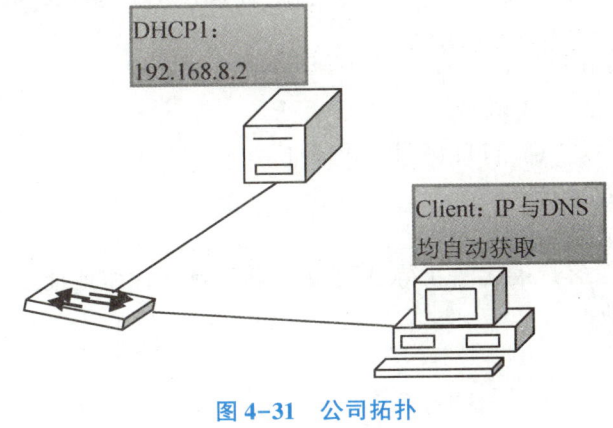

图 4-31　公司拓扑

1. 新建作用域名，IP 地址范围为 192.168.8.1~192.168.8.10，掩码长度为 28 位。
2. 创建两个用户类别：aaa 和 bbb。
3. 为用户类别 aaa 设置选项：默认网关为 192.168.8.5。
4. 为用户类别 bbb 设置选项：默认网关为 192.168.8.6。
5. 配置服务器选项：DNS 服务器的 IP 地址为：222.190.124.180。
6. 配置作用域选项：DNS 服务器的 IP 地址为：114.114.114.114。
7. 在 Windows 客户端测试：设置用户类别为 aaa 的客户端能获得默认网关 192.168.8.5，设置用户类别为 bbb 的客户端能获得默认网关 192.168.8.6，所有的客户端都获得 DNS 服务器 IP 地址为 114.114.114.114。

实验二

为某企业配置 DHCP 服务器，要求如下：
1. 安装 DHCP 服务器。
2. 新建作用域 sz.com。
3. IP 地址的范围是 10.1.1.1~10.1.1.254，掩码长度为 24 位。
4. 排除地址范围 10.1.1.1~10.1.1.5 服务器使用的地址和 10.1.1.254 网关地址。
5. 租用期限为 24 小时。
6. 该 DHCP 服务器同时向客户端分配 DNS 的 IP 地址为 10.1.1.2，父域名称为 sz.com，路由器默认网关的 IP 地址为 10.1.1.254，wins 服务器的 IP 地址为 10.1.1.3。
7. 将 ip 地址 10.1.1.88 保留给 MAC 地址为 00-00-3c–12-23-24 的计算机，将 10.1.1.188 保留给 Web 服务器。
8. 在 Windows 客户端测试 DHCP 服务器的运行情况：用 ipconfig 命令查看客户端的 IP 地址及 DNS、默认网关是否正确；测试访问 Web 服务器是否能成功获得保留地址。

习　　题

1. DHCP 是_____的缩写。
2. BOOTP 是_____的缩写。
3. DHCP 工作过程包括的 4 种消息报文是_____、_____、_____、_____。
4. DHCP 服务器工作的端口号是_____，DHCP 客户端获取 IP 地址时使用的端口号是_____。
5. 有线网络 DHCP 默认租期是_____。
6. 无线网络 DHCP 默认租期是_____。
7. 用_____命令可以更新 IP 地址。
8. DHCP 选项包括 4 种类型_____、_____、_____、_____。
9. 常用的 3 种 DHCP 选项_____、_____、_____。
10. 如果 Windows 客户端无法获得 IP 地址，将自动从保留地址段_____中选择一个作为自己的 IP 地址。

项目 5 DNS 服务

【项目导入】

公司搭建了 Web 网站信息平台和 FTP 信息资源空间。公司员工可以利用 IP 地址访问这些服务器。现要求能像访问百度、网易那样，用域名网址的方式来访问这些服务器。也就是说企业有自己的域名，并拥有自己的网站宣传自己，公司员工均使用域名来访问企业资源。

【项目分析】

当 DNS 客户端要与某台主机通信，例如要访问网站 www.zdxy.cn 时，该客户端会向 DNS 服务器查询 www.zdxy.cn。

【项目目标】

- 了解 DNS 域名空间
- 了解 DNS 区域
- 了解 DNS 域名的类型及解析方式
- 能够安装 DNS 服务器与设置客户端
- 能够创建 DNS 区域
- 能进行 DNS 区域的高级设置

相关知识

在网络服务使用过程中，如果直接利用 IP 地址来访问服务器，如 http：//222.190.124.179 这样的方式，对于用户来讲极不方便。于是，人们想出了利用服务器的主机名或域名来访问服务器，如利用 http：//www.zdxy.cn 来访问学院网站，这样既直观又容易记忆。但是，对于计算机来讲只能识别 IP 地址，这就需要一套专门用于将域名转化为 IP 地址的系统。图 5-1 为域名体系层次结构。

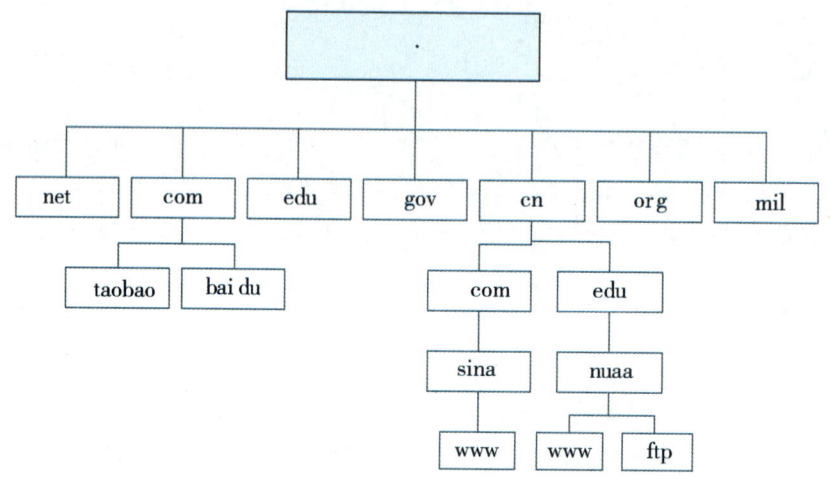

图 5-1 域名体系层次结构

DNS 区域资源记录：
- 主机（A）资源记录（A RR）
- 别名（CNAME）资源记录（CNAME RR）
- 邮件交换器（MX）资源记录（MX RR）
- 指针（PTR）资源记录（PTR RR）

DNS 解析的工作过程，如图 5-2 所示。

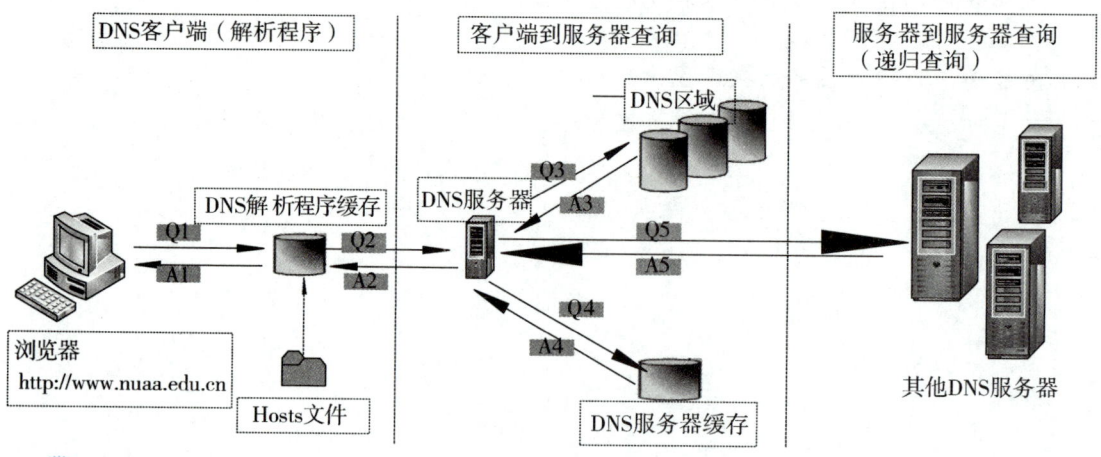

图 5-2 DNS 解析的工作过程

查询 DNS 服务器过程如图 5-3 所示。

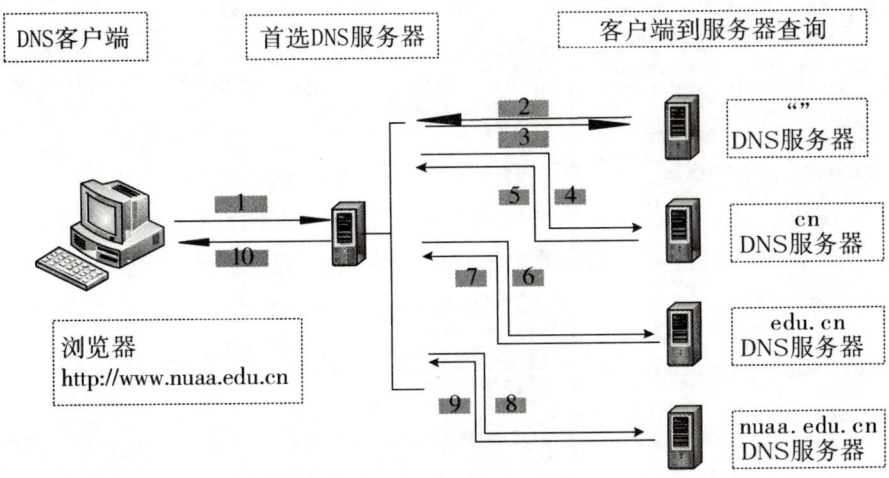

图 5-3　查询 DNS 服务器

任务 5-1　DNS 安装与配置

> **任务描述**：当某个单位需要使用域名方式来访问各种服务器时，就要安装 DNS 服务器，解决 DNS 的主机名称自发解析为 IP 地址的问题。
> **任务目标**：通过学习，理解安装过程中遇到的各种术语、选项的含义，并能够做出正确选择，为以后 DNS 服务器的管理打下坚实的基础。

1. 使用 HOSTS 文件

浏览器访问网站，要首先通过 DNS 服务器把要访问的网站域名解析成其指定的 IP 地址，之后，浏览器才能对此网站进行定位并且访问其数据。

操作系统规定，在进行 DNS 请求以前，先检查自己的 Hosts 文件中是否有这个域名和 IP 的映射关系。如果有，则直接访问这个 IP 地址指定的网络位置，如果没有，再向已知的 DNS 服务器提出域名解析请求。也就是说 Hosts 的 IP 解析优先级比 DNS 要高。

一般打开 hosts 文件里面都会有个示例，按照其格式修改即可。Hosts 文件的位置在不同操作系统（甚至不同 Windows 版本）都不大一样，图 5-4 是 Windows7 下 hosts 的位置：C:\windows\system32\drivers\etc \，使用记事本打开。

图 5-4　Windows7 下 hosts 文件

图 5-5 为 hosts 文件，#后都是注释，所以清空 hosts 文件对系统正常运行并没有什么影响，在文件末尾按以下格式添加记录："ip 地址+Tab（或空格）+域名+换行"。保存文件到原来目录。

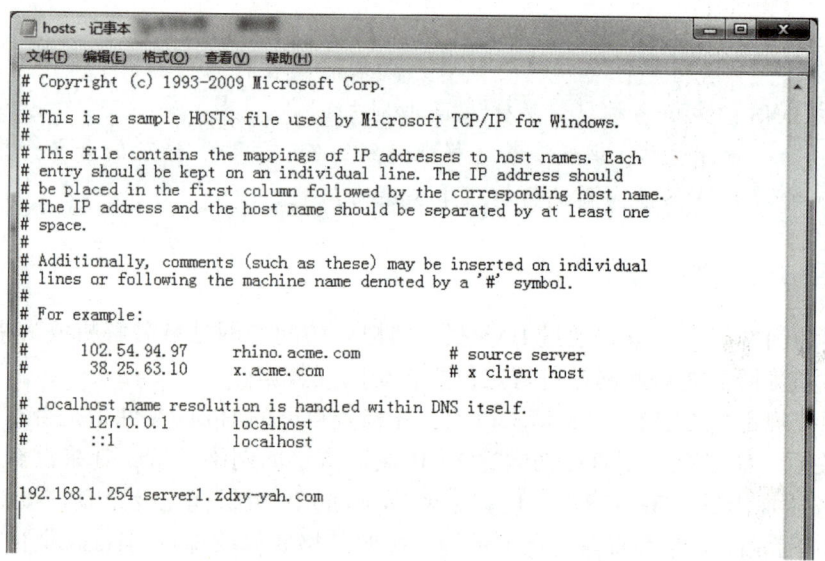

图 5-5　hosts 文件添加记录

打开 Windows"命令提示符"验证，输入命令：ping server1.zdxy-yah.com，如图 5-6 所示，可以看到该域名对应的 IP 地址为 hosts 文件里添加的 192.168.1.254。

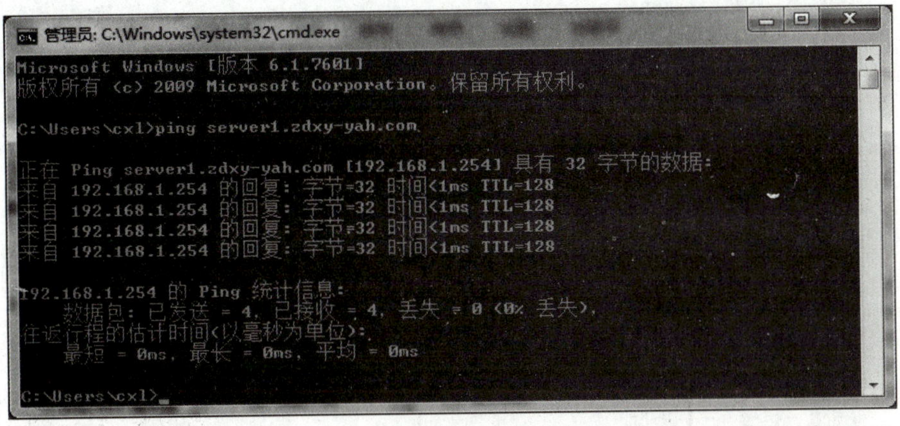

项目 5　DNS 服务

图 5-6　客户端测试 hosts 记录

2. 安装 DNS 服务器

步骤 1：启动"服务器管理器"→单击"仪表板"处的"添加角色和功能"。

步骤 2：持续单击"下一步"按钮一直到如图 5-7 所示的"选择服务器角色"→勾选"DNS"服务器。在出现"添加 DNS 服务器所需的功能"界面后，单击"添加功能"按钮。

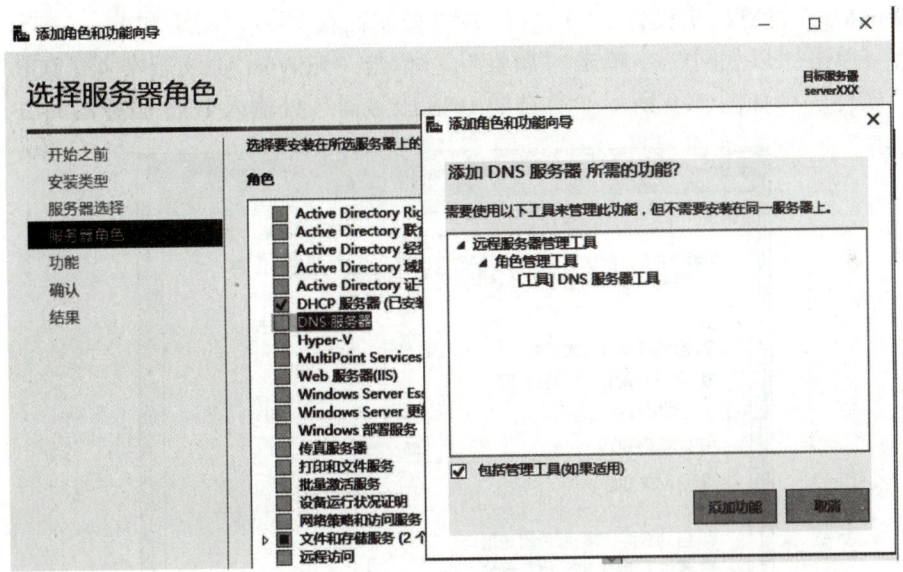

图 5-7　添加 DNS 角色和功能

步骤 3：完成安装，如图 5-8 所示。

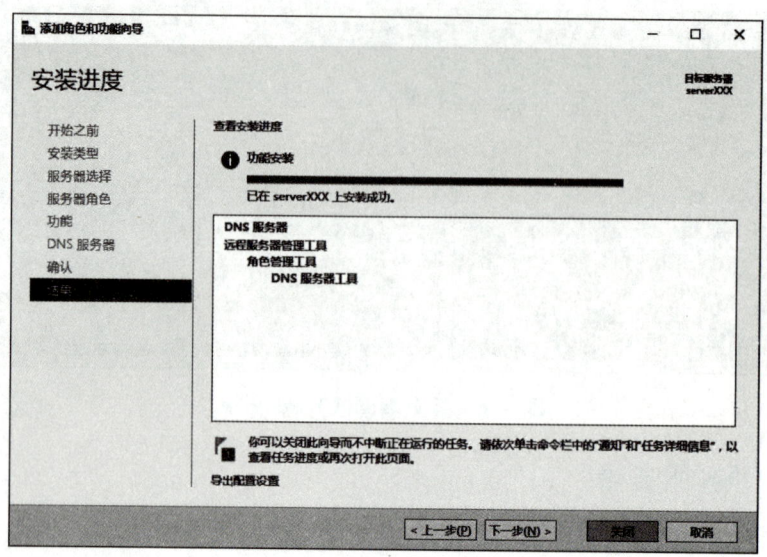

图 5-8　完成 DNS 安装

3. 客户端的设置

以 Windows7 计算机来设置："开始"→"控制面板"→"网络和 Internet"→网络和共享中心→单击"以太网"→单击"属性"→单击"Internet 协议版本 4（TCP/IPv4）"→单击"属性"→如图 5-9 所示"首选的 DNS 服务器"处输入 DNS 服务器的 IP 地址。

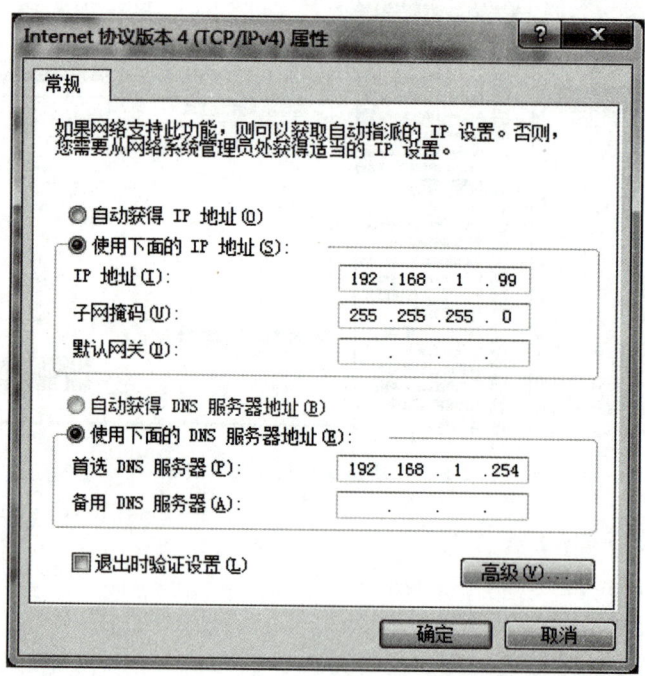

图 5-9　客户端 DNS 设置

项目 5　DNS 服务

任务 5-2　配置与管理 DNS 服务器

> **任务描述**：DNS 服务器安装之后，还要进行具体的配置，才能实现管理的目标。针对不同的应用环境，需要配置的内容也不尽相同。
>
> **任务目标**：通过学习，能够熟练地安装、启用 DNS 控制台的方法；能够利用 DNS 控制台，正确地配置 DNS 服务器的正向区域、反向区域；掌握主机、别名、邮件交换等记录的含义及管理方法。

1. DNS 区域的建立

在部署一台 DNS 服务器时，必须预先考虑 DNS 区域类型，从而决定 DNS 服务器类型。DNS 区域分为两大类：正向查找区域和反向查找区域，其中正向查找区域用于 FQDN 到 IP 地址的映射，当 DNS 客户端请求解析某个 FQDN 时，DNS 服务器在正向查找区域中进行查找，并返回给 DNS 客户端对应的 IP 地址；反向查找区域用于 IP 地址到 FQDN 的映射，当 DNS 客户端请求解析某个 IP 地址时，DNS 服务器在反向查找区域中进行查找，并返回给 DNS 客户端对应的 FQDN。

而每一类区域又分为三种区域类型：主要区域、辅助区域和存根区域。

主要区域（Primary）。包含相应 DNS 命名空间所有的资源记录，是区域中所包含的所有 DNS 域的权威 DNS 服务器，可以对区域中所有资源记录进行读写，即 DNS 服务器可以修改此区域中的数据，默认情况下区域数据以文本文件格式存放；你可以将主要区域的数据存放在活动目录中并且随着活动目录数据的复制而复制，此时，此区域称为活动目录集成主要区域，在这种情况下，每一个运行在域控制器上的 DNS 服务器都可以对此主要区域进行读写。

辅助区域（Secondary）。主要区域的备份，从主要区域直接复制而来；同样包含相应 DNS 命名空间所有的资源记录，是区域中所包含的所有 DNS 域的权威 DNS 服务器；和主要区域不同之处是 DNS 服务器不能对辅助区域进行任何修改，即辅助区域是只读的。辅助区域数据只能以文本文件格式存放。

存根区域（Stub）。存根区域是 Windows Server 2003 新增加的功能，此区域包含了用于分辨主要区域权威 DNS 服务器的记录，该记录有三种类型：SOA（委派区域的起始授权机构）——此记录用于识别该区域的主要来源 DNS 服务器和其他区域属性；NS（名称服务器）——此记录包含了此区域的权威 DNS 服务器列表；Aglue（粘连 A 记录）——此记录包含了此区域的权威 DNS 服务器的 IP 地址。

默认情况下区域数据以文本文件格式存放，不过你可以和主要区域一样将存根区域的数据存放在活动目录中，并且随着活动目录数据的复制而复制。

当 DNS 客户端发起解析请求时，对于属于所管理的主要区域和辅助区域的解析，DNS 服务器向 DNS 客户端执行权威答复。而对于所管理的存根区域的解析，如果客户端发起递归查询，则 DNS 服务器会使用该存根区域中的资源记录来解析查询。DNS 服务器向存根区域的 NS 资源记录中指定的权威 DNS 服务器发送迭代查询，仿佛在使用其缓存中的 NS 资源记录一样；如果 DNS 服务器找不到其存根区域中的权威 DNS 服务器，那么 DNS 服务器会尝试使用根提示信息进行标准递归查询。如果客户端发起迭代查询，DNS 服务器会返回一个包含存根区域中指定服务器的参考信息，而不再进行其他操作。

如果存根区域的权威 DNS 服务器对本地 DNS 服务器发起的解析请求进行答复，本地 DNS 服务器会将接收到的资源记录存储在自己的缓存中，而不是将这些资源记录存储在存根区域中，唯一的例外是返回的粘连 A 记录，它会存储在存根区域中。存储在缓存中的资源记录按照每个资源记录中的生存时间（TTL）的值进行缓存；而存放在存根区域中的 SOA、NS 和粘连 A 资源记录按照 SOA 记录中指定的过期间隔过期（该过期间隔是在创建存根区域期间创建的，在从原始主要区域复制时更新）。

当某个 DNS 服务器（父 DNS 服务器）向另外一个 DNS 服务器做子区域委派时，如果子区域中添加了新的权威 DNS 服务器，父 DNS 服务器是不会知道的，除非你在父 DNS 服务器上手动添加。存根区域主要是用于解决这个问题，你可以在父 DNS 服务器上为委派的子区域做一个存根区域，从而可以从委派的子区域自动获取权威 DNS 服务器的更新而不需要额外的手动操作。

创建主要区域步骤如下：

步骤 1：按 Windows 键切换到"开始"菜单→DNS。

步骤 2：如图 5-10 所示，选中"正向查找区域"并单击右键→"新建区域"→单击"下一步"按钮。

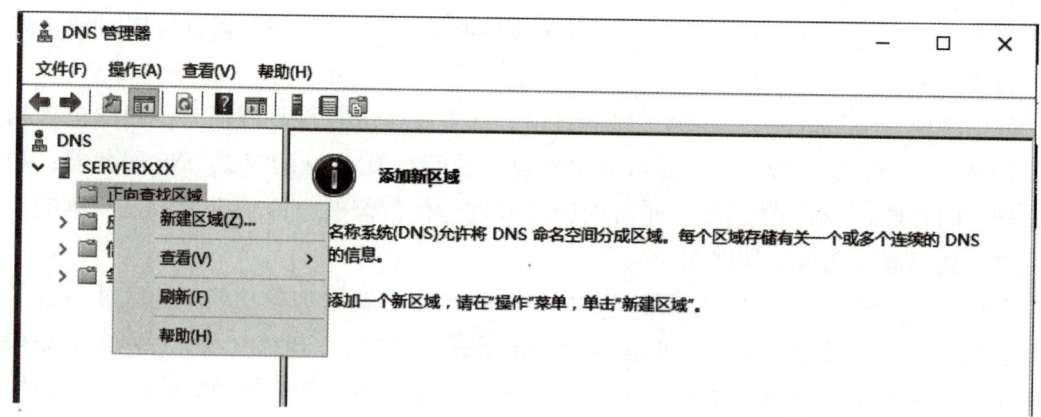

图 5-10　新建正向查找区域

步骤 3：如图 5-11 所示选择"主要区域"后单击"下一步"按钮。

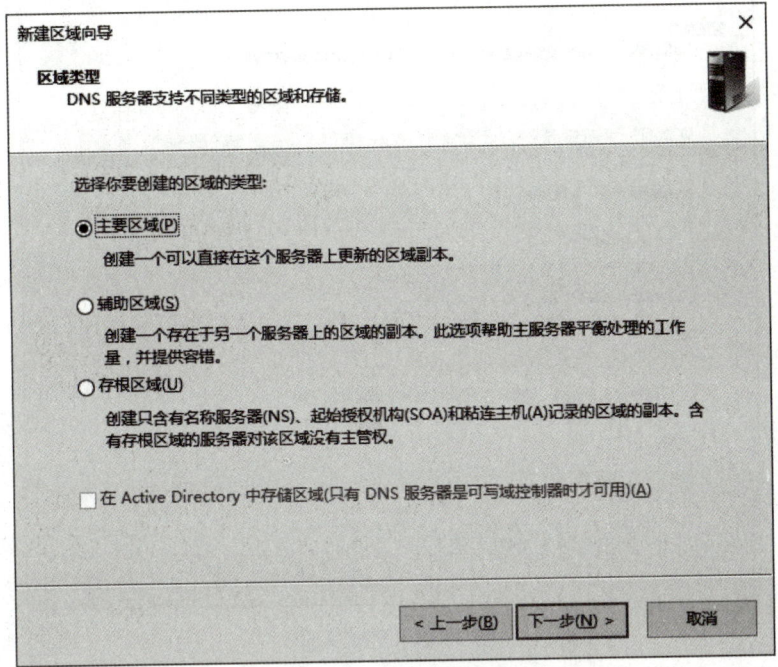

图 5-11　区域类型

步骤 4：在图 5-12 中输入区域名称 zdxy.local 后单击"下一步"按钮。

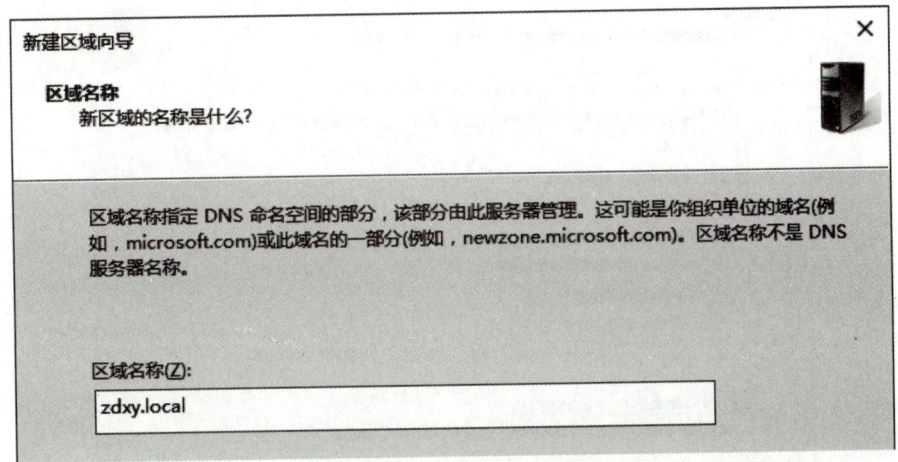

图 5-12　创建区域名称

步骤 5：在图 5-13 中单击"下一步"按钮。若要使用已经存在的区域文件，必须把文件先复制到%Systemroot%\system32\dns 文件夹，然后在图中选择"使用此现存文件"，并输入文件名。

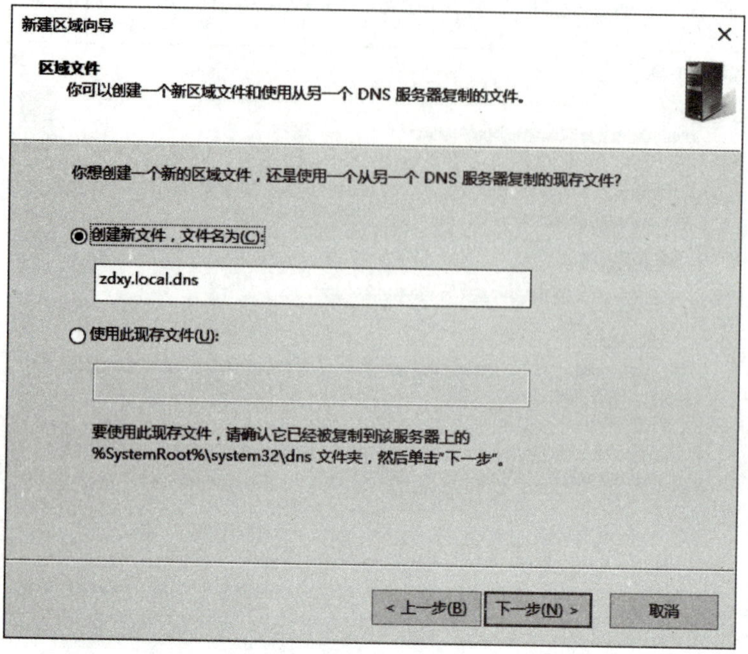

图 5-13　区域文件

步骤 6：在图 5-14 中直接单击"下一步"按钮。

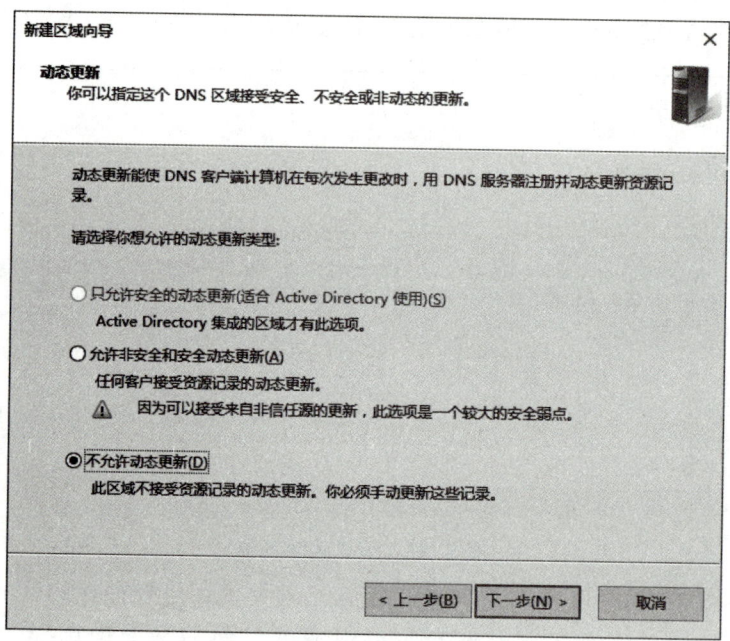

图 5-14　动态更新

步骤 7：出现"正在完成新建区域向导"界面单击"完成"按钮。图 5-15 中的 zdxy.local 即为我们创建的区域。

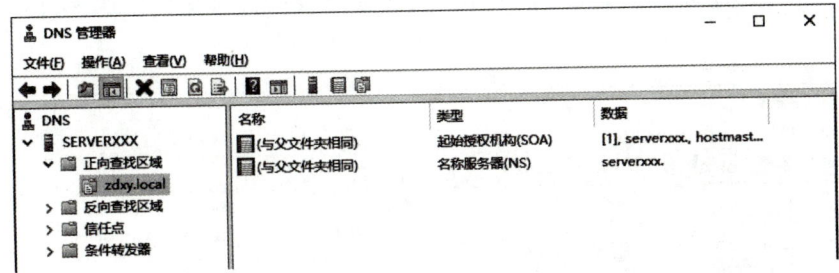

图 5-15　DNS 正向查找区域创建完成界面

2. 在主要区域内新建资源记录

（1）新建主机记录

步骤 1：如图 5-16 所示，选中区域 zdxy.local，单击右键→"新建主机（A 或 AAAA）"。

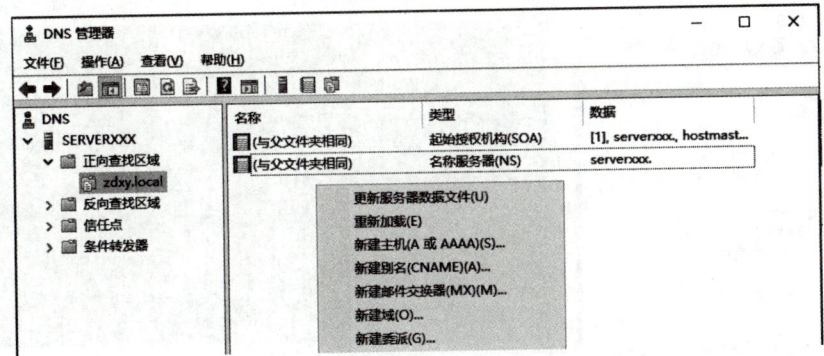

图 5-16　新建主机

步骤 2：输入主机名与 IP 地址→单击"添加主机"按钮，如图 5-17 所示。

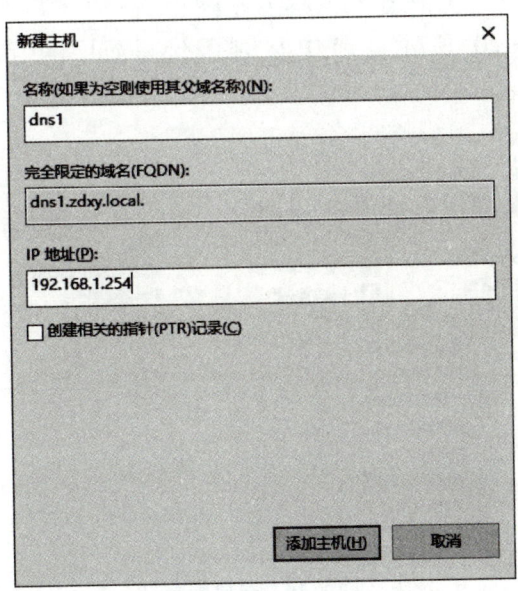

图 5-17　添加主机

步骤 3：重复以上步骤，将 win7-pc 的 IP 地址输入到此区域内，图 5-18 为完成后的界面。

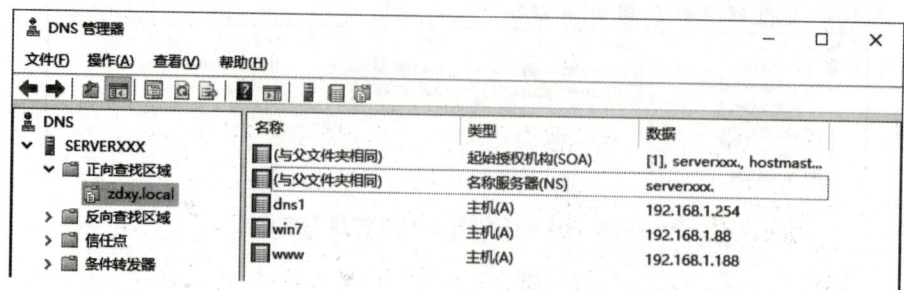

图 5-18 新建主机记录完成界面

步骤 4：测试 www，在 win7-PC 上使用 ping 命令来测试，如图 5-19 所示，成功将 www 主机映射为 192.168.1.188。

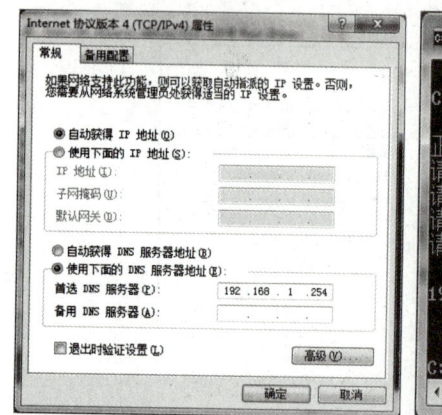
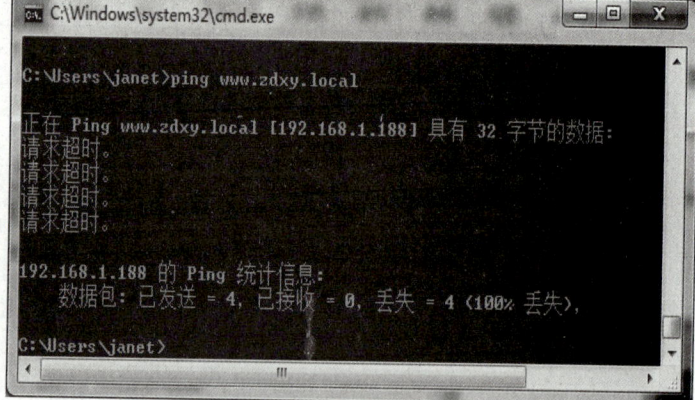

图 5-19 客户端 DNS 界面及测试主机记录结果

（2）新建主机的别名资源记录（CNAME 记录）

步骤 1：如图 5-20 所示，选中区域 zdxy.local，单击右键→"新建别名（CNAME）"。

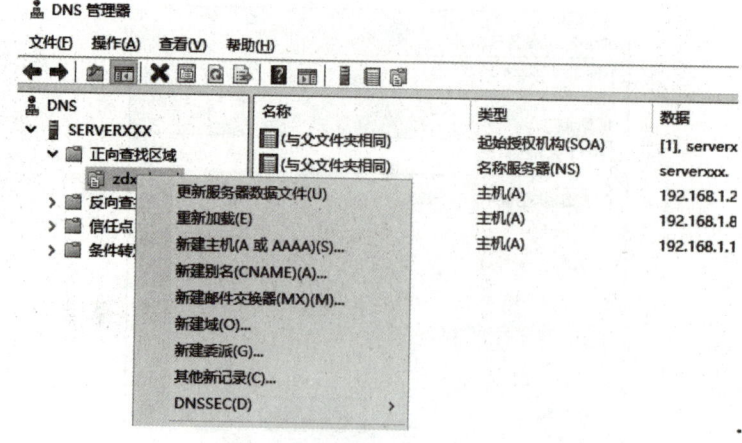

图 5-20 新建别名

步骤 2：输入别名，单击"浏览"，找到"目标主机的完全合格的域名（FQDN）"→单击"确定"按钮，如图 5-21 所示。

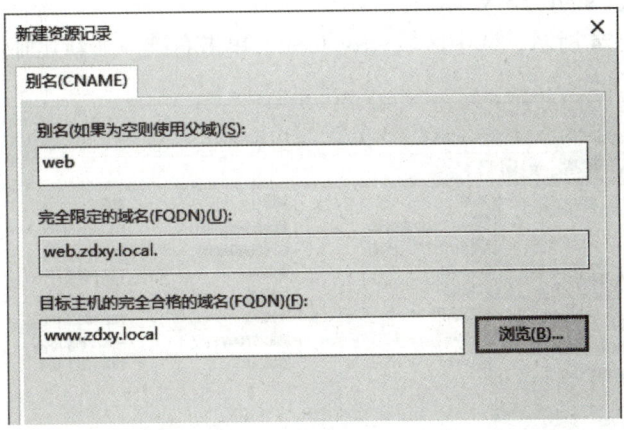

图 5-21 添加别名记录

步骤 3：图 5-22 为添加的别名记录。

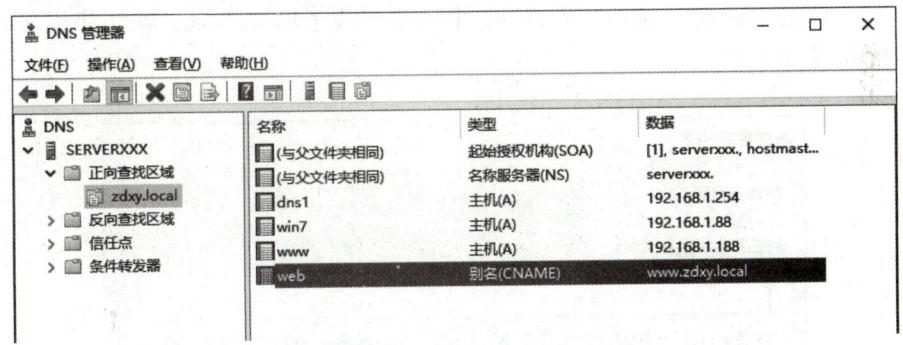

图 5-22 添加别名记录结果

步骤 4：测试 Web，在 Win7-PC 上使用 ping 命令来测试，如图 5-19 所示，成功将 Web 主机映射为 www.zdxy.local [192.168.1.188]。

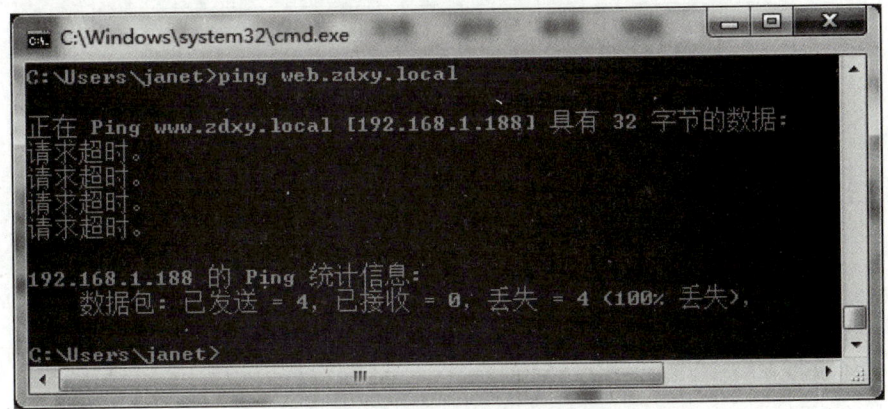

图 5-23 客户端测试别名记录

（3）新建邮件交换记录

步骤1： 如图5-24所示，选中区域 zdxy.local，单击右键→"新建主机（A 或 AAAA）"，添加主机 smtp.zdxy.local。

步骤2： 如图5-24所示，选中区域 zdxy.local，单击右键→"新建邮件交换器（MX）"。

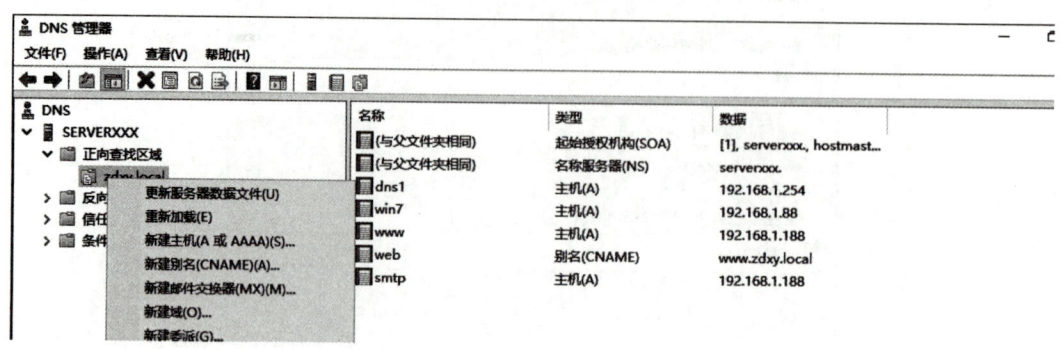

图 5-24　新建主机和邮件交换器（MX）

步骤3： 如图5-25所示，单击"浏览"，找到"邮件服务器的完全合格的域名（FQDN）"→单击"确定"按钮。图5-25中"主机或子域"不填，默认使用父域名，邮件服务器优先级默认10。

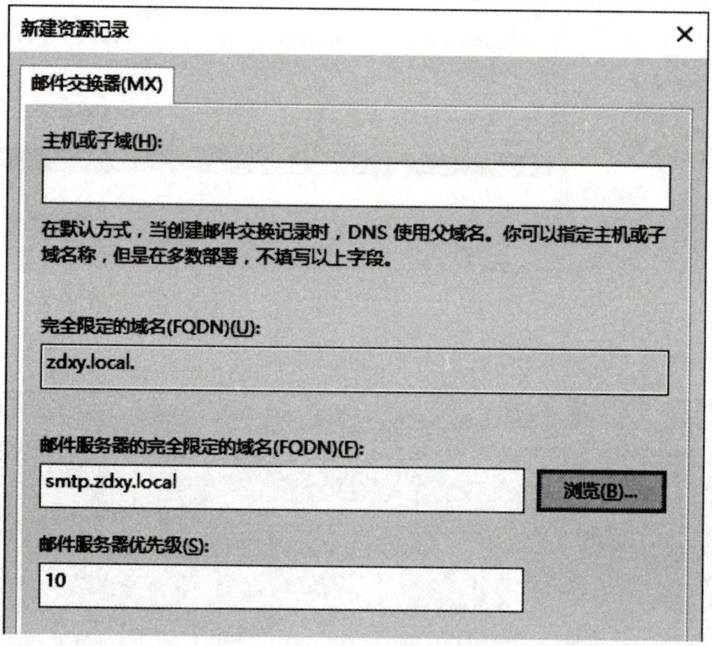

图 5-25　添加邮件交换器

步骤 4：图 5-26 为添加的邮件交换器记录。

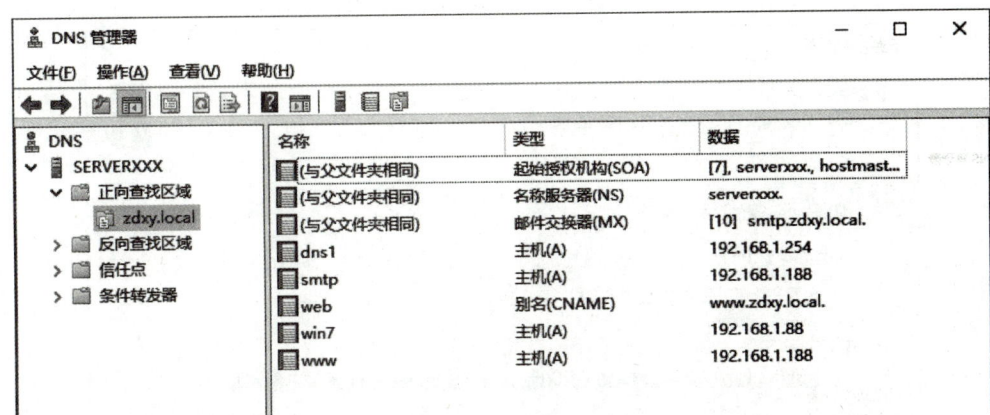

图 5-26　添加邮件交换器结果

3. 建立反向查找区域与反向记录

（1）建立反向查找区域

步骤 1：在 DNS 服务器 DNS1 上，如图 5-27 所示，选中"反向查找区域"并单击右键→"新建区域"→单击"下一步"按钮。

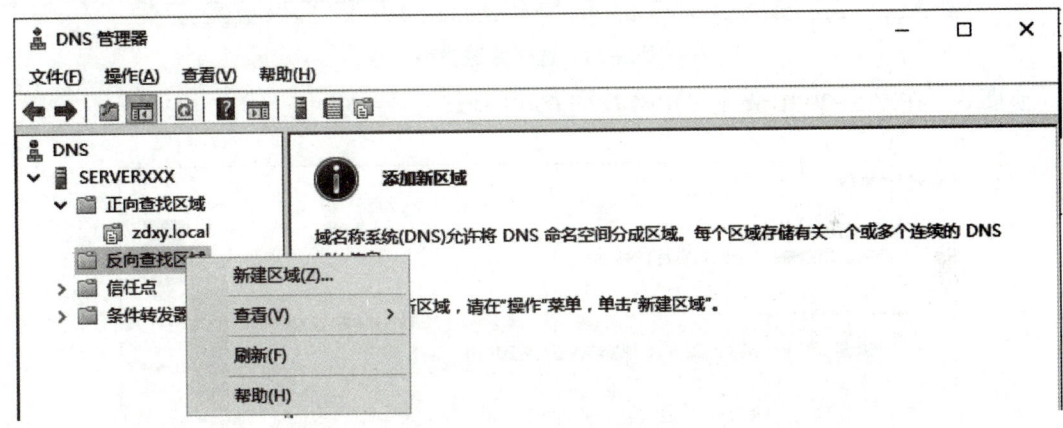

图 5-27　新建反向查找区域

步骤 2：在图 5-28 中选择"主要区域"后单击"下一步"按钮。

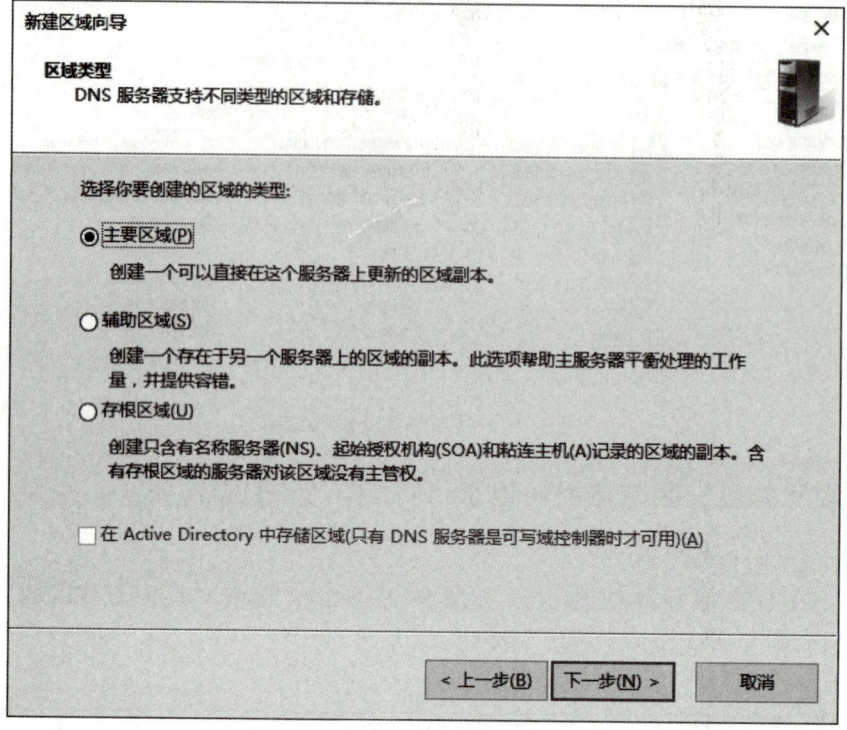

图 5-28　选择区域类型

步骤 3：在图 5-29 中选择"IPv4 反向查找区域"后单击"下一步"按钮。

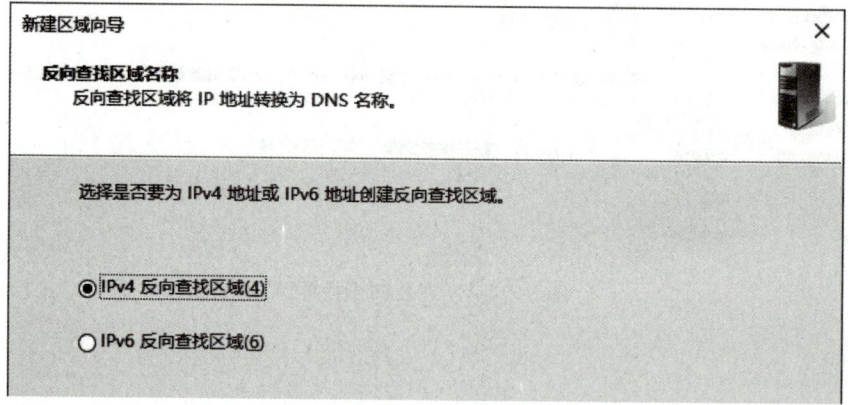

图 5-29　选择 IPv4 反向查找区域

步骤 4：在图 5-30 中的"网络 ID"处输入 192.168.1 或者在"反向查找区域名称"处输入 1.168.192.in.addr.arpa，单击"下一步"按钮。

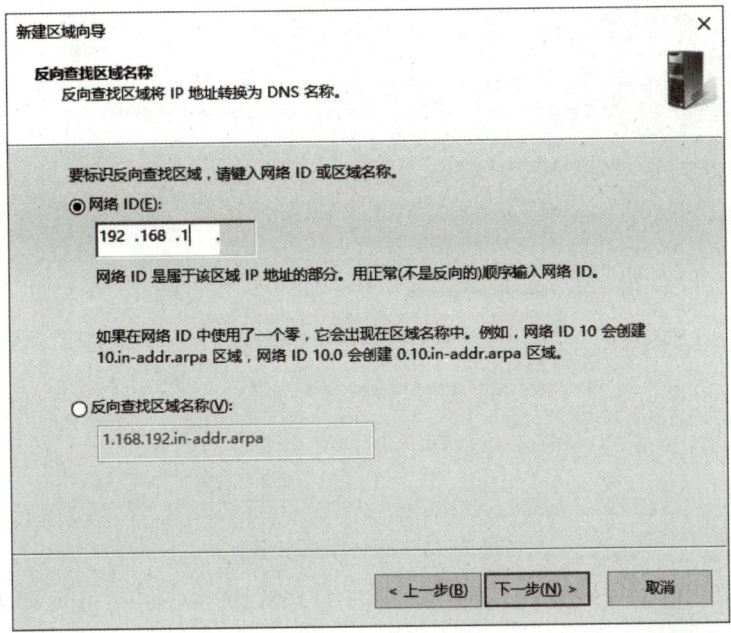

图 5-30　网络 ID

步骤 5：在图 5-31 中使用默认的区域文件名后单击"下一步"按钮。

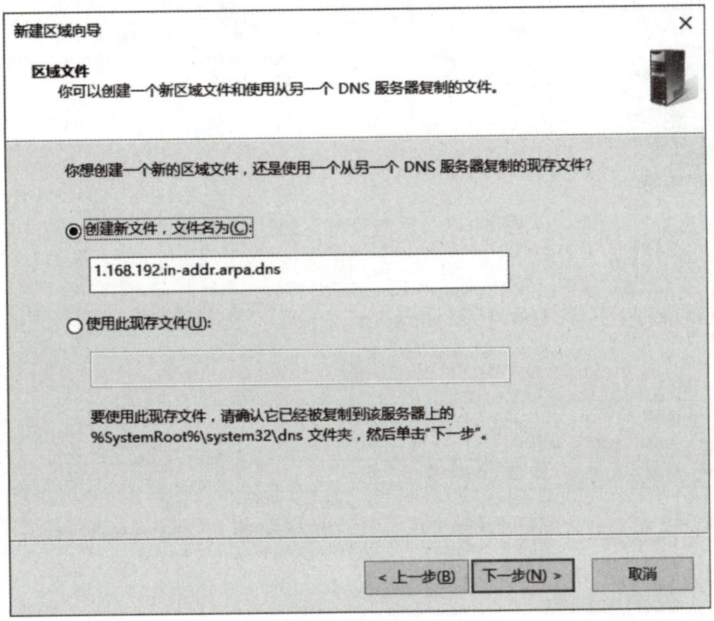

图 5-31　区域文件

步骤 6：在图 5-32 中直接单击"下一步"按钮。

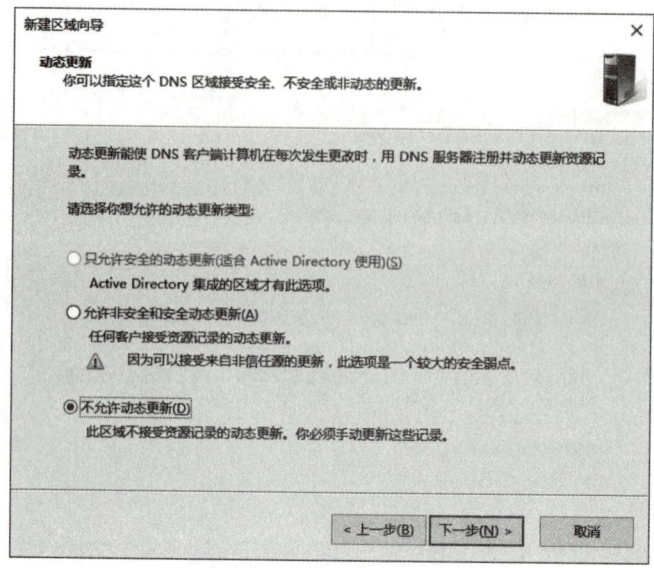

图 5-32　不允许动态更新

步骤 7：图 5-33 为完成后的界面，图中的 1.168.192.in.addr.arpa 即为我们刚刚新建的反向查找区域。

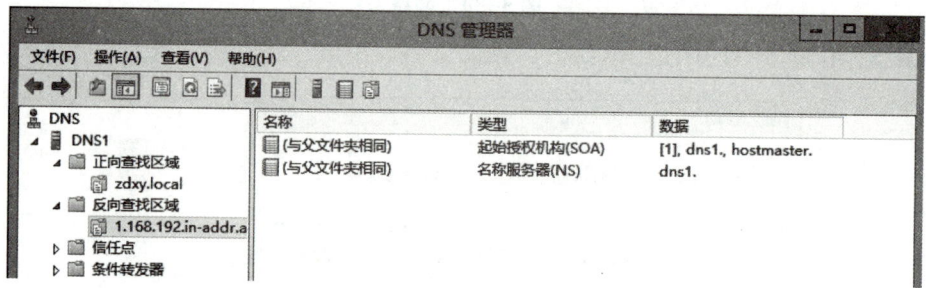

图 5-33　反向查找区域创建完成

（2）建立记录

在反向查找区域选中 1.168.192.in.addr.arpa 并单击右键→新建指针（PTR），如图 5-34 所示。

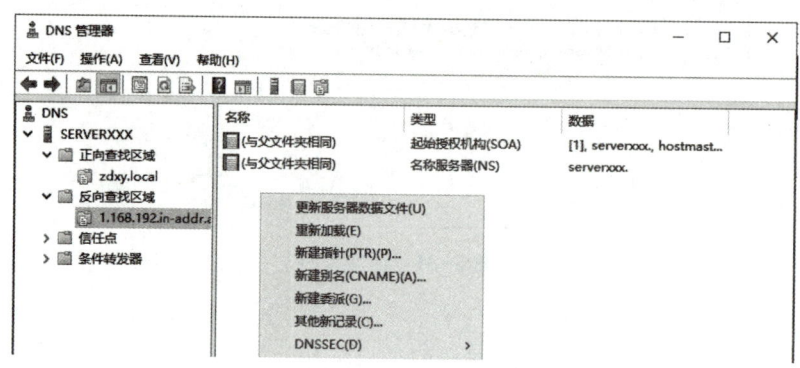

图 5-34　新建指针

输入主机 IP 地址与其完整的主机名，也可以通过"浏览"添加相应区域内的主机，如图 5-35 所示。

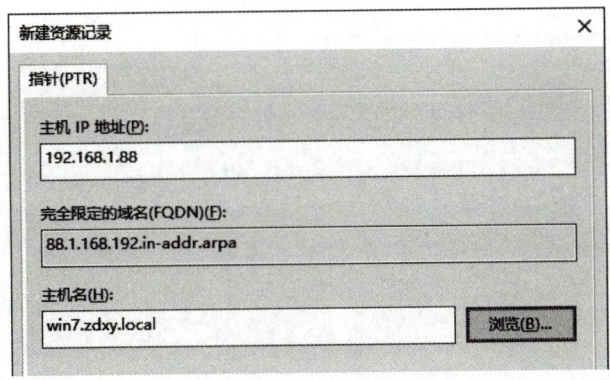

图 5-35　添加指针记录

也可以在正向查找区域建立主机记录时勾选"创建相关的指针（PTR）记录"，但此时相对应的反向查找区域需先存在，如图 5-36 所示。

图 5-37 为指针记录创建完成界面。

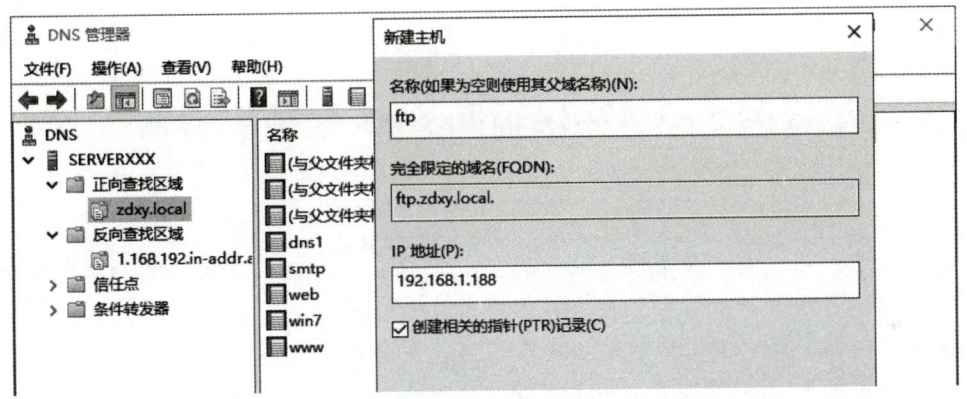

图 5-36　创建相关的指针（PTR）记录

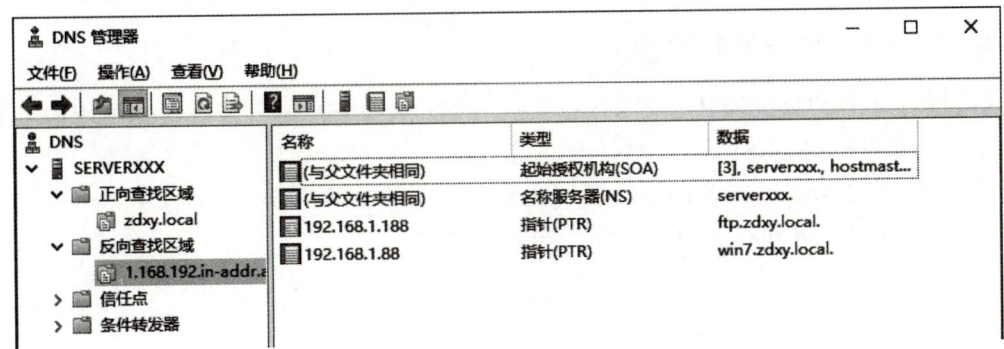

图 5-37　指针记录创建完成

在客户机 Win7-PC 上利用 ping – a 来测试，通过 DNS 服务器的反向查找得知拥有 IP 地址 192.168.1.188 的主机名为 ftp.zdxy.local，如图 5-38 所示。

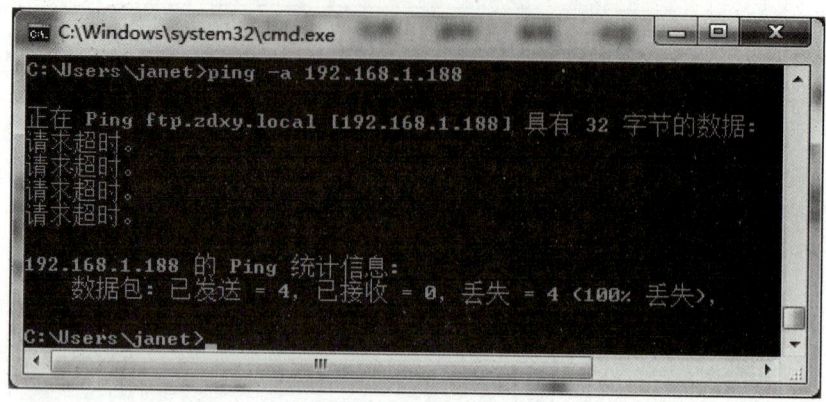

图 5-38　客户端测试指针记录

提示：若对方防火墙没有开放或对方未开机，则此 ping 命令的结果界面会出现请求超时或无法访问目标主机的信息。

任务 5-3　实现辅助 DNS 服务器部署

任务描述：两个或者多个域名服务器作为同一个区域的冗余服务器，客户端查询其中任意一个域名服务器就可以获得该域的记录。其好处在于：提供容错，如果某个域名服务器除了问题，客户就可以使用备用服务器；提高性能，客户端可以把它们的查询分布在所有可用的 DNS 服务器上，从而增强区域的查询响应。

任务目标：通过学习，掌握辅助 DNS 服务部署。

1. 确认是否允许区域传送

若 DNS1 不允许将区域传送给 DNS2，则 DNS2 向 DNS1 提出区域传送请求时会被拒绝。下面设置可以将 DNS1 区域数据传送给 DNS2。

步骤 1：到 DNS1 上按 Windows 键切换到开始菜单→Windows 管理工具→DNS→如图 5-39 所示，选中区域 zdxy.local→右键→单击"属性"。

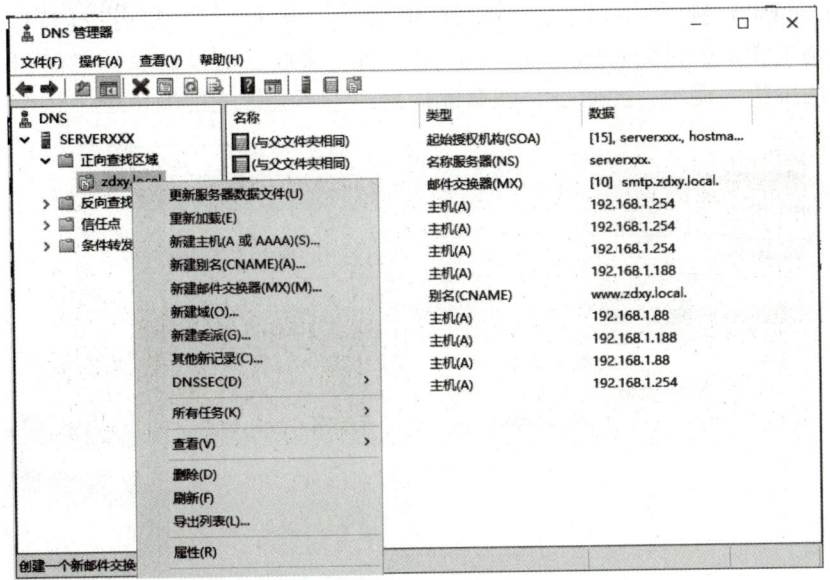

图 5-39 DNS1 上区域属性

步骤 2：如图 5-40 所示，勾选"区域传送"选项卡下的"允许区域传送"→选择"只允许到下列服务器"→单击"编辑"。也可以选择"到所有服务器"。

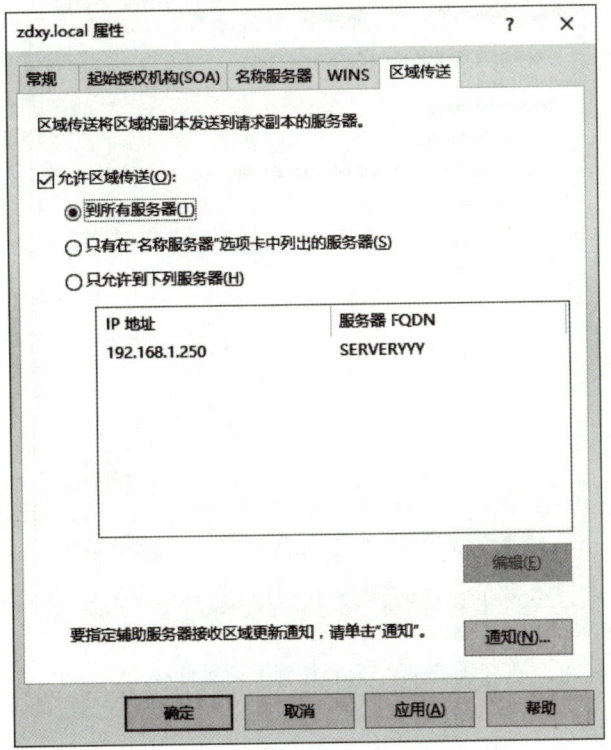

图 5-40 DNS1 允许区域传送

步骤 3：如图 5-41 所示，输入 DNS2 的 IP 地址后按回车键→单击"确定"。注意它会通过反向查询来尝试解析拥有此 IP 的 DNS 主机名，我们目前没有反向区域可供查询，所以会显示无法解析的提示，此时不必理会此信息，它不会影响区域传送。

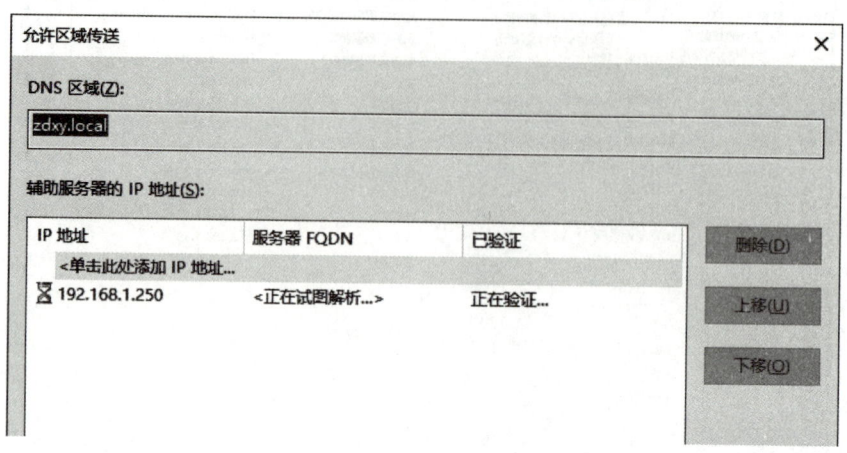

图 5-41 允许区域传送

步骤 4：回到属性界面，如图 5-42 所示，单击"确定"按钮。

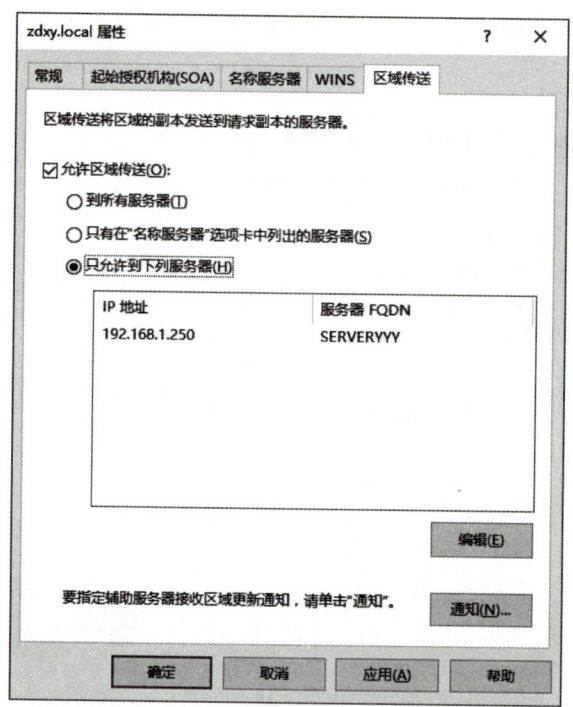

图 5-42 只允许到下列服务器

2. 新建辅助区域

到 DNS2 上新建辅助区域，并设置让此区域从 DNS1 来复制区域记录。

步骤 1：到 DNS2 上按 Windows 键，切换到"开始"菜单→DNS→选中"正向查找区域"并右键单击→"新建区域"→单击"下一步"按钮。

步骤 2：在图 5-43 中选择"辅助区域"后单击"下一步"按钮。

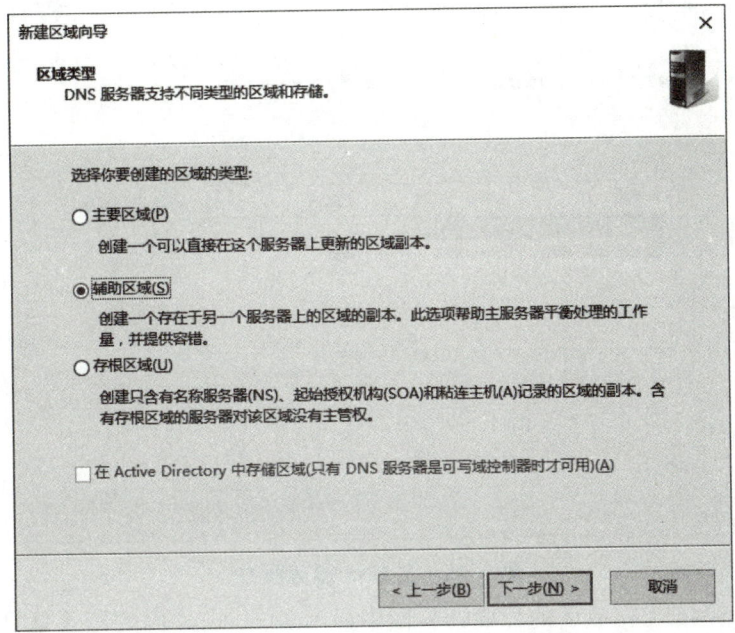

图 5-43　DNS2 辅助区域

步骤 3：在图 5-44 中输入区域名称 zdxy.local 后单击"下一步"按钮。

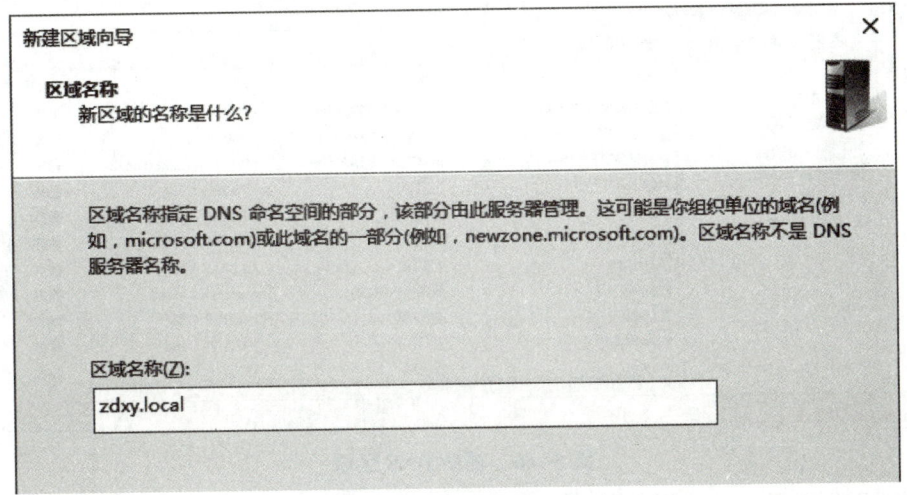

图 5-44　DNS2 辅助区域名称

步骤 4：在图 5-45 中输入主服务器 DNS1 的 IP 地址按回车键，依次单击"下一步""完成"按钮。

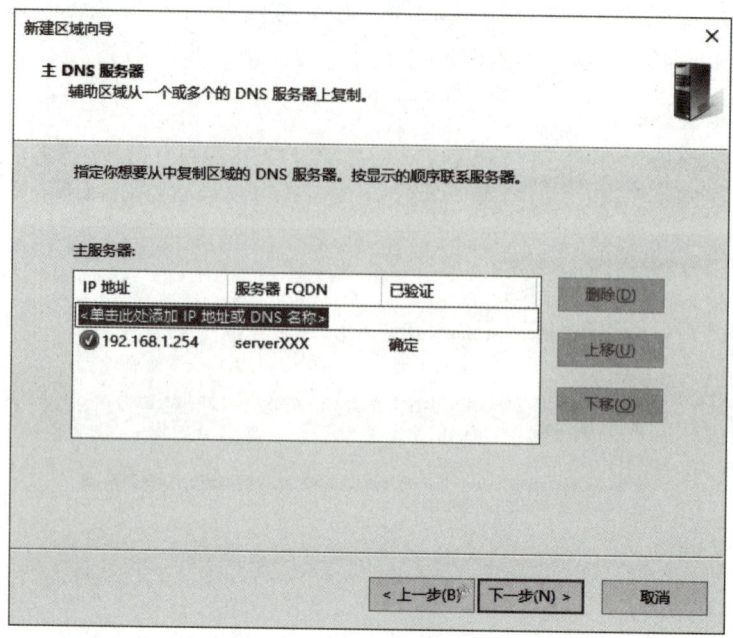

图 5-45 主 DNS 服务器 IP

步骤 5：图 5-46 为完成后的界面，界面中显示 zdxy.local 内的记录是自动由其主服务器 DNS1 复制过来的。

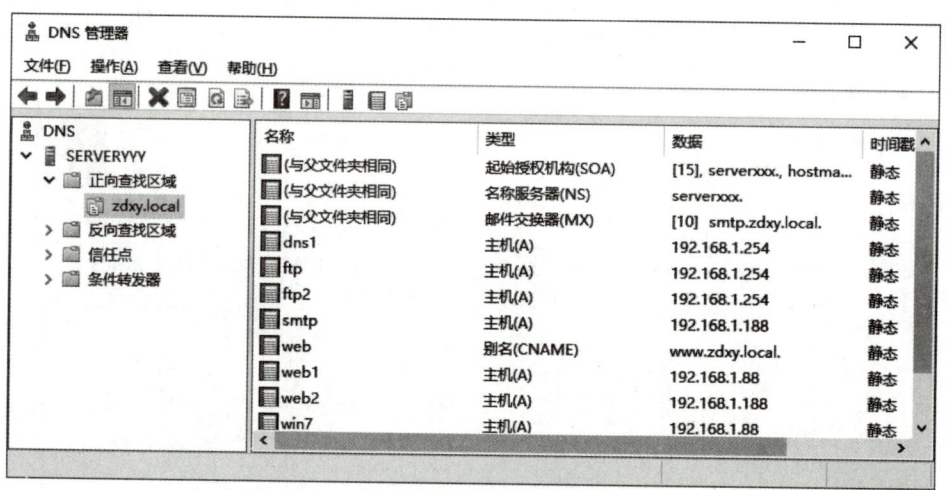

图 5-46 辅助 DNS 区域

存储辅助区域的 DNS 服务器默认会每隔 15 分钟自动请求其主服务器来执行区域传送的操作。也可以如图 5-47 所示通过手动方式来要求执行区域传送。若记录显示异常，可以尝试通过"重新加载"来从区域数据文件中重新加载记录。

项目 5　DNS 服务

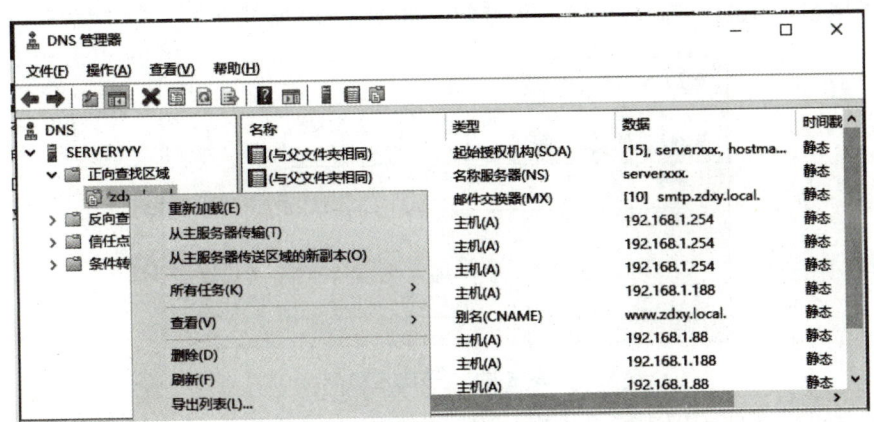

图 5-47　辅助 DNS 服务器重新加载

任务 5-4　实现子域的委派

任务描述：如果企业很小，则只需要一个 DNS 区域就可以了，但如果企业有很多地点或部门，就可能需要将处在不同地点的 DNS 区域作为子区域托管在当地的 DNS 服务器上，这正好可以通过创建子域并委派子域授权来实现。

任务目标：通过学习，掌握子域创建，并委派子域。

1. 新建子域

可以直接在 zdxy.local 区域下建立子域，然后将记录输入到子域内，这些记录就存储在这台 DNS 服务器内。步骤：选中正向查找区域 zdxy.local，单击右键→"新建域"，如图 5-48 所示。

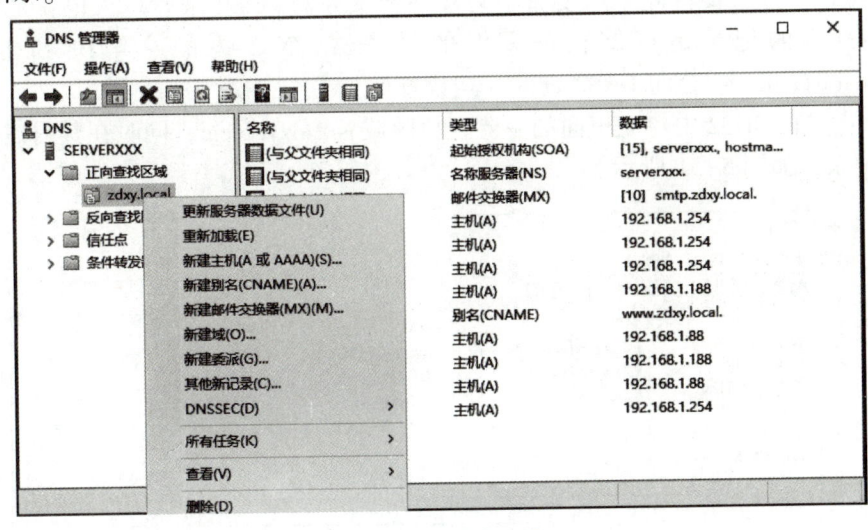

图 5-48　新建子域

129

输入子域名称 sales→单击"确定"按钮，如图 5-49 所示。

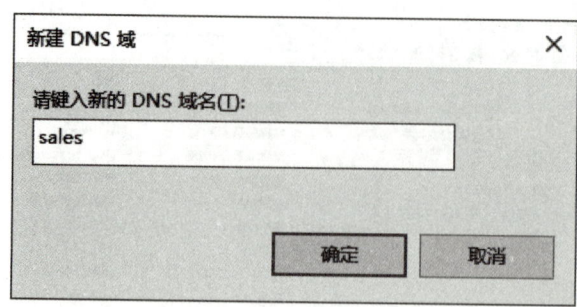

图 5-49　子域名称

接下来就可以在此子域内输入资源记录，例如 pc1 等主机记录，这些主机的 FQDN 为 pc1.sales.zdxy.local，如图 5-50 所示。

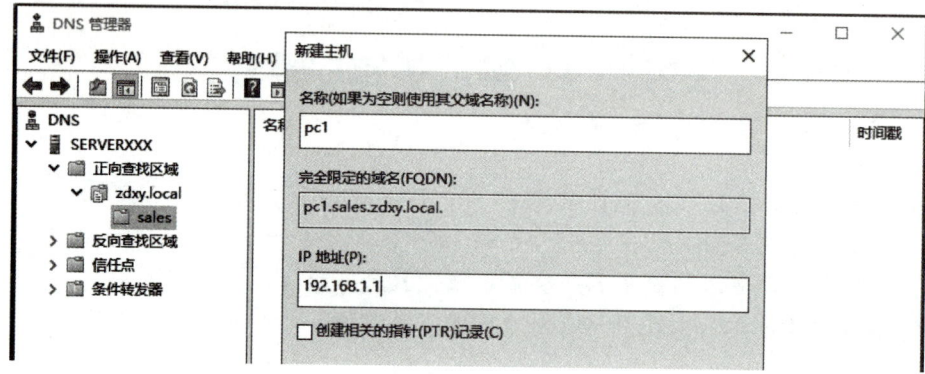

图 5-50　新建主机

2. 委派域

下面我们假设在服务器 DNS1 内有一个受管辖的区域 zdxy.local，我们要在此区域下建立一个子域 jsj，并且要将此子域委派给另外一台服务器 DNS2 来管理，也就是说此子域 jsj.zdxy.local 内的记录是存储在被委派的服务器 DNS2 内的。当 DNS1 收到查询 jsj.zdxy.local 时，DNS1 会向 DNS2 查询（迭代查询）。

步骤 1：先在 DNS2 内建立正向的主要查找区域 jsj.zdxy.local，同时在其内建立几条用来测试的记录，如图 5-51 所示。

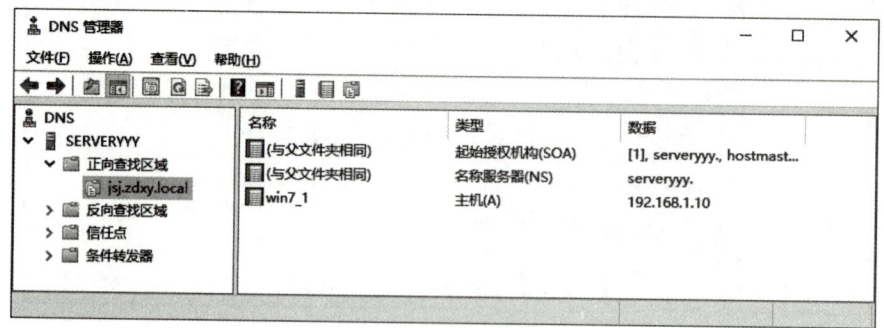

图 5-51　DNS2 区域

步骤 2：在 DNS1 上，选中区域 zdxy.local 并单击右键，选择"新建委派"，如图 5-52 所示。

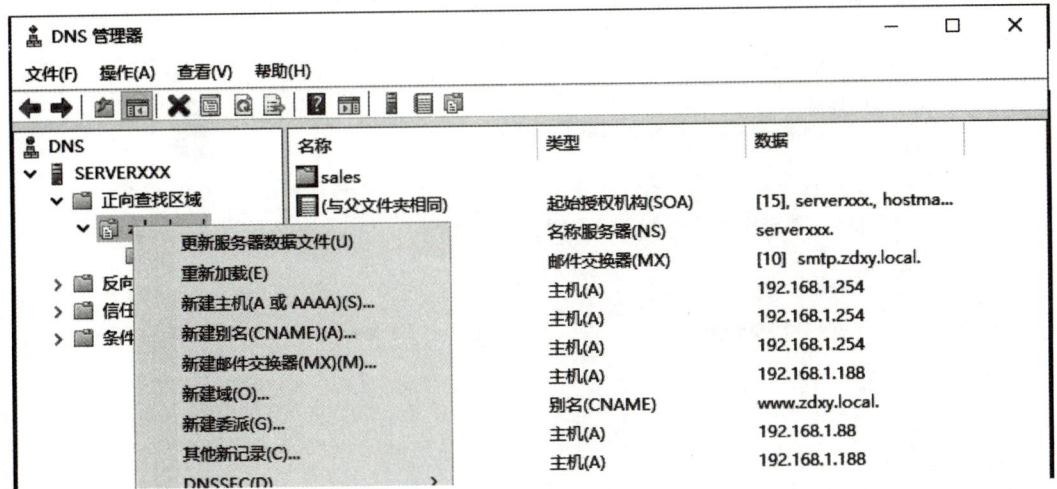

图 5-52　DNS1 新建委派

步骤 3：出现"欢迎使用新建委派向导"界面时单击"下一步"按钮。
步骤 4：如图 5-53 所示，输入受委派的子域名称 jsj 后单击"下一步"按钮。

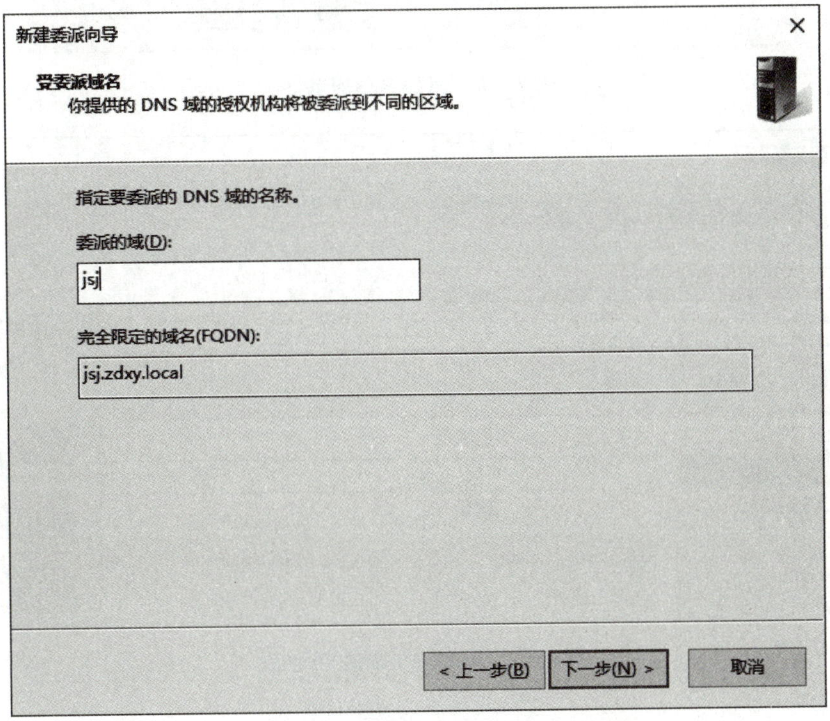

图 5-53　受委派域名

步骤 5：如图 5-54 所示，单击"添加"按钮；输入 DNS2 的主机名 dns2.jsj.zdxy.local，输入其 IP 地址 192.168.1.250 后按"Enter（回车）"键，验证拥有此 IP 地址的服务器是否为此区域的授权服务器，单击"确定"按钮，如图 5-55 所示。

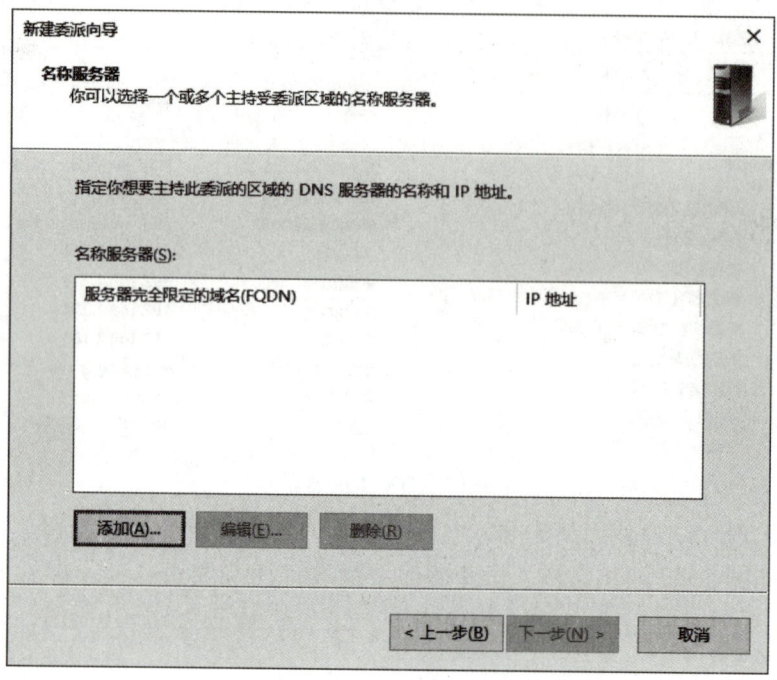

图 5-54　添加名称服务器

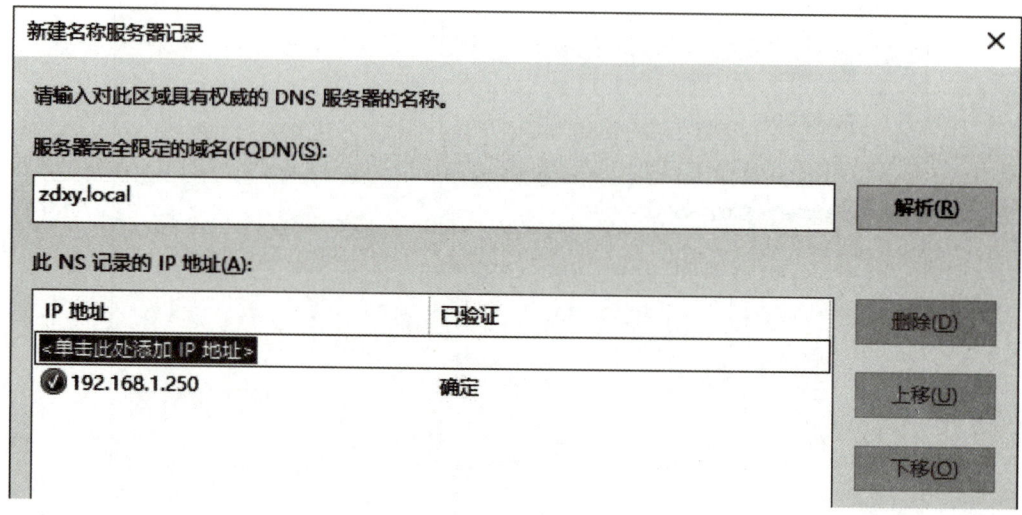

图 5-55　添加 DNS2 的 IP 地址

步骤 6：回到"名称服务器"界面，如图 5-56 所示，单击"下一步"按钮。

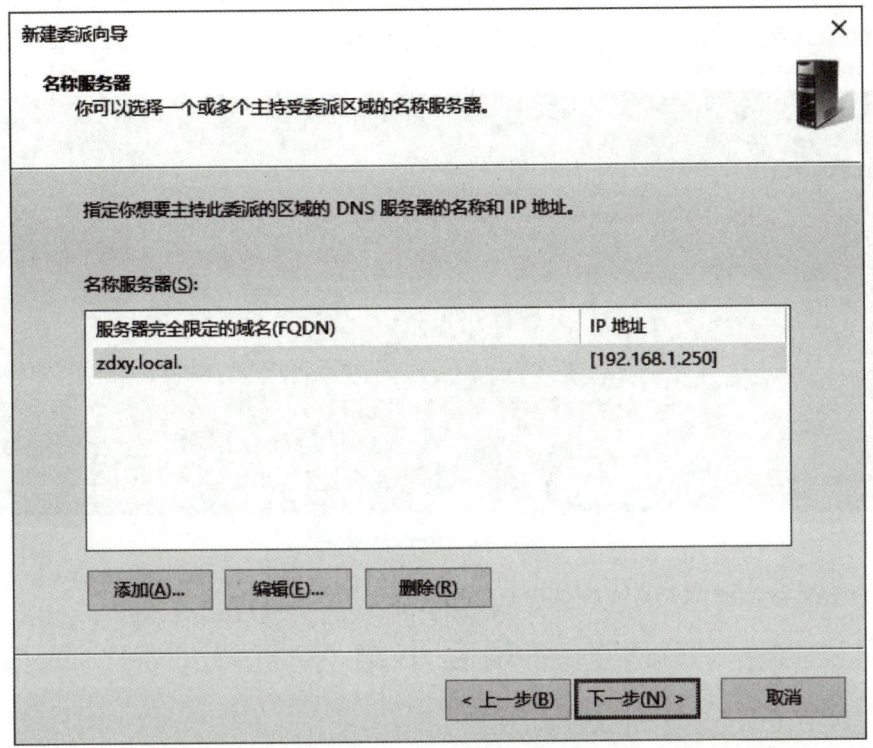

图 5-56 名称服务器添加完成

步骤 7：出现"完成新建委派向导"界面时单击"完成"按钮。

步骤 8：图 5-57 为完成后的界面，图中的 jsj 就是委派的域，其内只有一条名称服务器（NS）的记录，它记载着 jsj.zdxy.local 的授权服务器就是 DNS2.zdxy.local。当 DNS1 收到查询 jsj.zdxy.local 时它会向 dns2 查询。

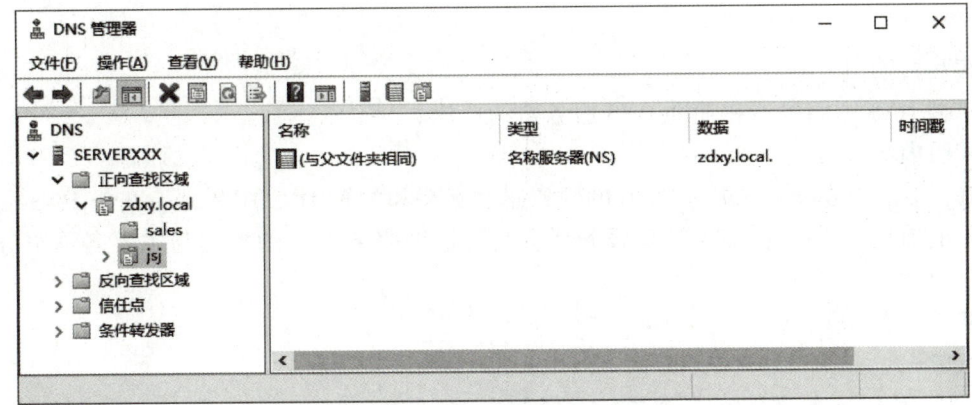

图 5-57 委派域添加完成界面

步骤 9：到 DNS 客户端利用 ping.Win7_1.jsj.zdxy.local 来测试，它会向 DNS1 查询，DNS1 会转向 DNS2 查询，图 5-58 为成功得到 IP 地址的界面。

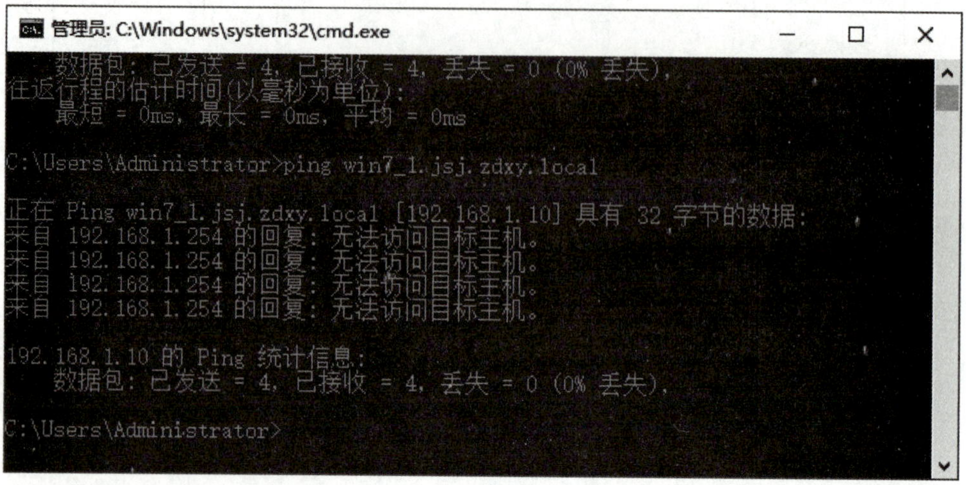

图 5-58　客户端测试

项目小结

　　DNS 域名系统是一种用于 TCP/IP 的数据库，它提供了主机名和 IP 地址之间的对应关系。本项目主要介绍了 DNS 的基本原理、DNS 域名解析过程、DNS 服务器安装、配置与测试等。

上机实训

实验目的
掌握 DNS 主服务器和辅助 DNS 服务器的搭建。

实验内容
　　在安装了 Windows Server 2016 的服务器上安装和配置 DNS 服务器，在主 DNS 服务器搭建好的前提下，搭建辅助 DNS 服务器，实现辅助服务器中的数据与主要名称服务器数据的一致性。

实验步骤
实验一
　　1. 使用 HOSTS 文件，并通过 ping 命令验证 yahPC.sayms.local 和 janetPC.sayms.local，两者的 IP 地址分别为 10.10.10.10 和 20.20.20.20。
　　2. 安装主 DNS 服务器。
　　3. 添加正向查找区域。

4. 添加主机记录，使 IP 地址指向 Web 服务器。

5. 调整主 DNS 服务器的设置。

6. 在辅助 DNS 服务器上创建辅助区域。（需要与同学合作，或自己安装一台虚拟机来完成）

7. 建立反向查找区域并添加记录。

8. 建立子域。

9. 建立委派域。（需要与同学合作，或自己安装一台虚拟机来完成）

10. 使用 ping 命令和 nslookup 命令来验证。

实验二

某小型企业申请了域名 test.com，企业内部的局域网网段为 10.1.1.0/24，并且拥有自己的 web 服务器（地址 10.1.1.1，域名 www.test.com，别名 web.test.com）和 FTP 服务器（地址 10.1.1.2，域名 ftp.test.com），完成如下任务：

1. 安装 DNS 服务器。

2. 配置 DNS 服务器。

3. 新建主机、PTR、CNAME 记录。

4. 用 nslookup 测试 DNS 服务器。

习　题

1. DNS 提供了一个＿＿＿＿＿＿＿＿＿＿命名方案。
2. Internet 管理结构最高层域划分中表示商业组织的是＿＿＿＿＿＿＿。
3. ＿＿＿＿＿＿＿＿＿表示别名的资源记录。
4. DNS 是＿＿＿＿＿＿＿＿的缩写。
5. 根域是由＿＿＿＿＿＿＿＿管理。

项目 6　Web 服务

【项目导入】

公司有自己的门户网站，用于宣传；每个部门有自己的部门网站，用于部门的管理。这些网站都部署在 Windows Server 2016 服务器上。

【项目分析】

通过在服务器上安装 IIS 管理器，可实现 Web 服务器的管理，通过 Web 服务器可实现网站的发布和管理。该项目需要在 Windows Server 2016 上部署 IIS。

【项目目标】

- 会安装 IIS
- 会配置 Web 站点
- 会建立多个网站

项目6 Web服务

1. 环境配置

若 IIS 网站（Web 服务器）要对互联网用户提供服务，那么该网站应该有一个网址，如 www.yah.com，并且需要先完成以下工作：

（1）申请 DNS 域名

向因特网服务提供商 ISP 申请域名 yah.com，或者到因特网上搜索就可以找到专门提供 DNS 域名申请服务的机构。

（2）登记管辖此域的 DNS 服务器

将网站的网址 www.yah.com 与 IP 地址输入到管辖此域 yah.com 的 DNS 服务器内，以便让因特网上的计算机可以通过此 DNS 服务器得到网站的地址。

（3）在 DNS 服务器内建立网站的主机记录

需要在管辖此域的 DNS 服务器上建立主机记录（A），其内记录着网站的网址 www.yah.com 与其 IP 地址的对应关系。

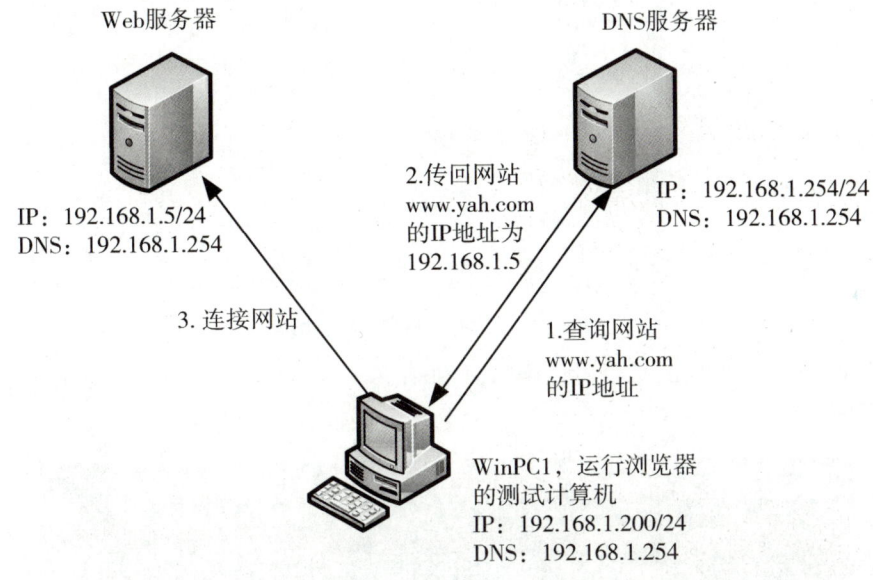

图 6-1 公司拓扑

我们通过图 6-1 来说明并练习 Web 服务器的内容。

网站 Web 的设置：假设该计算机安装 Windows Server 2016，按照图 6-1 中说明来设置其计算机名称、IP 地址与首选 DNS 服务器的 IP 地址。

DNS 服务器设置：此计算机也安装 Windows Server 2016，同样按照图中说明来设置其计算机名称、IP 地址与首选 DNS 服务器的 IP 地址；然后通过安装 DNS 服务，并建立一个名称为 yah.com 的正向查找区域，在此区域内建立网站的主机记录，如图 6-2 所示。

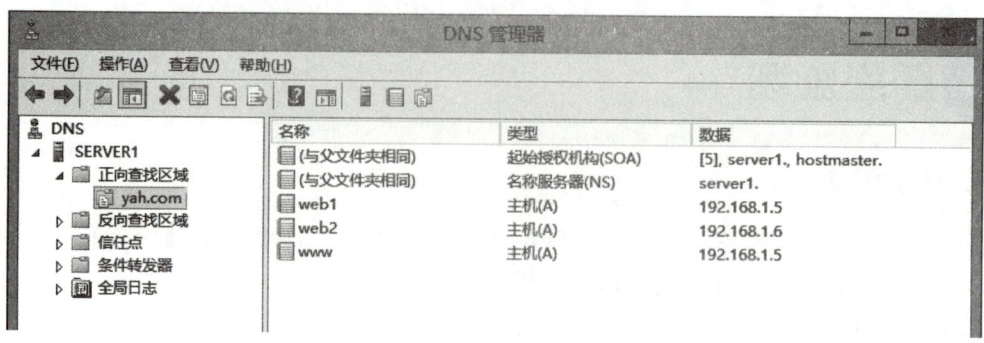

图 6-2　DNS 主机记录

测试计算机 WinPC 的设置：按照图中说明来设置其计算机名称、IP 地址与首选 DNS 服务器的 IP 地址；为了让它能够解析到网站 www.yah.com 的 IP 地址，将其首选 DNS 服务器直接指定到 DNS 服务器 192.168.1.254，如图 6-3 所示。

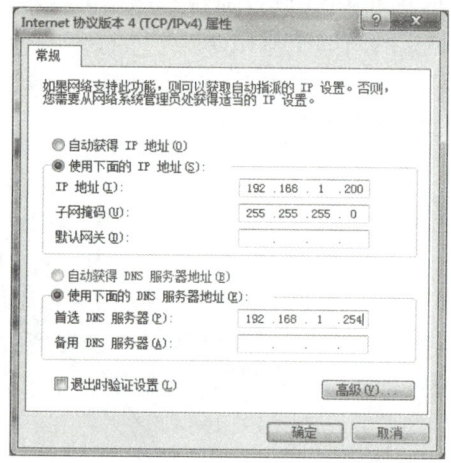

图 6-3　客户端 TCP/IP 参数

然后用 ping 命令来测试是否可以解析到网站 www.yah.com 的 IP 地址，图 6-4 中为解析成功的界面。

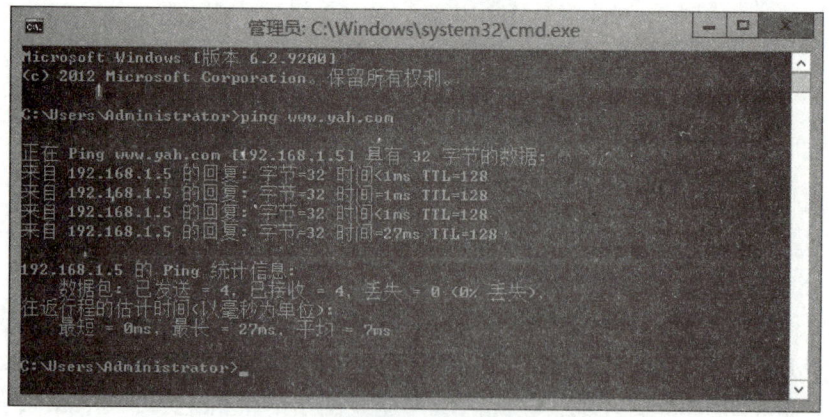

图 6-4　客户端测试 www.yah.com

提示：若要简化测试环境，可以将 Web 服务器和 DNS 服务器都配置到一台计算机上。

2. 目录结构

任何一个 Web 站点或 FTP 站点都是通过树型目录结构的方式来存储信息的，每个站点可以包括一个主目录和若干个真实子目录或虚拟目录。

3. 物理路径

物理路径是 Web 站点或 FTP 站点发布的具体物理位置，也是用户访问站点的起点。因此，它不仅包括网站的首页及指向其他网页的链接，还包括该网站的所有文件和目录。

4. 虚拟站点和虚拟目录

（1）虚拟站点

虚拟站点又称为虚拟主机，即在一台服务器上运行多个站点。每一个虚拟站点都可以像独立网站一样，拥有独立的 IP 地址或域名。虚拟站点的物理路径既可以定位于本机，也可以位于不同的计算机上。应用时，各类 Web 站点（服务器）的应用特性都是相同的。由于在一个物理站点中，可以对多个 Web 站点进行集中管理，因此，可以使网站的管理更便利，配置更简化，成本更低廉。

（2）虚拟目录

在某一个 Web 站点或 FTP 站点之下，管理员可以根据需要创建任意数量的虚拟目录。虚拟目录是站点管理员为服务器中的任何一个物理目录创建的一个别名。这样，用户就可以将其信息、程序或文件等保存到真实的物理目录中。而其他用户是通过其别名来访问这个虚拟目录的。访问时，感觉与站点无异。通过这样的方法，可以将真实的目录隐藏起来。这样可以有效地防止黑客的攻击，提高站点的安全性。

任务 6-1　配置 Web 服务器

任务描述：IIS（Internet Information Server）是 Windows Server 2016 功能强大的组件之一，利用它可以很方便地建立安全的 Internet 和 Intranet 站点，使得在网络上发布信息成了一件很简单的事情。

任务目标：认识以 B/S 结构为基础的各种信息网络，掌握与信息网站密切相关的基本知识；掌握 Internet 信息服务器的功能，以及 IIS 中能够管理的各种网站类型；明确 IIS 可以实现的主要服务类型，了解 IIS 的特点；掌握 intranet 的规划流程，能够熟悉各种应用服务器的作用；掌握应用服务器的安装方法。

1. 安装 Web 服务器（IIS）

步骤 1：打开"服务器管理器"，单击"仪表盘"的"添加角色和功能"，持续单击"下一步"，直到出现如图所示的"选择服务器角色"，勾选"Web 服务器（IIS）"。IIS 依赖 Windows 进程激活服务（WAS），因此弹出如图 6-5 所示窗口，单击"添加功能"，出现图 6-6 所示"选择服务器角色"窗口。

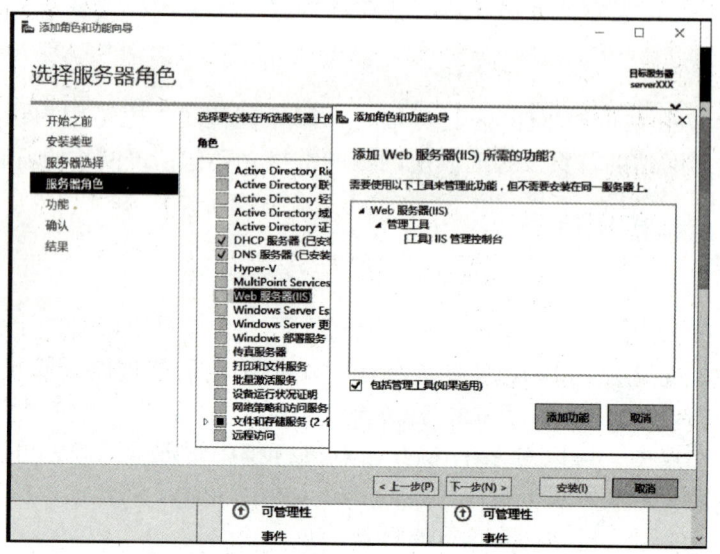

图 6-5 添加 Web 服务器（IIS）

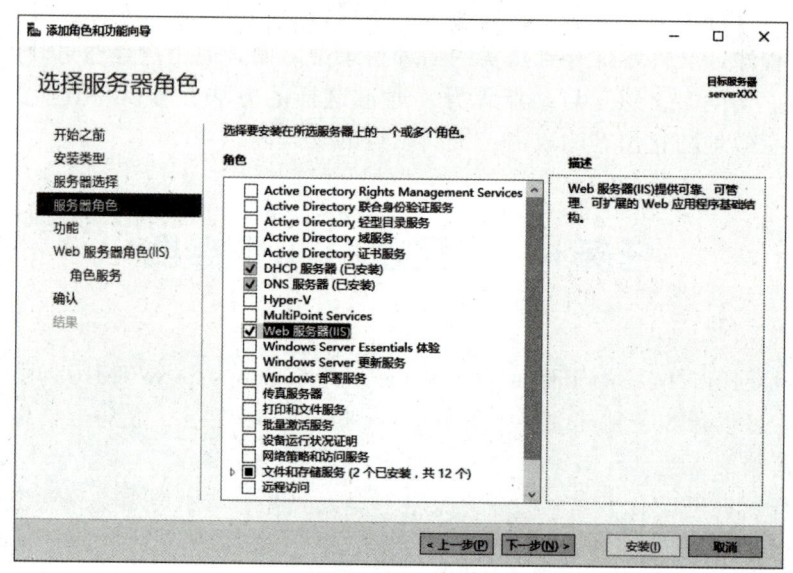

图 6-6 选择服务器角色

步骤 2：持续单击"下一步"，直到出现"确认安装所选内容"界面时单击"安装"按钮。图 6-7 为安装进度窗口。安装完后，单击"关闭"按钮。

项目 6　Web 服务

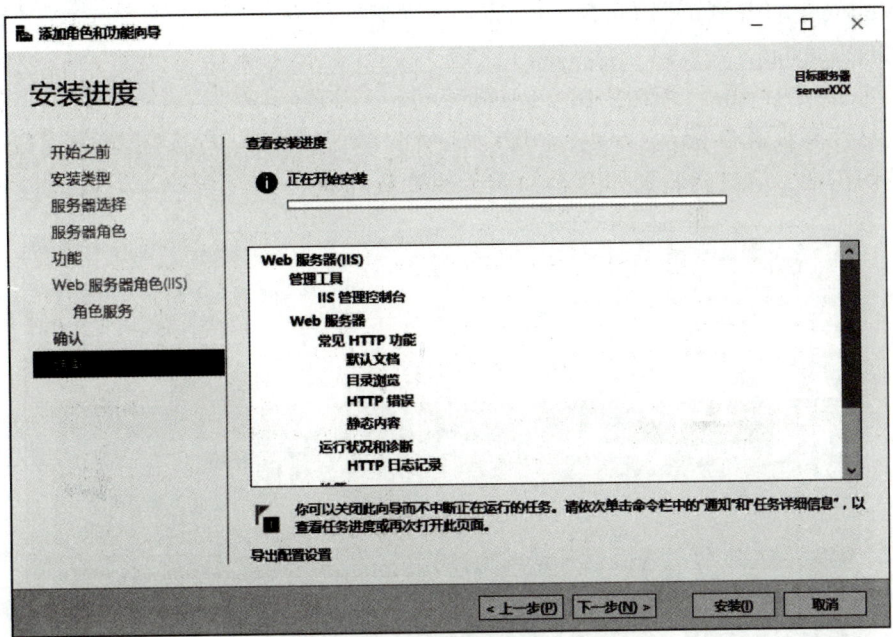

图 6-7　安装进度

2. 测试 IIS 网站是否安装成功

安装完成后，打开"服务器管理器"，单击右上方的"工具"菜单，打开"Internet 信息服务（IIS）管理器"来管理 IIS 网站。

出现图 6-8 所示的"Internet 信息服务（IIS）管理器"界面，其中已经有一个名为 Default Web Site 的内置网站。

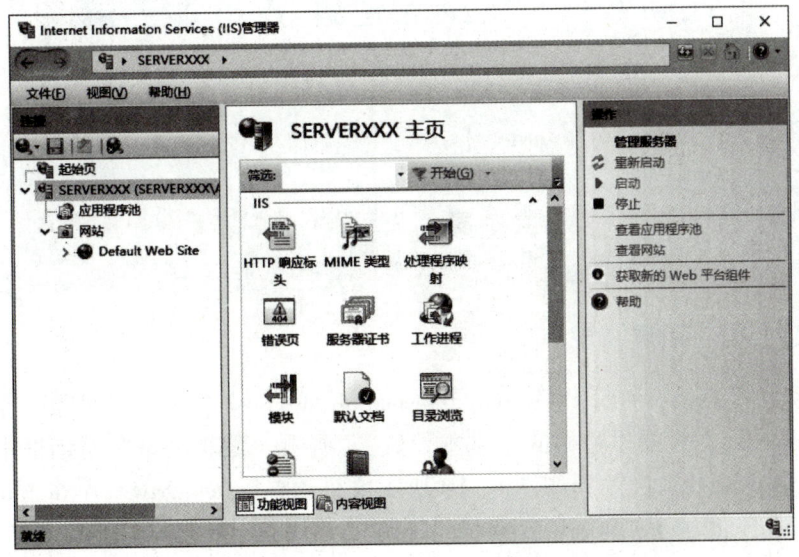

图 6-8　Internet Information Services（IIS）管理器

在 WinPC 上打开浏览器 Internet Explorer，然后通过以下方法来连接网站。
- 利用网址 http：//www.yah.com
- 利用 IP 地址 http：//192.168.1.254
- 利用计算机名称 http：//serverXXX/

若一切正常，应该会看到如图 6-9 所示的默认网页。

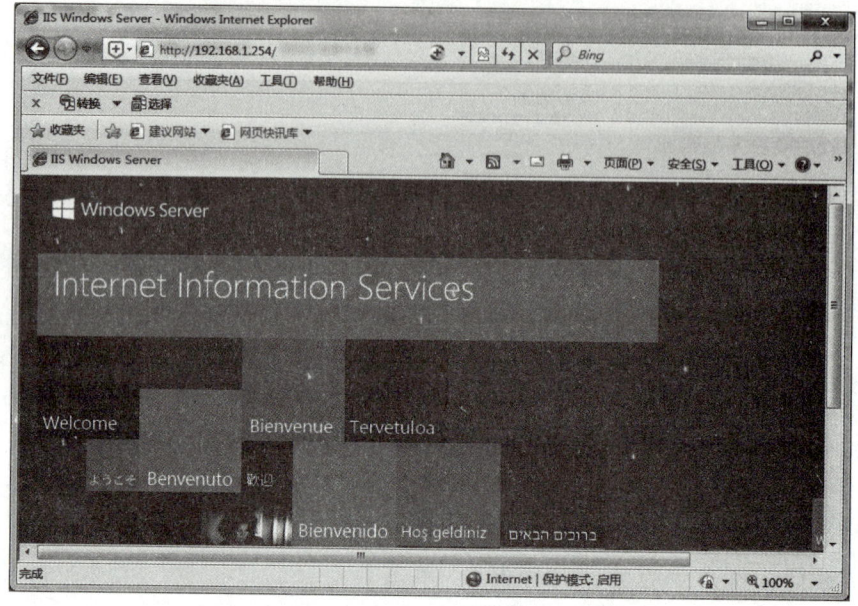

图 6-9　成功访问默认主页

任务 6-2　创建和管理 Web 服务器

任务描述：在 intranet 或 Internet 中，可以很方便地利用 windows Server 2016 来发布网页信息。

任务目标：通过学习，首先掌握 Web 站点的创建、配置和删除等基本技能。并能按照实际应用要求，在一台计算机上创建、管理虚拟目录。

1. 更改网页的存储位置

要查看网站主目录，打开"Internet Information Services（IIS）管理器"窗口，单击网站 Default Web Site 右边操作窗格的"基本设置"，查看"编辑网站"对话框中的"物理路径"，主目录默认路径被设置到如图 6-10 所示文件夹%SystemDrive%\inetpub\wwwroot。其中%SystemDrive%为安装 Windows Server 2016 的系统盘，通常是 C 盘。可单击右边的按钮，来更改主目录的路径。

项目 6　Web 服务

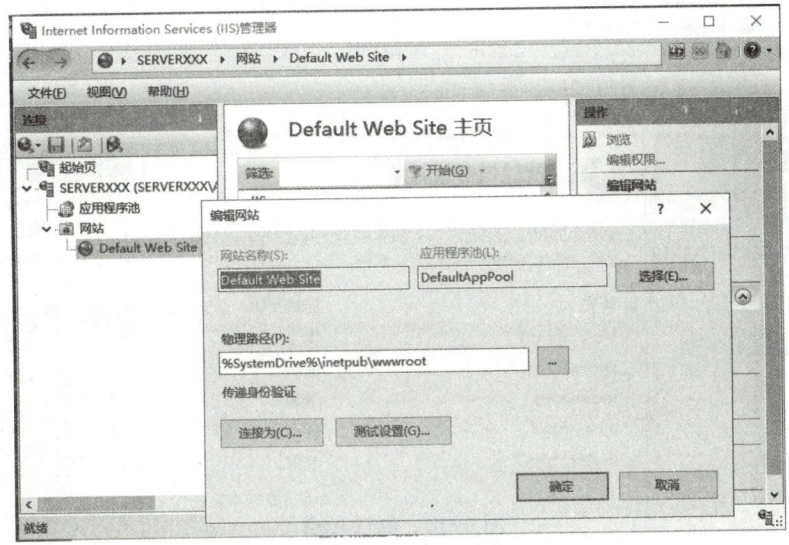

图 6-10　编辑网站

2. 设置网站的首页文件

当连接到 Default Web Site 时，网站会自动将位于主目录的首页发送给用户的浏览器，网站的首页文件可以通过图 6-11 中"默认文档"来设置。

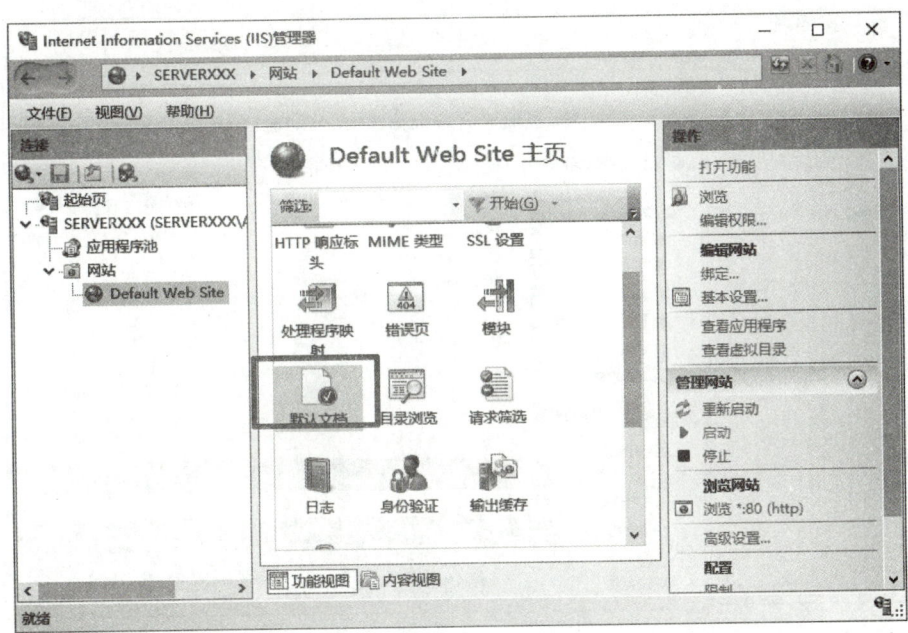

图 6-11　选择"默认文档"

图 6-12 中的列表里一共有 5 个文件，网站会先读取最上面的文件 Default.htm，如果主目录里没有这个文件，则依次读取之后的文件。这些文件的顺序可以通过右边窗格的"上移"或"下移"来进行调整，也可以通过"添加"来添加默认的文档。

143

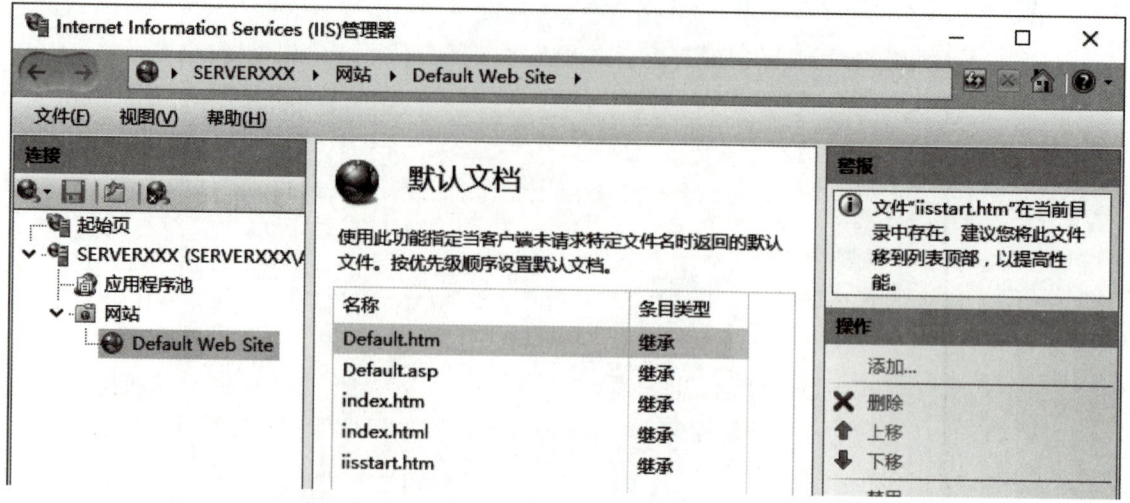

图 6-12　默认文档

若在主目录中找不到默认文档列表中的任何一个默认文档，则用户访问网站时浏览器会出现错误的消息。

3. 新建网站首页文件 Default.htm

在主目录内新建一个文件 Default.htm，如图 6-13。

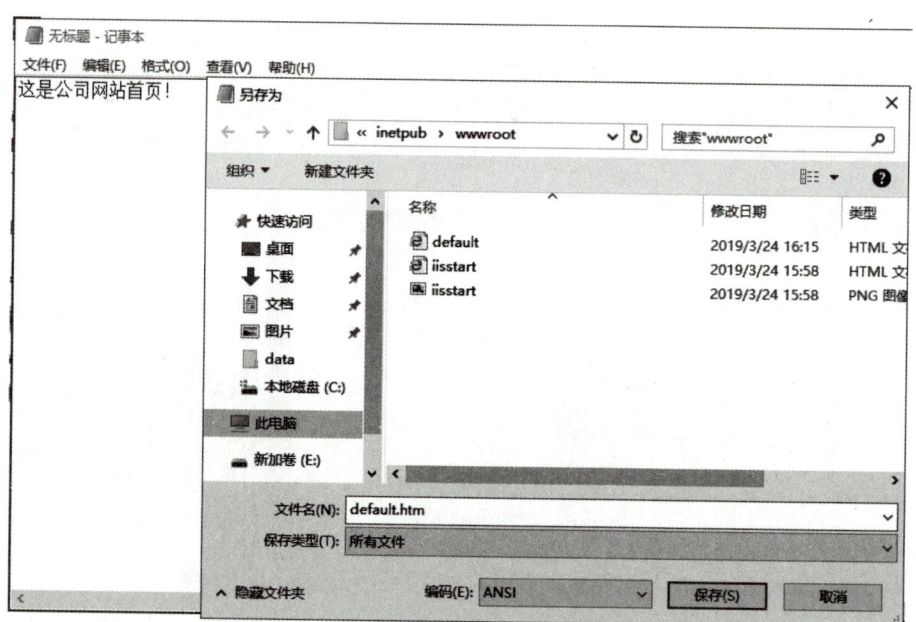

图 6-13　新建 Default.htm 文档

完成 Default.htm 文件后，通过浏览器连接此网站，可以看到如图 6-14 所示结果。

图 6-14　访问网站

4. 创建虚拟目录

我们可以将网页文件存储到别的位置，然后通过"虚拟目录"映射到此文件夹，每个虚拟目录都有一个别名，用户通过别名来访问该文件夹内的网页。使用虚拟目录的好处就是：不论存储位置在何处，只要别名不变，用户都可以通过别名来访问网页。

步骤 1：在 C 盘创建一个名为 dxx 的文件夹，然后在此文件夹内建立一个名为 index.htm 的首页文件，如图 6-15 所示。将网站的虚拟目录映射到此文件夹。

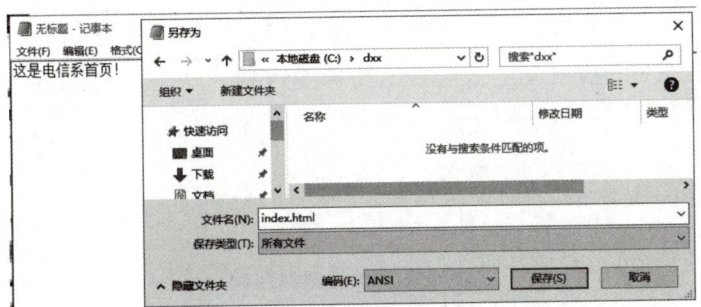

图 6-15　创建虚拟目录文件夹及文件

步骤 2：单击 Default Web Site，单击下方内容视图，单击右边窗格的"添加虚拟目录"，或者鼠标右键单击"添加虚拟目录"。在弹出的"添加虚拟目录"对话框中，如图 6-16 所示，输入别名，输入或浏览到物理路径 C:\dxx，单击"确定"按钮。

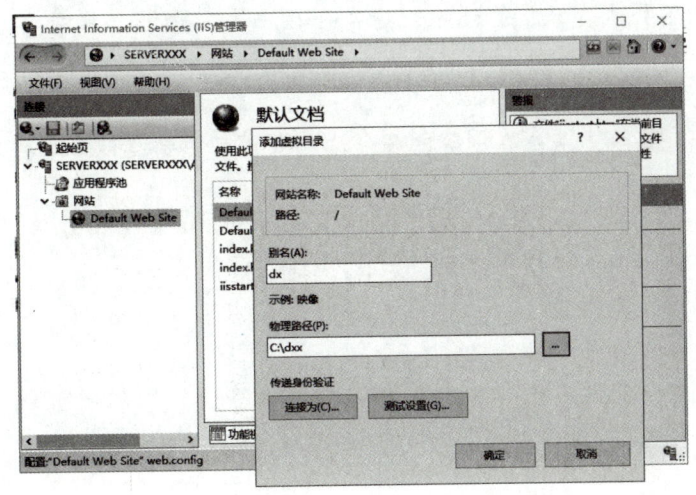

图 6-16　添加虚拟目录

步骤 3：如图 6-17 所示，虚拟目录添加成功；可以通过单击中间列的"功能视图"的相应图标修改相应的属性。

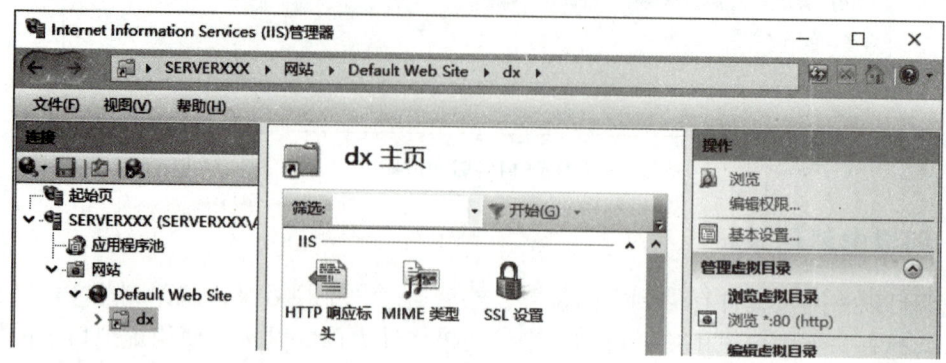

图 6-17　虚拟目录添加成功

步骤 4：在浏览器上输入 http：//192.168.1.254/dxx/，弹出如图 6-18 所示界面，此内容是从虚拟目录的物理路径下的 index.htm 读取的。

图 6-18　访问虚拟目录

任务 6-3　创建新的网站

任务描述：在网站的日常管理中，经常会在一个应用程序服务器中，创建多个网站、虚拟目录。当管理员在一台计算机上创建和管理多个 Web 站点时，根据环境不同，需要采用不同的管理技术。

唯一站点法。实现方法：在创建的多个站点中只启动要发布的站点，停止其他 Web 站点。

不同 IP 地址法。实现方法：首先在服务器的 TCP/IP 属性中设置多个 IP 地址，然后在创建网站时，不同的网站选择不同的 IP 地址。

不同端口号法。实现方法：一台服务器可以只使用一个 IP 地址，在创建站点时，必须针对不同站点设置不同的端口号。

不同主机头法。实现方法：首先在 DNS 中建立多个不同的主机记录，这些记录使用不同的主机名，但都对应一个相同的 IP 地址。

项目 6　Web 服务

> **任务目标**：通过学习，能按照实际应用要求，采用不同的管理技术在一台计算机上创建、管理多个 Web 站点。

1. 利用主机名来标识网站

IIS 支持在一台计算机上同时建立多个网站，例如可以在一台 Web 服务器上建立三个网站 www.yah.com，web1.yah.com，web2.yah.com。

为了能正确区分这些网站，必须给予每个网站唯一的的标识信息，这些信息分别有主机名、IP 地址和 TCP 端口号。这台服务器上的所有网站的这三个标识信息不能完全相同。

我们将利用主机头来区别这台计算机内的三个网站，设置如表 6-1 所示。

表 6-1　域名与 IP 地址对应关系

网站名称	主机名	IP 地址	TCP 端口	主目录
Default Web Site	www.yah.com	192.168.1.254	80	C:\inetpub\wwwroot
Web1	web1.yah.com	192.168.1.254	80	C:\web1
Web2	web2.yah.com	192.168.1.254	80	C:\web2

步骤 1：将网站名称与 IP 地址注册到 DNS 服务器，如图 6-19 所示。

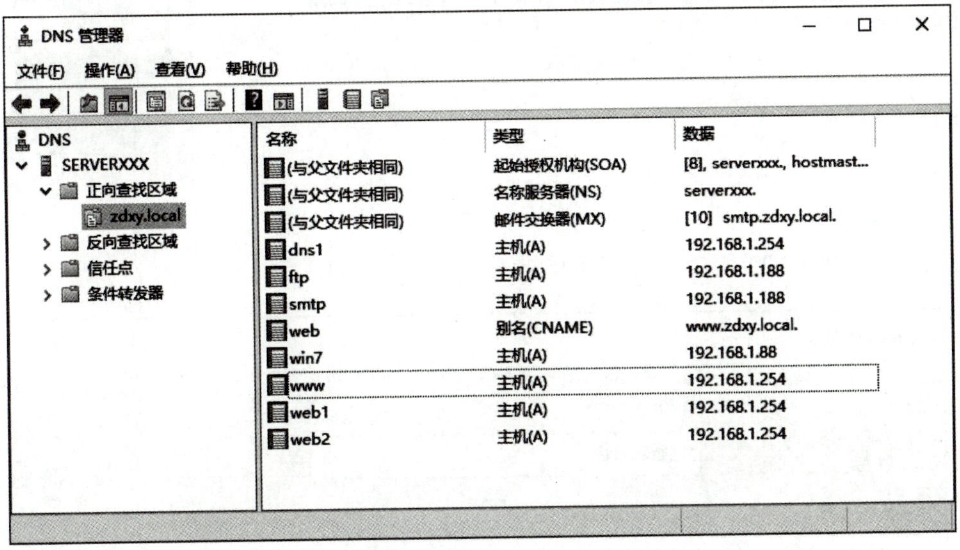

图 6-19　在 DNS 服务器添加 web1 和 web2 主机记录

步骤 2：设置 Default Web Site 的主机名。如图 6-20 所示，单击 Default Web Site 右边的"绑定"。

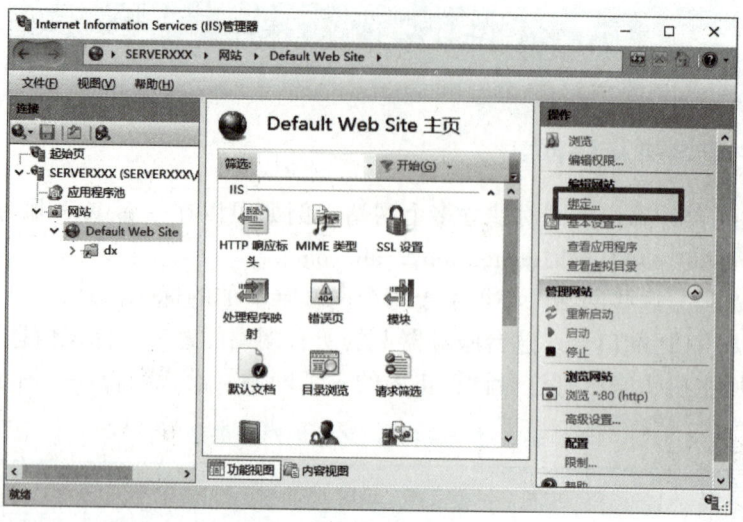

图 6-20 单击"绑定"

步骤 3：如图 6-21 所示，选择 http，单击右边的"编辑"按钮。

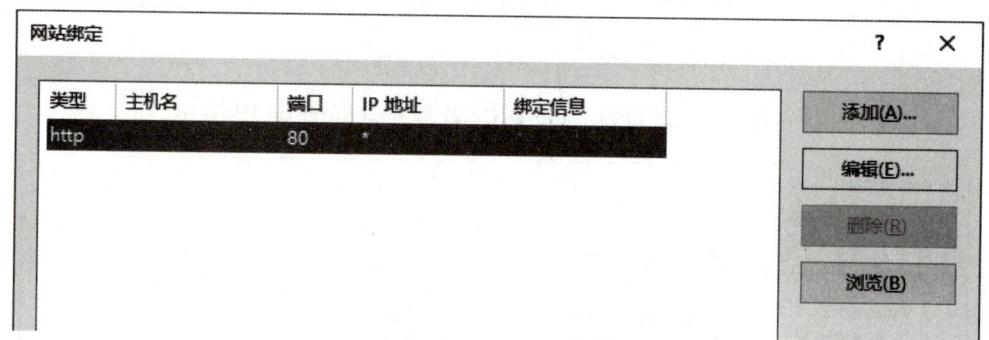

图 6-21 网站绑定

步骤 4：如图 6-22 所示，输入主机名 www.zdxy.local。

图 6-22 编辑网站绑定

步骤 5：建立 Web1 和 Web2 网站的主目录与 index.htm。在 C 盘下建立名为 Web1 和 Web2 的文件夹，将它们作为 Web1 网站和 Web2 网站的主目录，然后在主目录中建立文件名为 index.htm 的首页文件，Web1 首页文件的内容如图 6-23 所示，Web1 首页文件的内容如图 6-24 所示。

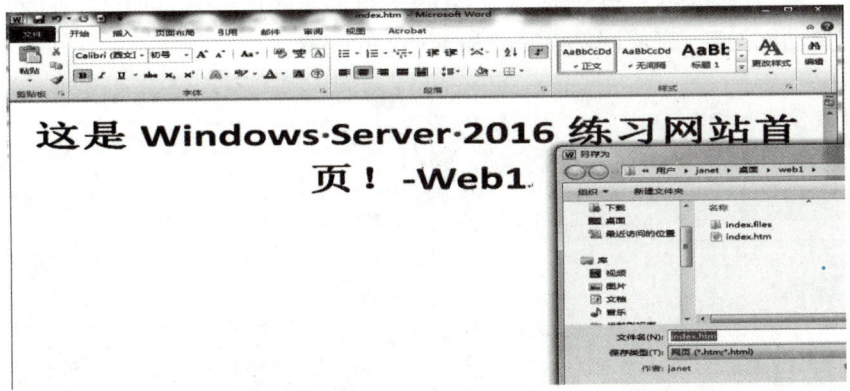

图 6-23　Web1 主页

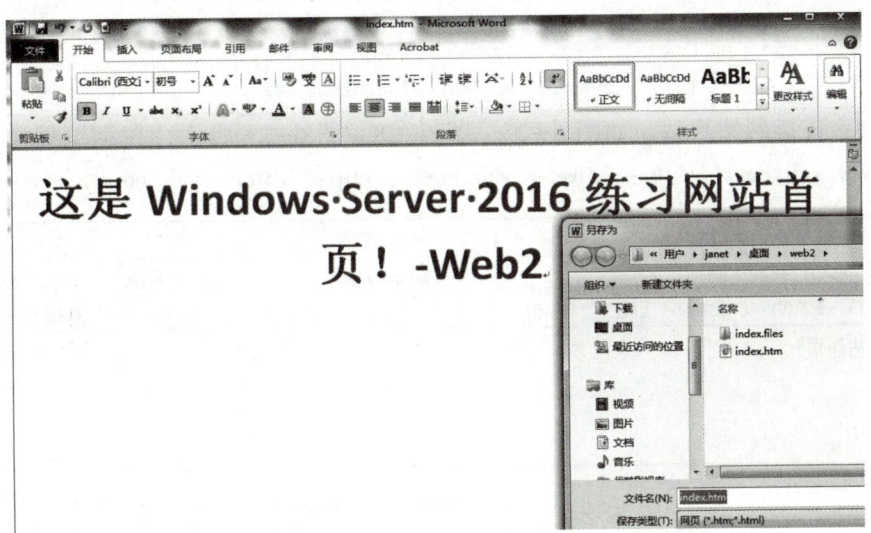

图 6-24　Web2 主页

步骤 6：建立 Web1 网站和 Web2 网站，如图 6-25 所示。

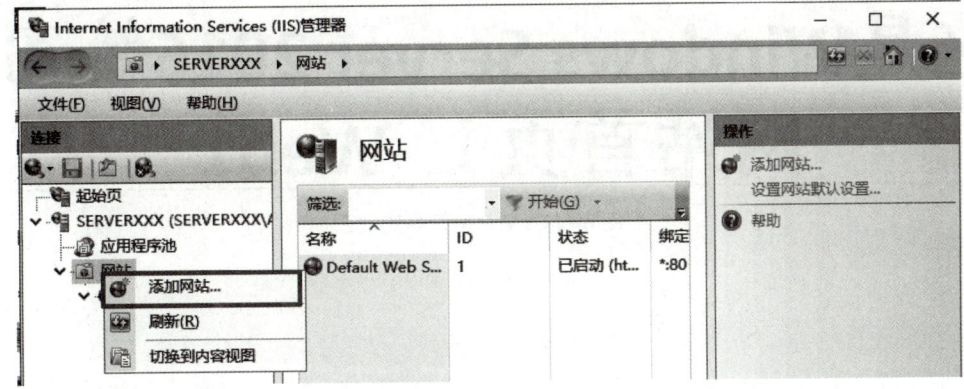

图 6-25　添加网站

步骤 7：如图 6-26 所示，在"添加网站"窗口中，在文本框输入"网站名称"，并选择"应用程序池"，在"物理路径"框输入或通过浏览选择网站主目录的位置。"类型"选择"http"，在"主机名"框中输入完整的主机名 web1.zdxy.local 和 web2.zdxy.local，勾选"立即启动网站"，完成网站 Web1 和 Web2 的配置。

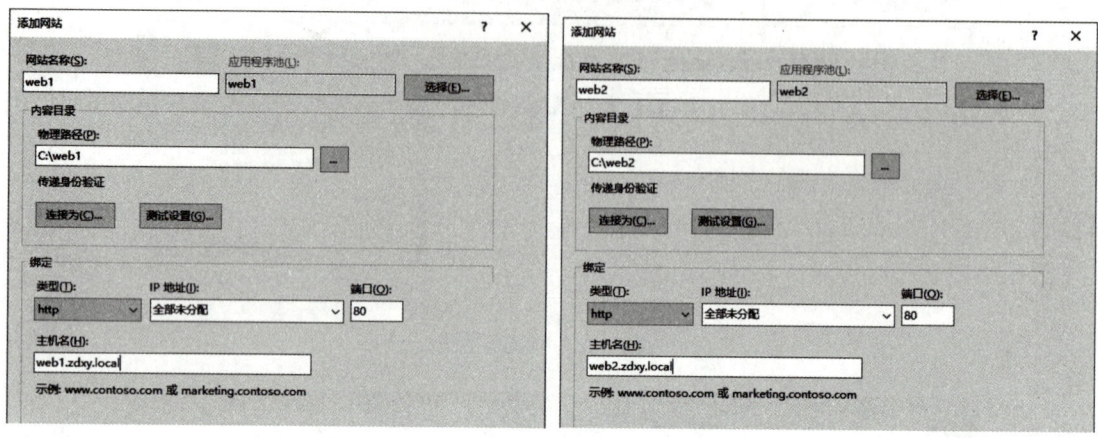

图 6-26　添加 Web1 和 Web2 网站

步骤 5：连接网站测试。如图 6-27、图 6-28、图 6-29 所示，在浏览器中分别输入 http：//www.yah.com/，http：//web1.yah.com/，http：//web2.yah.com/。

图 6-27　www 网站测试

图 6-28　Web1 网站测试

项目 6　Web 服务

图 6-29　Web2 网站测试

注意：指定主机名后，客户端就只能利用主机名来连接此网站，不能用 IP 地址来连接，例如利用 http：//192.168.1.254/将无法连接网站。

2. 利用 IP 地址来识别网站

如果 Web 服务器有多个 IP 地址，则可以利用为每一个网站分配一个 IP 地址的方法来配置多个网站，下面将直接修改前一个练习中所使用的网站 Web1 和 Web2，每个网站各有一个唯一的 IP 地址，如表 6-2 所示。

表 6-2　网站和 IP 地址对应关系

网站名称	主机名	IP 地址	TCP 端口	主目录
Web1	无	192.168.1.88	80	C:\web1
Web2	无	192.168.1.188	80	C:\web2

步骤 1：添加 IP 地址。在 Web 服务器上添加 IP 地址 192.168.1.88 和 192.168.1.188，如图 6-30 所示。

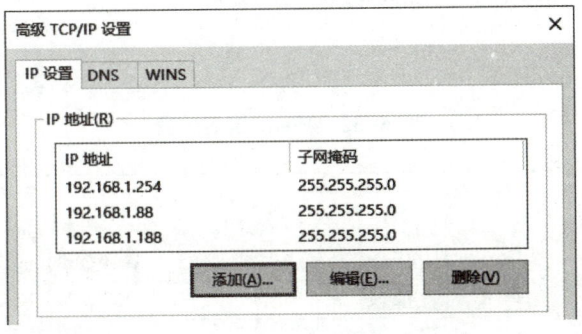

图 6-30　添加 IP 地址

步骤 2：DNS 服务器的设置。如图 6-31 所示，web1.zdxy.local 的 IP 地址使用原来的 192.168.1.88，web2.zdxy.local 的 IP 地址改为 192.168.1.188。

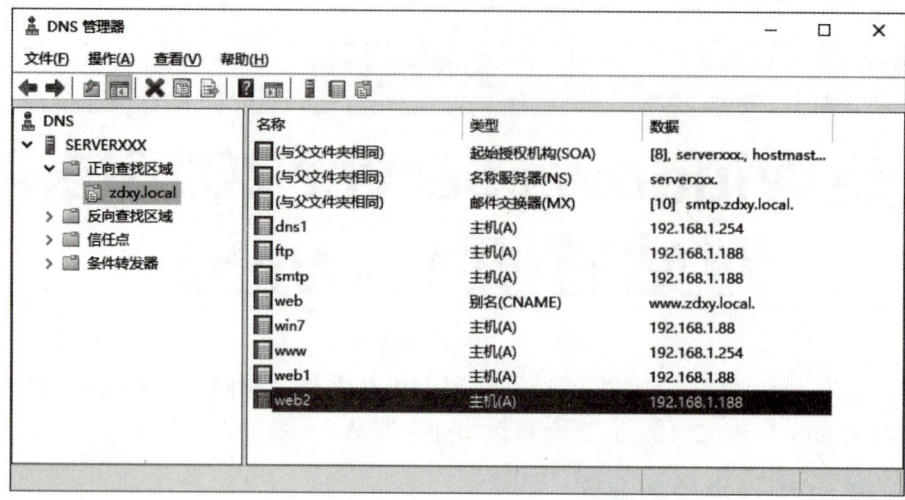

图 6-31 DNS 服务器设置

步骤 3：主目录和 index.htm 的设置。主目录和 index.htm 使用前一个练习的设置。

步骤 4：Web1 和 Web2 网站绑定的设置，Web1 的 IP 地址设置如图 6-32 所示，Web2 的 IP 地址设置如图 6-33 所示，Web2 绑定结果如图 6-34 所示。

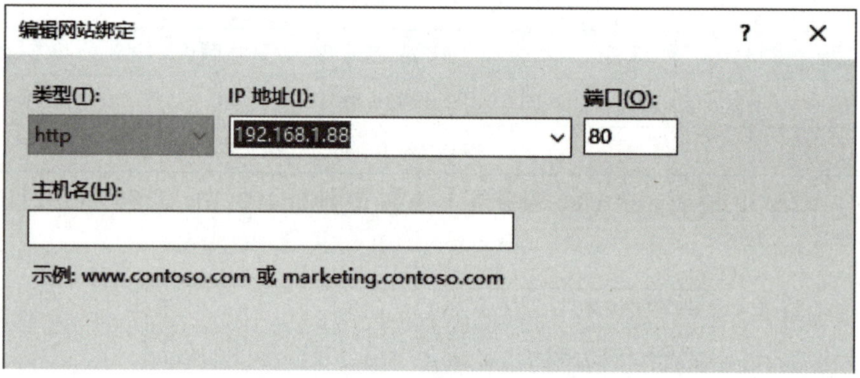

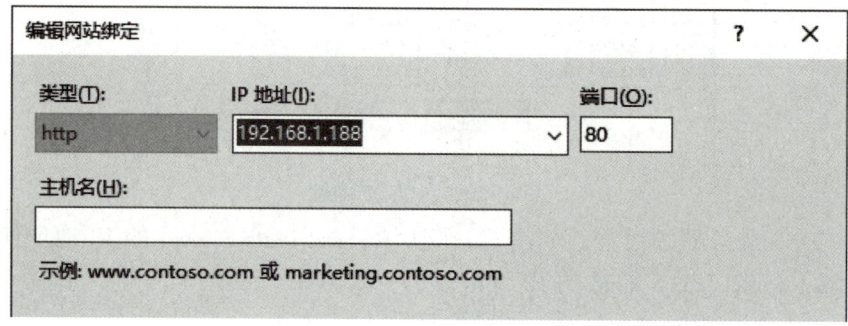

图 6-32 Web1 绑定设置

图 6-33 Web2 绑定设置

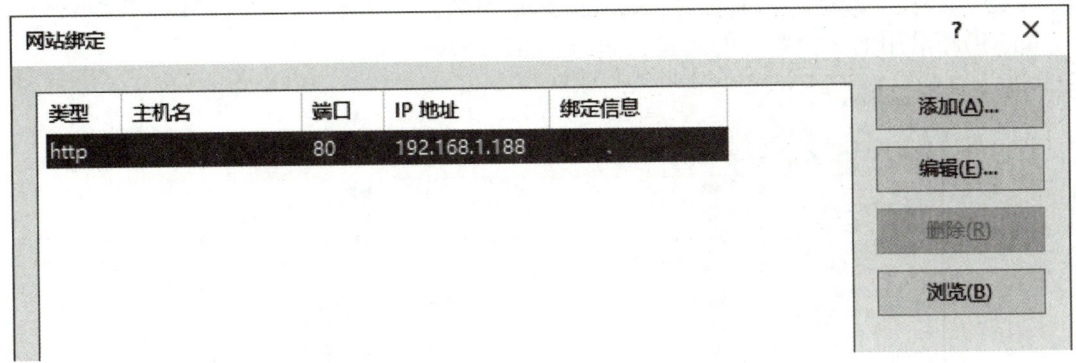

图 6-34　Web2 绑定结果

步骤 4：连接测试。如图 6-35 和图 6-36 所示，在浏览器地址栏输入 http：//web1.zdxy.local/ 和 http：//web2.zdxy.local /，这两个网址分别映射到 IP 地址 192.168.1.88 和 192.168.1.188。因为两个网站的主机名已经清除，因此也可以直接利用 IP 地址来连接这两个网站。

图 6-35　Web1 测试结果

图 6-36　Web2 测试结果

3. 利用 TCP 端口来标识网站

如果 Web 服务器只有一个 IP 地址，这时除了利用主机名之外，还可以利用 TCP 端口来达到目的，就是为每个网站分别设置一个 TCP 端口号。

表 6-3　网站与端口的对应关系

网站名称	主机名	IP 地址	TCP 端口	主目录
Web1	无	192.168.1.88	8080	C:\web1
Web2	无	192.168.1.188	8081	C:\web2

步骤 1：DNS 服务器、主目录与 index.htm 的设置。DNS 服务器、网站主目录和 index.htm 仍然沿用前一个练习的设置，如图 6-37 所示。

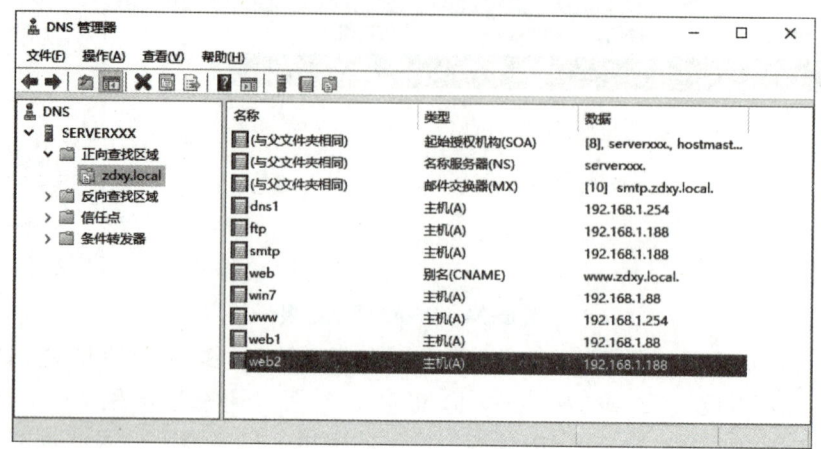

图 6-37 DNS 设置

步骤 2：Web1 和 Web2 网站的设置。Web1 端口更改为 8080，Web2 更改其端口号为 8081，如图 6-38 所示。

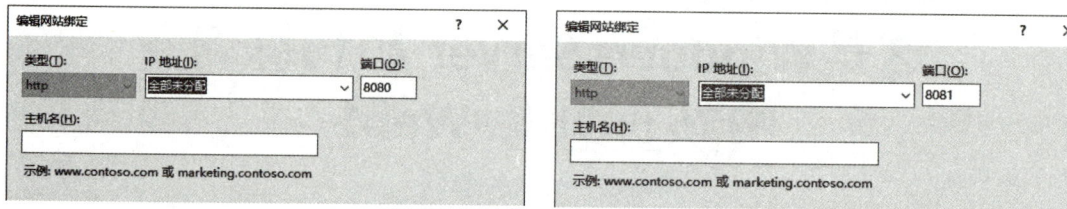

图 6-38 更改 Web1 和 Web2 端口号

步骤 3：连接网站测试。如图 6-39 所示，在浏览器地址栏输入 http：//web1.zdxy.local：8080 和 http：//web2.zdxy.local：8081/，这两个网址分别映射到 IP 地址 192.168.1.88 和 192.168.1.188。因为两个网站的主机名已经清除，因此也可以直接利用 IP 地址 http：//192.168.1.88：8080/和 http：//192.168.1.188：8081/来连接这两个网站。

图 6-39 测试 Web1 和 Web2 网站

项目小结

Web 服务是网络中最常见的服务之一。本项目就 Windows Server 2016 的 Web 服务进行了介绍,重点介绍了 Web 服务器的安装、设置与管理。Windows Server 2016 的 Web 服务器亮点是模块化,用户可以根据自己的需要添加相应的模块实现不同的功能。

上机实训

实验目的

掌握 Web 服务器的安装以及网站的搭建。

实验内容

在 Windows Server 2016 服务器上安装 Web 服务,掌握网站的基本配置,学会用多种方法创建 Web 站点,并学会搭建安全的 Web 站点。

实验步骤

实验一

1. 在 Windows Server 2016 系统中安装 Web 服务,测试 IIS 网站是否安装成功。
2. 为默认网站设置 IP 地址,主目录和默认的首页文档。
3. 为默认网站新建一个 index.html 文件。
4. 用 IP 地址法创建 Web 站点 Web1 和 Web2。

网站名称	主机名	IP 地址	TCP 端口	主目录
Web1	无	192.168.8.5	80	C:\web1
Web2	无	192.168.8.6	80	C:\web2

5. 用主机头法创建 Web 站点 Web3 和 Web4。

网站名称	主机名	IP 地址	TCP 端口	主目录
Default Web Site	www.yah.com		80	C:\inetpub\wwwroot
Web3	Web3.yah.com		80	C:\web3
Web4	Web4.yah.com		80	C:\web4

6. 用端口法创建 Web 站点 Web5 和 Web6

网站名称	主机名	IP 地址	TCP 端口	主目录
Web5	无		8080	C:\web5
Web6	无		80	C:\web6

7. 用虚拟目录法创建 Web 站点 Web7,主目录为 C:\web7。
8. 搭建一个安全的 Web 网站。

实验二

为某企业配置 Web 服务器，要求如下。

1. 安装 IIS。
2. 配置 DNS，域名为 sz.net，新建主机 www、hosta、hostb。
3. 新建网站 www.sz.net。
4. 修改网站的属性，包括默认文件、主要目录等，并建立虚拟目录 test。
5. 配置虚拟主机 hosta.sz.net 和 hostb.sz.net。
6. 设置安全属性，访问 www.sz.net 时采用"基本身份验证"方法。
7. 禁止 IP 地址 192.168.100.1 的主机和 172.16.0.0/24 网络访问 hosta.sz.net。
8. 实现远程管理该 Web 服务器。

习 题

1. 默认情况下，HTTP 协议的工作端口是_____。
2. 默认情况下，HTTPS 协议的工作端口是_____。
3. Web 服务器是指_____。
4. 创建虚拟主机的目的是_____。
5. Web 服务器的默认端口是_____。

项目 7　FTP 服务

【项目导入】

公司有多个部门，每个部门需要建立文档中心来供各个部门使用，以便于提高工作效率。

公司搭建了网络平台后，在使用过程中需要利用网络解决以下问题：在公司内部网上可以轻松地得到需要的一些工具软件、常用资料等；员工能够把自己的一些数据、资料很方便地存储和传递；员工出差或回家后能方便地使用这些软件、资料等。

【项目分析】

通过在服务器上部署文件共享服务，可以让局域网内的计算机访问共享目录内的文件。但不同局域网内的用户无法访问该共享目录，FTP 服务可用于在广域网上提供文件共享访问服务。因此，该项目需要在 Windows Server 2016 上建立 FTP 站点，并在 FTP 站点上部署共享目录就可以实现公司文档的共享，不同局域网内的员工就可以访问站点内的文档了。

【项目目标】

- 会进行 FTP 服务器安装
- 会进行 FTP 服务器配置
- 会创建用户隔离的 FTP 站点
- 会配置 FTP 客户端

 相关知识

1. 文件传输协议

FTP（File Transfer Protocol，文件传输协议）用于 Internet 上文件的双向传输，它也是一个应用程序。基于不同的操作系统有不同的 FTP 应用程序，而所有这些应用程序都遵守同一种协议以传输文件。在 FTP 的使用当中，用户经常遇到两个概念：下载（Download）和上传（Upload）。"下载"文件就是从远程主机拷贝文件至自己的计算机上；"上传"文件就是将文件从自己的计算机中拷贝至远程主机上。用 Internet 语言来说，用户可通过客户机程序向（从）远程主机上传（下载）文件。

使用 FTP 时必须首先登录，在远程主机上获得相应的权限以后，方可下载或上传文件。也就是说，要想同那一台计算机传送文件，就必须具有那台计算机的适当授权。换言之，除非有用户 ID 和口令，否则便无法传送文件。这种情况违背了 Internet 的开放性，Internet 上的 FTP 主机何止千万，不可能要求每个用户在每一台主机上都拥有账号。匿名 FTP 就是为解决这个问题而产生的。

匿名 FTP 是这样一种机制，用户可通过它连接到远程主机上，并从其下载文件，而无需成为其注册用户。系统管理员建立了一个特殊的用户 ID，名为 anonymous，Internet 上的任何人在任何地方都可使用该用户 ID。

通过 FTP 程序连接匿名 FTP 主机的方式同连接普通 FTP 主机的方式差不多，只是在要求提供用户标识 ID 时必须输入 anonymous，该用户 ID 的口令可以是任意的字符串。习惯上，用自己的 E-mail 地址作为口令，使系统维护程序能够记录下来谁在存取这些文件。

2. FTP 服务器与客户端程序

目前市面上有很多的 FTP 服务器和客户端程序，常用的如表 7-1 中所示。

表 7-1 基于 Windows 和 Linux 平台的 FTP 服务器和客户端程序

平台	FTP 服务器程序	FTP 客户端程序
Windows 平台	IIS、Serv-U，Titan FTP Server	CuteFTP，FlashFTP，LeapFTP Web 浏览器，命令行
Linux 平台	Vsftp，proftpd，pureftpd	gFTP，Web 浏览器 Mozilla 命令工具 ftp 和 lftp

任务 7-1　安装和配置 FTP 服务器

任务描述：利用 Web 站点下载文件极为麻烦，网页也需经常更新，而 FTP 服务可用于提供文件资料下载、Web 站点更新及不同类型的计算机之间文件的传输。FTP 服务也是 IIS 的重要组成部分，安装较为简单，但并不是意味着安装好 IIS 工具后，就可以直接建设 FTP 服务器了。FTP 服务并不是 IIS 应用程序默认组件，在搭建 Web 服务时，不会自动安装，需要单独安装并配置。

客户端访问 FTP 站点的方式很多，其应用的环境也不尽相同。客户端在访问 Web 站点或 FTP 站点之前，必须要对其作必要的设置，否则将会影响正常使用。

任务目标：通过学习，应掌握在同一计算机上启用 FTP 服务并创建单个或多个 FTP 站点的技术，掌握各种客户机的基本设置内容和方法，以及利用 FTP 客户端检测、诊断和访问 FTP 站点的方法。

1. 环境配置

我们通过图 7-1 来说明并练习 FTP 服务器的内容。

FTP 服务器的设置：假设该计算机安装 Windows Server 2016，按照图中说明来设置其计算机名称、IP 地址与首选 DNS 服务器的 IP 地址。

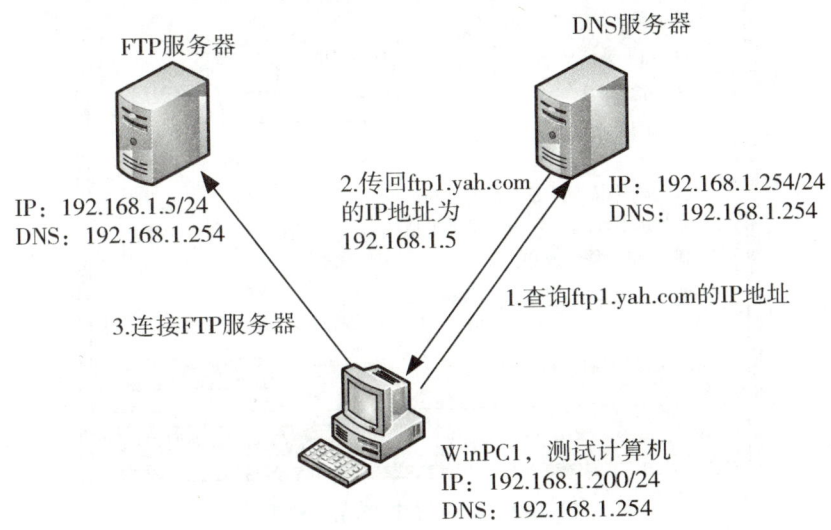

图 7-1　公司拓扑结构

DNS 服务器设置：此计算机也安装 Windows Server 2016，同样按照图 7-1 中说明来设置其计算机名称、IP 地址与首选 DNS 服务器的 IP 地址；然后通过安装 DNS 服务，并建立一个名称为 yah.com 的正向查找区域，在此区域内建立网站的主机记录，如图 7-2 所示。

测试计算机 WinPC 的设置：按照图中说明来设置其计算机名称、IP 地址与首选 DNS

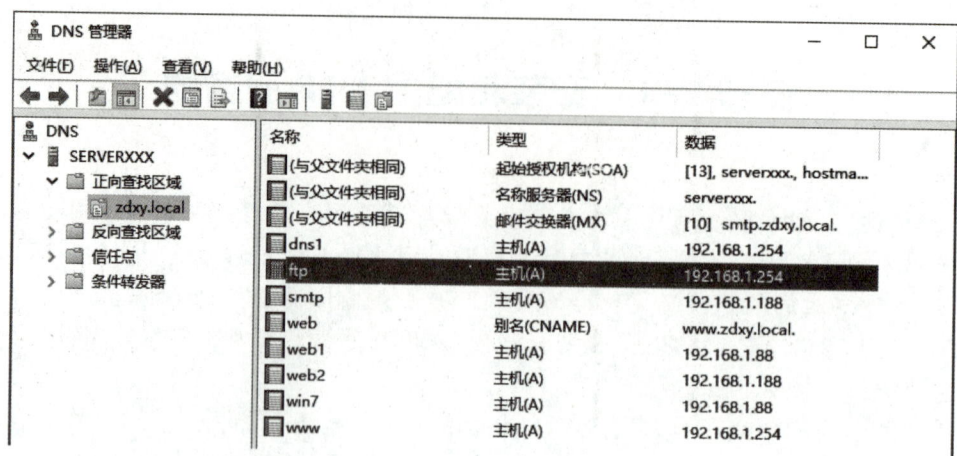

图 7-2 DNS 服务器记录

服务器的 IP 地址；为了让它能够解析到 FTP 站点 ftp.zdxy.local 的 IP 地址，将其首选 DNS 服务器直接指定到 DNS 服务器 192.168.1.254，如图 7-3 所示。

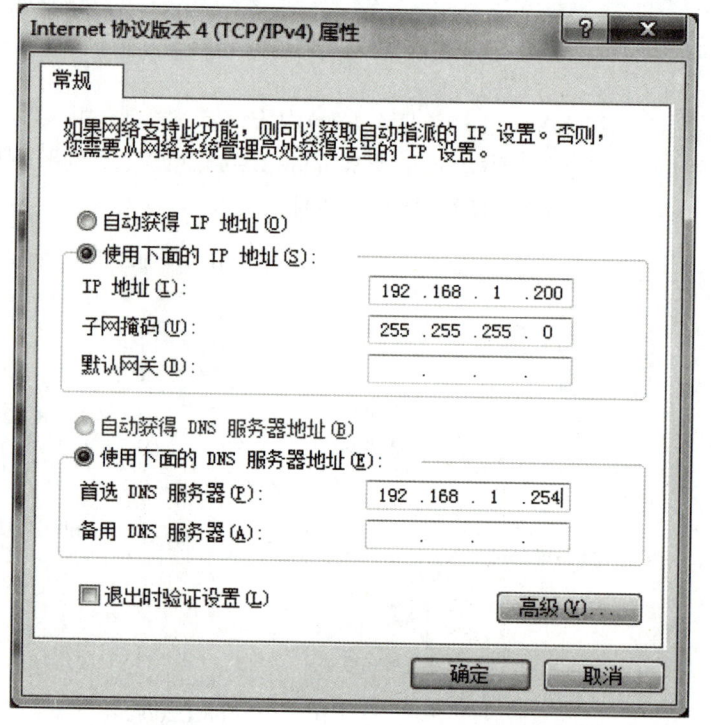

图 7-3 客户端 TCP/IP 参数

然后用 ping 命令来测试是否可以解析到网站 ftp.zdxy.local 的 IP 地址，图 7-4 中为解析成功的界面。

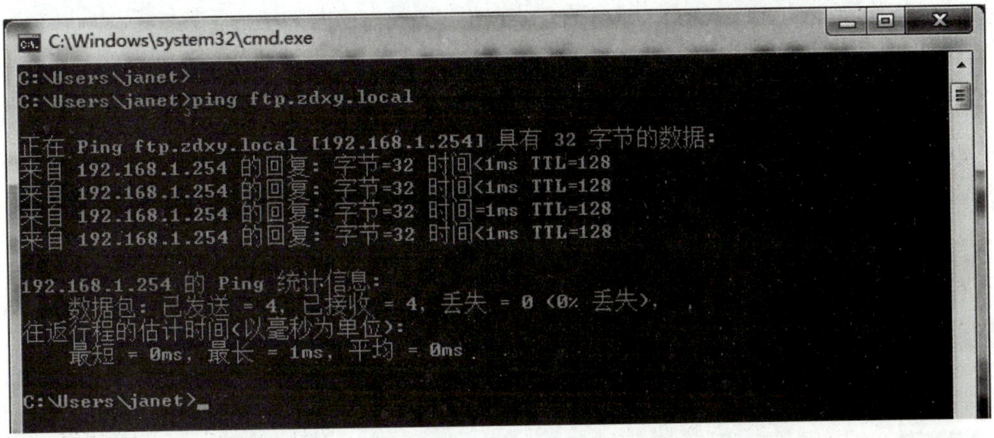

项目 7　FTP 服务

图 7-4　客户端测试 ftp.zdxy.local

> 提示：若要简化测试环境，可以将 Web 服务器和 DNS 服务器都配置到一台计算机上。

2. 安装 FTP 服务

若此计算机尚未安装 Web 服务器（IIS）：打开"服务器管理器"，单击"仪表板"处的"添加角色和功能"，持续单击"下一步"，直到"选择服务器角色"界面时，勾选"Web 服务器（IIS）"，单击"添加功能"按钮，持续单击"下一步"，直到出现如图 7-5 所示的"选择角色服务"界面时，勾选"FTP 服务器"。

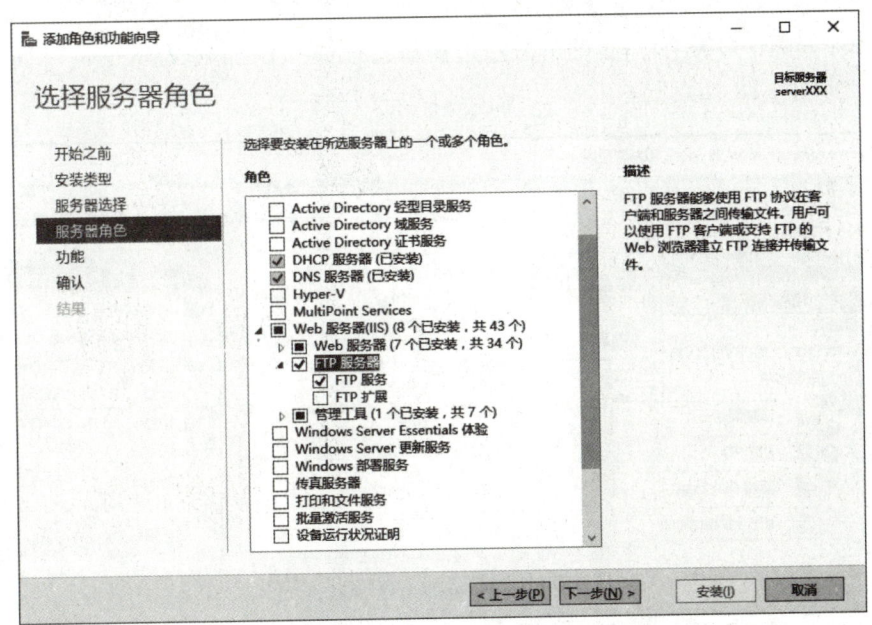

图 7-5　安装 FTP 服务

如果此计算机已经安装"Web 服务器（IIS）"：打开"服务器管理器"，单击"仪表板"处的"添加角色和功能"，持续单击"下一步"，直到"选择服务器角色"界面，如

图 7-5 所示展开"Web 服务器",勾选"FTP 服务器"。

3. 新建 FTP 站点

建立第一个 FTP 站点,这个站点需要一个主目录来存放文件,这里我们用默认的主目录 C:\intepub\ftproot 文件夹来作为此站点的主目录,复制一些文件到该文件夹中,如图 7-6 所示,以供测试时使用。

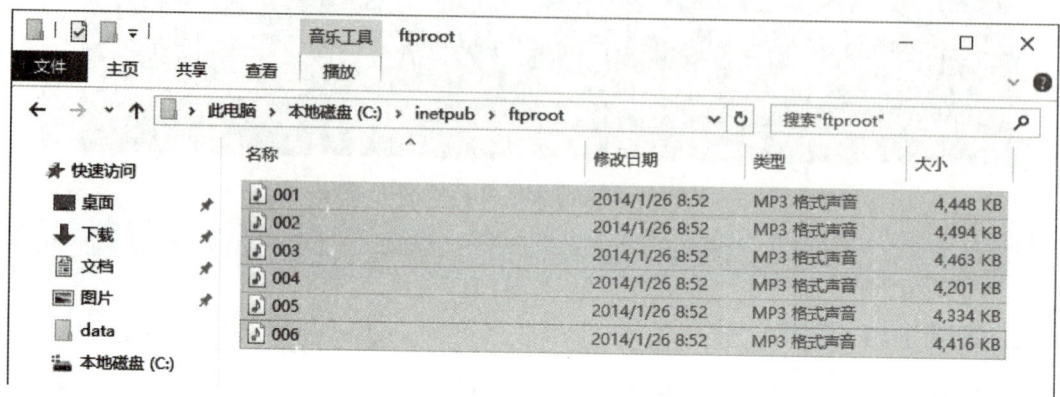

图 7-6　测试文件夹

下面来新建 FTP 站点。

步骤 1:安装完成后,打开"服务器管理器",单击右上方的"工具"菜单,打开"Internet 信息服务(IIS)管理器"来管理 IIS 网站。

步骤 2:如图 7-7 所示,右键单击左边窗格,选择"添加 FTP 站点…",或者单击右边窗格的"添加 FTP 站点"。

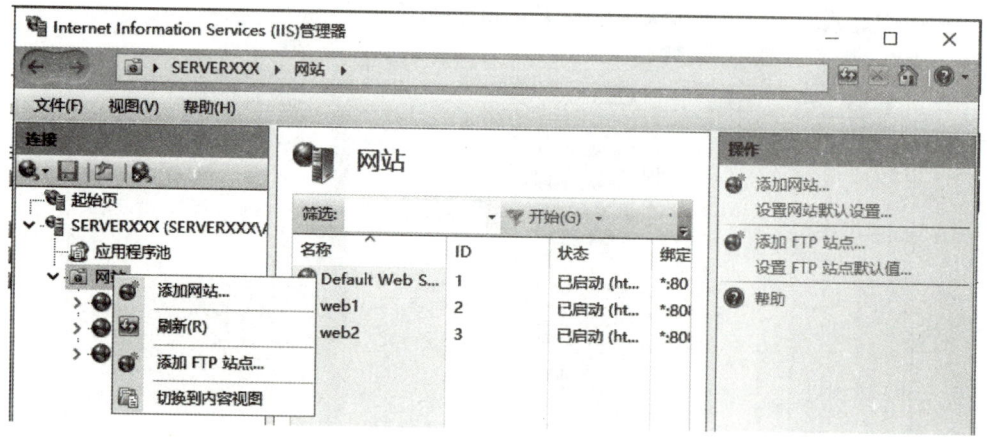

图 7-7　添加 FTP 站点

步骤 3:在"添加 FTP 站点"对话框中,为此站点输入一个好记的名字,输入或浏览到主目录的文件夹 C:\intepub\ftproot,如图 7-8 所示,单击"下一步"按钮。

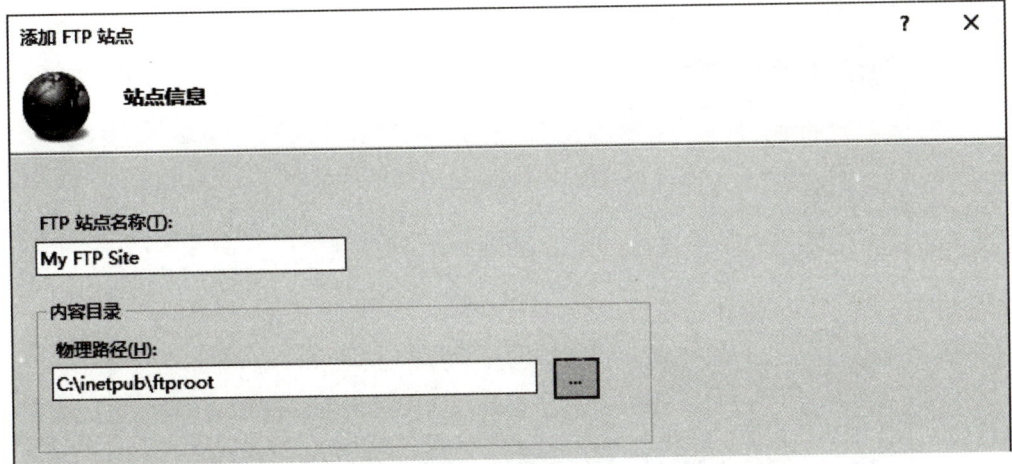

图 7-8　FTP 站点名称及物理路径

步骤 4：如图 7-9 所示，由于 FTP 站点尚未拥有 SSL 证书，因此将最下方 SSL 选项改为"无 SSL"。不分配特定地址给此站点，也就是本机的地址都可以用来连接此站点，端口号默认为 21，让 FTP 站点自动启动。

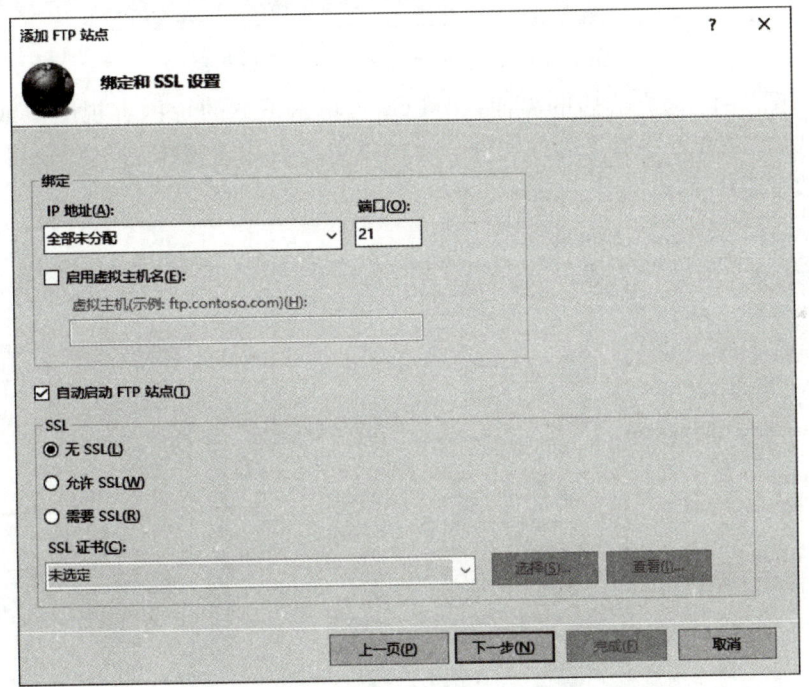

图 7-9　FTP 站点绑定及 SSL 设置

步骤 5：在图 7-10 中假设同时选择"匿名"与"基本"身份验证方式，授权所有用户拥有"读取"权限，单击"完成"。

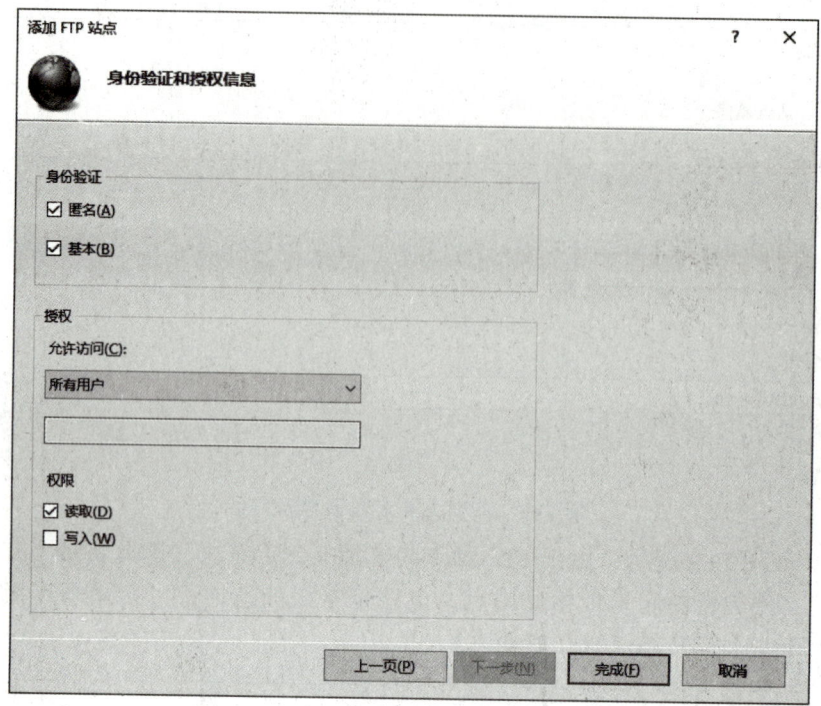

图 7-10　FTP 站点身份验证及授权信息

步骤 6：图 7-11 为完成后的界面。可以通过单击下方的"内容视图"或单击右边窗格中的"浏览"来查看主目录内的文件，还可以单击右边窗格中的"重新启动""启动""停止"来改变 FTP 站点的状态。

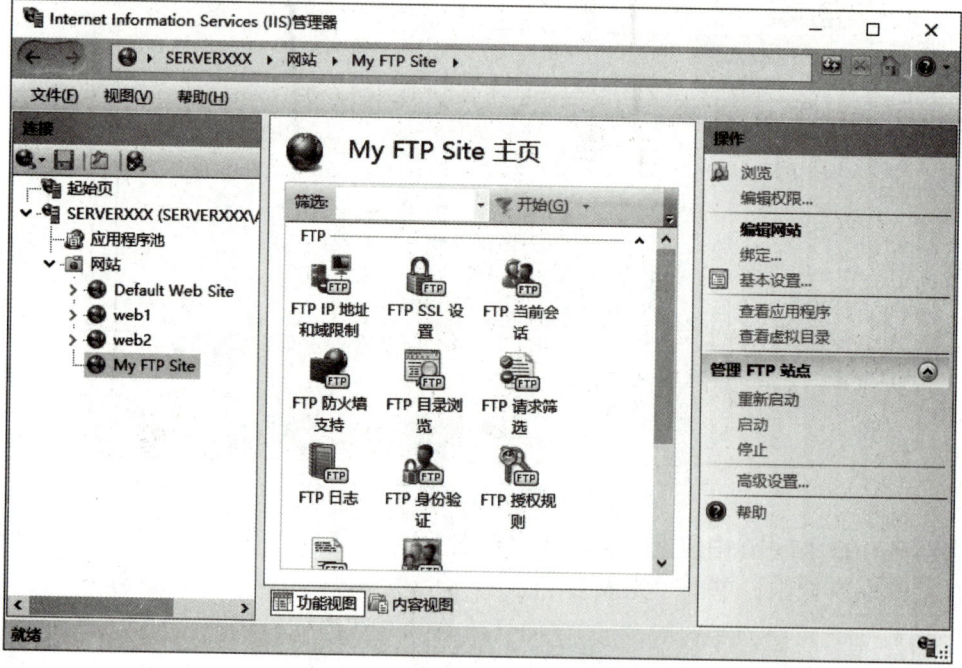

图 7-11　FTP 站点完成界面

4. 测试 FTP 站点

完成 FTP 服务器安装后，系统会自动在 Windows 防火墙内开放 FTP 流量。我们通过测试计算机 WinPC 来连接 FTP 站点 My FTP Site，可以通过以下几种工具来连接。

（1）利用内置的 FTP 客户端连接程序 ftp.exe

打开命令提示符窗口，然后通过以下方式来连接 FTP 站点：
- 运行 ftp ftp.zdxy.local
- 运行 ftp 192.168.1.254
- 运行 ftp serverXXX

其中 ftp.zdxy.local 是 FTP 站点的域名，192.168.1.254 是站点的 IP 地址，serverXXX 是站点所占服务器的 NetBIOS 计算机名。图 7-12 中用 ftp ftp.zdxy.local 来连接 FTP 站点，在用户处输入匿名账户 anonymous，密码处输入任意字符（建议输入电子邮件账号），输入回车。进入命令提示符的环境后，可通过相关命令来查看或下载 FTP 主目录的文件。

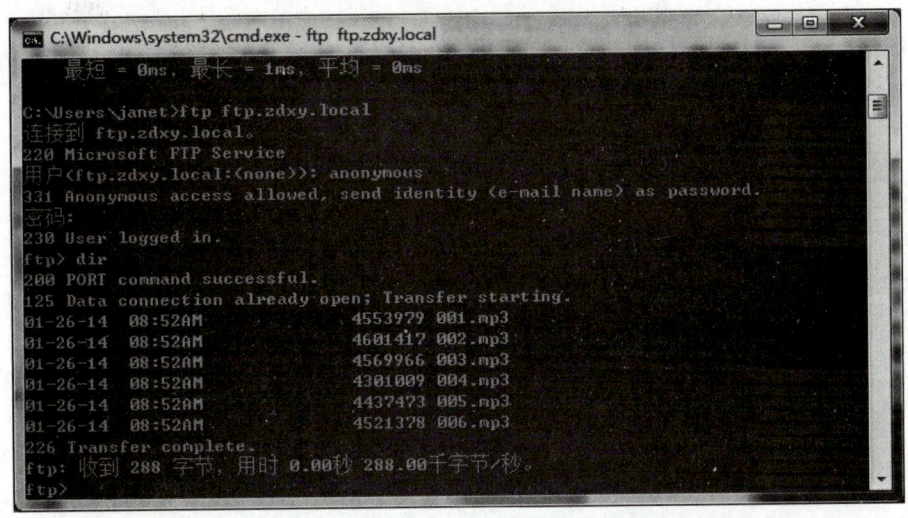

图 7-12 使用 ftp.exe 连接 FTP 服务器

提示：在 ftp 命令提示符下可以使用 "?" 命令来查看可使用的命令。可通过命令 "quit" 或 "bye" 来终止与 FTP 站点的连接。

（2）利用资源管理器或 IE 浏览器

打开文件资源管理器，在地址栏输入 ftp：//ftp.zdxy.local /，会自动使用匿名账户连接到 FTP 站点。图 7-13 中可看到 FTP 站点主目录的文件。连接时还可以使用 IP 地址或计算机名称。

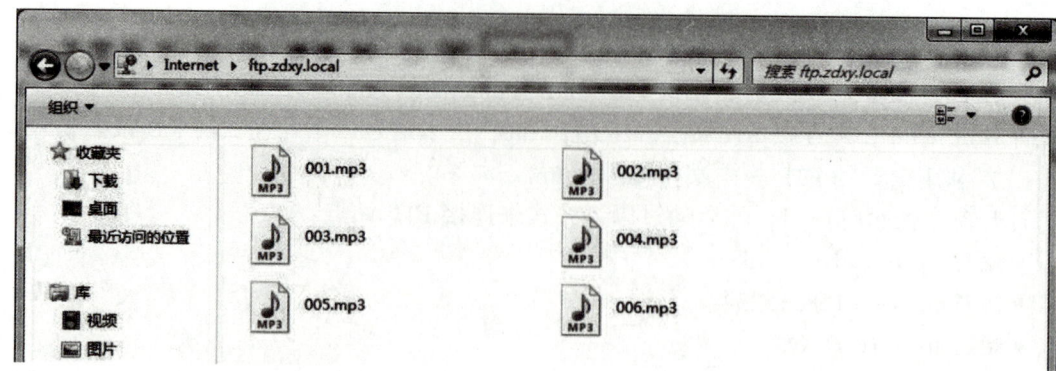

图 7-13 使用资源管理器连接 FTP 服务器

打开 IE 浏览器，在地址栏输入 ftp：// ftp1.yah.com/或 IP 地址或计算机名称，会自动使用匿名账户连接到 FTP 站点，如图 7-14 所示。

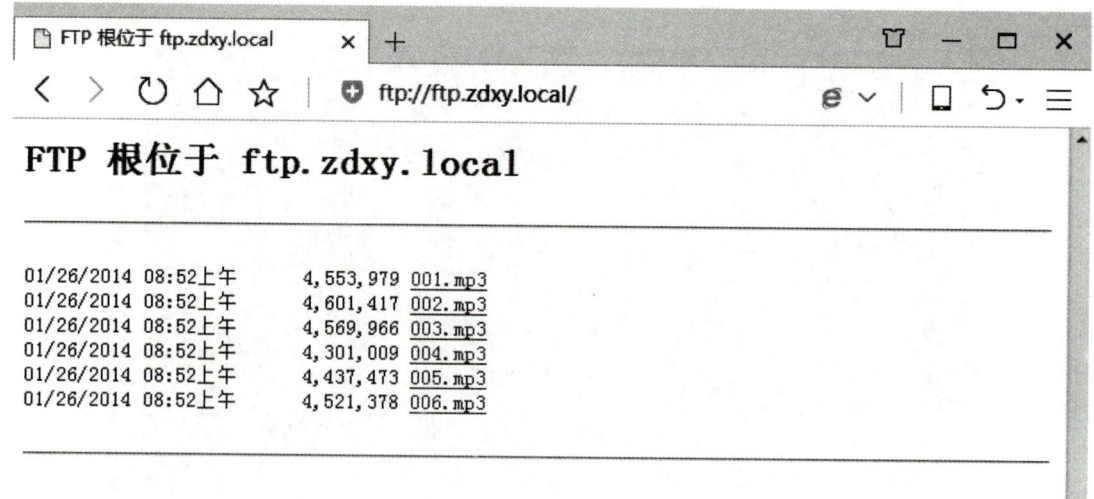

图 7-14 使用 IE 浏览器连接 FTP 服务器

（3）使用 CuteFTP 连接 FTP 站点

任务 7-2　FTP 站点的基本设置

任务描述：在 intranet 的基本管理中，文件服务是一项基本和经常性的管理，因此，文件服务器属性的修改也是网络管理员的基本职责。为了方便网络客户的使用，管理员可能还需要对访问 FTP 站点的账户类型、用户数目、访问权限、上传和下载的速度进行管理。

任务目标：通过学习，应能掌握单个或多个 FTP 站点的管理技术。

1. 文件存储位置

当用户连接到 FTP 站点时，它自动被连接到 FTP 站点的主目录。要查看站点主目录，可以单击站点名称 My FTP Site 右边窗格的"基本设置"，可通过"编辑网站"窗口中的"物理路径"重新设置其路径，如图 7-15 所示。

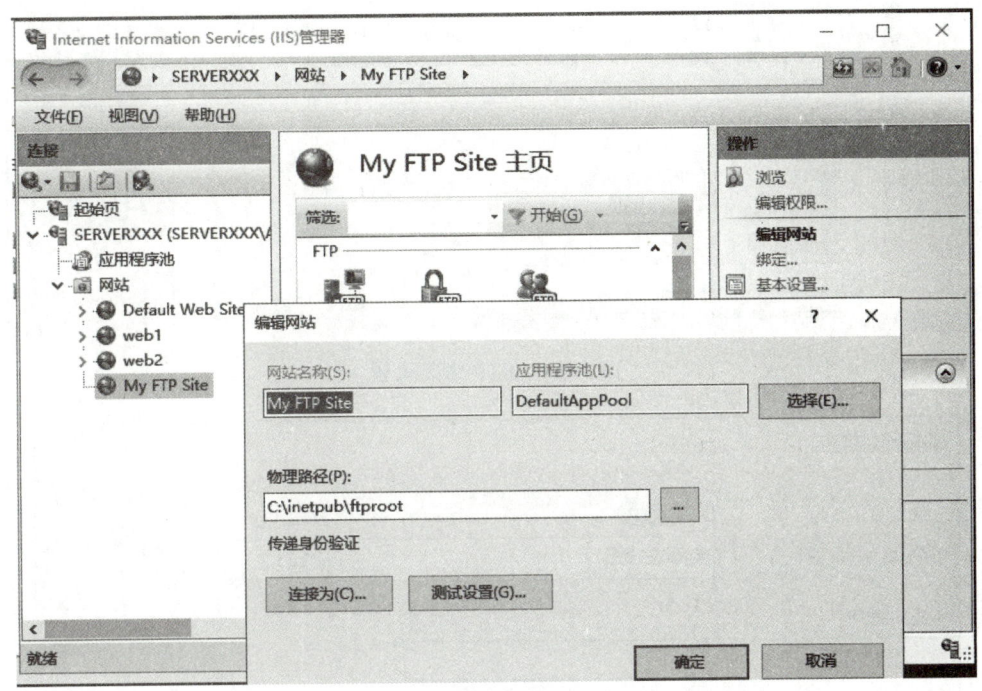

图 7-15　编辑 FTP 站点

2. FTP 绑定设置

可以在一台计算机内建立多个 FTP 站点，为了区分这些站点，需要给予每一个站点唯一的识别信息，用来区分站点的识别信息有虚拟主机名、IP 地址与 TCP 端口号，计算机内所有站点的这 3 个识别信息不可以完全相同。可通过如图 7-16 所示的右边窗格中的"绑定"，单击"编辑"按钮，通过"编辑网站绑定"对话框来设置。FTP 站点默认的端口号为 21。

（1）更改端口号

更改 My FTP Site 站点的端口号为 2121，如图 7-17 所示。

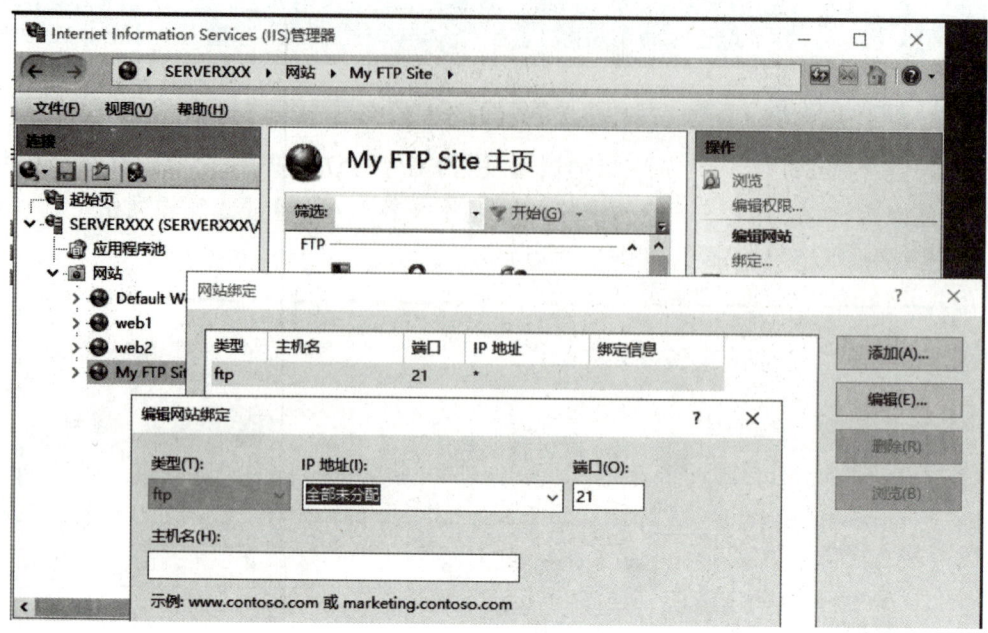

图 7-16　FTP 绑定设置

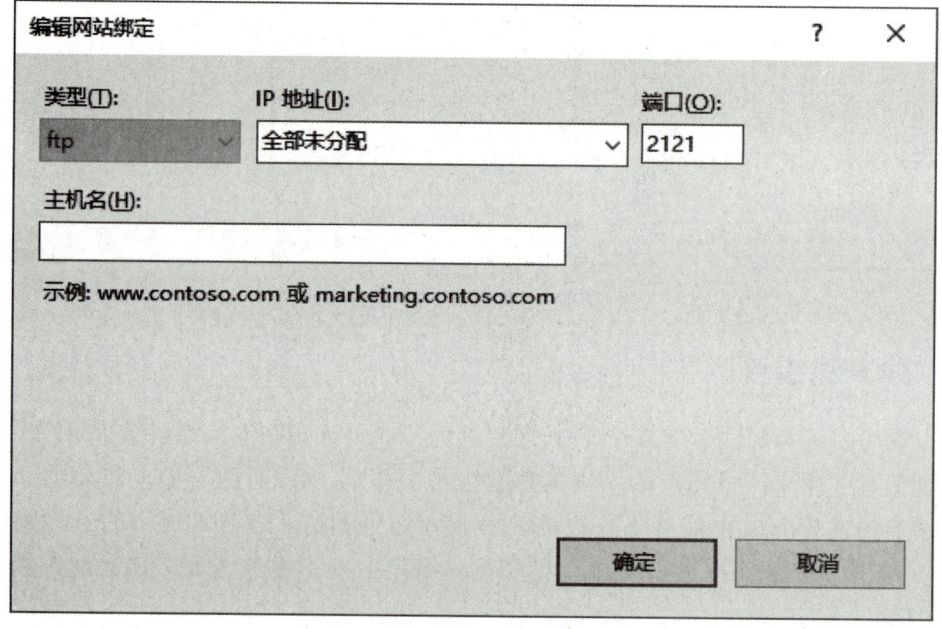

图 7-17　端口号设置为 2121

利用文件资源管理器或 IE 浏览器来连接 FTP 站点，在地址栏里输入 ftp：//ftp1.yah.com：2121/，得到如图 7-18 结果。

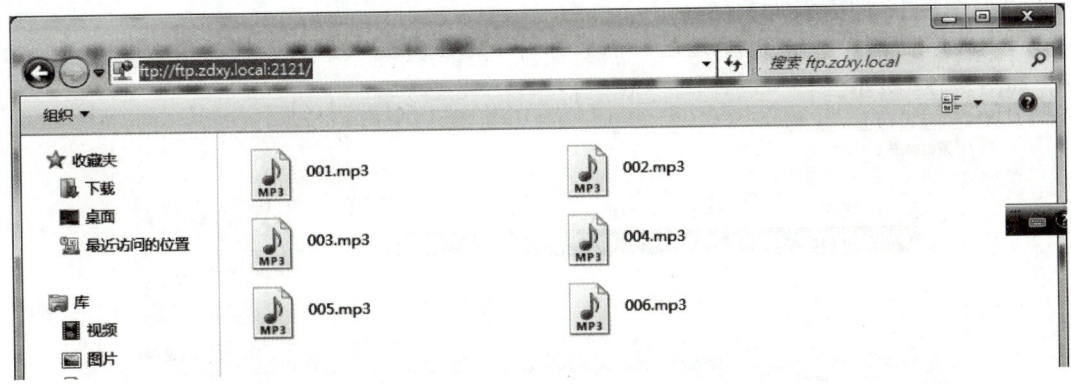

图 7-18 通过 2121 端口访问 FTP 站点

（2）通过主机头名创建新的站点

步骤 1：新建 FTP 站点。

步骤 2：在 DNS 管理器上添加主机记录，如图 7-19 所示。

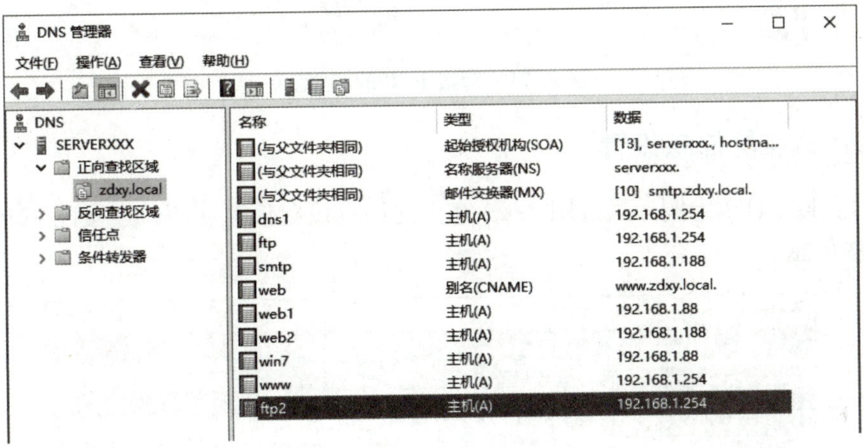

图 7-19 DNS 添加 ftp2

步骤 3：利用文件资源管理器或 IE 浏览器来连接 FTP 站点，在地址栏里输入 ftp：//ftp2.zdxy.local/，得到如图 7-20 结果。设置了主机名后，只能通过主机名来连接 FTP 站点，而不能使用 IP 地址来连接。

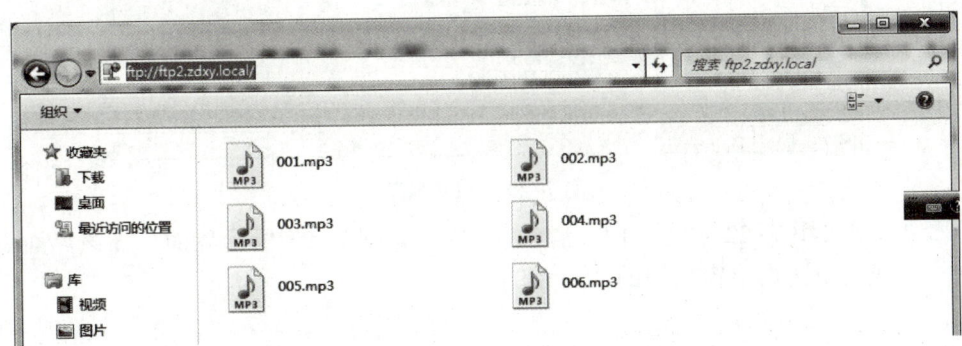

图 7-20 利用主机名访问 FTP 站点

（3）通过 IP 地址识别站点

可以为服务器设定多个 IP 地址，然后为每个站点分配一个 IP，通过 IP 地址或域名访问，如图 7-21 所示。

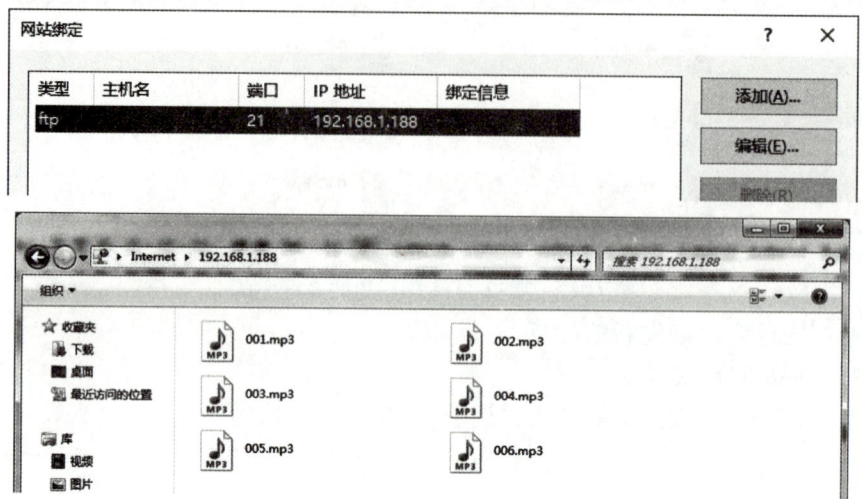

图 7-21　绑定 FTP 的 IP 地址

3. FTP 站点的信息设置

步骤 1：以 FTP2 为例，通过图 7-22 来为此站点设置信息，用户连接此 FTP 站点时就会看到这些信息。

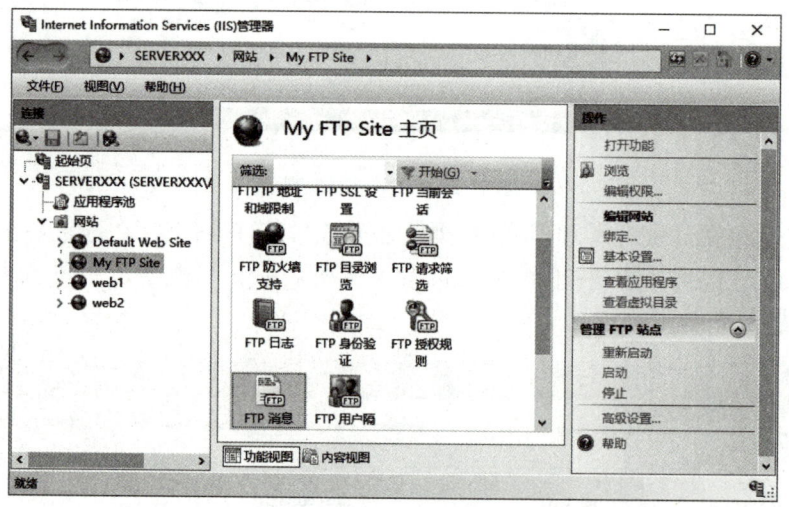

图 7-22　FTP 消息

步骤 2：单击图 7-22 中的"FTP 消息"，打开如图 7-23 所示界面，在该界面设置消息正文，完成后单击右边窗格中的"应用"。

项目 7 FTP 服务

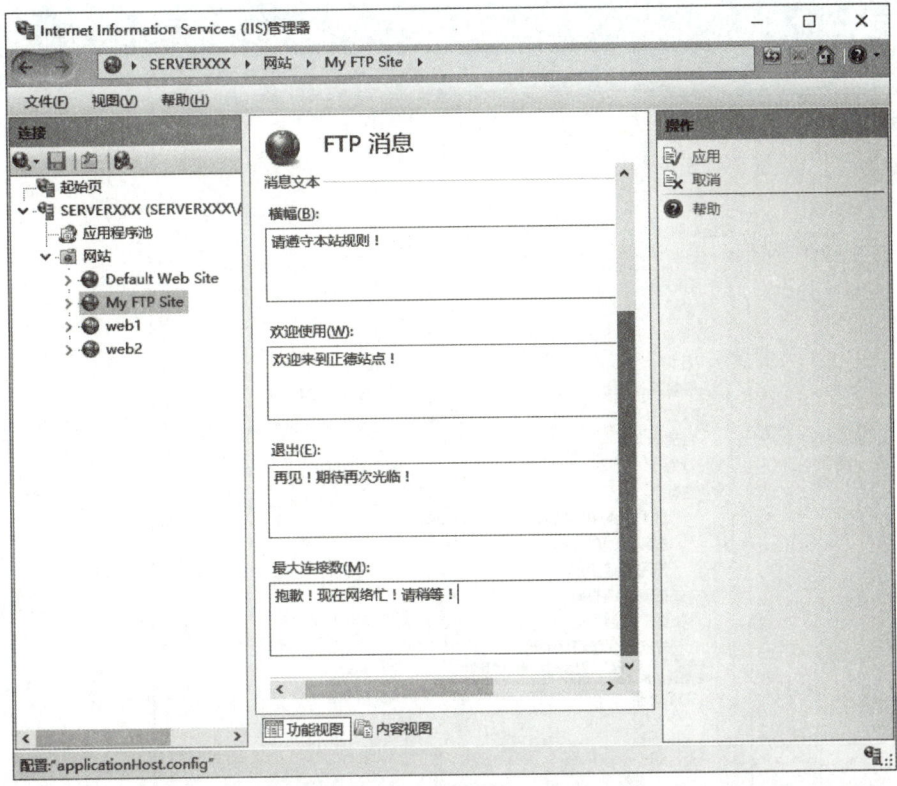

图 7-23 FTP 消息设置

步骤 3：测试。完成以上测试后，用户利用 ftp.exe 程序来连接时，将看到类似图 7-24 所示的界面。

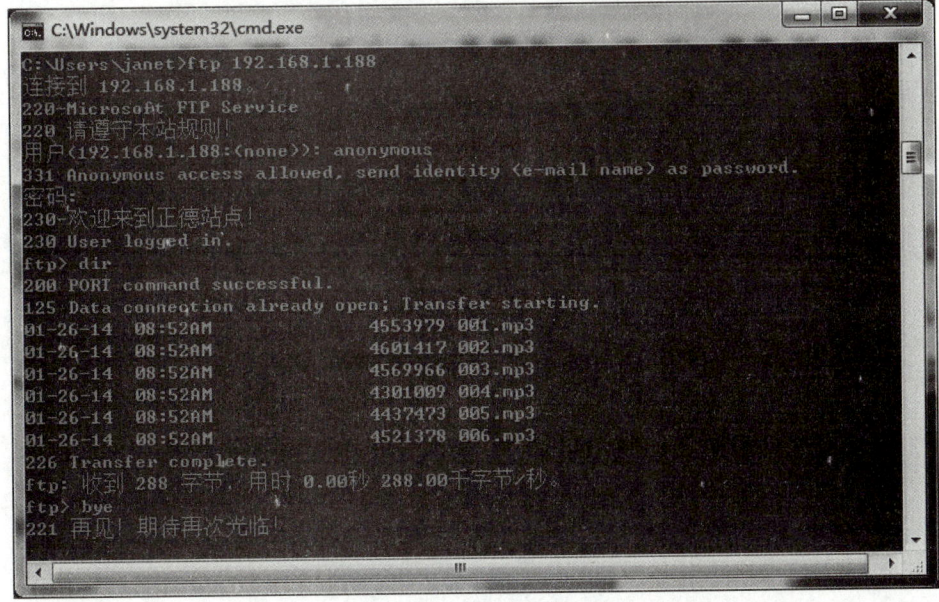

图 7-24 测试 FTP 消息

> 提示：利用 IE 或文件资源管理器来连接此站点时，并不会看到以上信息，但若利用 Cute FTP、Filezilla 或 SmartFTP 来连接此站点时就可以看到这些信息。

步骤 4： 单击站点"FTP2"右边窗格的"高级设置"，展开"连接"，将"最大连接数"设置为 1，如图 7-25 所示。

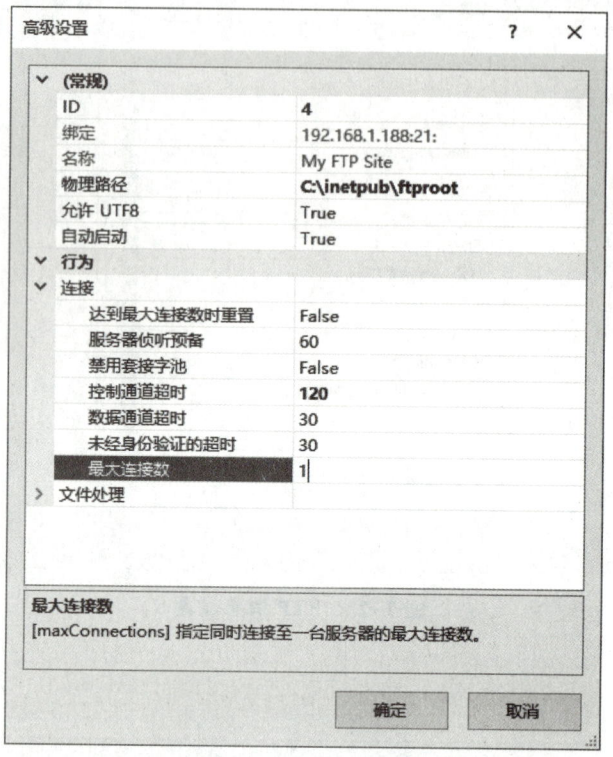

图 7-25 最大连接数

若 FTP 站点的连接数目已经达到最大数目，此时用户连接此 FTP 站点时，将看到如图 7-26 所示界面。

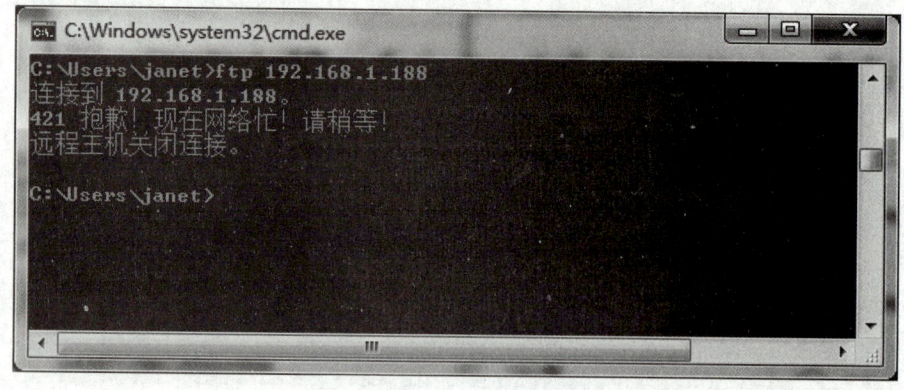

图 7-26 测试最大连接数

4. 身份验证与权限设置

在建立 FTP 站点时已经设置所有用户对 FTP 站点具有读取的权限，若想要更改此权限，可单击站点"FTP2"中间窗格的"FTP 授权规则"，如图 7-27 所示，然后选择中间的授权规则，再单击右边窗格的"编辑"进行修改。也可以单击右边窗格的"添加允许规则"或"添加拒绝规则"来添加。

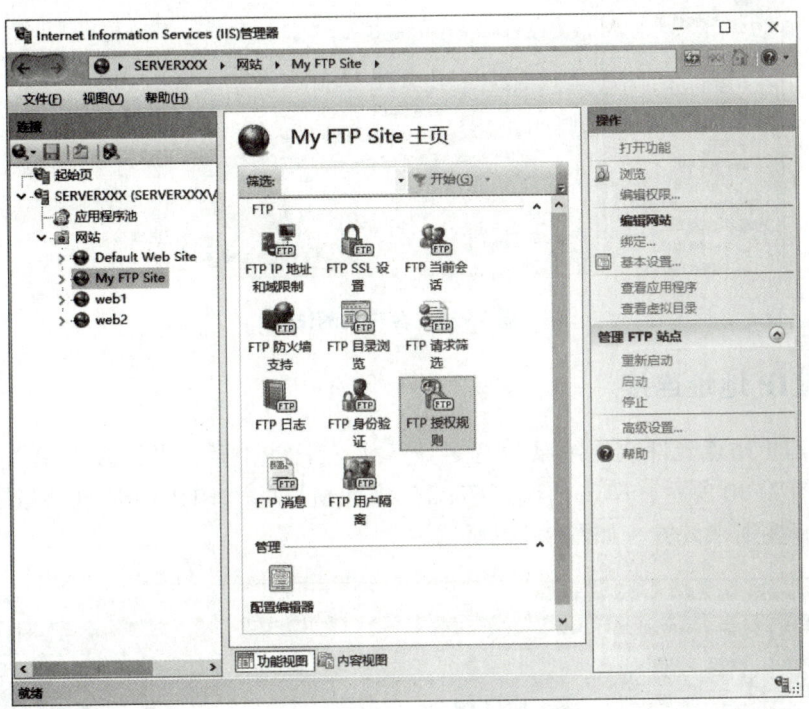

图 7-27 FTP 授权规则

步骤 1：如图 7-28 所示，编辑授权规则。

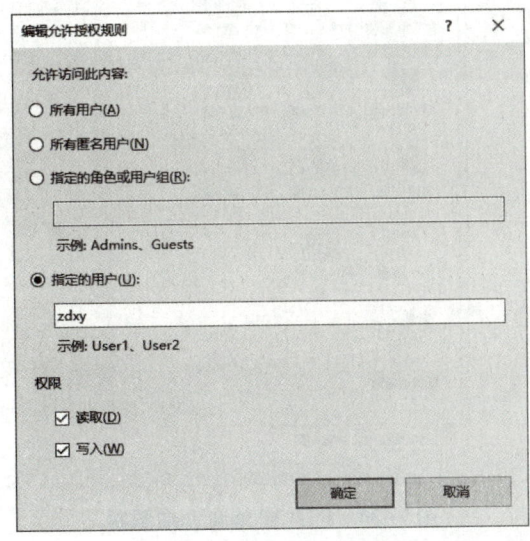

图 7-28 编辑允许权限规则

步骤 2：通过文件资源管理器访问 FTP2 站点，如图 7-29 所示，在地址栏输入 ftp：//ftp2.yah.com，需要在"登录身份"界面输入用户名和密码后才能连接。

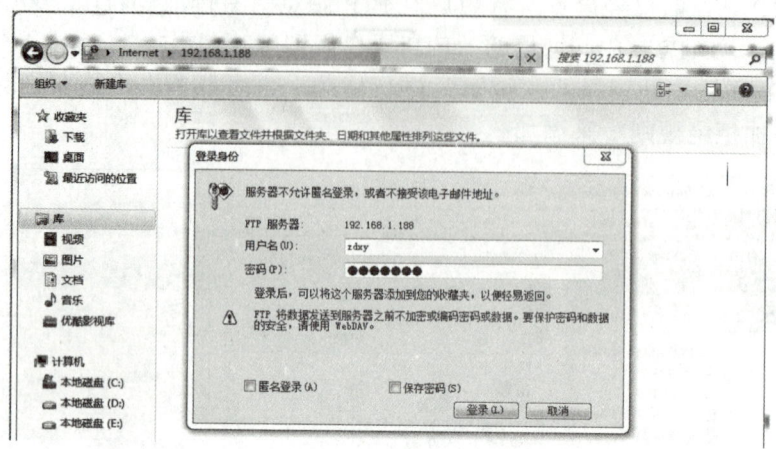

图 7-29　客户端测试

5. 限制 IP 地址连接

可以让 FTP 站点允许或拒绝某台特定计算机、一组计算机来连接 FTP 站点，其设置方法为：如图 7-30 所示，单击站点"FTP2"中间窗格的"FTP IP 地址和域限制"，通过添加允许限制规则来设置，如图 7-31 所示。

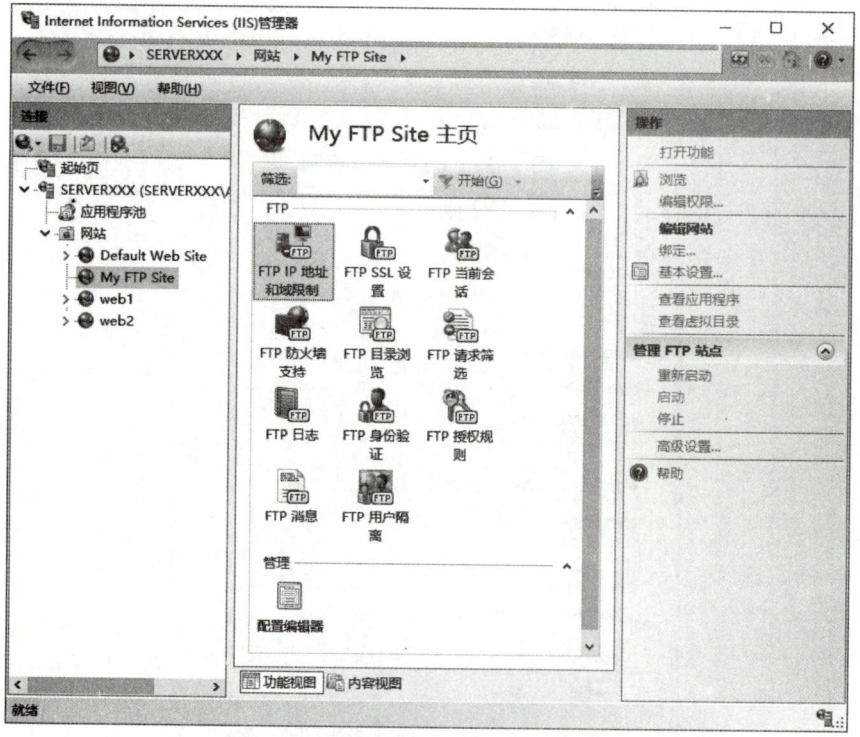

图 7-30　FTP IP 地址和域限制

项目 7　FTP 服务

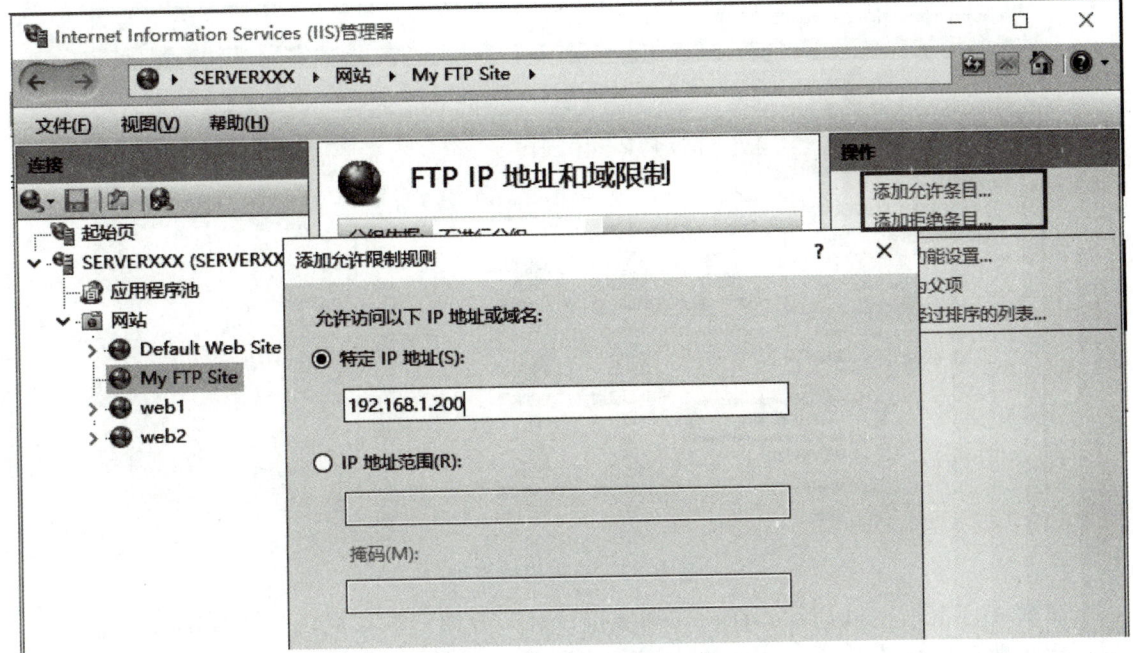

图 7-31　添加允许限制规则

6. 虚拟目录

可以将文件存储到其他位置，例如本地计算机其他磁盘驱动器内的文件夹，或者是其他计算机的共享文件夹，然后通过虚拟目录来映射到这个文件夹。每个虚拟目录都有一个别名，用户通过别名来访问这个文件夹内的文件。虚拟目录的好处就是：不论你将文件的实际位置更改到何处，只要别名不变，用户都可以通过相同的别名来访问文件。

步骤 1： 在 C 盘中建立一个名为 books 的子文件夹。复制一些文件到此文件夹内以便测试，此文件夹将被设置为 FTP 站点的虚拟目录，如图 7-32 所示。

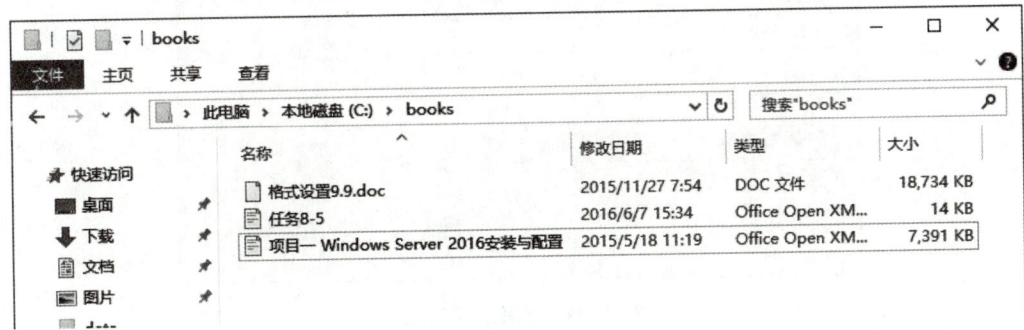

图 7-32　虚拟目录文件夹

步骤 2： 选中 My FTP Site 并单击右键→"添加虚拟目录"，如图 7-33 所示。

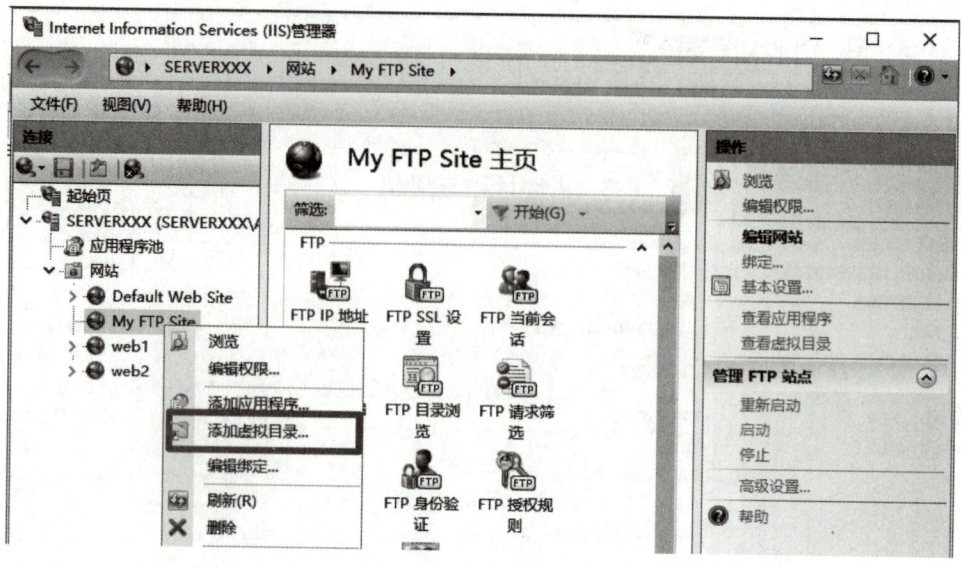

图 7-33　添加虚拟目录

步骤 3：如图 7-34 所示，在"添加虚拟目录"界面中输入别名，例如 books，输入或浏览到物理路径 C：\ books，单击"确定"按钮。

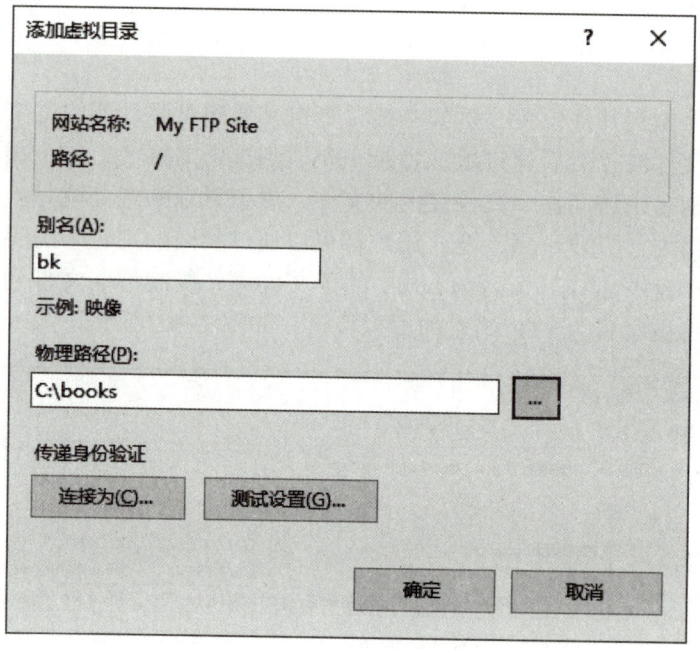

图 7-34　虚拟目录信息

步骤 4：在 My FTP Site 下多了一个虚拟目录 books，如图 7-35 所示，同时单击下方的"内容视图"后，可以看到虚拟目录中的文件。

项目 7　FTP 服务

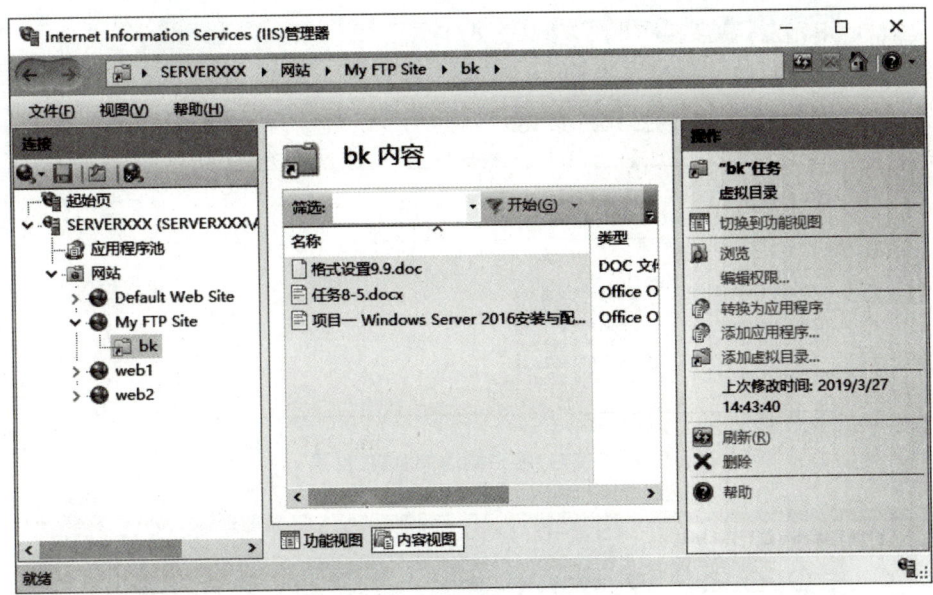

图 7-35　虚拟目录添加完成

步骤 5：若要让客户端能看得到此虚拟目录，可单击 My FTP Site 下方的"功能视图"，单击"FTP 目录浏览"，在"FTP 目录浏览"界面中勾选"虚拟目录"复选框后单击右边窗格的"应用"按钮，如图 7-36 所示。

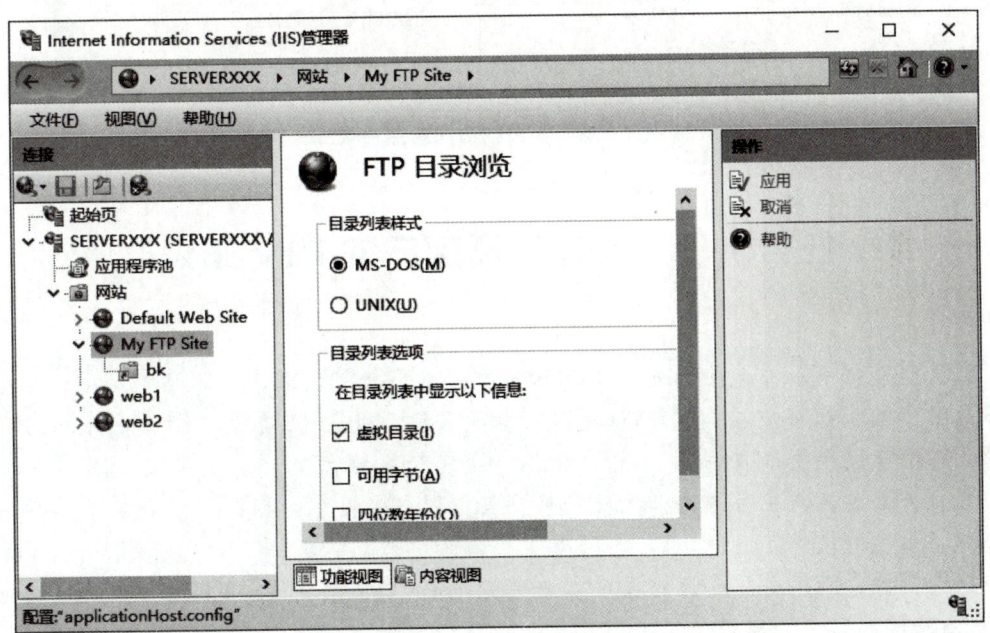

图 7-36　FTP 目录浏览

步骤 6：完成以上设置后，到测试计算机上连接 FTP 站点，此时可以看到如图 7-37 所示的目录 books，虚拟目录名为 bk，见图 7-38。

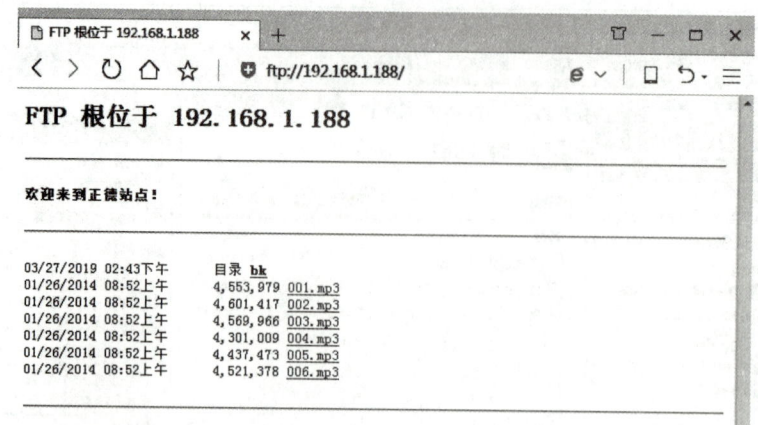

图 7-37 客户端访问 FTP 目录

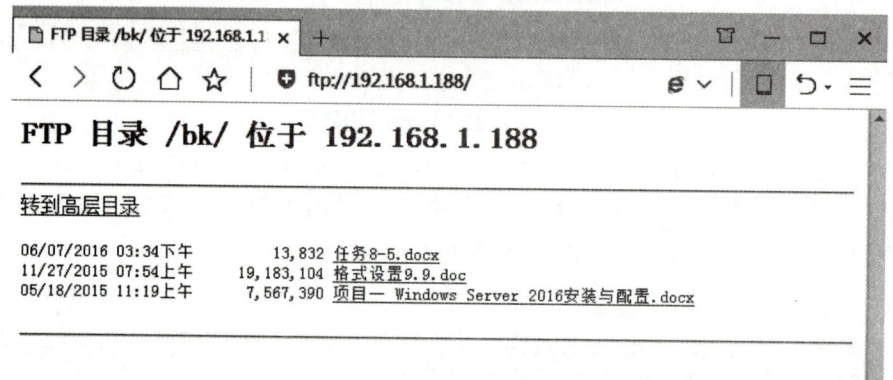

图 7-38 客户端访问虚拟目录

任务 7-3 创建隔离用户的 FTP 站点

任务描述：当用户连接到 FTP 站点时，不论他们是利用匿名账户还是利用已存在账户来登录，默认都将被导向到 FTP 的主目录。不过我们可以通过"FTP 用户隔离"来让用户拥有自己专用的主目录，此时用户登录到 FTP 站点后，会被导向到其专用主目录，而且被限制在其主目录内，无法切换到其他用户主目录，因此无法查看或修改其他用户主目录内的文件。

任务目标：FTP 用户隔离的设置方法——单击 FTP2 中间的"FTP 用户隔离"，通过"FTP 用户隔离"界面来设置。

1. 用户有自己的主目录，但不隔离用户

用户有自己的主目录，但不隔离用户，此时只要用户拥有适当的权限（例如 NTFS 权

限），它便可以切换到其他用户的主目录，查看或修改其中的文件。

步骤 1：要让 FTP 站点启用此模式，选择"用户名目录"后单击右边窗格的"应用"，如图 7-39 所示。

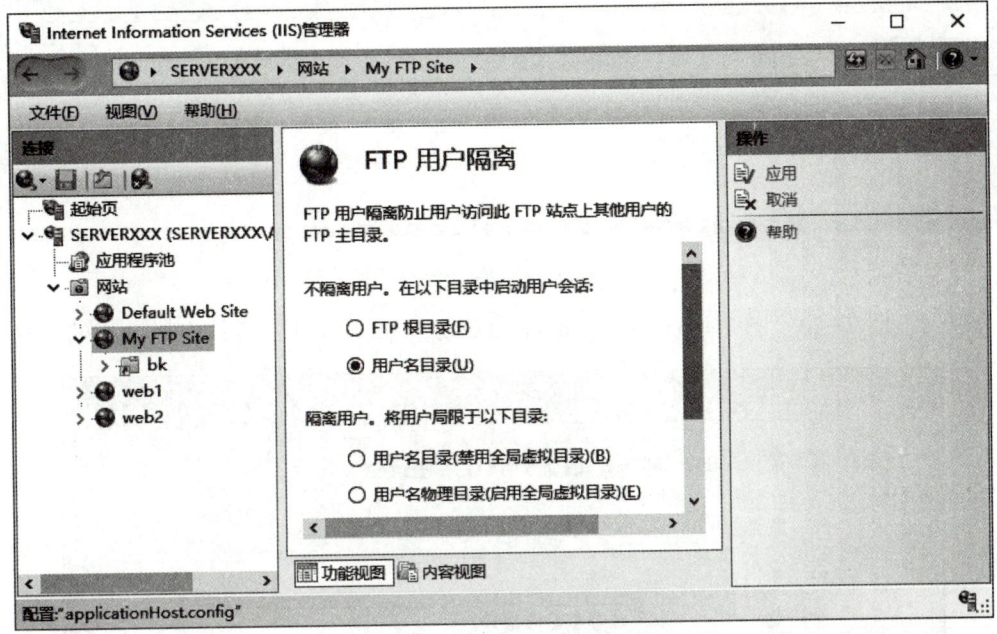

图 7-39 FTP 用户隔离

步骤 2：在 FTP2 主目录下建立名称为 yah 和 zdxy 两个子文件夹，并在这两个文件夹内分别放置一些文件，以便测试。

步骤 3：完成设置后，为了验证结果，在客户端用资源浏览器来连接 FTP 站点，图 7-40、图 7-41 以用户 zdxy 的身份登录，可以看到其主目录内的文件。

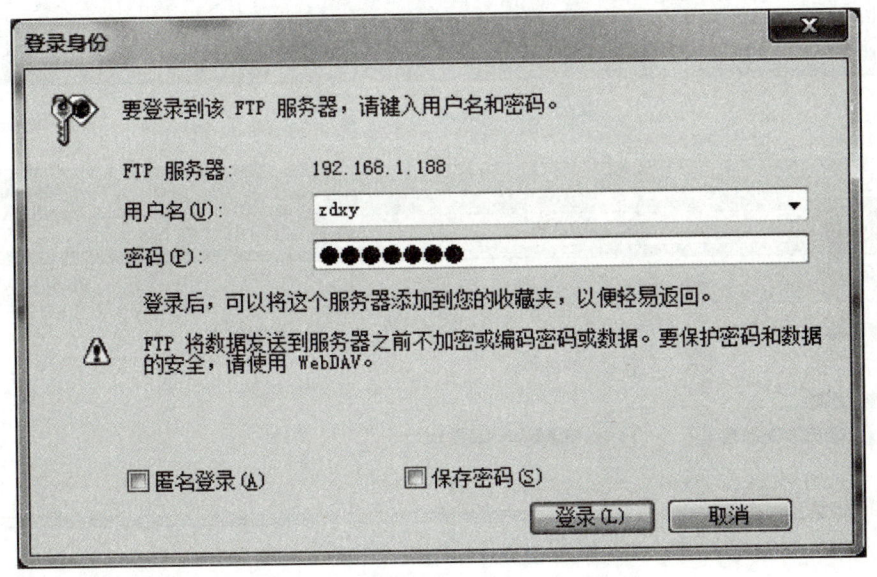

图 7-40 用户 zdxy 访问 FTP 站点

图 7-41　zdxy 目录

步骤 4：图 7-42、图 7-43 以用户 janet 的身份登录，可以看到其主目录内的文件。

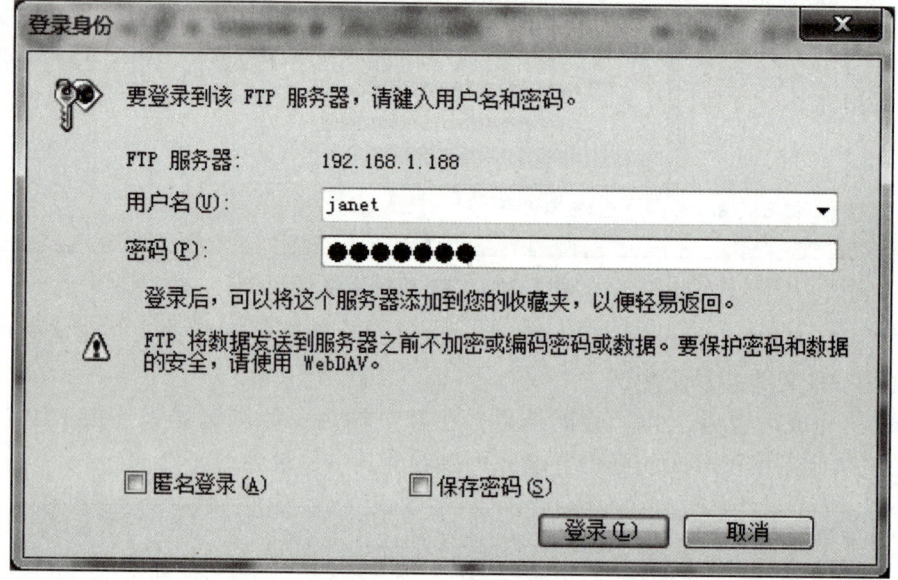

图 7-42　janet 访问 FTP 站点

图 7-43　janet 目录

步骤 4：图 7-44 以其他用户的身份登录，可以看到其主目录内的文件。

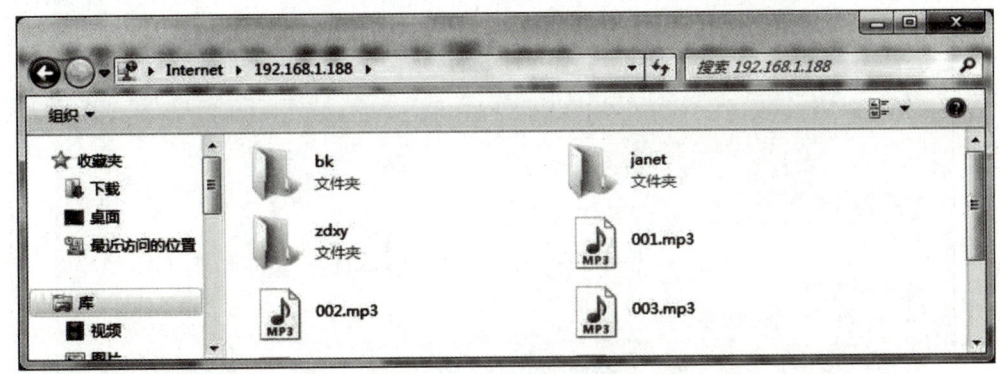

图 7-44　其他用户

2. 隔离用户

用户拥有自己的主目录，而且会隔离用户，也就是用户登录后会被导向到其专用主目录，而且被限制在此主目录内，无法切换到其他用户的主目录，因此无法查看或修改其他用户主目录内的文件。

步骤 1：在 FTP3 主目录 C:\FTP3 下建立名为 LocalUser 的文件夹，在 LocalUser 文件夹下建立三个子文件夹 Public、janet、zdxy，并在这些文件夹下设置一些文件，如图 7-45 所示，以便测试时使用。

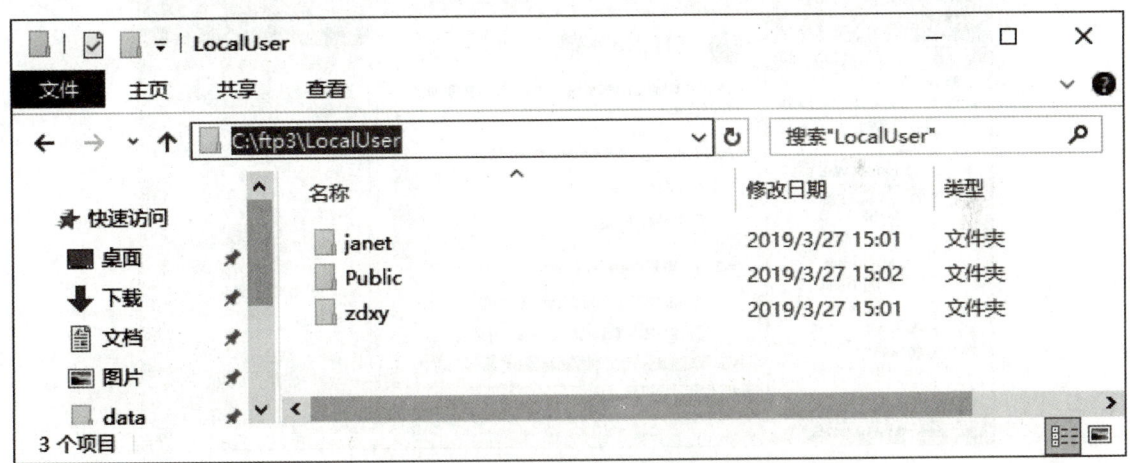

图 7-45　LocalUser 文件夹

步骤 2：右键单击 My FTP Site，选择菜单"编辑网站"，打开编辑网站窗口，站点设置如图 7-46 所示。

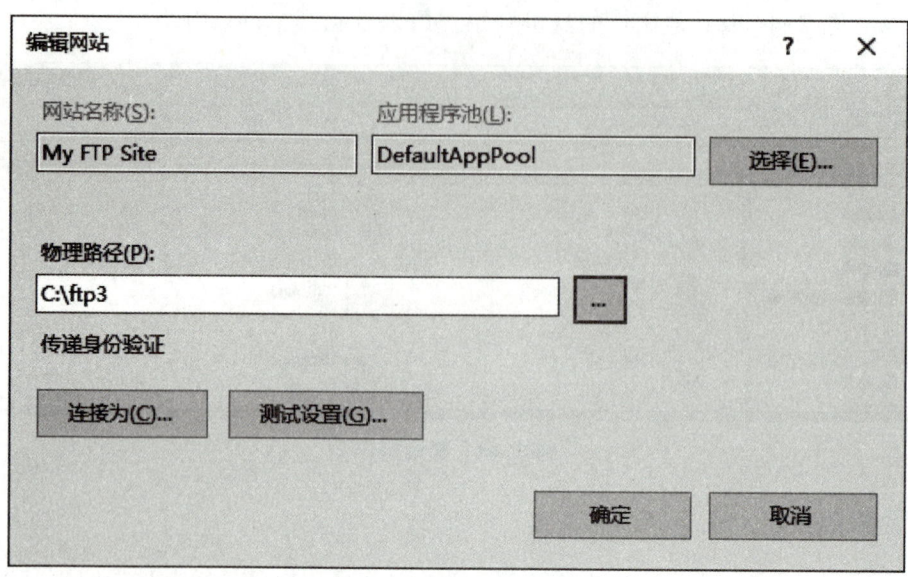

图 7-46　FTP 站点物理路径

步骤 3：在"FTP 用户隔离"界面，选择"用户名目录（禁用全局虚拟目录）"后单击"应用"，如图 7-47 所示。

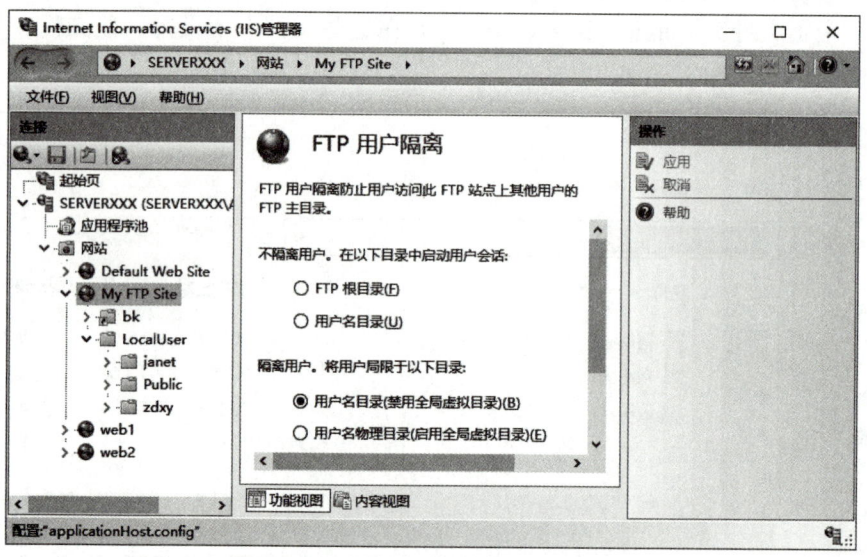

图 7-47　FTP 用户隔离

步骤 4：完成设置后，为了验证结果，在客户端用资源浏览器来连接 FTP 站点，图 7-48、图 7-49、图 7-50 中分别以匿名账户 Anonymous、用户 janet 和用户 zdxy 的身份分别登录，可以看到其主目录内的文件。但他们都不能到别人的主目录。

项目 7 FTP 服务

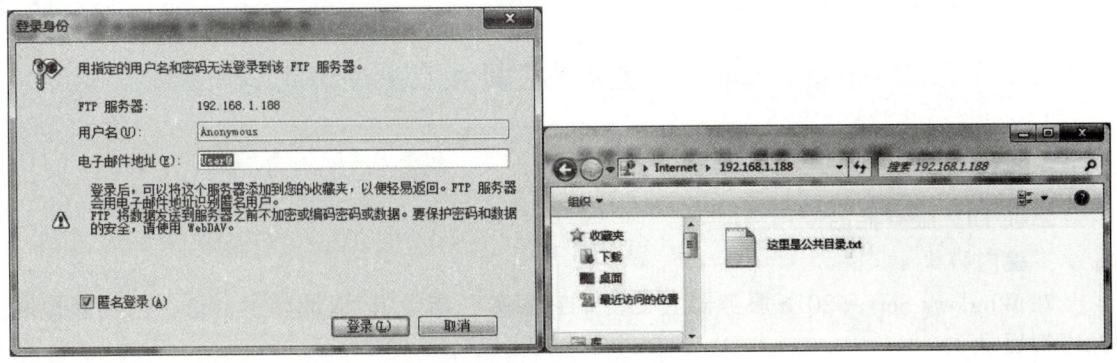

图 7-48 匿名账户访问 FTP 站点

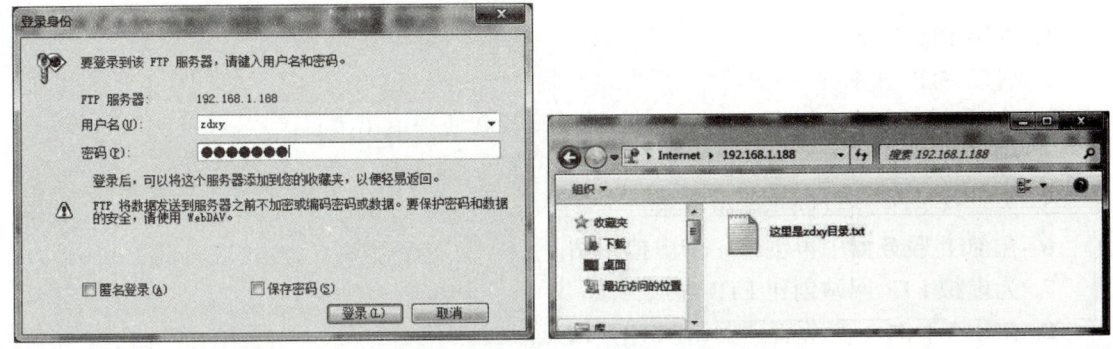

图 7-49 zdxy 访问 FTP 站点

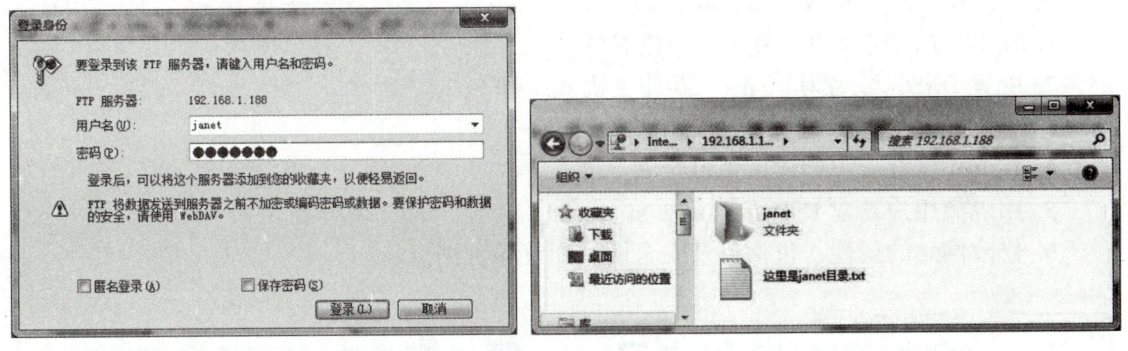

图 7-50 janet 访问 FTP 站点

项目小结

FTP 服务是网络中最常见的服务之一，是 Web 服务中的一个模块。本项目主要讲述 FTP 的工作过程和基本原理，还讲述了 FTP 服务器的安装启动和测试等。

上机实训

实验目的
掌握 FTP 服务器的使用。

实验内容
在 Windows Server 2016 服务器上安装 FTP 服务,指定 IP 地址和主目录,创建虚拟网站虚拟目录。

实验步骤

实验一
1. 安装 FTP 服务。
2. 启动 FTP 服务。
3. 为默认 FTP 站点指定 IP 地址、主目录以及欢迎和退出消息。
4. 为默认 FTP 站点设置访问安全。
5. 为默认 FTP 站点创建虚拟目录。
6. 在 FTP 服务器中再创建一个虚拟网站。
7. 为虚拟 FTP 网站创建 FTP 虚拟目录。
8. 使用 Windows 资源管理器访问 FTP 站点。

实验二
为某企业配置 FTP 服务器,要求如下。
1. 在 IIS 中添加"FTP 服务"角色服务。
2. 配置 DNS,域名为 sz.net,新建主机 ftp1 和 ftp2。
3. 不用隔离用户新建 FTP 站点 ftp1.sz.net。
4. 在 ftp1.sz.net 下创建虚拟目录 cisco。
5. 用隔离用户新建 FTP 站点 ftp2.sz.net。
6. 修改网站的属性,包括目录安全性、配置各种消息。

习 题

1. 默认情况下,FTP 服务使用的是_____端口。
2. 命令行 FTP 中一次下载多个文件用_____命令。
3. 在 FTP 操作过程中,"530"表示_____。
4. 为了便于访问权限和磁盘配额的限制,强烈建议将 FTP 站点的主目录创建在系统_____分区上。
5. FTP 站点连接区域中,默认的连接超时时间是_____。
6. 在 Windows Server 2016 中,FTP 服务仍然需要_____的管理器来管理。

项目 8　创建 Active Directory 域

【项目导入】

某公司是一个规模较大 IT 公司，其员工较多，可共享使用的网络资源也较多，原来这些资源分别由不同的服务器管理，管理较为琐碎，使用也不方便。现此公司欲实现所有账户、共享资源由服务器集中管理，只要账户的权限足够，可以用一个账户在公司的任何一台计算机上登录，查询、使用公司任何的共享资源，既方便又安全。

【项目分析】

通过 Windows Server 2016 的活动目录域服务（AD DS）可以管理网络中的用户和资源，如打印机、计算机或应用程序等，活动目录域服务（AD DS）所提供的功能就是让用户能很容易地在目录内找到自己需要的数据。

【项目目标】

- 会 ADDS 的安装与配置
- 会部署额外域控制器
- 会部署只读域控制器
- 会在域中创建用户和组
- 会将成员服务器、用户计算机加入域中
- 会在域中发布共享文件夹等资源

> **相关知识**

在域树、单域、森林等多种域网络的组织结构中，企业只有规划一个合理的网络结构，才能很好地管理与使用网络。活动目录是域的核心，通过活动目录可以将网络中各种完全不同的对象以相同的方式组织到一起。活动目录不但有利网络管理员对网络的管理，方便用户查找对象，也使得网络的安全性大大增强。

1. 为什么需要域

企业的资源通常集中在服务器上，如果仅仅只有一台服务器，问题很简单，在服务器上为每一个员工建立一个用户账户就可以，员工登录到服务器上就可以使用服务器上的资源。但是如果资源分布在多台服务器上，那就需要在每台服务器上分别为每位员工建立一个用户账户，一共就有（M×N）个账户，员工需要在每台服务器上登录。有没有办法可以解决员工多次登录到不同的服务器以及在不同服务器上为同一个员工多次创建用户账户的问题呢？

可以通过域（Domain）来解决上述问题。服务器和员工的计算机都在同一个域中，员工在域中只要拥有一个用户账户，通过该用户账户登录域后，就可以在域中漫游，访问域中任一服务器上的资源。不需要在存放资源的服务器上为每一位员工创建用户账户，而只需要把资源的访问权限分配给域中的用户即可。因此，有了域，员工只需要在域中拥有一个域用户账户，管理员也只要为员工创建一个域用户账户；员工只需要在域中登录一次就可以访问域中的资源了。

域中的用户账户信息——用户名、密码、电话号码等应该存放在哪里呢？这些用户信息存放在域中的域控制器（Domain Controller, DC）上，可以在服务器中选定一台或几台服务器作为域控制器。如果有多台域控制器时，各个控制器是同步的，每个控制器都有所在域的全部账户信息。而其他不是域控制器的服务器称为成员服务器，仅仅是提供资源。

2. 什么是活动目录

每本书都有目录，计算机中的文件组织结构也是以目录的形式来组织的。所以说目录是一种组织信息的形式，通过目录来组织信息便于查找。比如电话通信录。那么活动目录也是一种存放信息的方式。域控制器把域中所有用户、组、计算机等信息都存放在活动目录中。因此，活动目录就是一个特殊的数据库。一台服务器如果安装了活动目录，它就称为域控制器，也就是说域控制器就是安装了活动目录的服务器。

3. 活动目录和 DNS 的关系

在网络中 DNS 是用来解决主机名和 IP 地址的映射关系的，Windows Server 2016 中的活动目录和 DNS 也是密不可分的，活动目录使用 DNS 服务器来记录域控制器的 IP、各种资源的定位等，在域中至少要有一个 DNS 服务器，所以安装活动目录时需要同时安装

DNS，Windows Server 中域的命名也是采用 DNS 的格式来命名的。

4. 活动目录中的术语

（1）对象

在 Windows Server 2016 中的活动目录存放各种对象的信息，这些对象有用户、计算机、组、打印机等。每个对象都有自己的属性及属性值。对象实际上就是属性的集合。

（2）组织单位（OU）

组织单位用来组织对象：用户、打印机、组、服务器、应用程序等。组织单位把这些对象按逻辑进行分组，便于管理、查找、授权、访问。组织单位是类型为容器的对象，就是可以包含其他对象的对象。组织单位是在某个域下的，组织单位不能包含域。组织单位可以按公司的行政部门划分，如划分成"业务部""技术部""行政部"等，也可以按公司的地理位置划分"南京总部""上海分公司""深圳分公司"等。有了组织单位，可以很清晰并且有条理地管理各种对象。

规划活动目录时，应注意：
①在安装活动目录之前，至少有一个 NTFS 分区；
②要规划好整个系统的域结构；
③要进行域和账户命名规划；
④要注意设置规划好域间的信任关系。

任务 8-1 创建 Active Directory 域

任务描述：企业网络采用域的组织结构，可以使得局域网的管理工作变得更集中、更容易、更方便。虽然活动目录具有强大的功能，但是，安装 Windows Server 2016 操作系统时并未自动生成活动目录。因此，管理员必须通过安装活动目录来建立域控制器，并通过活动目录的管理来实现针对各种对象的动态管理与服务。

任务目标：作为网络管理员，只有明确安装域控制器的条件和准备工作，掌握域网络的组建流程和操作技术，才能在服务器上安装好 Windows Server 2016 操作系统。为此，可以启用网络操作系统内置的活动目录安装向导，成功安装并激活"Active Directory 域服务"，将使得一个独立服务器升级为域控制器。

我们利用图 8-1 来介绍如何创建第一个林中的第一个域。创建域的方式是先安装一台 Windows Server 2016 服务器，然后将其升级为域控制器。我们在 server1 上安装活动目录，域名为 yah.com，并把 server2、server3 和个人计算机 WinPC 及笔记本都加入到域中。

在将 Windows Server 2016 升级为域控制器之前，需要注意以下事项。

①DNS 域名：请事先为 Active Directory 域想好一个域名，例如 yah.com。

②DNS 服务器：由于域控制器需要将自己注册到 DNS 服务器，以便其他计算机通过 DNS 来找到这台域控制器，因此必须要有一个可支持 Active Directory 的 DNS 服务器，它必

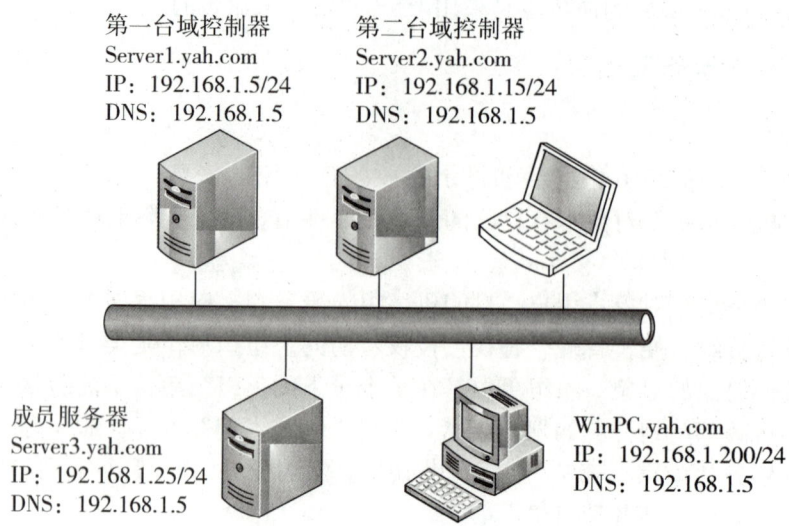

图 8-1 公司拓扑结构

须支持 Service Location Resource Record（SRVRR），并能支持动态更新；如果现在没有可支持 Active Directory 的 DNS 服务器，则可在创建 Active Directory 域时在此机器上同时安装 DNS 服务。

1. 创建第一台域控制器

步骤 1：将第一台计算机的计算机名设置为 Server1，配置好 IP 地址。注意计算机名只要设置成 serverYYY 就可，等升级为域控制器后，计算机名自动会改为 serverY-YY.yah.com。

步骤 2：打开"服务器管理器"，单击"仪表板"处的"添加角色和功能"，如图 8-2 所示。

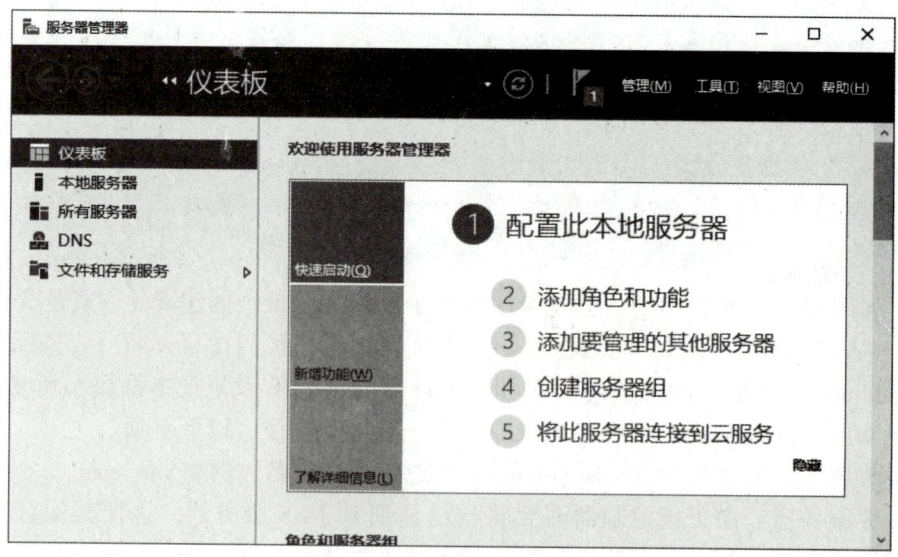

图 8-2 添加角色和功能

项目 8　创建 Active Directory 域

步骤 3：持续单击"下一步"按钮，直到出现"选择服务器角色"界面。勾选"Active Directory 域服务"复选框，如图 8-3 所示，单击"添加功能"按钮来安装该服务所需的其他功能，如图 8-4 所示，单击"下一步"按钮。

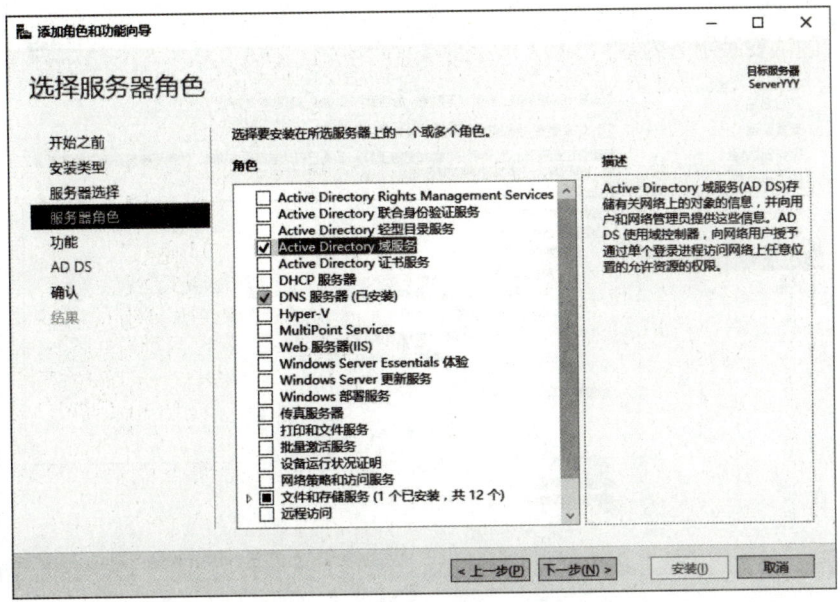

图 8-3　Active Directory 域服务

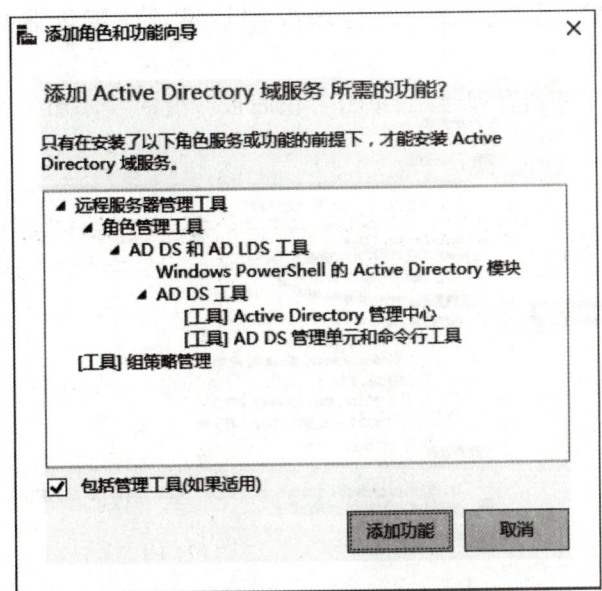

图 8-4　添加功能

步骤 4：持续单击"下一步"，在"确认安装选项"界面中单击"安装"按钮，如图 8-5 所示。

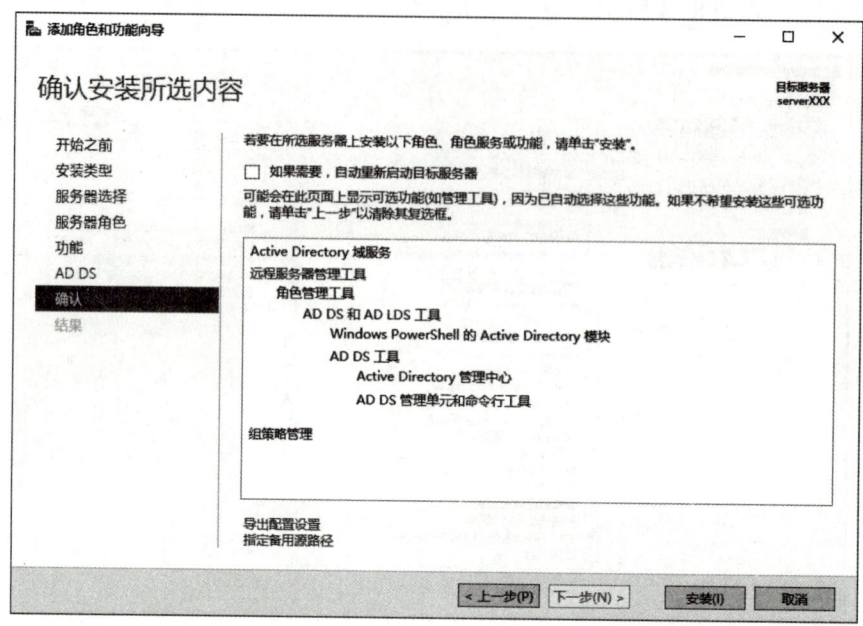

图 8-5　确认安装选项

步骤 5：在完成安装后的界面单击"将此服务器提升为域控制器"，如图 8-6 所示。

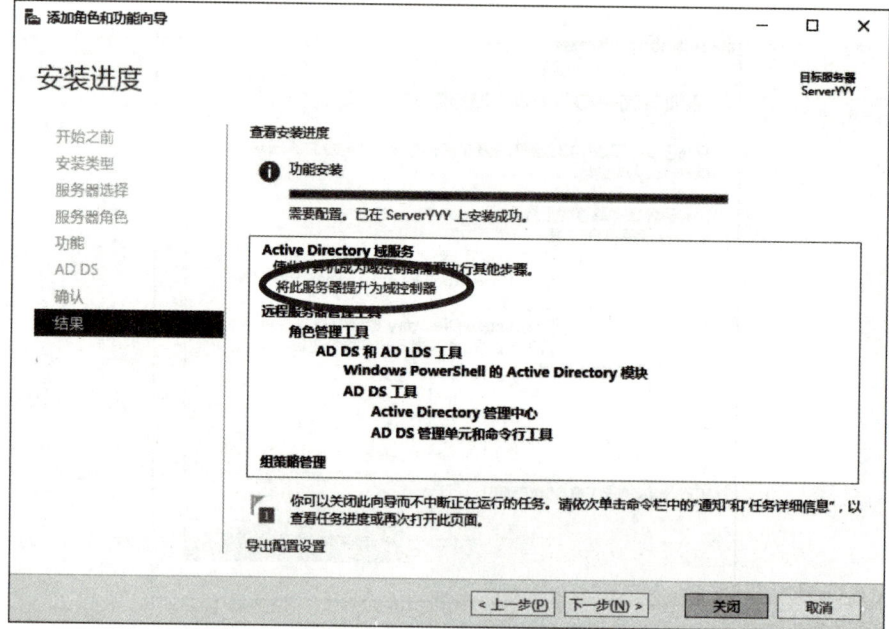

图 8-6　将此服务器提升为域控制器

项目 8　创建 Active Directory 域

> **提示**：如果直接单击了"关闭"按钮，请单击"服务器管理器"左边的 AD DS，然后单击上方的"server1 中的 Active Directory 与服务所需的配置"处的"更多…"，如图 8-7 所示，并单击图中的"将此服务提升为域控制器"，如图 8-8 所示。

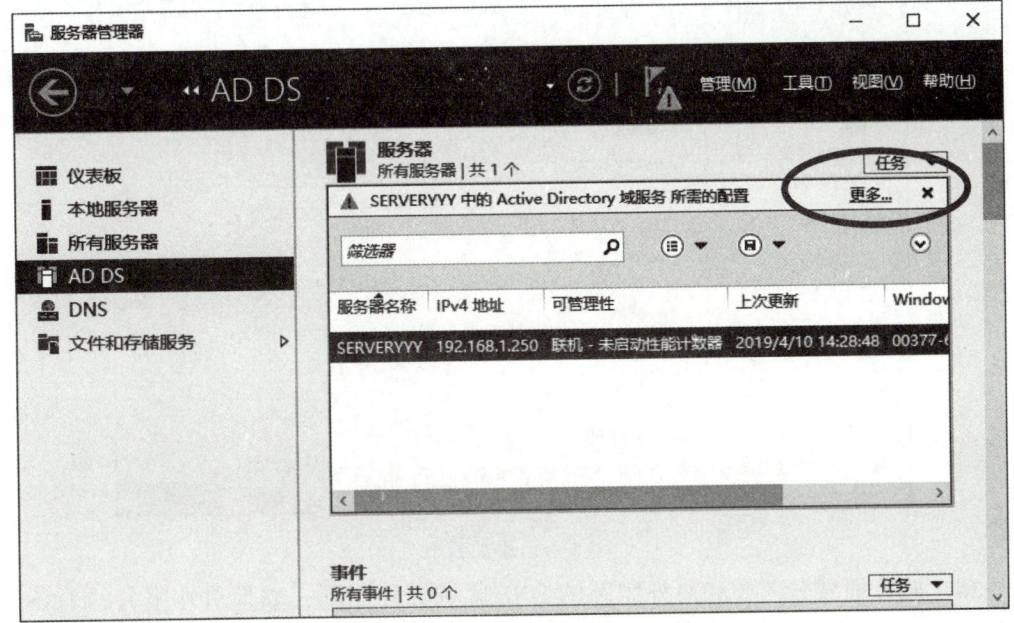

图 8-7　AD DS

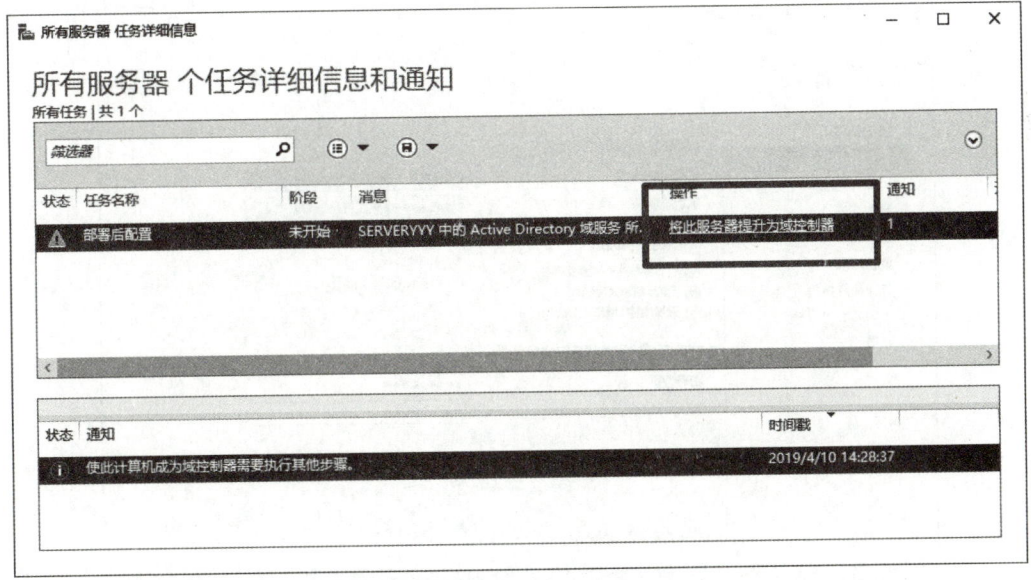

图 8-8　将此服务器提升为域控制器

步骤 6：如图 8-9 所示，选择"添加新林"，设置林根域名 yah.com，并单击"下一步"。

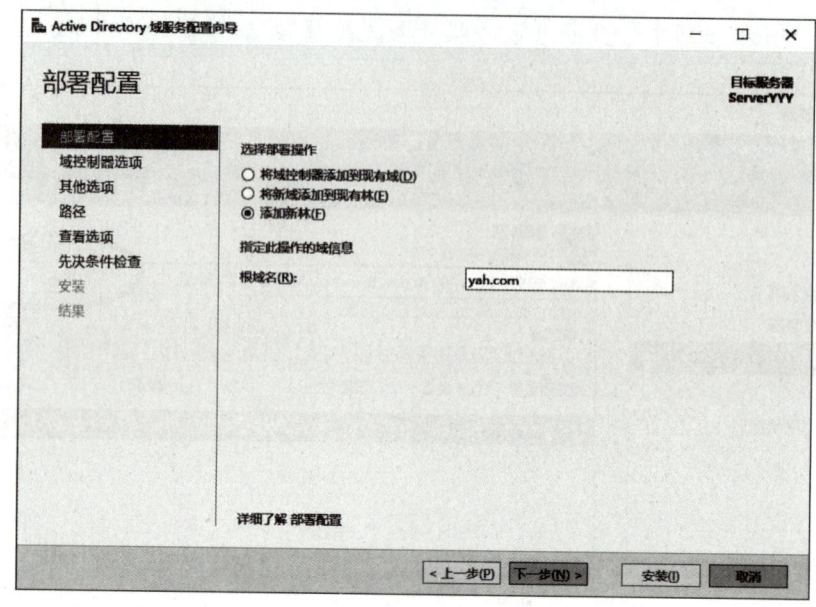

图 8-9　添加新林

注意：此林根域名不要和对外服务的 DNS 区域名称相同，如果对外服务的 DNS URL 名称为 http://www.yah.cn，则内部林根域名不可以是 yah.cn，否则可能会出现兼容性问题。

步骤 7：在"域控制器选项"界面，输入如图 8-10 所示设置后单击"下一步"。

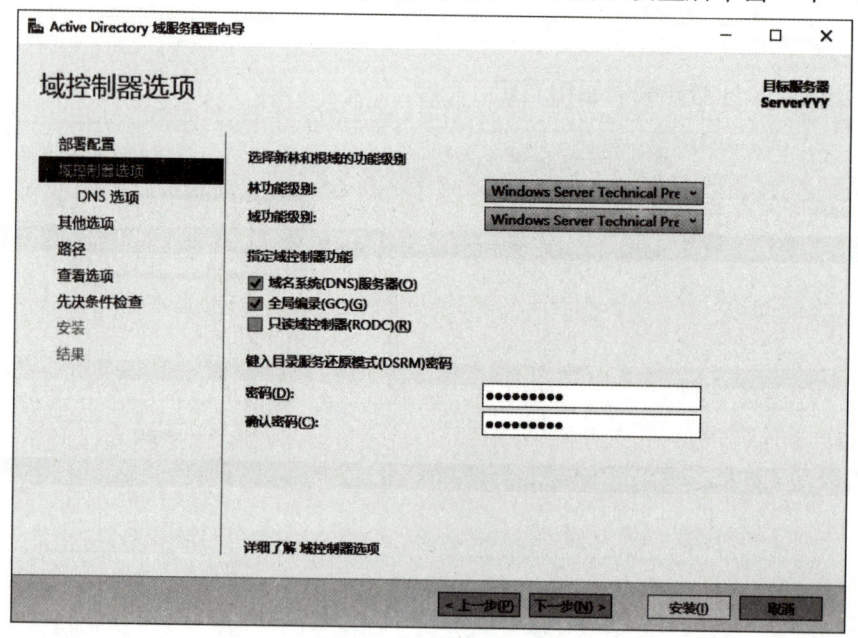

图 8-10　域控制器选项

注意：

①林功能级别、域功能级别选择：此处选择的林功能级别为 Windows Server 2016，此时域功能级别只能选择 Windows Server 2016，如果选择其它林功能级别，还可以选择其它域功能级别。

②默认会在此服务器上安装 DNS 服务器。

③第一台域控制器必须是全局编录服务器角色。

④第一台域控制器不能是只读域控制器。

⑤设置目录还原模式的系统管理员密码：目录还原模式是一个安全模式，进入此模式可以修复 Active Directory 数据库；可以在系统启动时按 F8 键来选择此模式，然后输入此处所设置的密码；密码必须设置成强密码。

步骤 8：出现如图 8-11 所示界面警告，不必管它，直接单击"下一步"按钮。

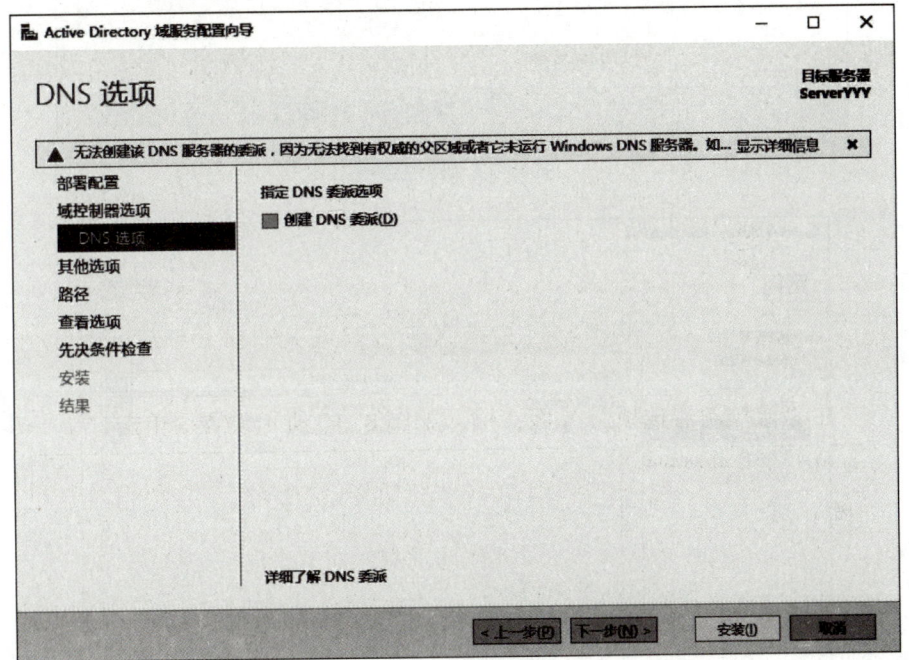

图 8-11　DNS 选项

步骤 9：在图 8-12 中会自动为该域设置一个 NetBIOS 名称，可以更改，如果该 NetBIOS 域名已经被占用，安装程序会自动指定一个名称，单击"下一步"按钮。

步骤 10：在图 8-13 中单击"下一步"按钮。

数据库文件夹用来存储 Active Directory 数据库。

日志文件文件夹用来存储 Active Directory 的更改记录，此记录文件可以用来修复 Active Directory 数据库。

SYSVOL 文件夹用来存储域共享文件，如和组策略相关的文件。

建议将数据库文件和日志文件文件夹分别设置到不同硬盘，这样不仅可以提高允许效率，而且分开存储可以避免两份数据同时出现问题，提高修复 Active Directory 的能力。

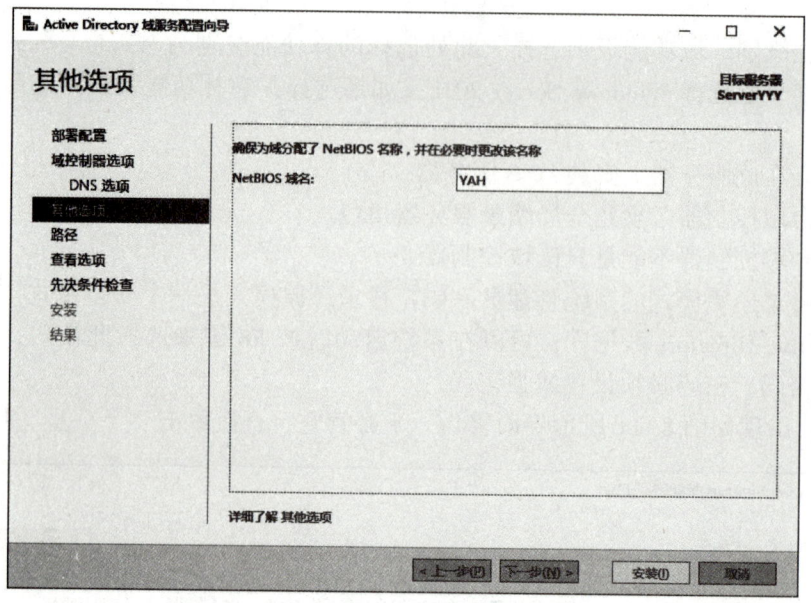

图 8-12 其他选项

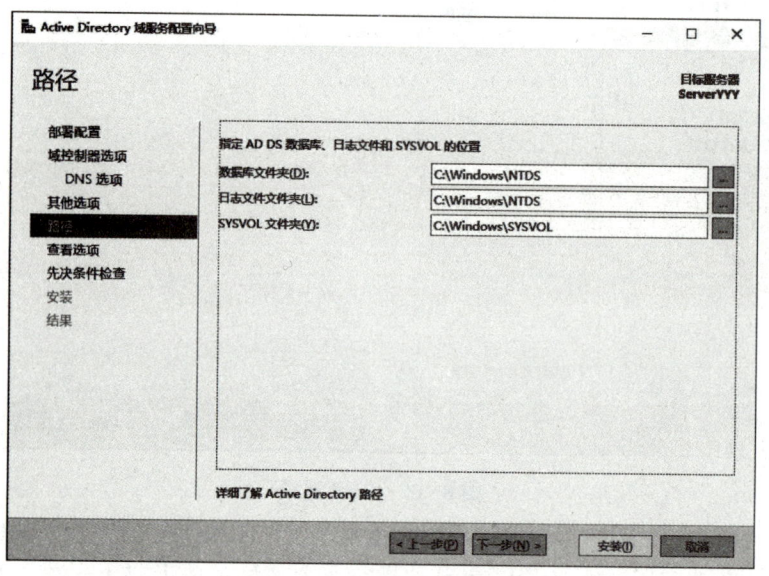

图 8-13 路径

步骤 11：在"查看选项"界面，单击"下一步"按钮。

步骤 12：在"先决条件检查"界面，如果检查顺利通过，单击"安装"按钮，否则根据界面提示排除问题，图 8-14 检查通过。安装完成后需要重启系统。

步骤 13：重新启动计算机，由于活动目录的存在，启动时间会变长，启动后，用管理员用户登录，如图 8-15 所示。

项目 8　创建 Active Directory 域

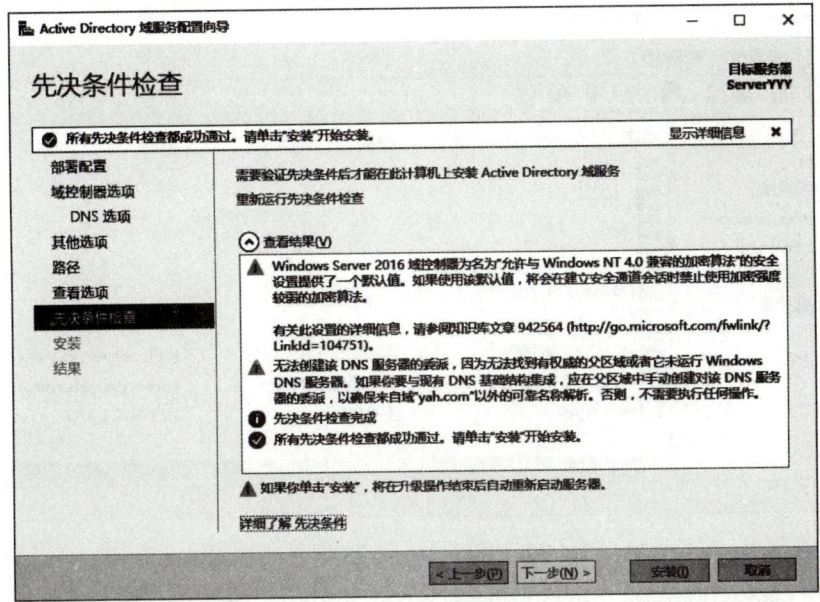

图 8-14　先决条件检查

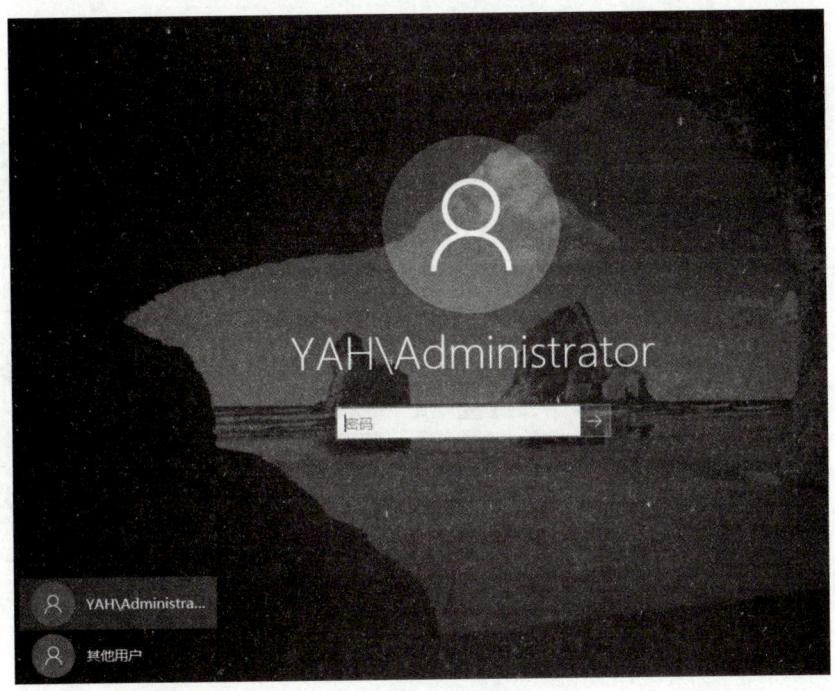

图 8-15　登录界面

步骤 14： 打开"服务器管理器"，单击上方"工具"菜单下的"DNS"，打开"DNS 管理器"，如图 8-16 所示，应该会有一个名为 yah.com 的区域，图中的"主机（A）"记录表示域控制器 serverYYY.yah.com 已经正确地将其主机名与 IP 地址注册到 DNS 服务器内。

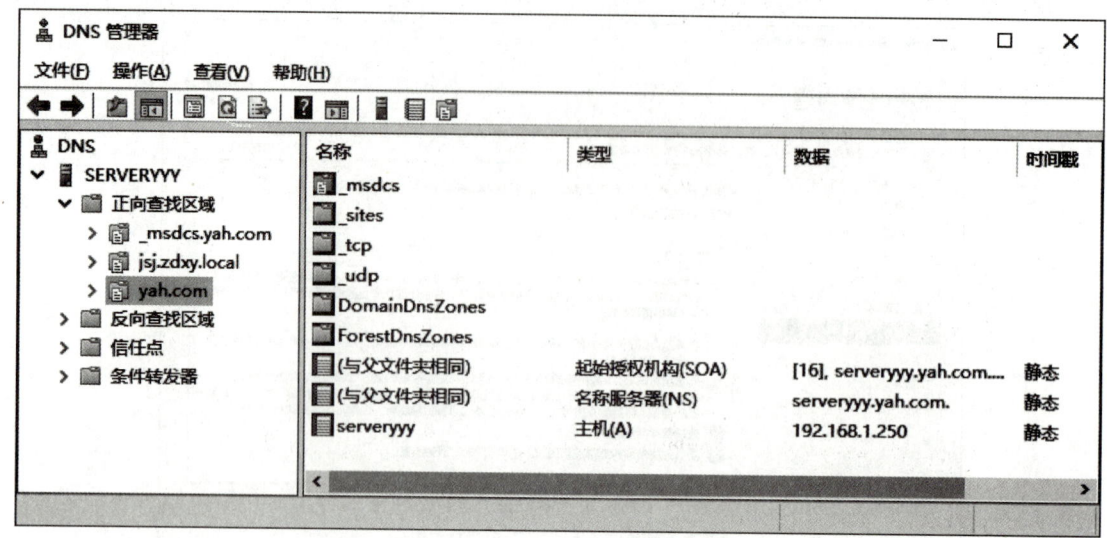

图 8-16　DNS

单击"窗口键"切换到"开始"屏幕，单击"Active Directory 用户和计算机"，确认活动目录是否已经正常，图 8-17 显示 Active Directory 用户和计算机。

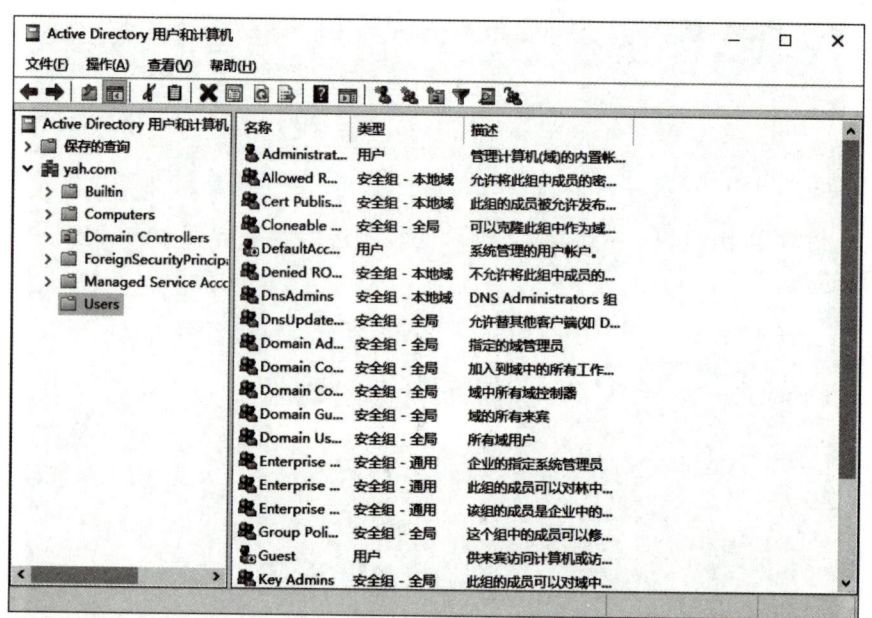

图 8-17　Active Directory 用户和计算机

2. 创建第二台域控制器

一个域内若有多台域控制器的话，可以有很多优势。

改善用户登录的效率：若有多台域控制器对客户端提供服务，可以分担用户身份验证（账户与密码）的负担，提高登录效率。

容错功能：若有多台域控制器，一台发生故障，仍然有其他正常的域控制器来继续提供服务。

下面将 serverXXX 升级为只读域控制器（RODC）。

步骤 1： 打开"服务器管理器"，单击"仪表板"的"添加角色和功能"。持续单击"下一步"按钮，在图 8-18 中勾选"Active Directory 域服务"，并单击"添加功能"按钮。

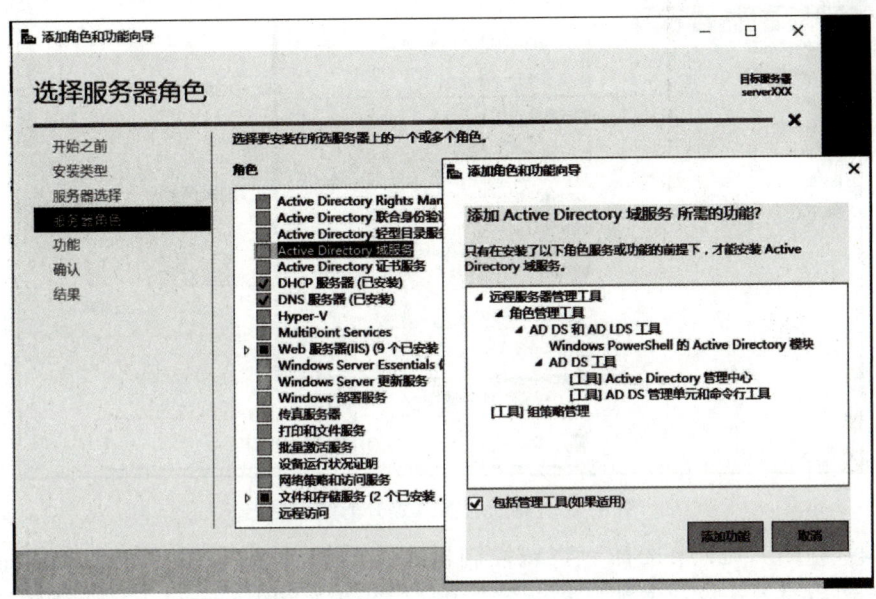

图 8-18　Active Directory 域服务和添加功能

步骤 2： 持续单击"下一步"，到"确认安装所选内容"界面单击"安装"按钮，图 8-19 为安装进度。

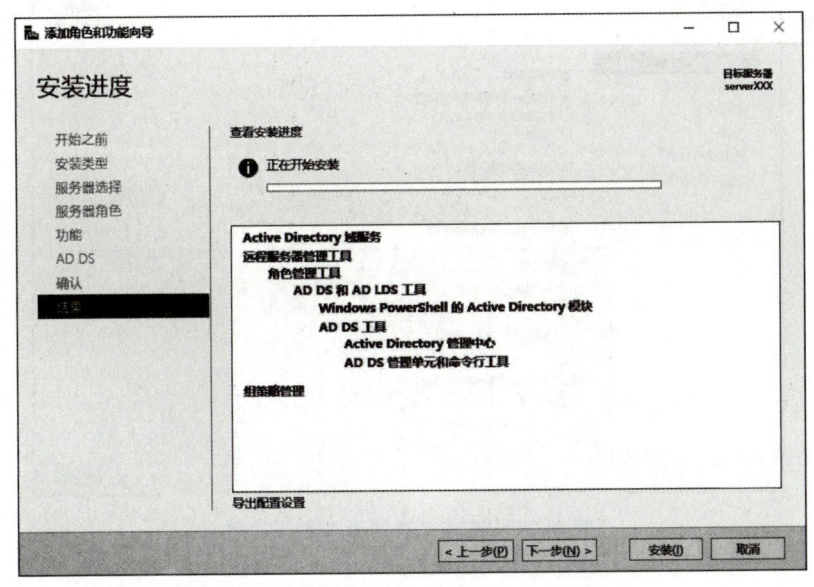

图 8-19　安装 Active Directory 域服务

步骤 3：完成安装界面中单击"将此服务器提升为域控制器"。若直接单击"关闭"按钮，请单击服务器管理器上的旗帜按钮，单击"将此服务器提升为域控制器"，如图 8-20 所示。

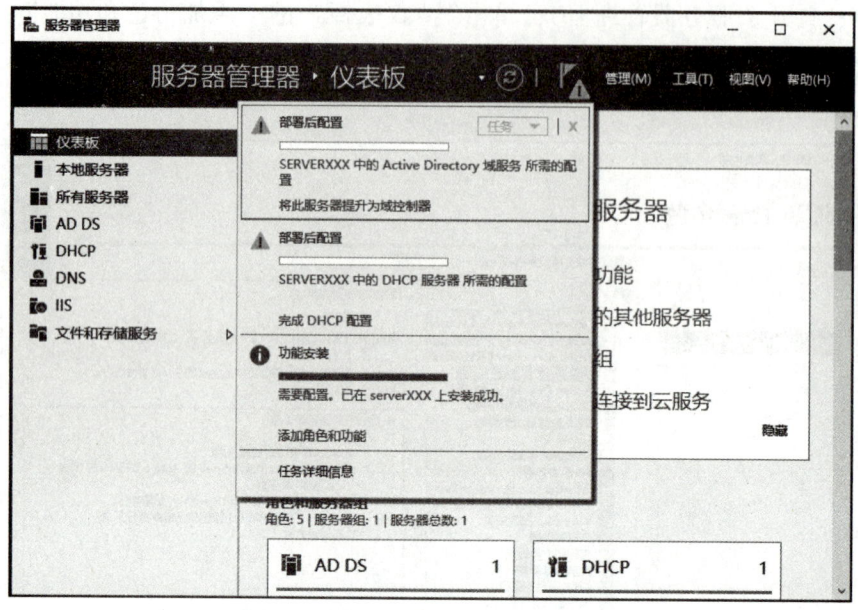

图 8-20　将此服务器提升为域控制器

步骤 4：在图 8-21 中选择"将域控制器添加到现有域"，输入域名 yah.com，单击"更改"按钮后输入有权利添加域控制器的账户（yah \ administrator）与密码。完成后单击"下一步"按钮。

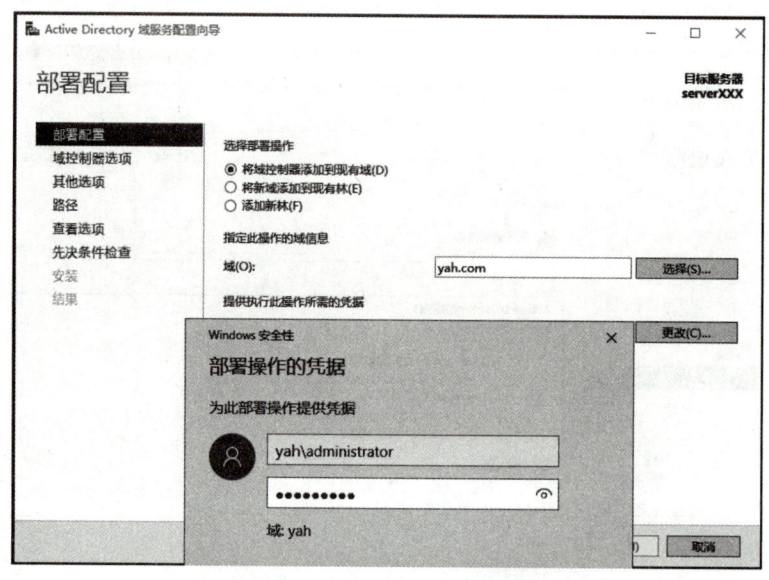

图 8-21　将域控制器添加到现有域

步骤 5：完成图 8-21 中的设置后单击"下一步"按钮。

> **提示**：图 8-22 中选择是否将其设置为只读域控制器（默认不选择），若是选择安装只读域控制器，勾选此项，否则不选。

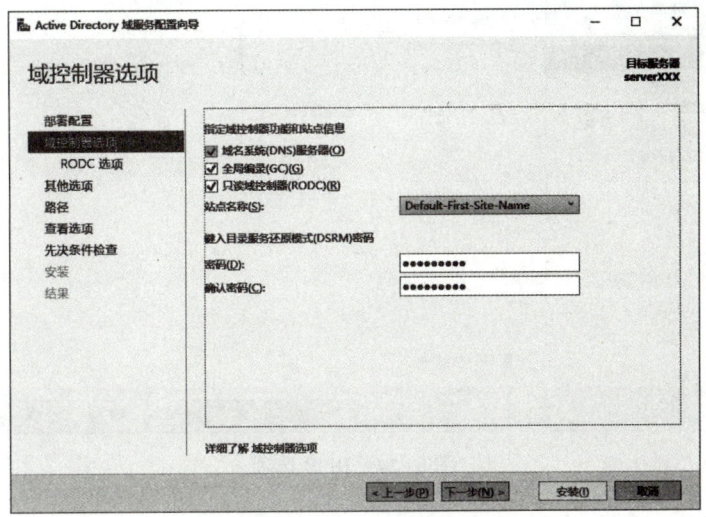

图 8-22　域控制器选项

步骤 6：完成图 8-23 中的设定后单击"下一步"按钮。

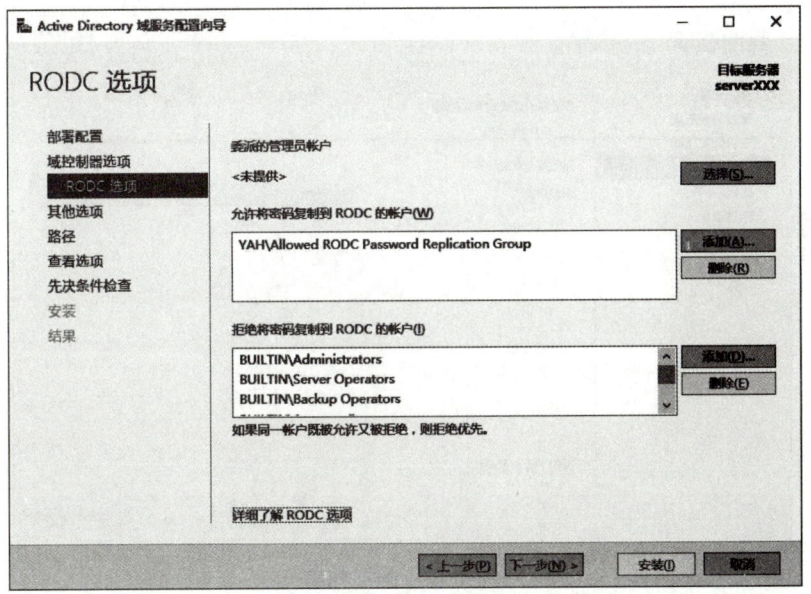

图 8-23　RODC 选项

> **提示**：若不是安装 RODC，会出现如图 8-24 界面，请单击"下一步"按钮。

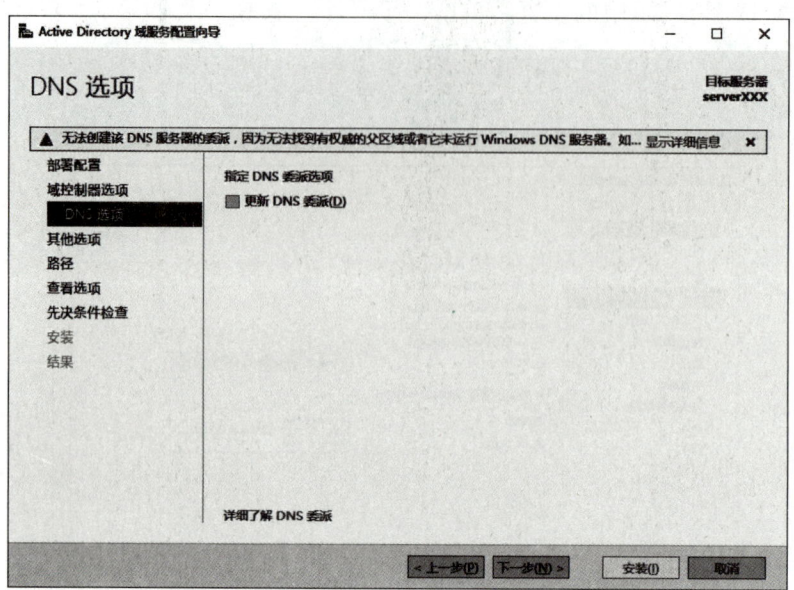

图 8-24 DNS 选项

步骤 7：在图 8-25 中单击"下一步"，它会直接从其他任何一台域控制器复制 AD DS 数据库。

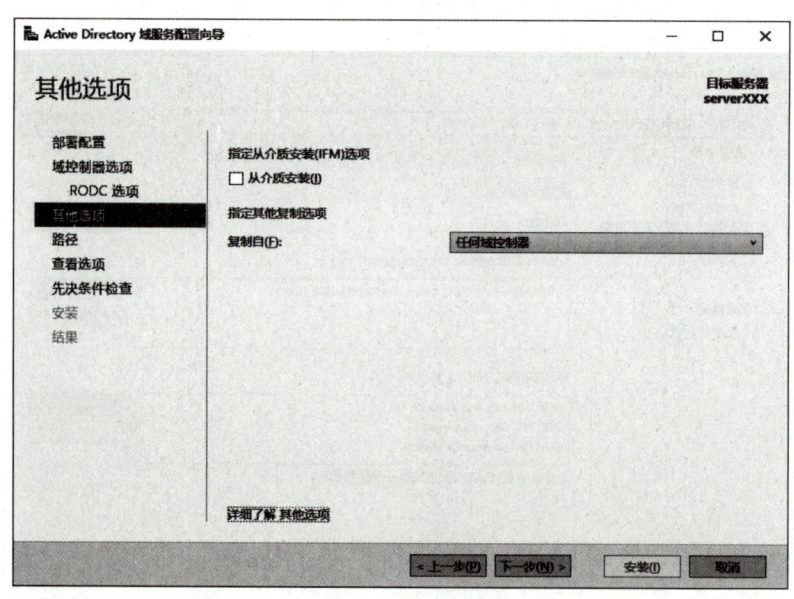

图 8-25 其他选项

步骤 8：在图 8-26 中直接单击"下一步"按钮。

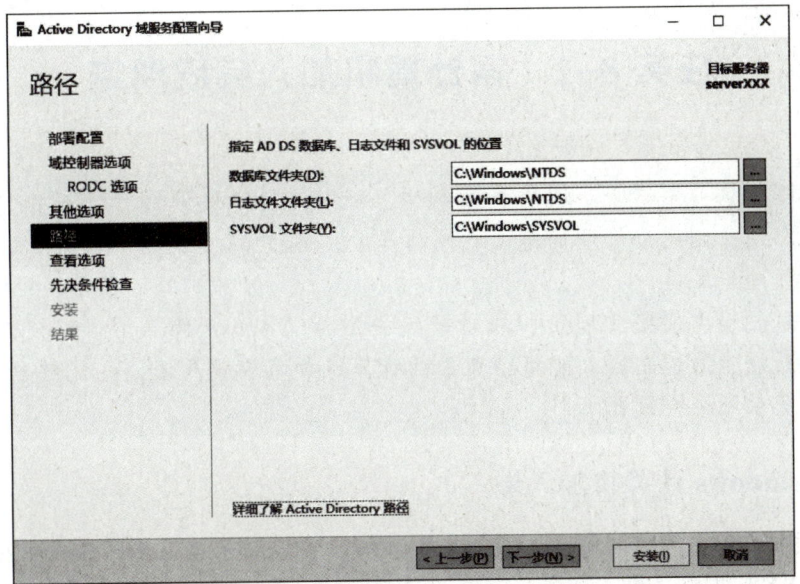

图 8-26　路径

步骤 9：在"先决条件检查"界面中，如图 8-27 所示，单击"下一步"，若顺利通过检查，直接单击"安装"按钮，否则请根据提示先排除问题。

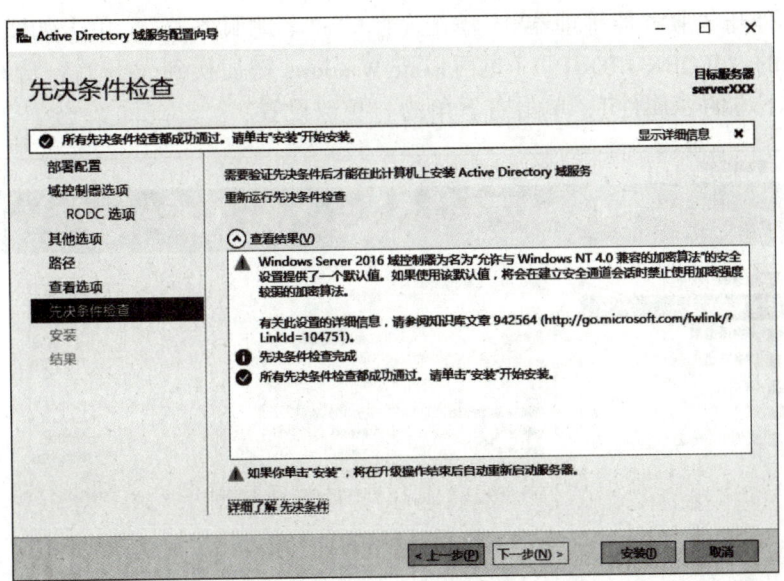

图 8-27　先决条件

步骤 10：安装完成后自动重启，请重新登录。检查 DNS 服务器内是否有域控制器的相关记录。

> **提示**：这台域控制器的 AD DS 数据库是从其他域控制器复制过来的，原本这台计算机的本地账户会被删除。

任务 8-2　将计算机加入或脱离域

任务描述：企业网络采用域的组织结构，可以使得局域网的管理工作变得更集中、更容易、更方便。因此，管理员建立域控制器后，通过活动目录的管理来实现针对各种对象的动态管理与服务。

任务目标：作为网络管理员，成功安装并激活"Active Directory 域服务"，将一个独立服务器升级为域控制器，能将企业内的计算机加入或脱离域，并能够利用已经加入域的计算机登录到域控制器。

1. 将 Windows 计算机加入域

我们将图 8-28 中的服务器 ServerXXX 加入域，它安装了 Windows Server 2016，以下步骤利用 serverXXX 进行说明。

步骤 1：先将该台计算机的计算机名设置为 serverXXX，IPv4 地址相关参数设置如图所示。在这里要注意的是：只要将计算机名设置为 serverXXX 就可以，等加入域后，其计算机名自动会被改为 serverXXX.yah.com。

步骤 2：打开"服务器管理器"，单击左侧的"本地服务器"，单击如图 8-28 所示的"工作组"处的"WORKGROUP"（也可以按 Windows 键切换到"开始"屏幕，选中"计算机"，单击下方的"属性"，单击右下角的"更改设置"）。

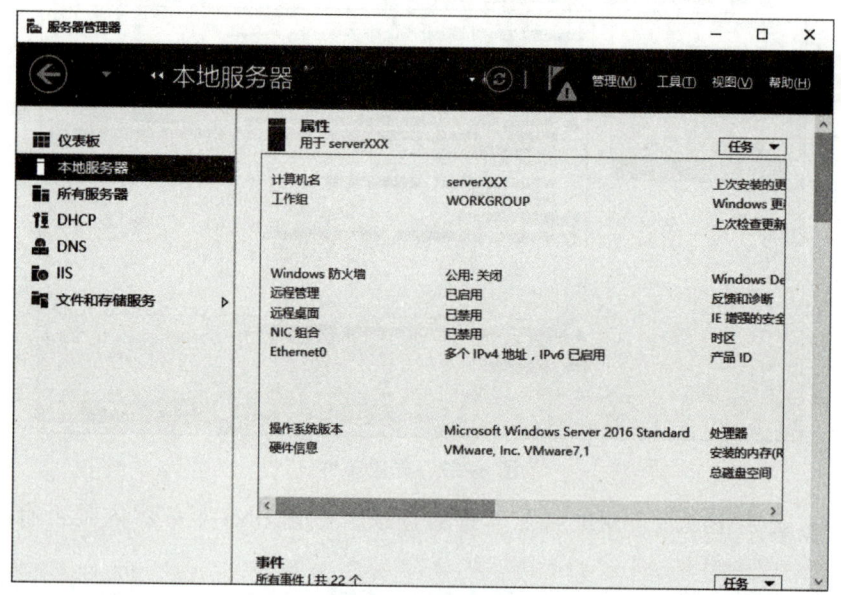

图 8-28　更改属性

步骤 3：单击"更改"按钮，如图 8-29 所示。

项目 8　创建 Active Directory 域

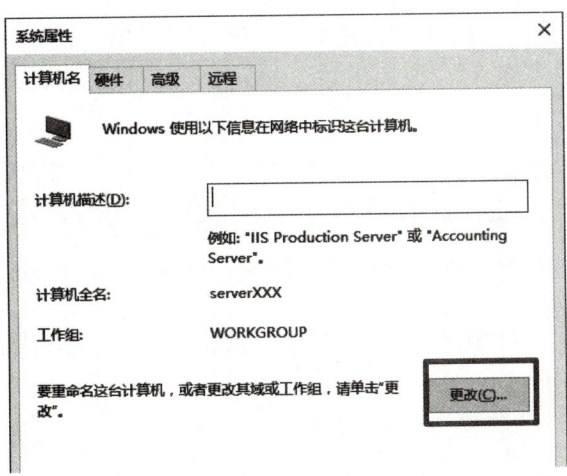

图 8-29　系统属性

步骤 4：单击图 8-30 中所示的"域"，输入域名 yah.com，单击"确定"按钮，输入域内任何一个用户的账户与密码，该账户需隶属于 Domain Users 组，图 8-30 中输入 Administrator 和密码，单击"确定"按钮。

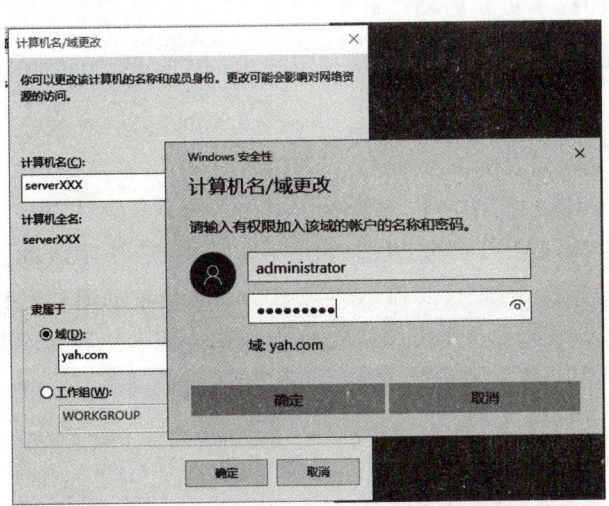

图 8-30　计算机名/域更改

注意：如果出现错误警告，请检查 TCP/IP 参数的设置是否有误，尤其是"首选 DNS 服务器地址"是否正确，这里应该填 192.168.1.250。

步骤 5：出现如图 8-31 所示的界面表示已经成功加入域，该计算机的账户已经被创建在 Active Directory 数据库内。单击"确定"按钮。

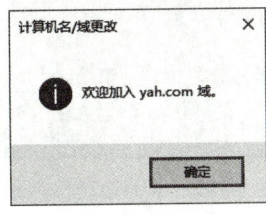

图 8-31　加入域

步骤 6：出现提示重新启动计算机的界面，单击"确定"按钮。

步骤 7：从图 8-32 可看出，加入域后，其完整的计算机名的后缀就会加上域名，单击"关闭"按钮。

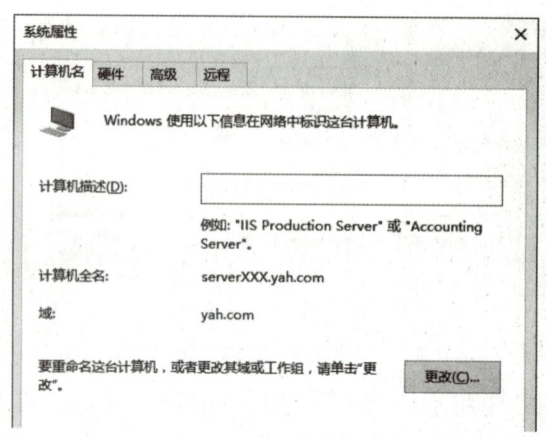

图 8-32　系统属性

步骤 8：按照界面提示重新启动计算机。

> **提示**：加入域的计算机账户会被创建在 Computers 容器内。

2. 利用已经加入域的计算机登录

（1）利用本地用户账户登录

在登录界面中按 Ctrl+Alt+Delete 键后将出现如图 8-33 所示界面，默认利用本地系统管理员 Administrator 登录，因此只要输入本地 Administrator 的密码就可以登录。此时，系统会利用本地安全数据库来检查账户与密码是否正确，如果正确，则登录成功。

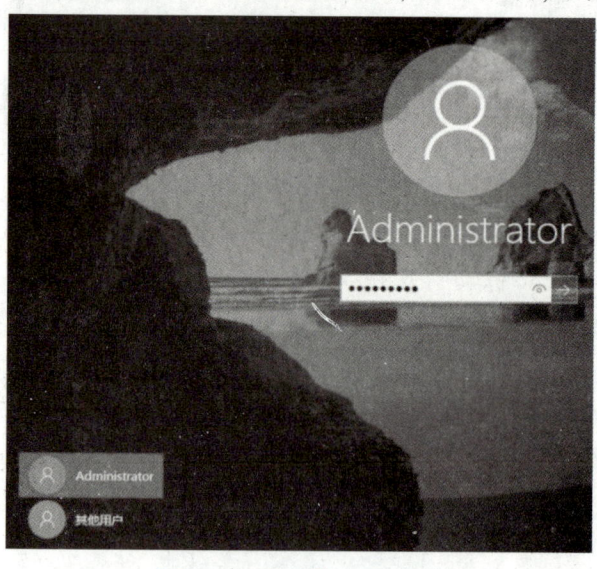

图 8-33　本地管理员登录

（2）使用域用户登录

图 8-34 中使用域用户登录，需要输入域用户账户的密码，此时，系统会到域控制的数据库中检查账户和密码是否正确，如果正确，则用户登录到域。

图 8-34　域用户登录

3. 将计算机脱离域

单击图 8-35 中所示的"工作组"，输入域名工作组名字，一般为"WORKGROUP"，单击"确定"按钮，重启计算机。

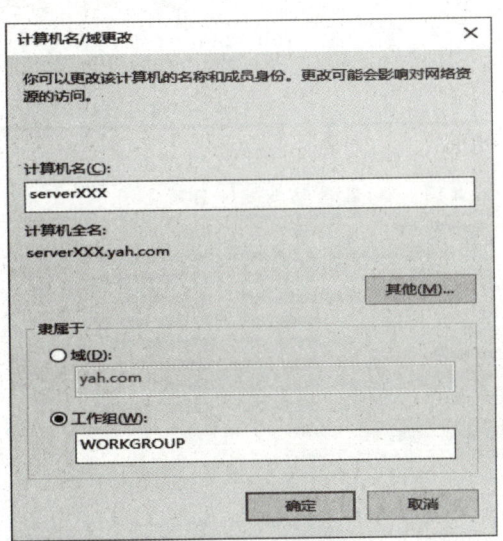

图 8-35　脱离域

任务 8-3　使用"Active Directory 用户和计算机"管理工具

任务描述：在域模式结构的网络中，系统管理分为服务器和客户机两部分。域中众多的资源对象，如共享文件夹和打印机，一般分布在客户机上。虽然可以通过前面搜索共享资源的方法访问这些资源，但需要提供资源的共享名和计算机名。使用活动目录发布资源对象，可以不必知道资源所在的计算机名和共享名，可方便、快捷地访问和使用它们。

任务目标：通过学习，管理员应能够正确区分登录窗口，例如是登录域还是登录本机。登录后，应当具有将各种类型的客户机加入域的操作能力。在设置过程中，应当正确理解登录账户身份验证的位置。为了通过活动目录服务集中管理或使用共享资源，还应掌握在活动目录中发布客户机资源对象的方法，以及通过活动目录服务进行各种目录对象的搜索和使用方法。

1. 创建组织单位和域用户账户

可以将用户账户创建到任何一个容器或组织单位内。

接下来创建名为"业务部""研发部""售后服务部""行政部""领导办公室"等组织单位，然后在各组织单位内创建域用户账户、组账户、计算机账户、打印机账户等。

步骤 1：按"Windows 键"切换到"开始"屏幕，单击"Active Directory 用户和计算机"，如图 8-36 所示，展开右边窗格"yah.com"，单击鼠标右键，单击"新建"，单击"组织单位"。

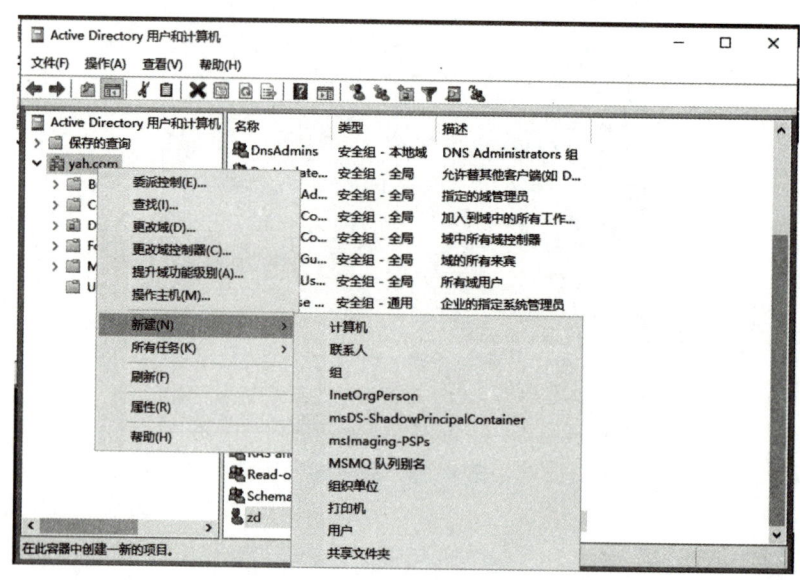

图 8-36　新建组织单位

项目 8　创建 Active Directory 域

步骤 2：在图 8-37 中的名称框输入"业务部",单击"确定"按钮。

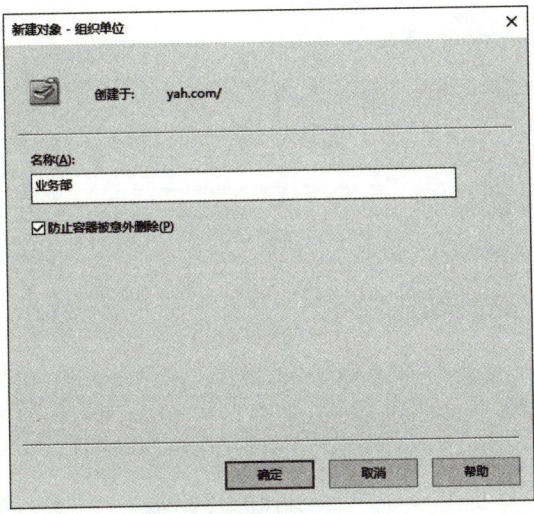

图 8-37　组织单位名称

步骤 3：选中"业务部",单击鼠标右键,单击"新建",选择"用户",如图 8-38 所示。

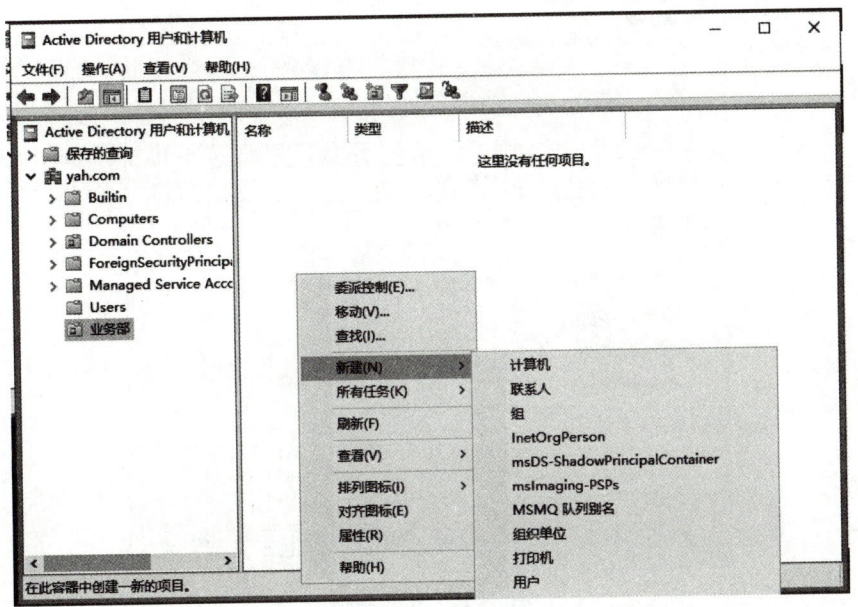

图 8-38　新建用户

步骤 4：输入数据后单击"下一步"按钮，如图 8-39 所示。

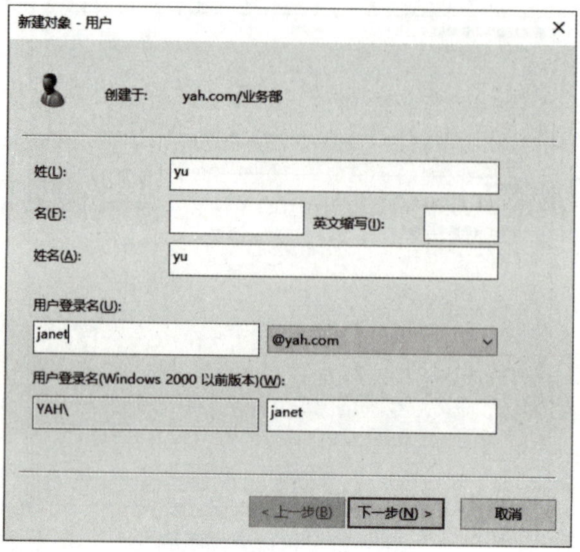

图 8-39 用户信息

步骤 5：如图 8-40 所示，输入密码后单击"下一步"按钮。

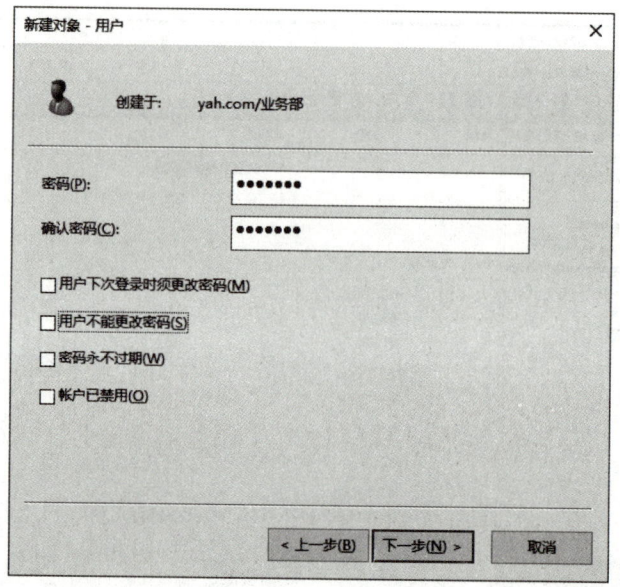

图 8-40 用户密码

注意：域用户的密码默认至少 7 个字符，并且不可包含用户账户名中超过两个以上的连续字符，至少包含 A~Z、a~z、0~9、非字母数字字符（如！、*、#、& 等）等 4 组字符中的 3 种。例如：6405@zdxy 为有效密码，123456789 为无效密码。这个默认值可以通过组策略进行更改，具体可参考下一个项目。

步骤 6：如图 8-41 所示，单击"完成"按钮。

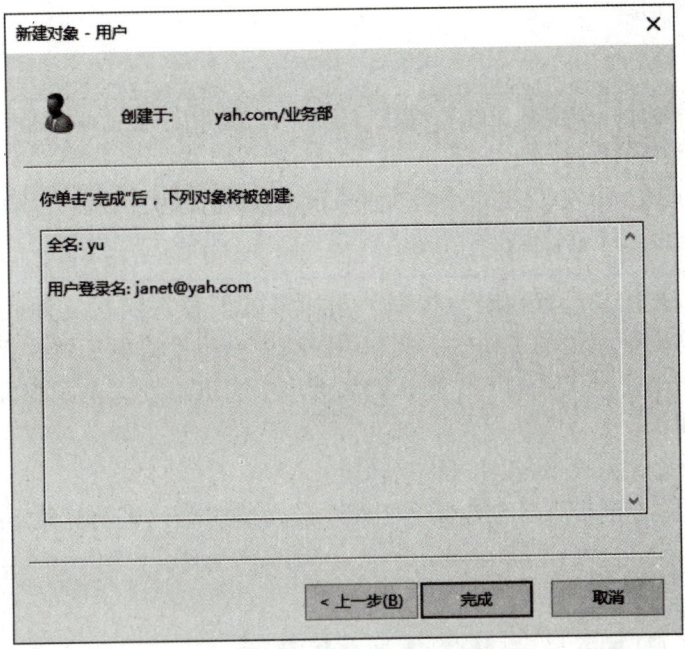

图 8-41　用户创建完成

步骤 7：选中"业务部"，单击鼠标右键，单击"新建"，选择"组"。如图 8-42 所示，输入组、组作用域以及组类型信息。单击"确定"按钮。

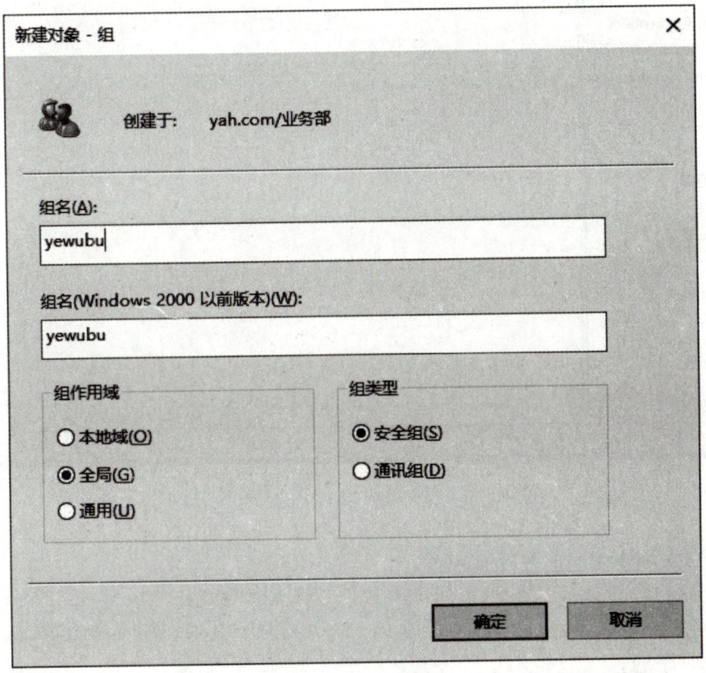

图 8-42　新建组

注意：组作用域有三个，但我们只有一个域，作用域的选择对我们影响不大。表 8-1 是不同作用域的区别。

表 8-1 组作用域

本地域	成员来自同一域林的任何域的用户、全局组、通用组；相同域内的本地域组成员只能访问本地域的资源
全局	相同域内的用户与全局组成员可以访问所有域内的资源
通用	成员来自同一域林的任何域的用户、全局组、通用组；成员可以访问所有域内的资源

安全组：可以被用来设置权限与权利，例如可以设置它们对文件或文件夹的读取权限。也可以用在与安全无关的工作中，例如可以给安全组发送电子邮件。

通讯组：用在与安全无关的工作中，例如可以给通讯组发送电子邮件，但不能对通讯组设置权限和权利。

已经存在的安全组和通讯组可以相互转换。

步骤 8： 同步骤 1 至步骤 7 创建其余组织单位及组织单位里的对象。如图 8-43 所示。

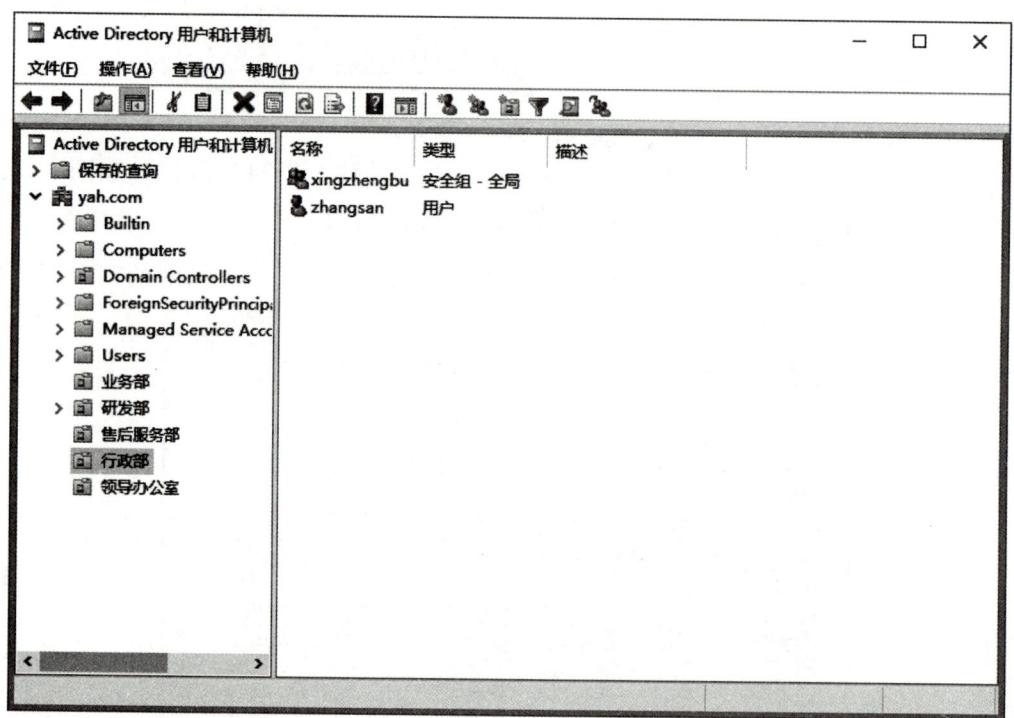

图 8-43 组织单位及用户完成界面

2. 利用新用户登录到域控制器

除了域 Administrators 等一些组内的成员外，其他一般域用户账户默认无法在域控制器上登录，除非另外开放。

步骤 1： 赋予用户在域控制器登录的权限。以管理员账户登录到域控制器上，并按

"Windows 键"切换到"开始"屏幕,打开"系统管理工具",单击"组策略管理",展开"林:yah.com",展开"域",展开"yah.com",展开"Domain Controllers",如图 8-44 所示选中 Default Domain Controllers Policy,单击鼠标右键,选择"编辑"。

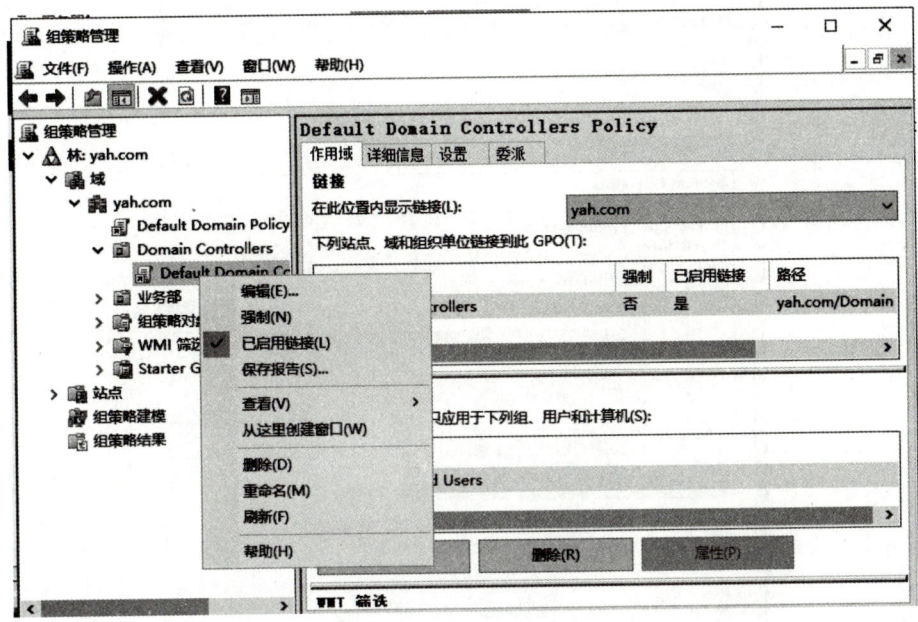

图 8-44 编辑组策略

步骤 2:在图 8-45 中,双击"计算机配置",单击"策略",单击"Windows 设置",单击"安全设置",单击"本地策略",单击"用户权限分配",双击右侧的"允许本地登录"。

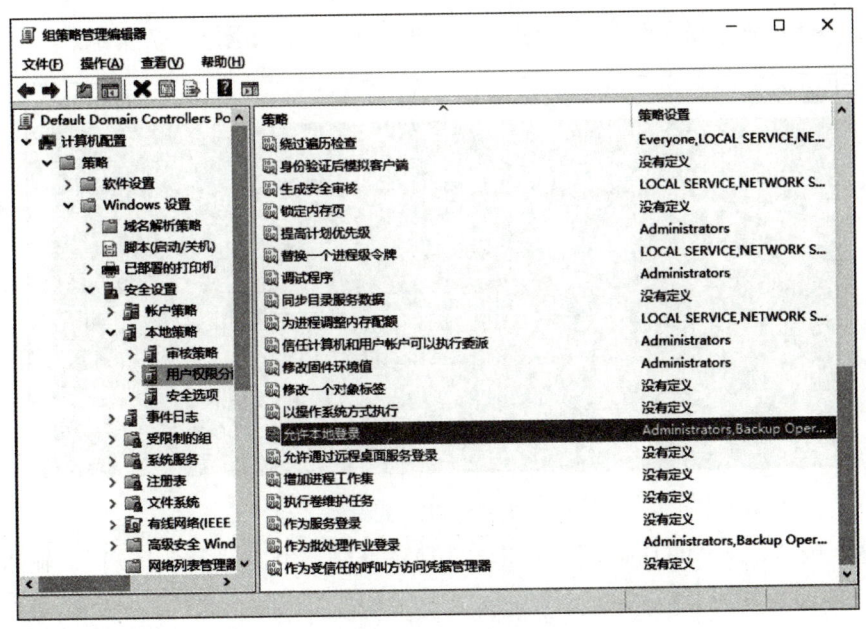

图 8-45 允许本地登录

步骤 3：在"允许本地登录属性"对话框中，如图 8-46 所示，单击"添加用户或组"，输入用户名，单击"确定"按钮。

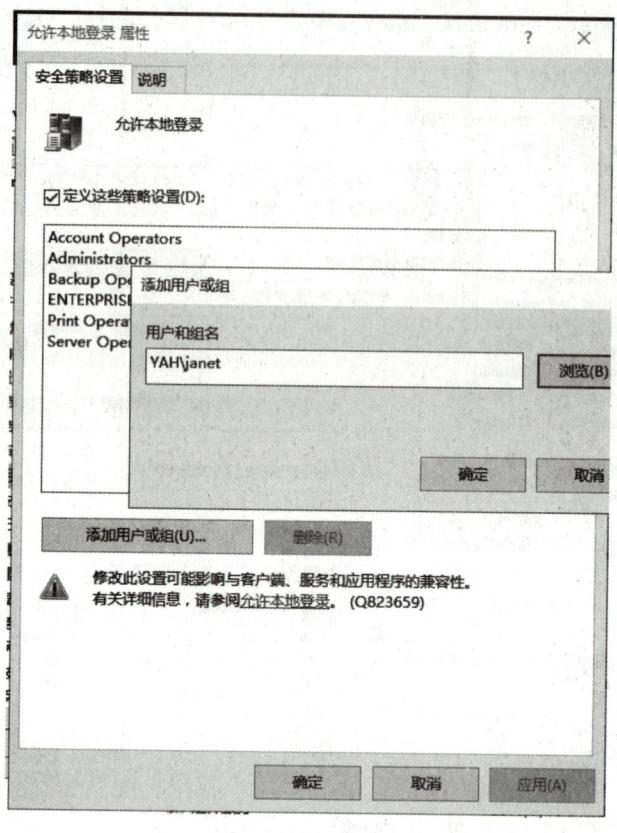

图 8-46　添加用户和组

步骤 4：打开命令提示符窗口，输入 gpupdate /force，如图 8-47 所示。

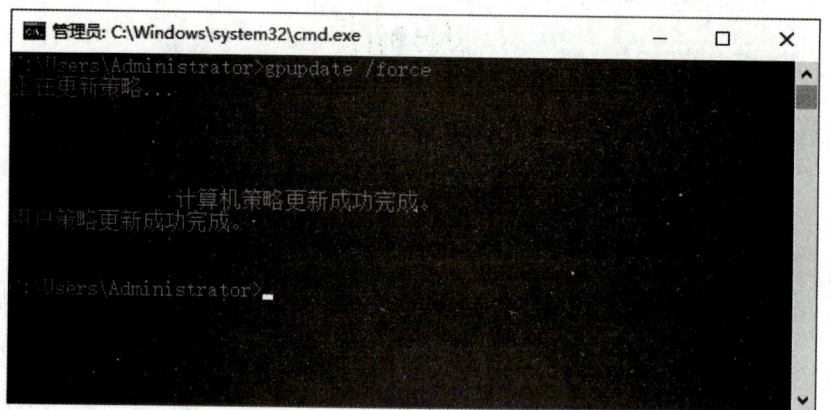

图 8-47　更新组策略

步骤 5：按"Ctrl+Alt+Delete"，单击"切换用户"，单击"其他用户"，输入用户名和密码登录，如图 8-48 所示。

图 8-48　其他用户登录域控制器

3. 限制登录时间与登录计算机

可以限制用户的登录时间以及只能使用某些计算机来登录域，设置方法是右键单击"janet"用户名，选择"属性"，通过如图 8-49 所示的"登录时间"和"登录到"进行设置。

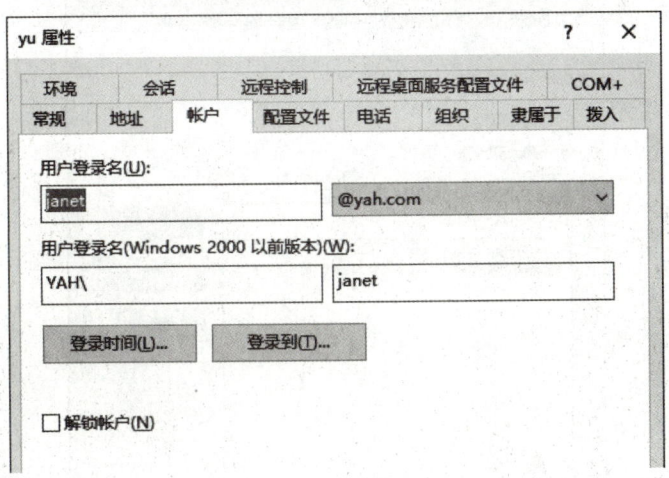

图 8-49　用户属性

单击"登录时间"后可以通过如图 8-50 所示对话框进行设置，图中横轴每一方块代表一个小时，纵轴每一方块代表一天，填满的方块表示允许用户登录的时间，空表方块表示该时段不允许登录，默认开发所有时间，可以选好时间后单击"允许登录"或"拒绝登录"来允许或拒绝用户登录。

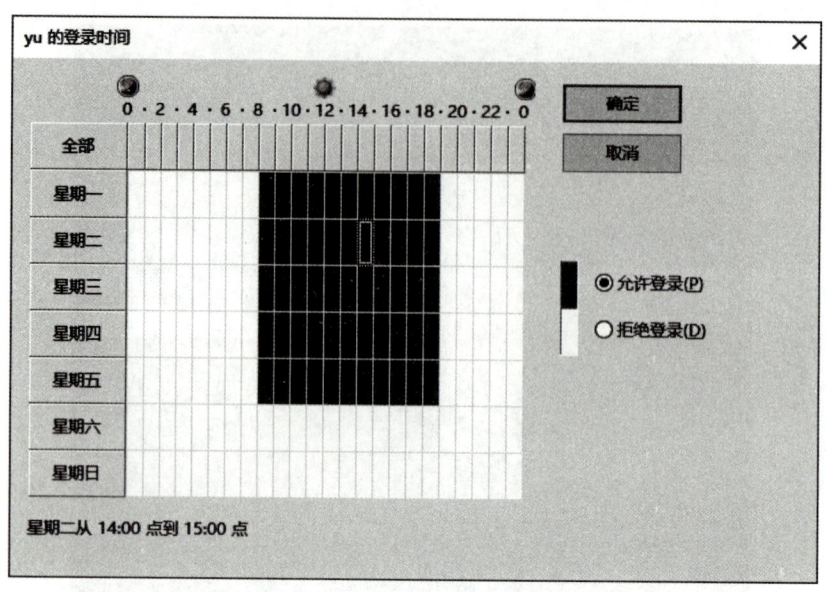

图 8-50　登录时间

域用户默认在所有非域控制器的成员计算机上具备允许本地登录的权限，因此用户可以利用这些计算机来登录域。也可以限制用户只能利用某些计算机来登录域：单击"登录到"，打开如图 8-51 所示对话框，单击"下列计算机"，输入计算机名后单击"添加"按钮，单击"确定"。

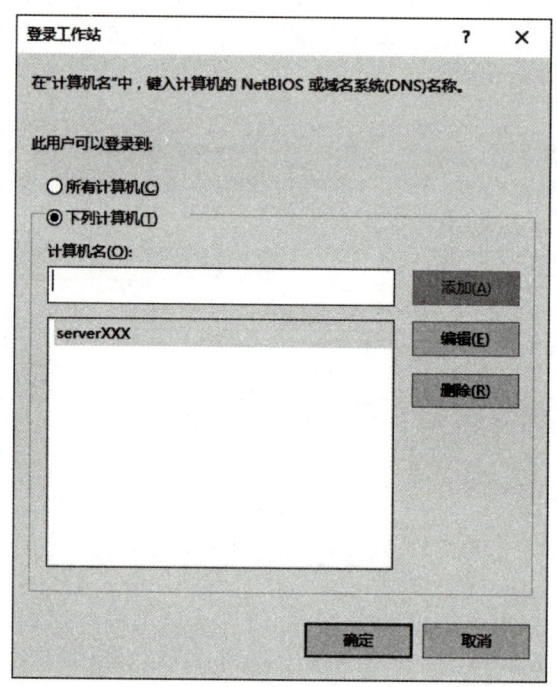

图 8-51　登录工作站

任务 8-4　将共享文件夹发布到 ADDS

任务描述：将共享文件夹发布到 Active Directory 域服务（ADDS）后，域用户可以很容易通过 ADDS 找到此共享文件夹并访问它。只有 Domain Admins 或 Enterprise Admins 组内的用户或被委派权限者，才可以执行发布共享文件夹的工作。

任务目标：通过学习，管理员可以利用"Active Directory 用户和计算机"或"计算机管理"控制台将域内共享文件夹发布至 ADDS。

下面将服务器内的共享文件夹 C:\yah，通过组织单位"业务部"来发布。在发布之前，需要将此文件夹设置为共享文件夹，同时假设共享名为 Yah，如图 8-52 所示。

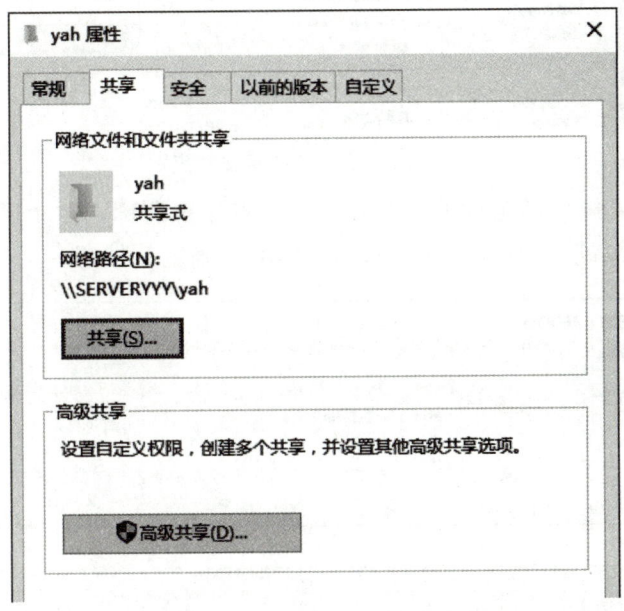

图 8-52　共享文件夹

1. 利用"Active Directory 用户和计算机"控制台

步骤 1：单击左下角的"开始"图标→管理工具→Active Directory 用户和计算机→如图 8-53 所示选中组织单位"业务部"并单击右键→新建→共享文件夹。

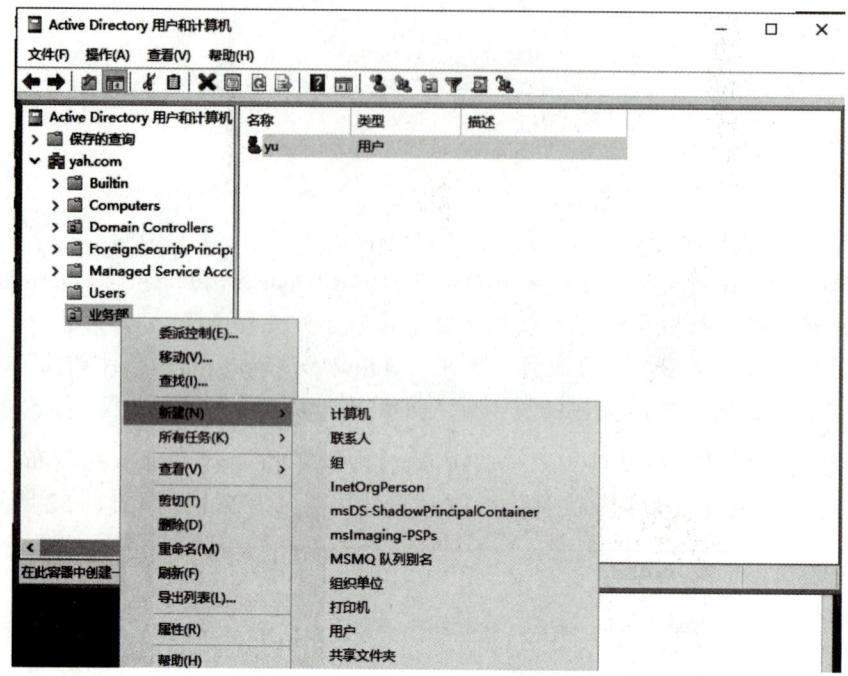

图 8-53 新建"共享文件夹"

步骤 2：在图 8-54 中的名称处为此共享文件夹设置名称，在"网络路径"处输入此共享文件夹所在的路径：\\serverYYY \ yah，单击"确定"按钮。

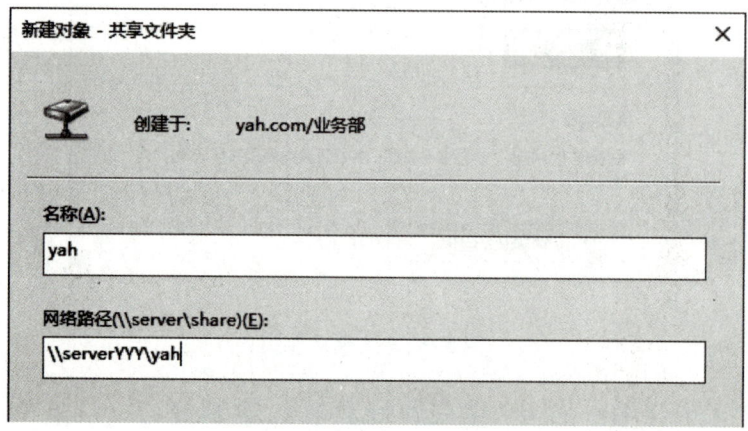

图 8-54 网络路径

步骤 3：在图 8-55 中双击刚才所建立的对象"yah"。

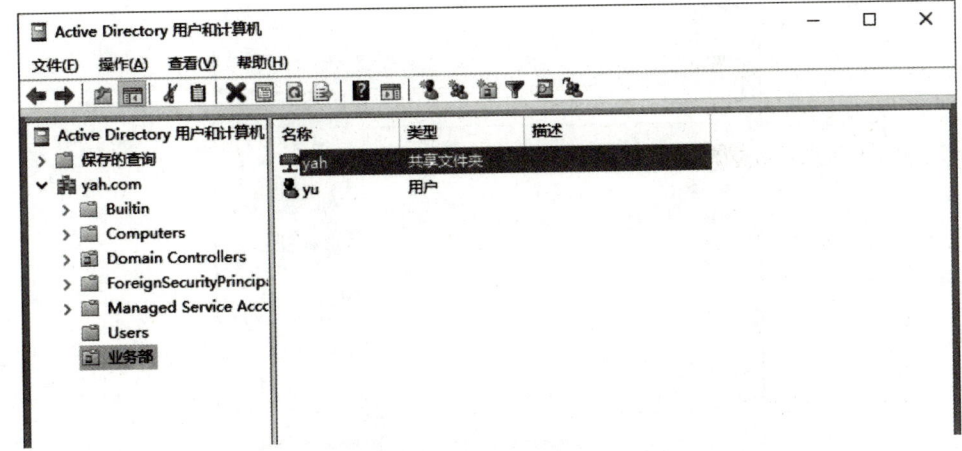

图 8-55　共享文件夹设置

步骤 4：单击图 8-56 中的"关键字"按钮。

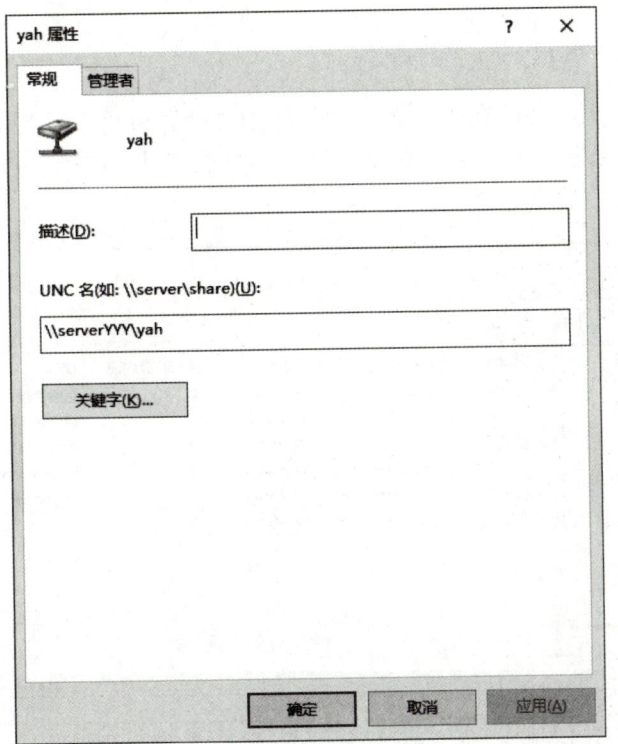

图 8-56　共享文件夹属性

步骤 5：通过图 8-57 来将与此文件夹有关的关键字（例如云中歌、翻译官等）添加到此处，让用户可以通过关键字来找到此共享文件夹。完成后单击"确定"按钮。

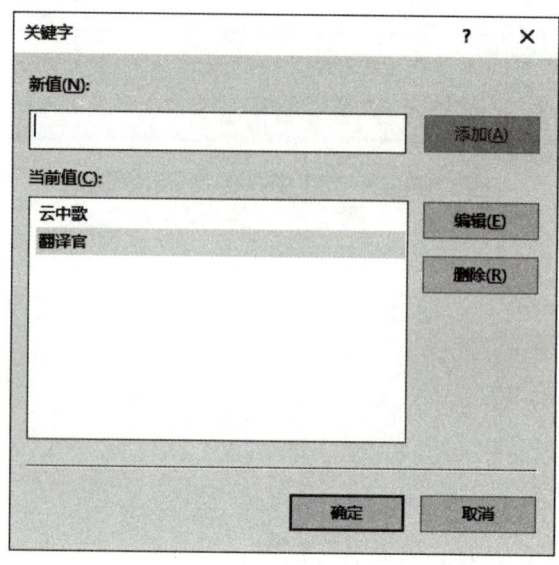

图 8-57 关键字添加

2. 利用"计算机管理"控制台

步骤 1：到共享文件夹所在的计算机上，打开"计算机管理"控制台。

步骤 2：如图 8-58 所示，展开系统工具→共享文件夹→共享→双击中间的共享文件夹 yah。

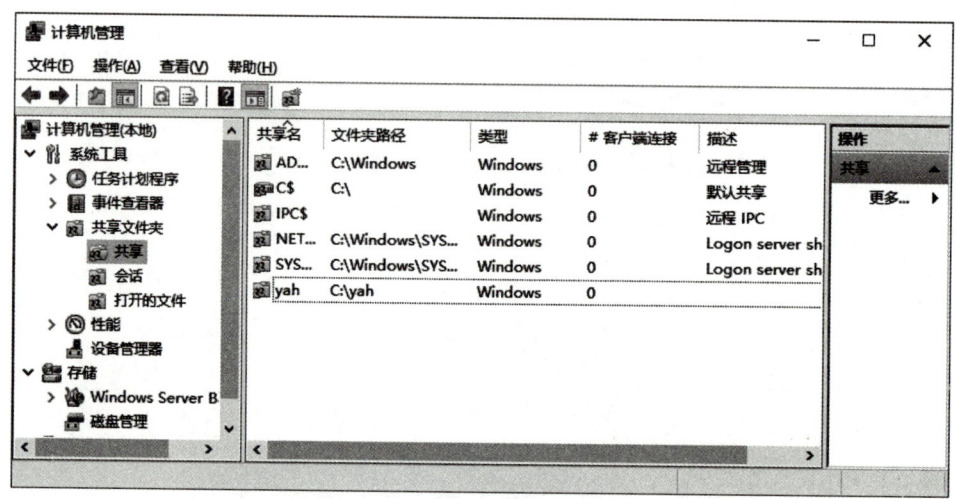

图 8-58 计算机管理

步骤 3：如图 8-59 所示，选择"发布"选项卡→勾选"将这个共享在 Active Directory 中发布"→单击"确定"按钮。在这里也可以通过图右下方的"编辑"按钮来添加关键字。

项目 8　创建 Active Directory 域

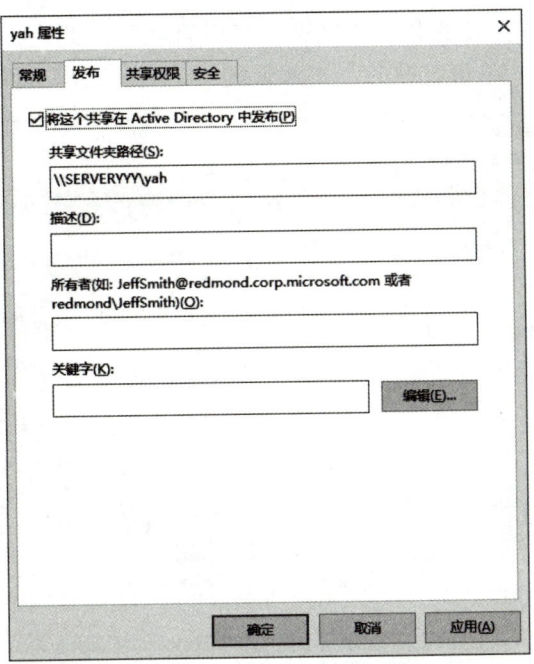

图 8-59　共享文件夹属性

3. 查找 ADDS 内的资源

系统管理员或用户可以通过多种方法来查找发布在 ADDS 内的资源，例如他们可以通过使用网络或"Active Directory 用户和计算机"控制台。

（1）通过网络

以 Windows Server 2016 客户端为例：打开"文件资源管理器"→如图 8-60 所示，单击左下角的"网络"→单击上方的"搜索 Active Directory"→在"搜索"处选择"共享文件夹"→设置查找的条件（可以利用"名称"或"关键字"查找）→单击"开始查找"按钮。

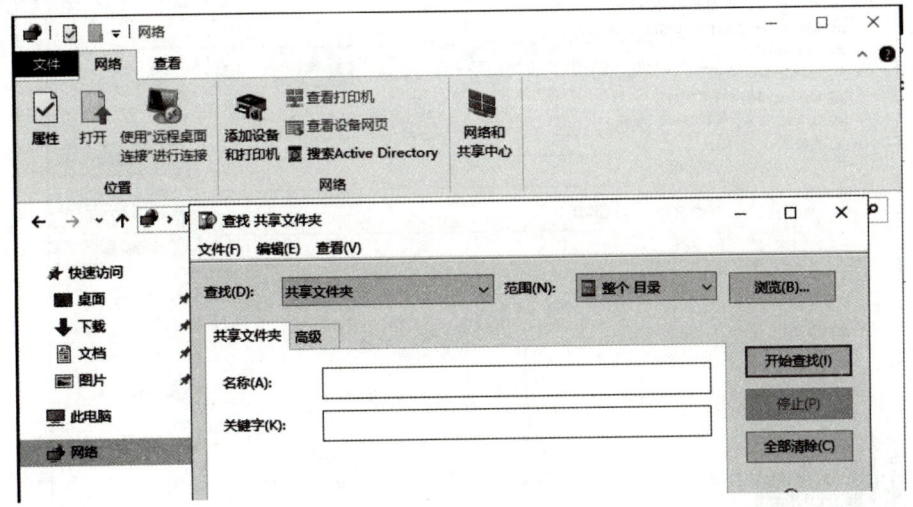

图 8-60　查找共享文件夹

219

如图 8-61 所示为查找到的共享文件夹，可以直接双击此文件夹来访问其中的文件或通过选中此共享文件夹并单击右键的方式来管理、访问此共享文件夹。

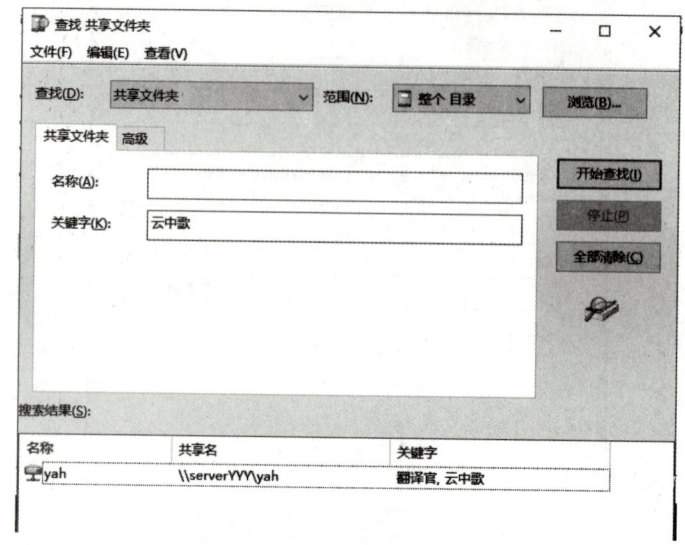

图 8-61　通过关键字查找共享文件夹

（2）通过"Active Directory 用户和计算机"控制台

一般来说只有系统管理员才会使用"Active Directory 用户和计算机"控制台，这个控制台只存在于域控制器的"开始"→"管理工具"内。如图 8-62 所示，选中域名并单击右键"查找"，在"查找"处选择"共享文件夹"。

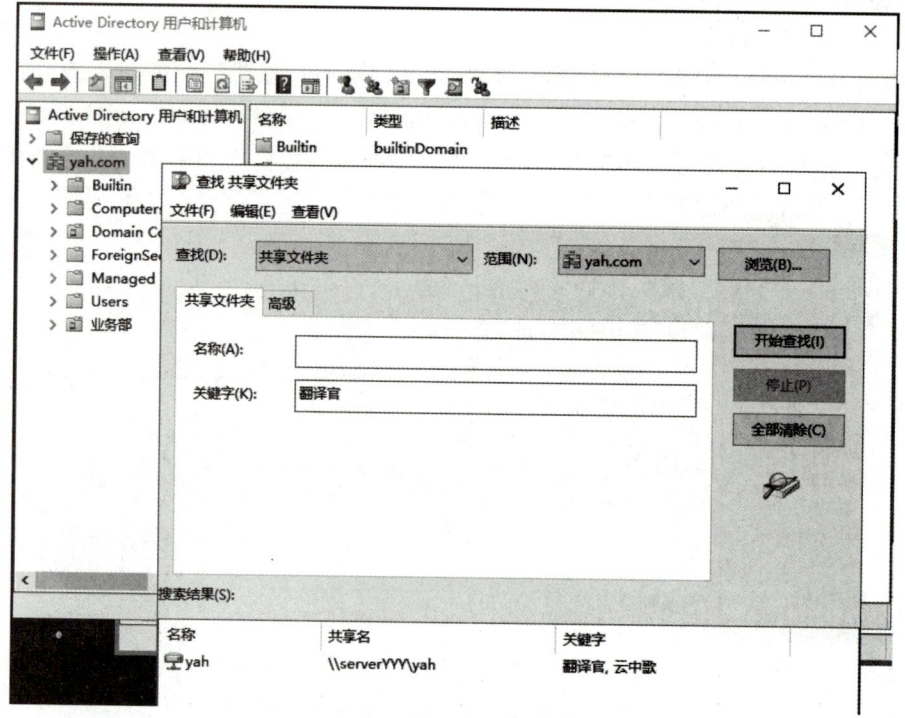

图 8-62　通过"Active Directory 用户和计算机"控制台查找共享文件夹

设置查找的条件（名称或关键字），单击"开始查找"按钮。

打印机的安全权限和共享权限设置与文件夹类似。

项目小结

在大型企业中通常用活动目录来管理网络中的用户和资源，Windows Server 2016 中的活动目录域服务是其核心功能，它能让用户很容易地在目录内找到自己需要的数据。本项目在完成 Windows Server 2016 的域服务后，部署了全新的 ADDS。为了防止 ADDS 的域控制器出现故障，产生重大损失，管理员可以为域控制器建立一个与其并行的额外域控制器，方便在主域控制器出现故障时及时替代管理。

上机实训

实验目的
掌握部署全新 ADDS 域服务的方法。

实验内容
在一台安装了 Windows Server 2016 的服务器上部署全新的 ADDS 域服务，并对其进行验证。

实验步骤

实验一

1. 为 Windows server 2016 设置网络参数。
2. 添加 ADDS 角色。
3. 通过"AD 域服务安装向导"安装 ADDS 域服务。
4. 验证 ADDS 域服务。

实验二

1. 在 Windows Server 2016 中安装活动目录（域名为 linite.com）。
2. 让 Windows 7 客户机加入到活动目录。
3. 创建用户和用户组（创建 Student 和 Studentman 两个组，然后再创建 Student1 和 Student2 两个域用户账户，并将这两个用户加入到 Student 组中。在 Studnetman 组中也分别创建 Stuman1 和 Stuman2 两个账户）。
4. 分别给 Student 和 Studentman 组赋予权限，测试 Student1 和 Stuman2 是否具有相应的权限。

实验三

该项目需要多人共同完成，如图 8-63 所示，安装 2 台独立服务器 server1、server2；把 server1 提升为域树 xyz.com 的域控制器；把 server2 和 Client 加入到 xyz.com 域中。在域中创建用户 user-test，在 Client 上测试能否用 user-test 用户登录到域。在 Server2 上创建一个目录，并把目录共享出来，设置 user-test 对该目录有读写权限，在 Client 计算机上测试能否以 user-test 用户的身份使用该共享。

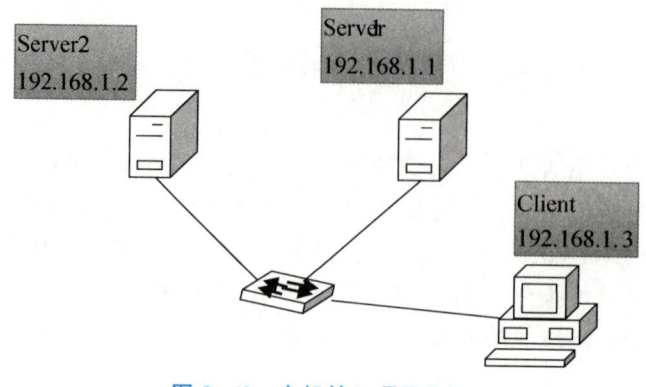

图 8-63　上机练习项目用图

习　　题

1. 什么是 Windows 的活动目录？它有什么特点？
2. 什么是域控制器？什么是成员服务器？他们二者之间有什么区别？
3. 简要描述创建域用户账户的步骤。
4. 什么是组？Windows Server 2016 有哪几种类型的组？
5. 如何将一台计算机加入到 Windows Server 2016 的域中？请描述出主要步骤。
6. Windows Server 2016 有哪些主要的内置账户和内置组？最主要的内置账户是什么？提供给临时或来宾客户使用的账户又是什么？
7. 如何使用命令来将 Windows Server 2016 服务器提升为活动目录中的域控制器，或者将域控制器降级？

项目 9　Windows Server 2016 组策略的管理

【项目导入】

公司网络管理员希望能更容易地管理用户的工作环境与计算机环境,减轻网络管理负担,并降低网络管理成本。

【项目分析】

组策略是一种能够让系统管理员充分管理和控制用户工作环境的功能,通过它来确保用户拥有符合组织要求的工作环境,也通过它来限制用户,这样可以让用户拥有适当的环境,还可以减轻系统管理员的管理负担。

通过 ADDS 的组策略可以实现对用户的工作环境和计算机环境进行配置和管理。

【项目目标】

- 了解组策略功能
- 了解组策略对象
- 利用组策略来管理计算机和用户环境
- 利用组策略来实现文件分发
- 利用组策略来实现软件升级

 相关知识

1. 组策略的功能

账户策略：如设定用户密码长度、使用期限、账户锁定。

本地策略：如审核策略，用户权限的指派，安全性。

脚本（scripts）：如登录/注销，启动/关机。

用户工作环境：如隐藏桌面图标，删除开始菜单中的"运行/搜索/关机"等功能。

软件的安装与删除：启动计算机时，自动为用户安装应用软件，自动修复应用软件或删除。

限制软件的运行：限制域用户只能运行某些软件。

文件夹重定向：改变文件夹的存储位置。

限制访问可移动存储设备：限制将文件写入 U 盘。

其他系统设定：让所有计算机自动信任指定 CA，限制安装设备驱动程序等。

2. 组策略的组成

包含"计算机配置"和"用户配置"两部分。

计算机配置：当启动计算机时，系统就会根据"计算机配置"的内容来配置计算机的环境。如针对域 abc.com 配置了组策略，那么此组策略内的"计算机配置"就会被应用到此域内的所有计算机。

用户配置：当用户登录时，系统就会根据"用户配置"的内容来配置用户的工作环境。如针对"业务部"OU 设定了组策略内的"用户配置"就会被应用到此 OU 内的所有用户。

除了可以针对站点、域或 OU 设定策略外，还可以针对本地计算机设定组策略，这个本地计算机策略只会应用到本地计算机和在该计算机上登录的用户。

3. 组策略对象

组策略是通过"组策略对象（GPO）"来设定的，只要将 GPO 连接到指定的站点、域或 OU，该 GPO 内的设定值就会影响到该对象的所有计算机或用户。

4. 组策略的应用时机

当修改了 GPO 的配置后，这些配置值并不是立即有效，而是必须等他们应用到用户或计算机后才有效。何时有效，要看是计算机配置还是用户配置。

（1）计算机配置的生效时间
- 计算机开机时生效
- 即使计算机不重启，系统也会按以下时间自动刷新

◇域控制器：每 5 分钟刷新；
◇非域控制器：每 90~120 分钟刷新；
◇不论策略配置是否改动，系统每 16 小时自动刷新一次。
- 手动刷新：gpupdate /force

（2）用户配置的生效时间
- 用户登录时生效
- 每 90~120 分钟自动刷新
- 不论策略配置是否改动，系统每 16 小时自动刷新一次
- 手动刷新：gpupdate /force

部分策略设置需要计算机重新启动或用户登录才有效，例如软件安装策略、文件夹重定向策略等。

5. 内置的 GPO

ADDS 域内有两个内置的 GPO，它们分别是：
- Default Domain Policy：此 GPO 默认链接到域，因此其设置值会被应用到整个域内的所有计算机与用户。
- Default Domain Controllers Policy：此 GPO 默认链接到域控制器（组织单位 Domain Controllers 内的域控制器），因此其设置值会被应用到整个 Domain Controllers 内的所有计算机与用户。

任务 9-1　本地计算机策略

任务描述：在 Windows 网络中，本地安全策略是非常重要的一个安全环节。因为，在处理各种服务请求时，本地的身份认证（识别）系统是网络安全的第一保护层。它除了可以进行账户和口令的检测与认证之外，还可以由管理员限制用户的上网时间、非法使用者锁定和密码更改等。登录验证之后，才是资源的访问与控制。本地安全策略可以控制的内容有：本地登录还是交互式登录，登录用户在本地计算机中的操作权力与访问权限。用户账户策略的密码策略和账户锁定策略。

任务目标：掌握网络系统中的本地安全策略中身份认证相关的基本知识和操作技能。

以下通过未加入域的计算机来实现本地计算机策略，以免受到域组策略的干扰，造成本地计算机策略的设置不起作用，影响到验证实验结果。

1. 计算机配置

当我们要将 Windows Server 2016 关机时，系统会要我们提供关机的理由。如图 9-1 所示，我们通过本地计算机策略设置后，系统就不会要求用户提供关机的理由了。

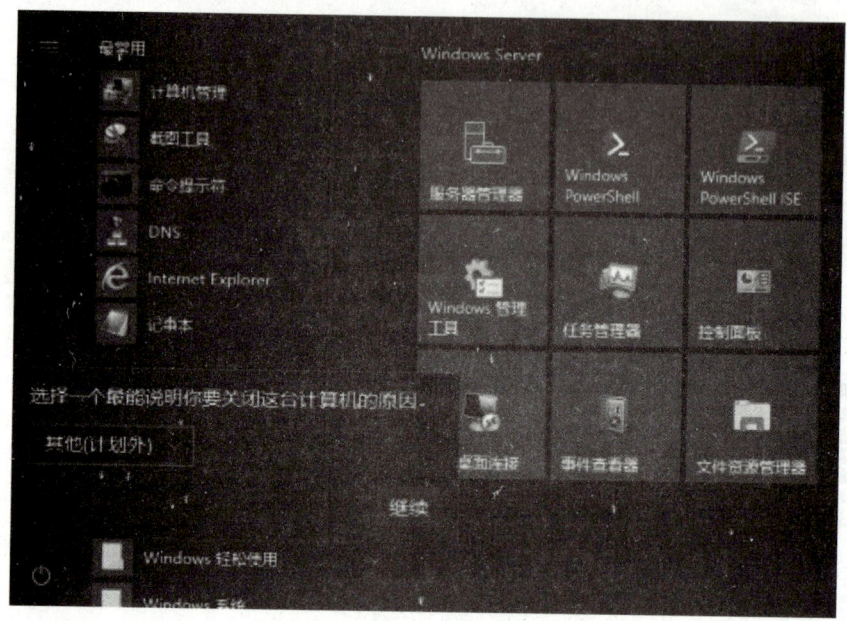

图 9-1　关机理由

步骤 1：按窗口键+R 键，打开运行窗口，输入 gpedit.msc，如图 9-2 所示。

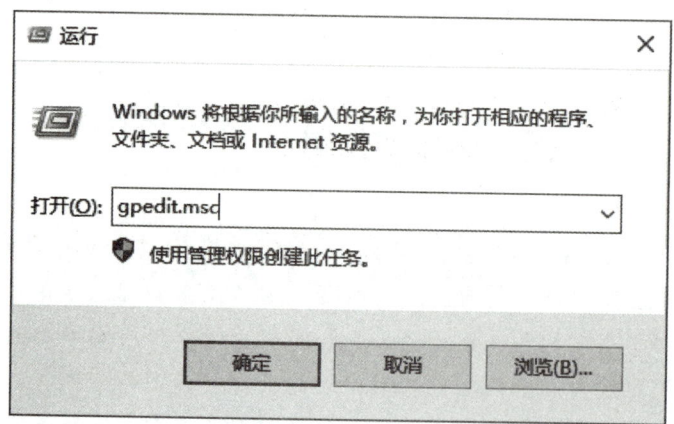

图 9-2　gpedit.msc

步骤 2：在"本地组策略编辑器"窗口，单击"计算机配置"→"管理模板"→"系统"，双击右边的显示"关闭事件跟踪程序"→单击"已禁用"→单击"确定"按钮。如图 9-3 所示。

项目 9　Windows Server 2016 组策略的管理

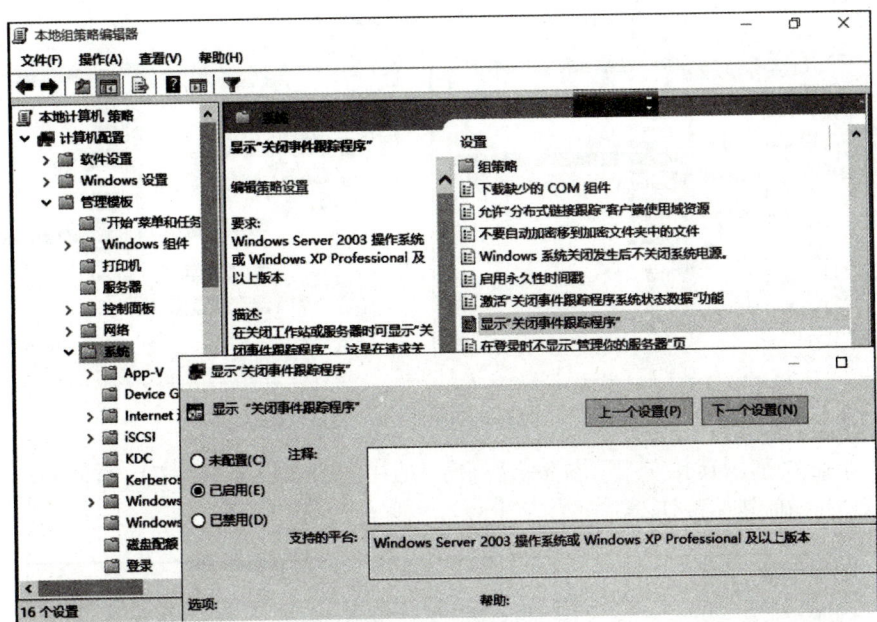

图 9-3　关闭事件跟踪程序

注意：不要随意更改计算机配置，以免影响系统正常运行。

2. 用户配置

通过本地计算机策略来限制用户工作环境：删除客户端 IE 浏览器内的"Internet 选项"的"安全"和"连接"标签，如图 9-4 所示。

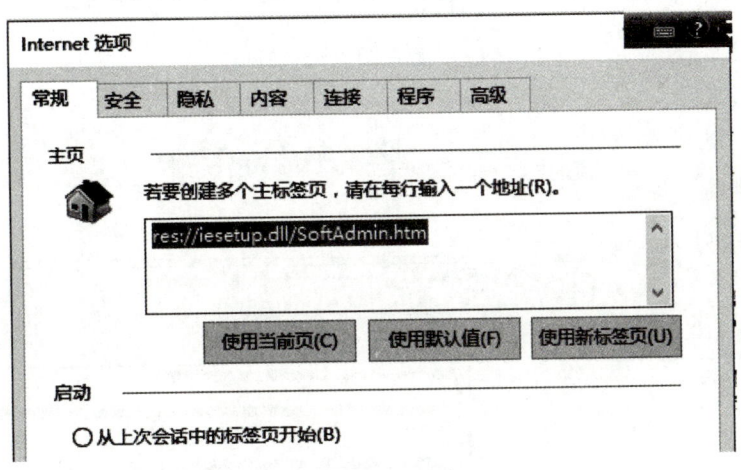

图 9-4　Internet 选项

步骤 1：按窗口键+R 键，打开运行窗口，输入 gpedit.msc。

步骤 2：在"本地组策略编辑器"窗口，单击"用户配置"→"管理模板"→"Windows 组件"→"Internet Explorer"→"Internet 控制面板"，双击右边的显示"禁用连接页"和"禁用安全页"，如图 9-5 所示。

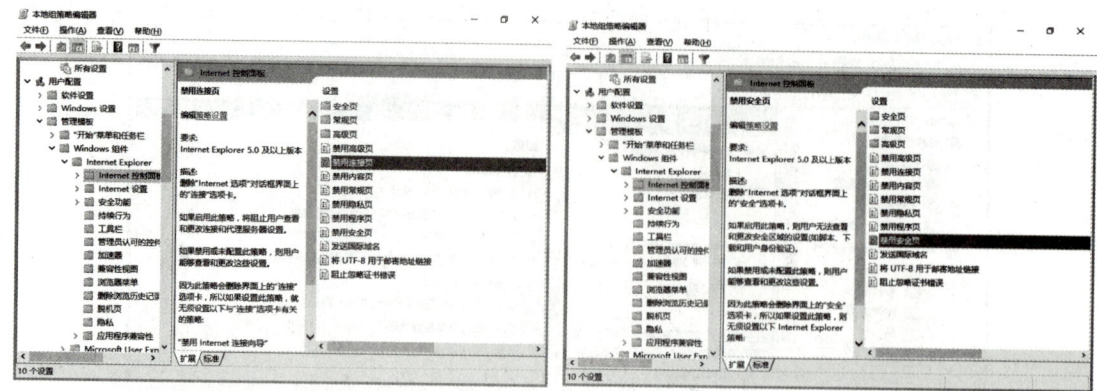

图 9-5 禁用连接页和禁用安全页

步骤3：在"禁用连接页"（图9-6）和"禁用安全页"（图9-7）对话框，单击"已启用"→单击"确定"按钮。

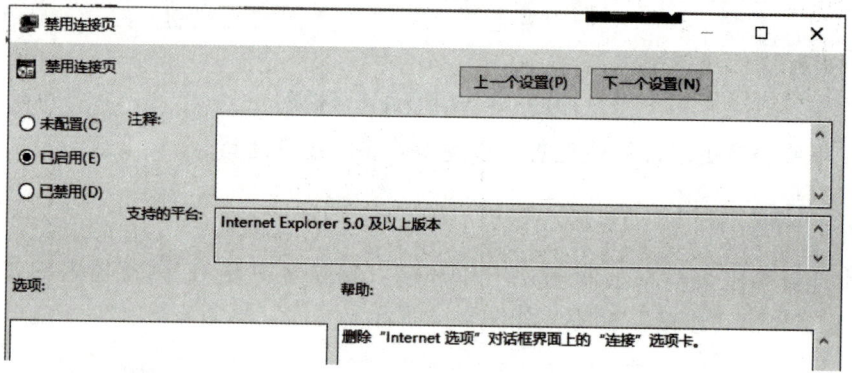

图 9-6 启用"禁用连接项"

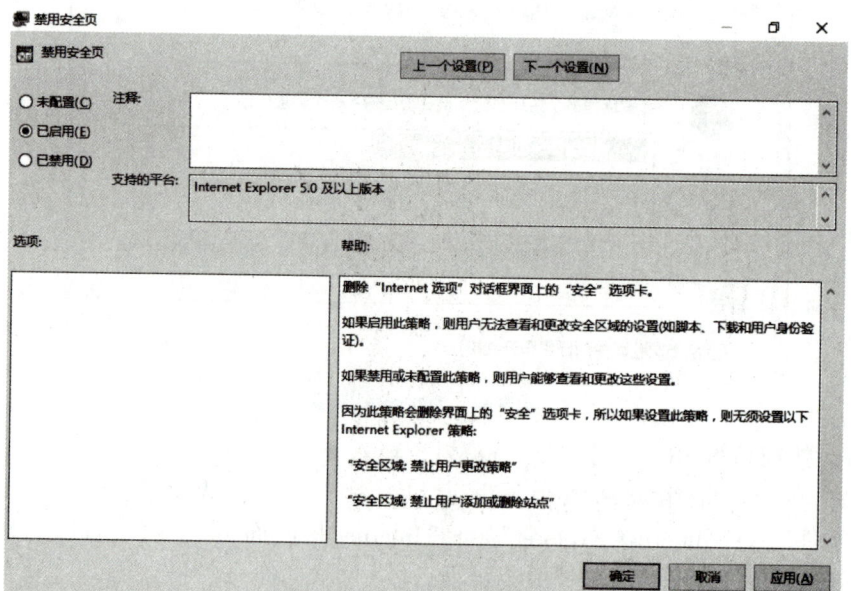

图 9-7 启用"禁用安全项"

项目 9　Windows Server 2016 组策略的管理

步骤 4：切换用户登录，打开 IE 浏览器的"Internet 选项"，"安全"和"连接"标签已经消失，如图 9-8 所示。

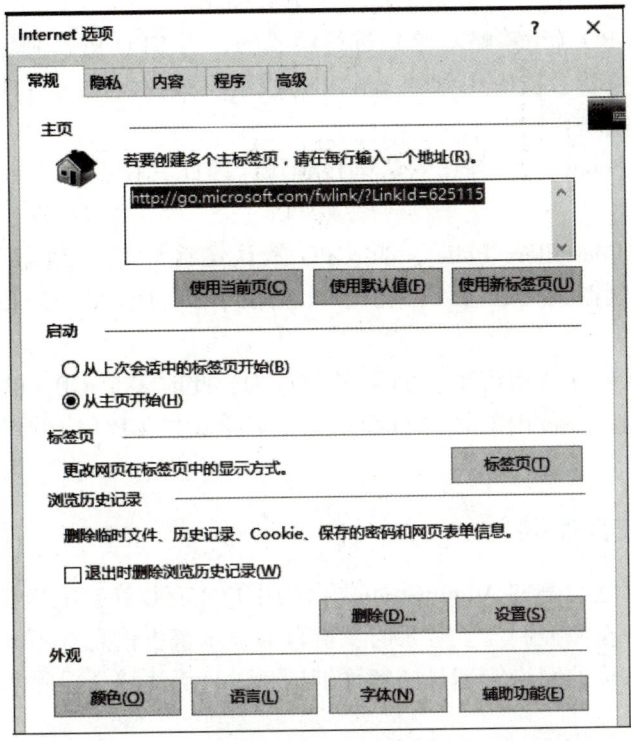

图 9-8　Internet 选项已无"安全"和"连接"标签

任务 9-2　域组策略

> **任务描述**：在安全管理中，除了资源的权限分配外，还可以为用户、组等对象分配或取消一些特殊的权力。例如，执行关闭系统，从网络访问此计算机，更改系统时间，拒绝本地登录，拒绝修改网络设置等操作的权力。
>
> **任务目标**：组策略不仅可设置系统管理员需要管理的用户桌面环境的各种组件，例如，用户可用的程序、用户桌面上出现的程序以及"开始"菜单选项，而且提供了很多安全设计方面的内容，包括账户策略、本地策略等众多的设置内容，而且这些配置都是针对计算机而言的，也就是说为了提高系统的安全性能，其配置对登录本台计算机的所有用户都有效。

我们可以对域 yah.com 设置组策略，此策略会被应用到域内所有的计算机和用户，包含域内所有组织单位中的计算机和用户，换句话说，各组织单位会继承 yah.com 的策略设置。

还可以针对组织单位设置组策略，组织单位设置的策略会被应用到该组织单位内所有计算机和用户。由于组织单位会继承域 yah.com 的策略设置,因此组织单位最后的有效设置是域 yah.com 的策略设置加组织单位的策略设置。如果组织单位的策略设置与域 yah.com 的策略设置发生冲突,以组织单位的策略优先。

组策略是通过 GPO(组策略对象)进行设置的,当 GPO 链接到域 yah.com 或组织单位后,此 GPO 设置值就会被应用到域 yah.com 或组织单位内的所有计算机和用户。系统设置的两个 GPO 分别是:

Default Domain Policy:此 GPO 默认链接到域,因此其设置值会被应用到整个域内的所有计算机与用户。

Default Domain Controllers Policy:此 GPO 默认链接到域控制器(组织单位 Domain Controllers 内的域控制器),因此其设置值会被应用到整个 Domain Controllers 内的所有计算机与用户。

也可以对域 yah.com 或组织单位创建多个 GPO,此时多个 GPO 的设置会合并起来应用到域 yah.com 或组织单位内的计算机和用户,如果这些 GPO 内的设置发生冲突,排在前面的优先。

1. 允许登录域控制器

系统默认只有某些组例如 Administrators 内的用户才有权在扮演域控制器角色的计算机上登录,而普通用户在域控制器上登录时,屏幕会显示警告信息:不允许使用你正在尝试的登录方法,请联系你的网络管理员了解详细信息。且无法登录,除非他们被赋予"允许本地登录"的权限。

下面假设要让域内某个组的用户可以在域控制器上登录。我们通过默认的 Default Domain Controllers Policy GPO 来设置。

步骤 1:到域控制器上以管理员账户登录。

步骤 2:选择"开始"→"管理工具"→"组策略管理"。

步骤 3:展开 Domain Controllers→选中右侧的 Default Domain Controllers Policy 并单击右键→"编辑",如图 9-9 所示。

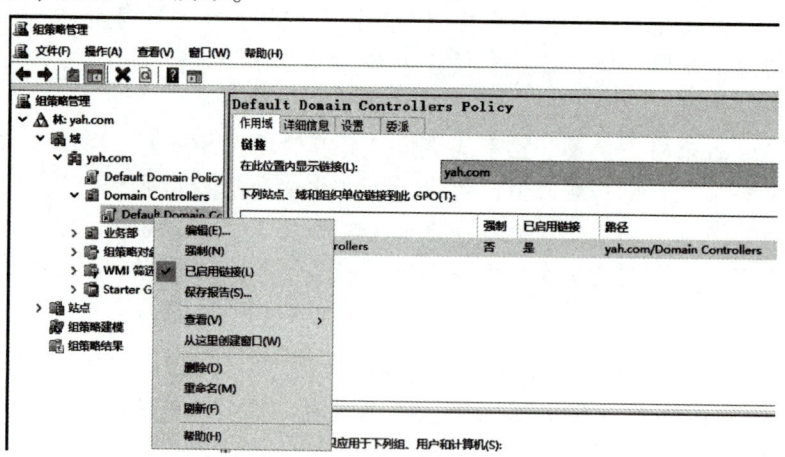

图 9-9 编辑"Default Domain Controllers Policy"

步骤 4：展开"计算机配置"→"策略"→"Windows 设置"→安全设置→"本地策略"→"用户权限分配"→双击"允许本地登录",如图 9-10 所示。

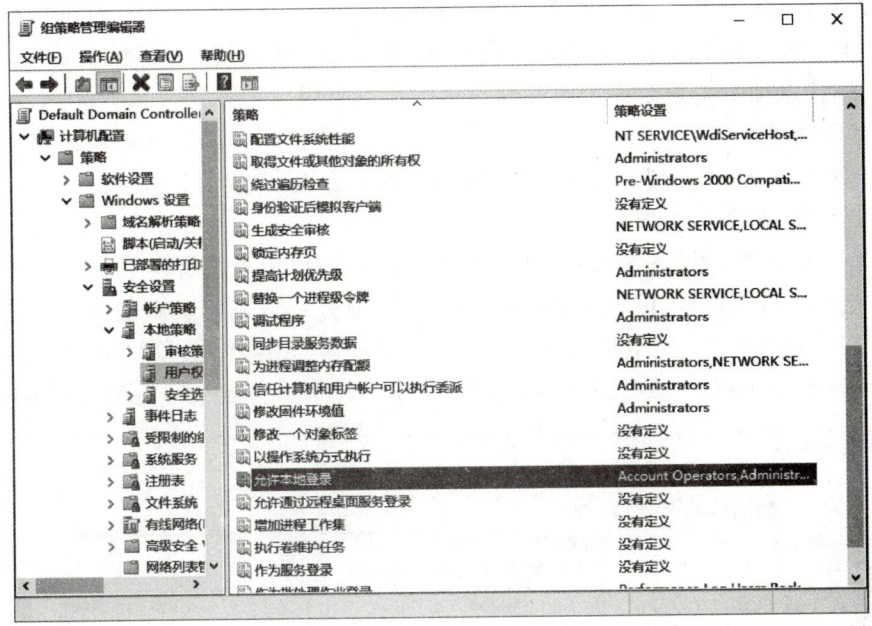

图 9-10　允许本地登录

步骤 5：单击"添加用户或组"按钮→输入或选择域 YAH 内的 Domain Users 组,按两次"确定"按钮。在图 9-11 中可看出默认只有 Account Operators、Administrators 组才有"允许本地登录"的权限。

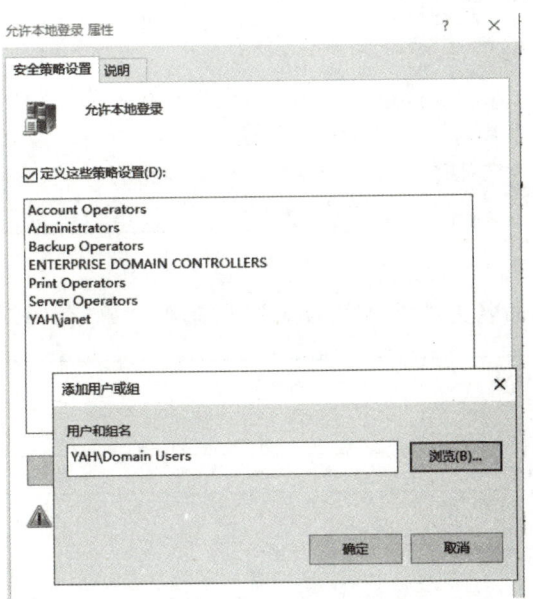

图 9-11　添加用户和组

2. 禁止业务部的用户更改 IE 代理服务器设置

假设域 yah.com 内有一个组织单位"业务部",而且已经限定它们需通过企业内部的代理服务器上网,而为了避免用户自行修改这些设置值,下面要将其浏览器 Internet Explorer 的连接选项卡内更改代理服务器设置的功能禁用。

由于目前并没有任何 GPO 被链接到组织单位"业务部",因此我们将先建立一个链接到"业务部"的 GPO,然后通过修改 GPO 设置值的方式来达到目的。

步骤 1:到域控制器上以管理员账户登录。

步骤 2:选择"开始"→"Windows 管理工具"→"组策略管理"。

步骤 3:展开到组织单位"业务部"→选中"业务部"并单击右键→"在这个域中创建 GPO 并在此处链接",如图 9-12 所示。也可以选中"组策略对象"并单击右键→"新建"的方法来建立 GPO,然后通过选中"业务部"并单击右键→"链接现有 GPO"。

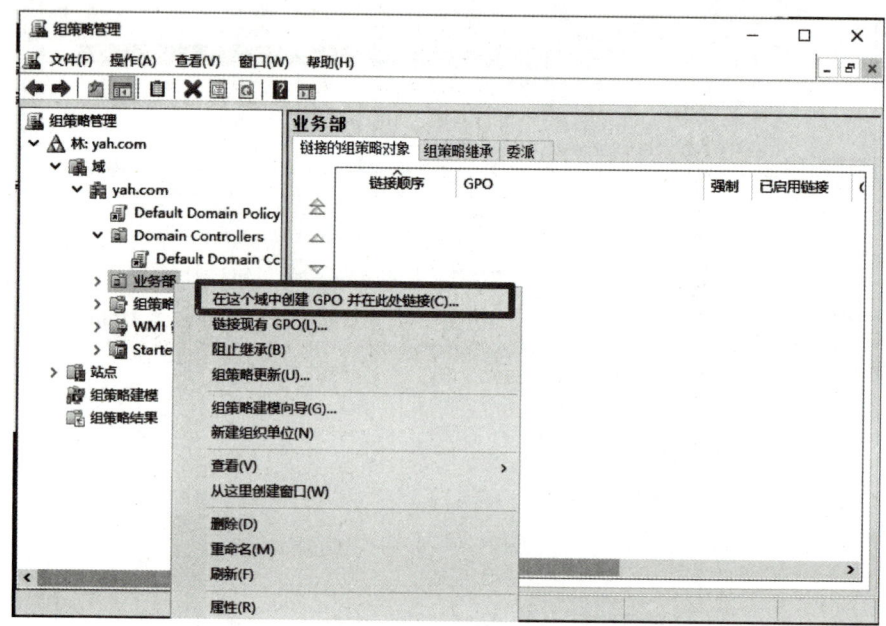

图 9-12 "业务部"创建 GPO

步骤 4:为此 GPO 命名为"业务部 GPO"后单击"确定"按钮,如图 9-13 所示。

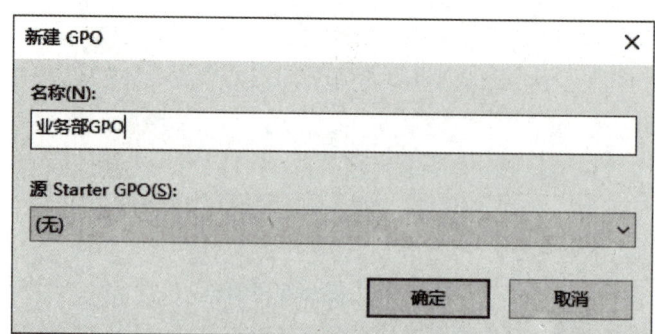

图 9-13 新建 GPO 名称

步骤 5：选中这个新建的 GPO 并单击右键→"编辑"，如图 9-14 所示。

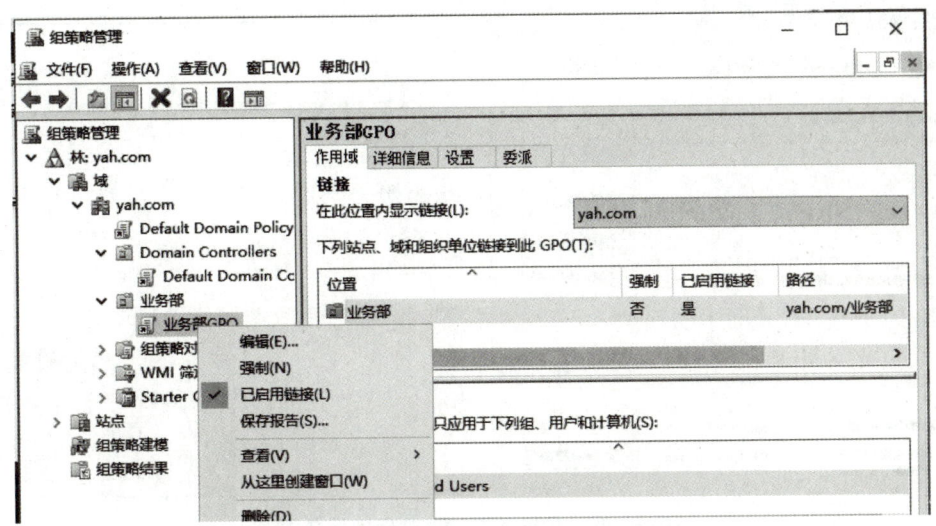

图 9-14　编辑 GPO

步骤 6：展开"用户配置"→"策略"→"管理模板"→"Windows 组件"→"Internet Explorer"→将右侧"阻止更改代理设置"设置为"已启用"，如图 9-15 所示。

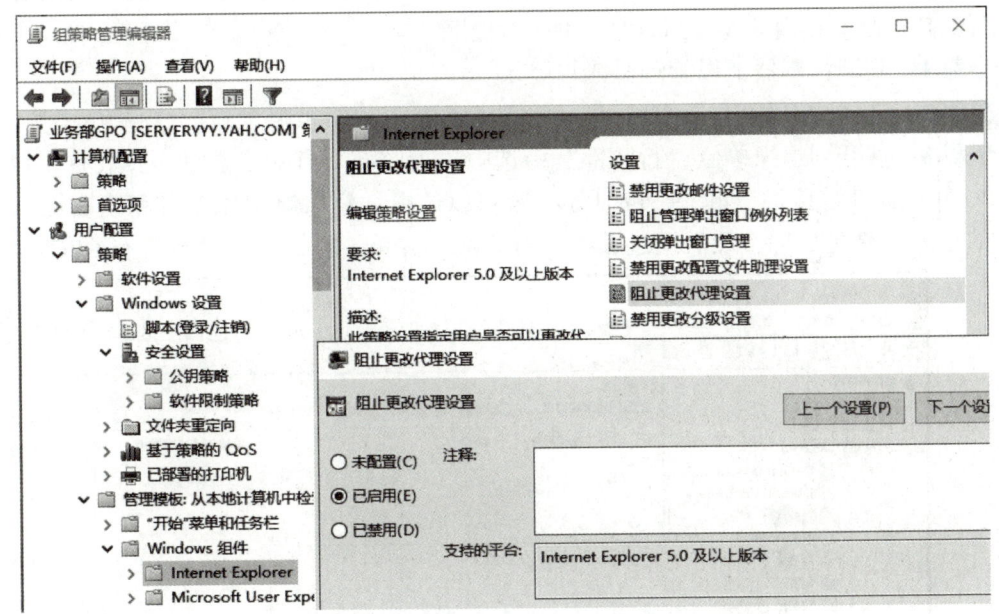

图 9-15　阻止更改代理设置

步骤 7：在任意客户端计算机使用"业务部"用户 janet 登录，打开 IE 浏览器的"Internet 选项"，在图 9-16 中，单击左图中的"局域网设置"，可看到右图中"代理服务器"设置为不可更改。

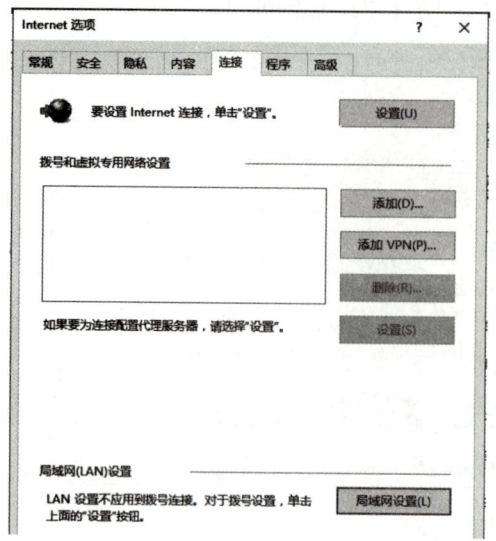
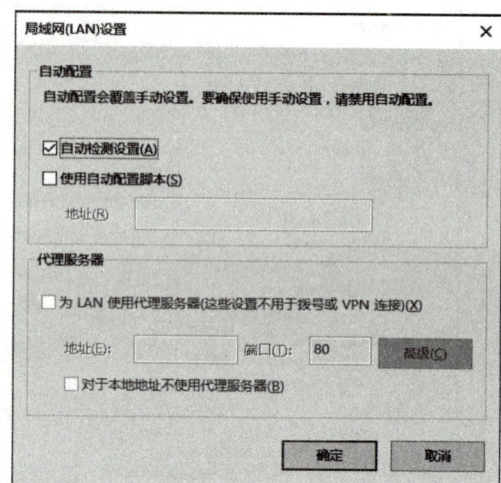

图 9-16　客户端测试更改代理服务器

3. 隐藏 Windows 防火墙

该策略针对组织单位"行政部"内的所有用户进行设置,让"行政部"的所有用户登录后,其控制面板内的 Windows 防火墙自动删除。

步骤 1:到域控制器上以管理员账户登录。

步骤 2:选择"开始"→"Windows 管理工具"→"组策略管理"。

步骤 3:展开到组织单位"行政部"→选中"行政部"并单击右键→"在这个域中创建 GPO 并在此处链接",如图 9-17 所示。也可以选中"组策略对象"并单击右键→"新建"的方法来建立 GPO,然后通过选中"行政部"并单击右键→"链接现有 GPO"。

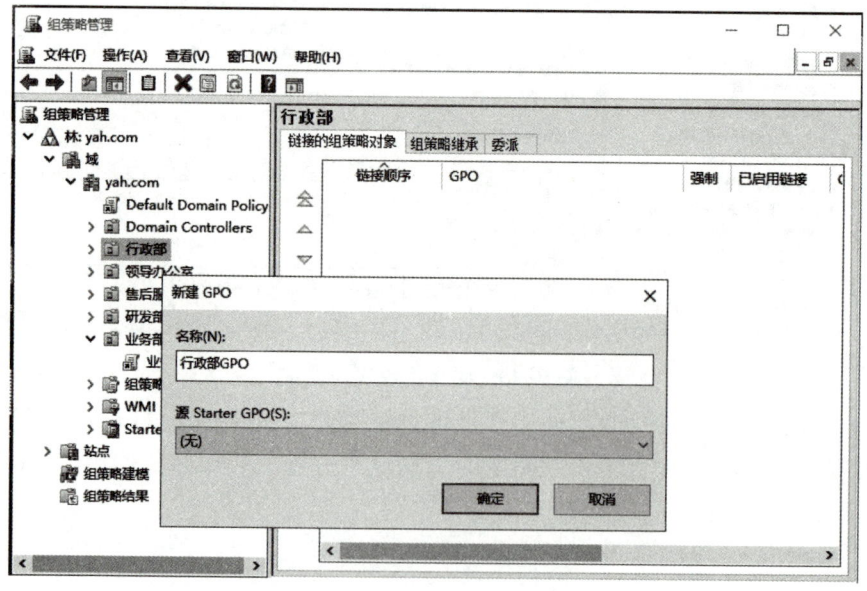

图 9-17　新建"行政部 GPO"

步骤 4：为此 GPO 命名为"行政部 GPO"后单击"确定"按钮。

步骤 5：选中这个新建的 GPO 并单击右键→"编辑"，如图 9-18 所示。

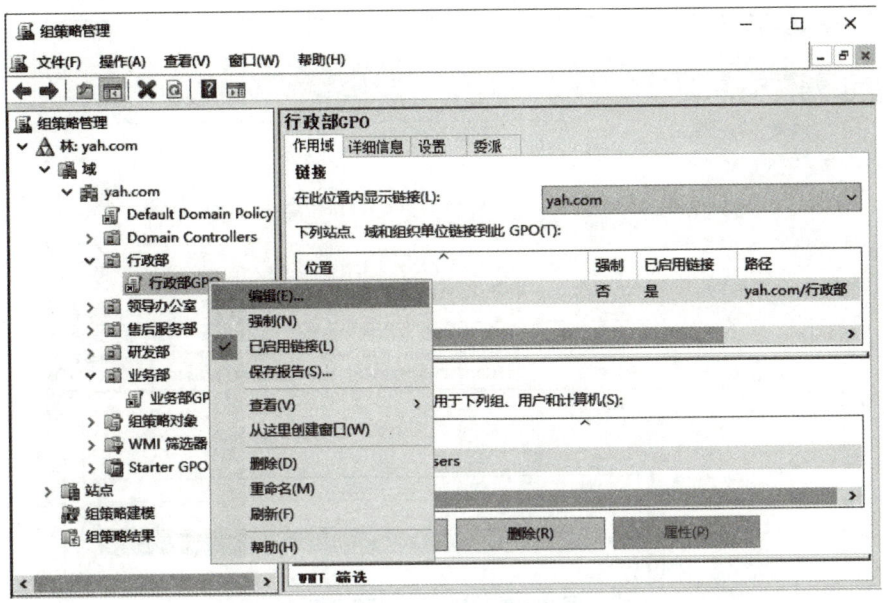

图 9-18　编辑行政部 GPO

步骤 6：展开"用户配置"→"策略"→"管理模板"→"控制面板"，将右侧"隐藏指定的'控制面板'项"，设置为"已启用"，如图 9-19 所示。

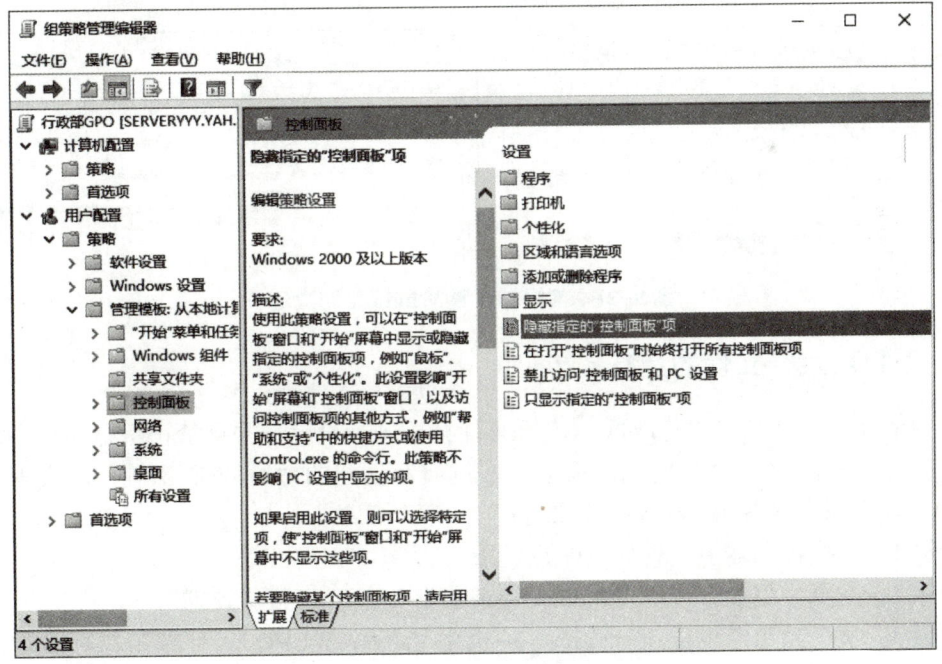

图 9-19　隐藏指定的"控制面板"项

步骤 7：在图 9-20 中，单击"显示"按钮，输入"Windows 防火墙"，Windows 与防火墙之间有一个空格。

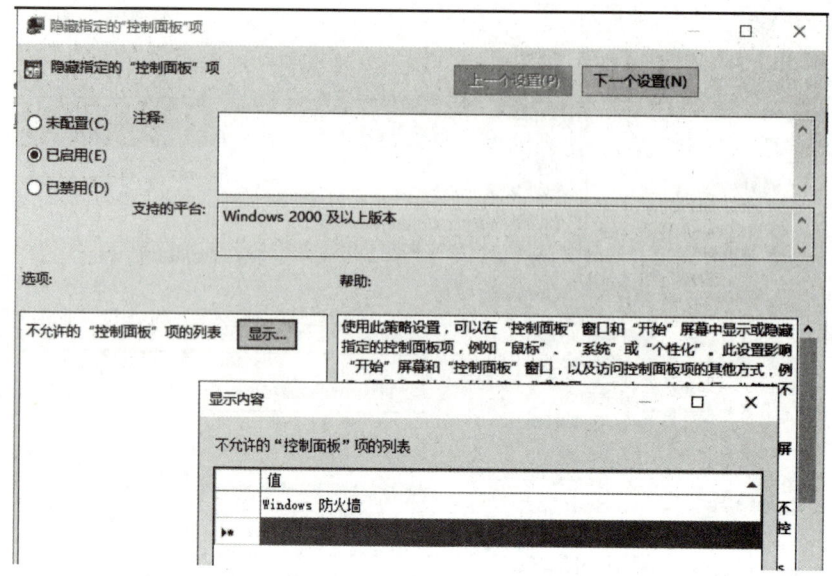

图 9-20　Windows 防火墙

步骤 8：到客户端计算机利用行政部内的任意用户登录（如果已经登录，先注销后再登录，以便应用该策略），打开"控制面板"，单击"系统和安全"，如图 9-21 所示，图中左边的防火墙没有出现在右图界面上。

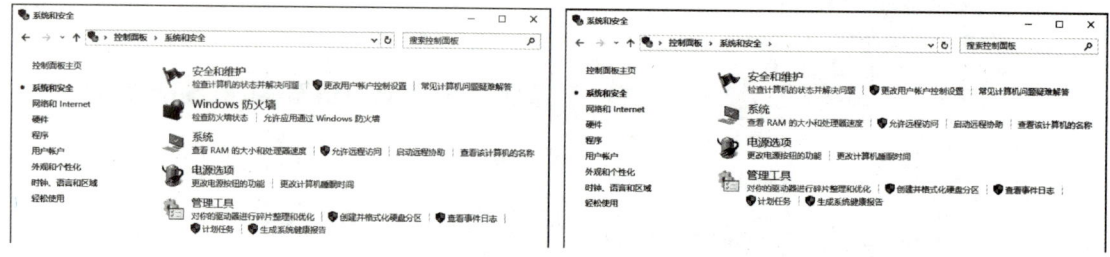

图 9-21　客户端查看 Windows 防火墙

4. 限制可执行文件的运行

该策略针对组织单位"行政部"内所有计算机进行设置，并且禁止所有用户在这些计算机上运行 IE 浏览器。我们将利用前一个实例演示创建的"行政部 GPO"来实现，通过该 GPO 内的计算机来阻止 Internet Explorer。

步骤 1：到域控制器上以管理员账户登录。

步骤 2：选择"开始"→"Windows 管理工具"→"组策略管理"。

步骤 3：展开到组织单位"行政部"→选中"行政部 GPO"，并单击鼠标右键，选择"编辑"，如图 9-22 所示。

项目 9　Windows Server 2016 组策略的管理

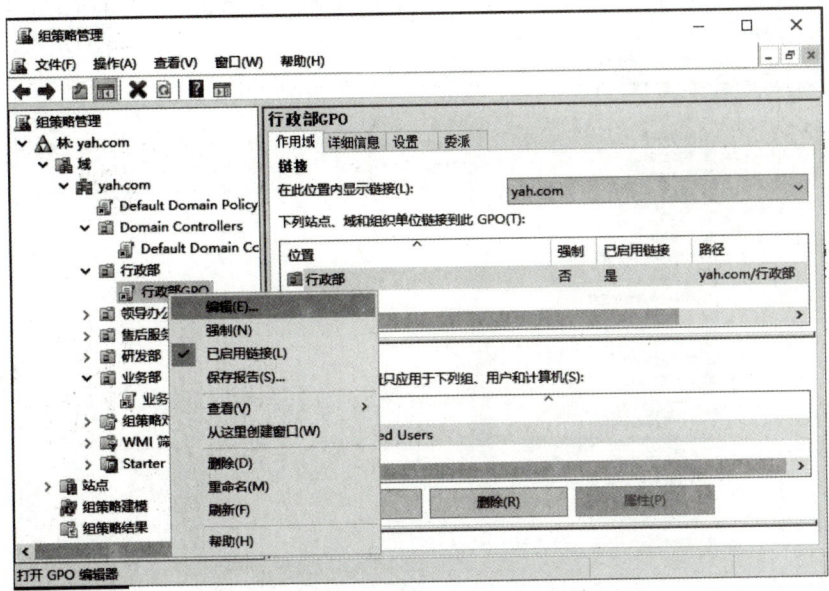

图 9-22　编辑行政部 GPO

步骤 4：在如图 9-23 所示对话框中展开"计算机配置"→"策略"→"Windows 设置"→"安全设置"→"应用程序控制策略"→"APPLocker"，选择"可执行规则"，鼠标右键选择"创建默认规则"。

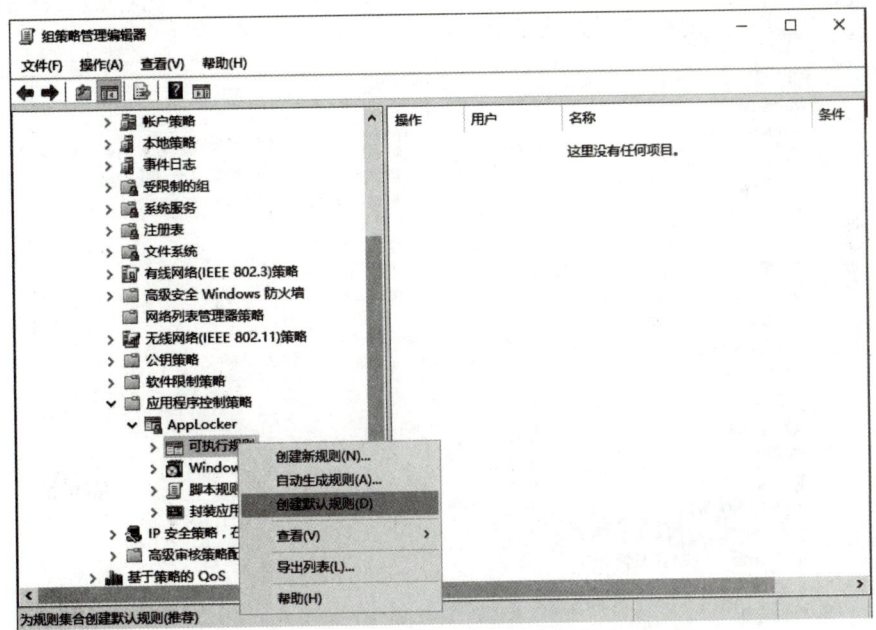

图 9-23　创建默认规则

注意：由于一旦创建规则后，未列在规则内的执行文件都会被阻止，因此需要通过该步骤来创建默认规则，这些规则将允许普通用户执行 ProgramFiles 和 Windows 文件夹内的所有程序，并且允许管理员执行所有程序。

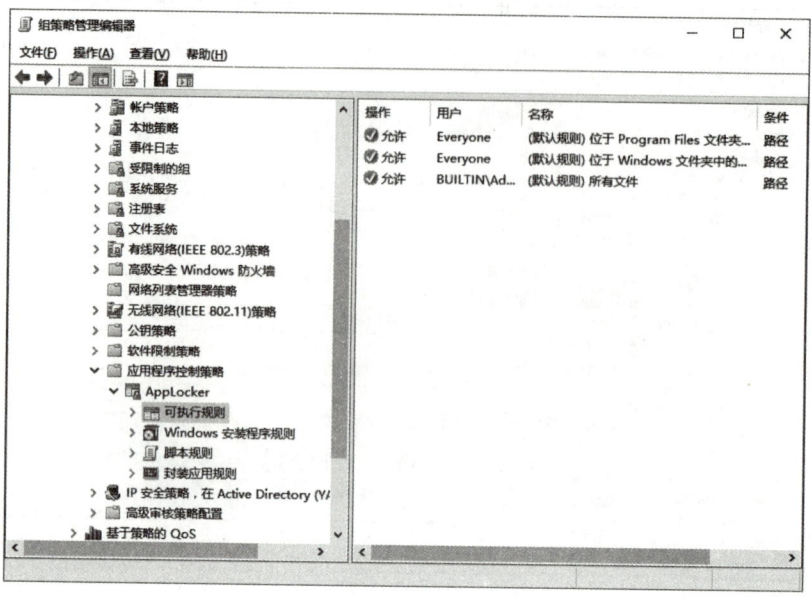

图 9-24 默认规则

步骤 5： 图 9-24 显示的 3 个允许规则是步骤 4 所创建的默认规则。如图 9-25 所示，选择"可执行规则"，右键单击"创建新规则"。

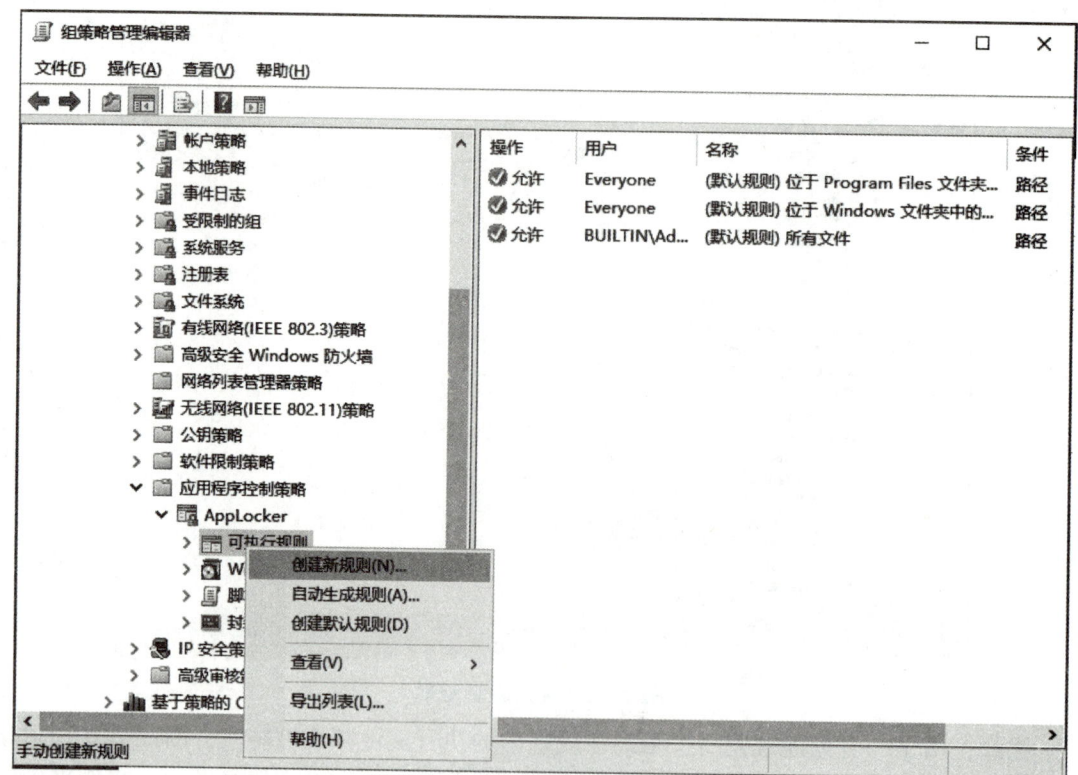

图 9-25 创建新规则

项目 9 Windows Server 2016 组策略的管理

步骤 6：出现"开始之前"界面时单击"下一步"按钮。
步骤 7：如图 9-26 所示，选择"拒绝"后单击"下一步"按钮。

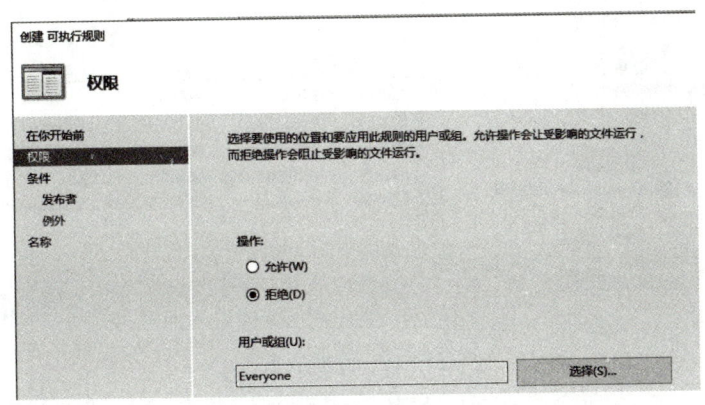

图 9-26 "拒绝"权限

步骤 8：如图 9-27 所示，选择"路径"后单击"下一步"按钮。

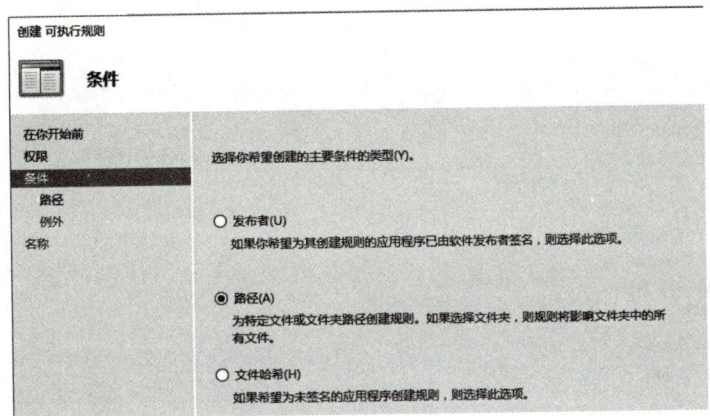

图 9-27 选择"路径"

步骤 9：在如图 9-28 所示对话框中，通过"浏览文件"按钮来选择 Internet Explorer 的可执行文件，路径为%PROGRAMFILES% \ Internet Explorer \ iexplore.exe。完成后单击"创建"按钮或一直单击"下一步"按钮，最后再单击"创建"按钮。

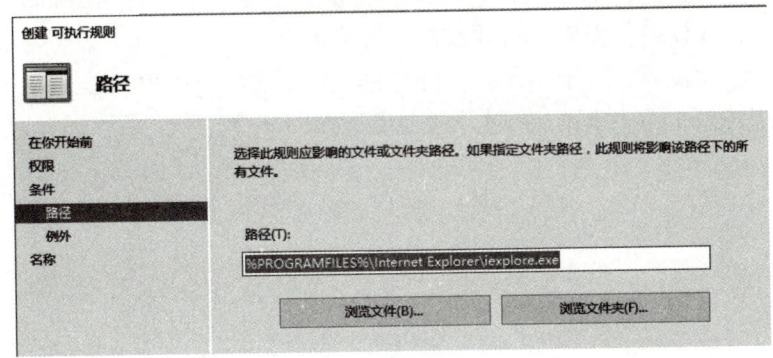

图 9-28 iexplore.exe 路径

步骤 10：图 9-29 所示为完成后的界面。

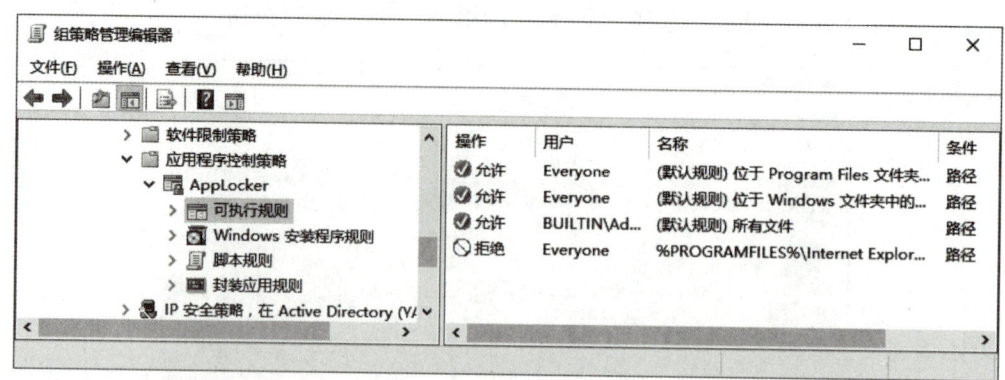

图 9-29　完成界面

步骤 11：如图 9-30 所示，选择"封装应用程序"并右键单击"创建默认规则"，该默认规则会开放所有已签署的"已封装的应用程序"。

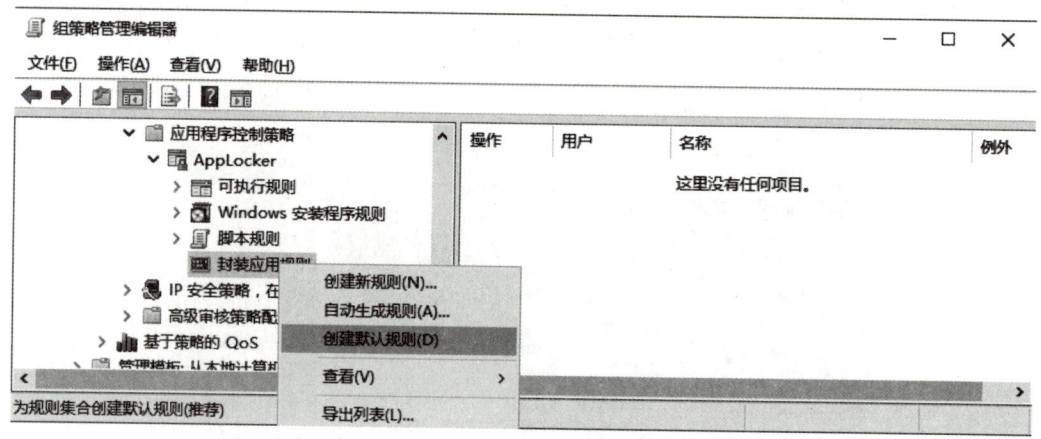

图 9-30　创建默认规则

注意：一旦创建规则，凡是未列在规则内的可执行文件都会被阻止，虽然我们是在"可执行规则"内创建规则，但"已封装的应用程序"也会被阻止，因此，此步骤用于开放"已封装的应用程序"。

步骤 12：客户端需要启动"Application Identity"服务才享有 APPlocker 功能，如图 9-31 所示，通过 GPO 进行设置，将此服务设置为启动。

步骤 13：重新启动位于组织单位"行政部"客户机（yu-PC），然后利用普通用户 janet 登录，当执行 Internet Explorer 时，就会出现如图 9-32 所示界面。

项目 9 Windows Server 2016 组策略的管理

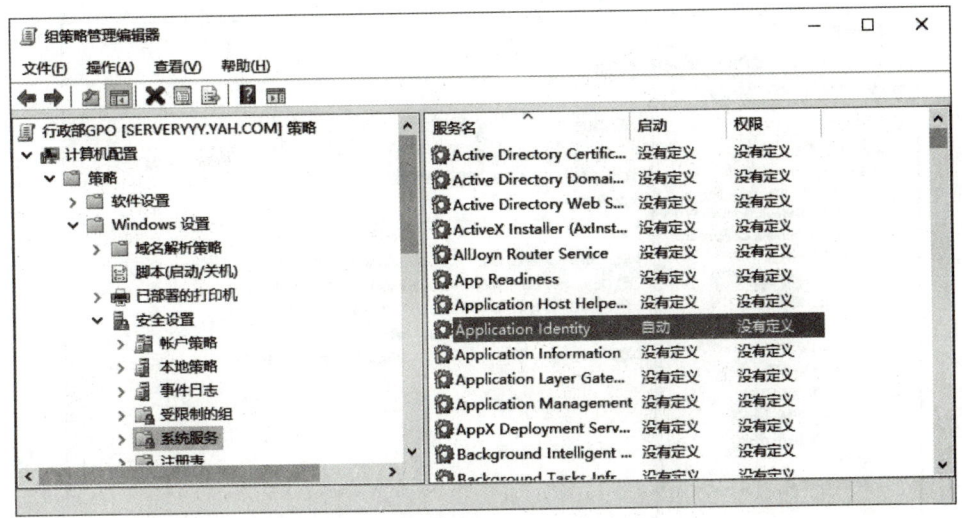

图 9-31 启动 Application Identity

图 9-32 测试

5. 组策略筛选

前面通过"行政部 GPO"的用户设置来删除组织单位"行政部"内所有用户的"Windows 防火墙",但是也可以让此组策略对象不应用到特定用户,例如行政部的用户 aa,这样,aa 用户仍然可以使用有 Windows 防火墙。下面通过组策略筛选来实现这个任务。

步骤 1:打开"组策略管理",单击左侧"行政部"的"行政部 GPO",单击右侧"委派"标签,单击"高级"按钮,如图 9-33 所示。

注意:组织单位"行政部"内的所有组策略对象设置默认都会应用到该组织单位内的所有用户,因为他们对这些组策略对象都具有"读取"和"应用组策略"的权限,如图 9-34 所示。

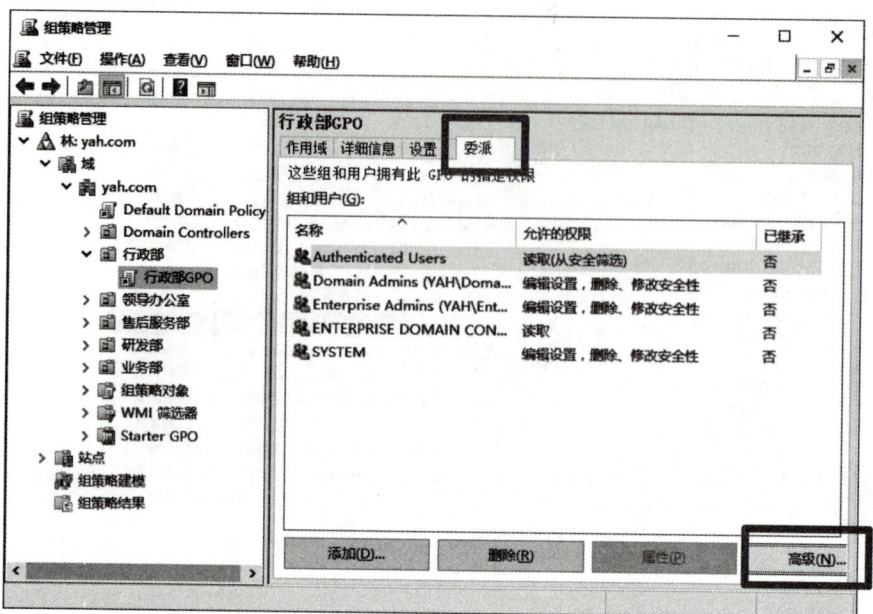

图 9-33　行政部 GPO

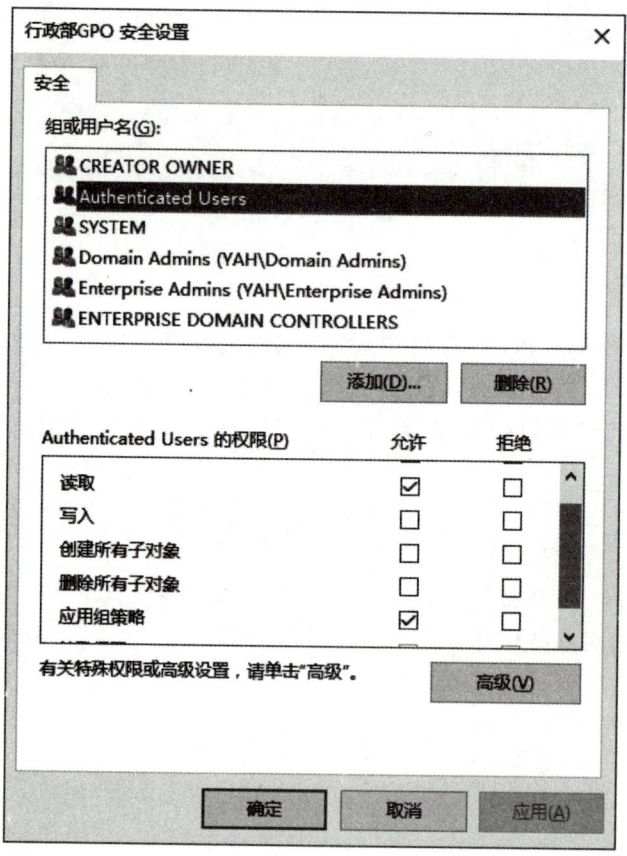

图 9-34　行政部 GPO 安全设置

项目 9　Windows Server 2016 组策略的管理

步骤 2：单击"行政部 GPO 安全设置"中的"添加"按钮，选择用户 aa，然后将 aa 的这两个权限都设置为"拒绝"，如图 9-35 所示。

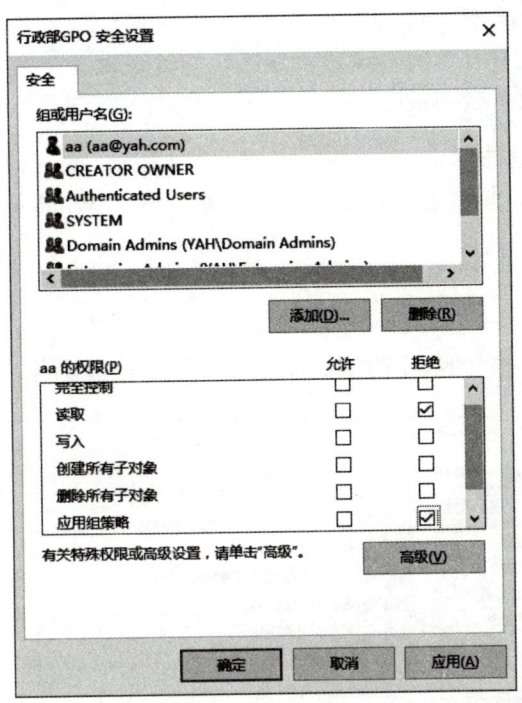

图 9-35　用户 aa 权限

步骤 3：在客户端计算机上使用 aa 用户登录，可以看到 aa 用户是可以使用 Windows 防火墙的。

任务 9-3　密码策略、账户策略、用户权限分配策略

我们可以通过账户策略来设置密码的使用规则与账户锁定方式。在设置账户策略时请特别注意以下说明：

①针对域用户所设置的账户策略通过域级别的 GPO 来设置才有效，例如通过域的 Default Domain Policy GPO 来设置，此策略会被应用到域内所有用户。通过站点或组织单位的 GPO 所设置的账户策略，对域用户没有作用。

②账户策略不但会被应用到所有的域用户账户，也会被应用到所有域成员计算机内的本地用户账户。

③若对某个组织单位来设置账户策略，则这个账户策略只会被应用到位于此组织单位的计算机的本机用户账户而已，但是对位于此组织单位内的域用户账户却没有影响。

提示：
①若域与组织单位都设置了账户策略，且设置有冲突时，则此组织单位内的成员计算机的本地用户账户会采用域的设置。
②域成员计算机也有自己的本地账户策略，不过若设置与域或组织单位的设置有冲突时，则采用域或组织单位的设置。

设置域账户策略：选中"Default Domain Policy GPO"或其他域级别的 GPO，并单击右键选择"编辑"，展开"计算机配置"→"策略"→"Windows 设置"→"安全设置"→"账户策略"。

1. 密码策略

如图 9-36 所示，单击"密码策略"后就可以设置下面策略。

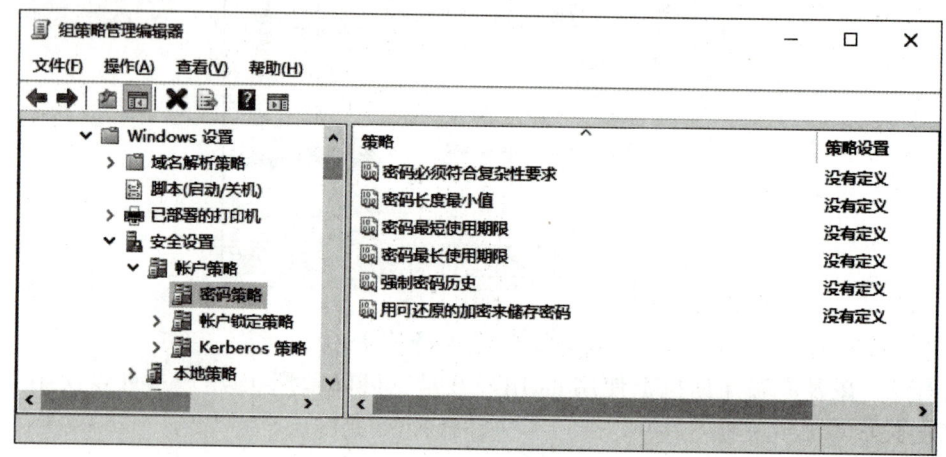

图 9-36　密码策略

2. 账户锁定策略

如图 9-37 所示，单击"账户锁定策略"后就可以设置下面策略。

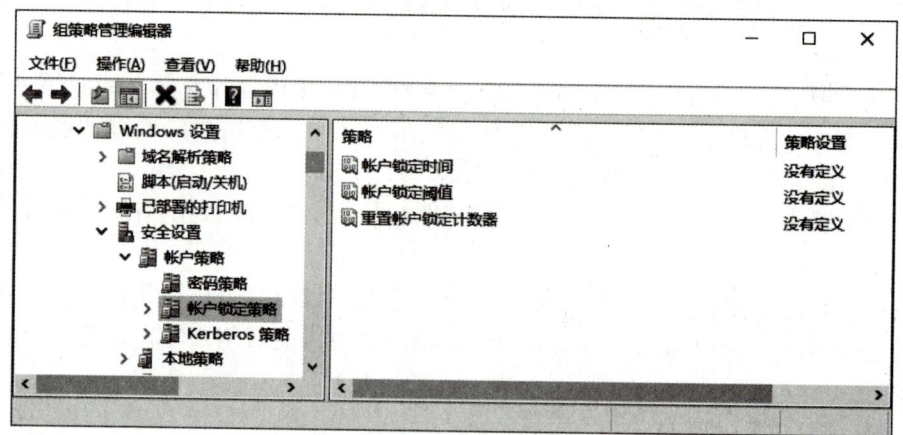

图 9-37　账户锁定策略

项目 9 Windows Server 2016 组策略的管理

3. 用户权限分配策略

如图 9-38 所示，单击"用户权限分配策略"后就可以设置下面策略。

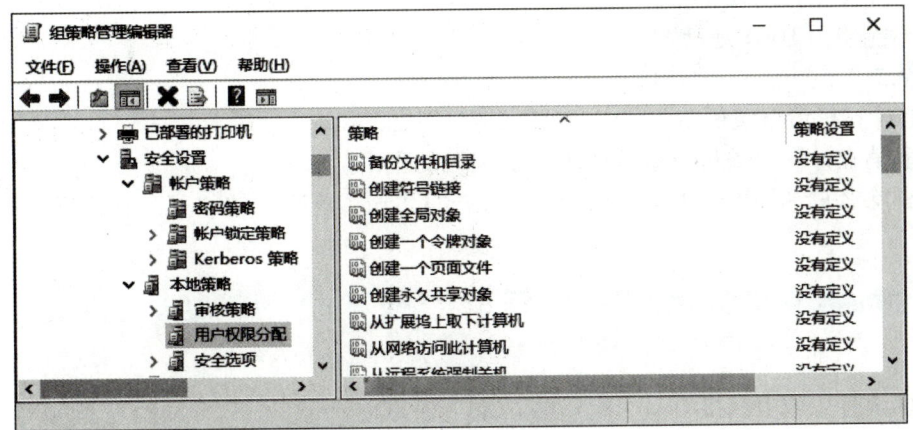

图 9-38 用户权限分配策略

项目小结

若管理员要对计算机和用户进行统一配置，Windows Server 2016 提供了一个非常好的工具，即组策略管理。因此本项目重点介绍了通过组策略管理工具创建组策略对象、链接组策略对象，以及配置与使用组策略的方法。通过组策略的使用，为 Windows Server 2016 的管理提供方便。

上机实训

实验目的
能够使用组策略管理用户工作环境、部署软件。

实验内容
在一台安装了 Windows Server 2016 的服务器上部署全新的 ADDS 域服务，并在域中使用组策略完成用户环境的设置、软件的部署等。

实验步骤

实验一

在环境中，创建组策略，使得企业全部用户：
1. 半年定期修改密码，密码不得少于 8 位，需满足复杂性要求；
2. 计算机空闲 5 分钟时，启用屏幕保护，须输入密码才能解除屏幕保护；
3. 账户密码被暴力破解时，锁定 15 分钟；

4. 在桌面创建某一应用程序的快捷方式；
5. 强制把 Office 2003 升级为 Office 2007。

对于财务部的用户：
1. 不能使用移动设备；
2. 不能使用 DVD 刻盘。

实验二

本地计算机策略实例：
1. 取消在计算机关机时系统要求提供关机的理由。
2. 删除客户端浏览器 Internet Explorer 内"Internet 选项"的"安全和连接"标签。

习　　题

1. 默认时，域上链接有一个组策略对象，名为_____。
2. "Default Domain Controllers Policy"组策略对象，连接到_____。
3. 用_____方法可以使得组织单元不从上级继承组策略。
4. 用_____方法可以防止组织单元不从上级继承组策略。
5. 更新组策略的命令为_____。
6. 部署软件时，软件最好为_____格式。
7. 什么是本地安全策略？如何设置本地安全策略？
8. "本地安全策略"和"本地计算机策略"有什么关系？
9. 组策略的应用顺序是怎样的？
10. 发布和分配软件有什么不同？
11. 部署 EXE 软件，有什么方法？

项目 10 证书服务器的配置与管理

【项目导入】

为了保证网络上信息的传输安全,除了在通信中采用更强的加密算法等措施外,必须建立一种信任及信任验证机制,即通信各方必须有一个可以被验证的标识,这就需要使用数字证书,证书的主体可以是用户、计算机、服务等。证书可以用于多方面,例如 Web 用户身份验证、Web 服务器身份验证、安全电子邮件等。安装证书确保往上传递信息的机密性、完整性以及通信双方身份的真实性,从而保障网络应用的安全性。

【项目分析】

利用证书服务器,可以通过安全套接字层(SSL)或传输安全性(TLS)向安全 Web 服务器进行身份验证,通过智能卡登录到域。在 Windows Server 2016 中安装证书服务可实现安装传输。

【项目目标】

- 会安装企业 CA
- 会使用企业 CA
- 会安装与使用独立根 CA
- 了解证书服务概念

相关知识

CA 分为两大类，企业 CA 和独立 CA。

企业 CA 的主要特征如下：

①企业 CA 安装时需要 AD（活动目录服务支持），即计算机在活动目录中才可以；

②当安装企业根时，对于域中的所用计算机，它都将会自动添加到受信任的根证书颁发机构的证书存储区域；

③必须是域管理员或对 AD 有写权限的管理员，才能安装企业根 CA。

独立 CA 主要有以下特征：

①CA 安装时不需要 AD（活动目录服务）；

②一般情况下，发送到独立 CA 的所有证书申请都被设置为挂起状态，需要管理员受到颁发，这完全出于安全性的考虑，因为证书申请者的凭证还没有被独立 CA 验证。

在简单介绍完 CA 的分类后，我们现在 AD（活动目录）环境下安装证书服务。

任务 10-1　企业 CA 的安装与使用

1. 安装企业 CA

步骤 1：安装 Active Directory 域服务，并将该服务器加入到域。

步骤 2：打开"服务器管理器"，单击"仪表板"处的"添加角色和功能"。持续单击"下一步"按钮，直到出现"选择服务器角色"界面。勾选"Active Directory 证书服务"复选框，单击"添加功能"按钮来安装该服务所需的其他功能，如图 10-1 所示，单击"下一步"按钮。

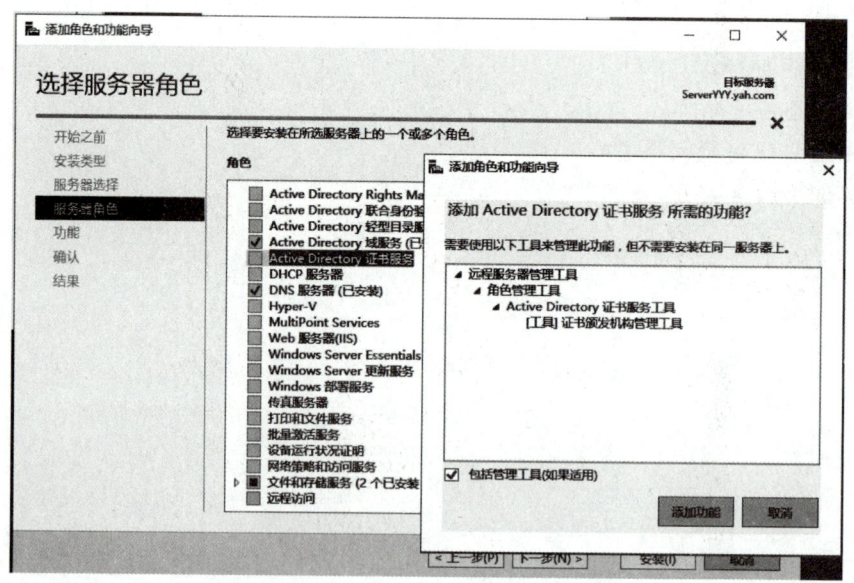

图 10-1　Active Directory 证书服务

步骤 3：在"角色服务"界面中，选中"证书颁发机构"和"证书颁发机构 Web 注册"复选框，启用证书 Web 注册功能，如图 10-2 所示。

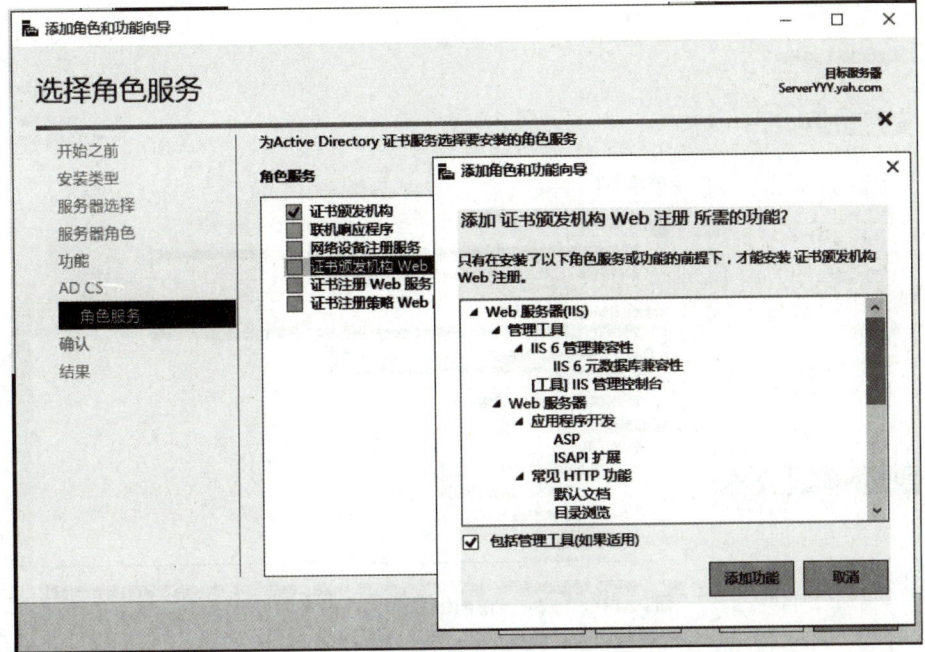

图 10-2　证书颁发机构和证书颁发机构 Web 注册

步骤 4：持续单击"下一步"，到"确认安装所选内容"界面单击"安装"按钮，如图 10-3 所示。

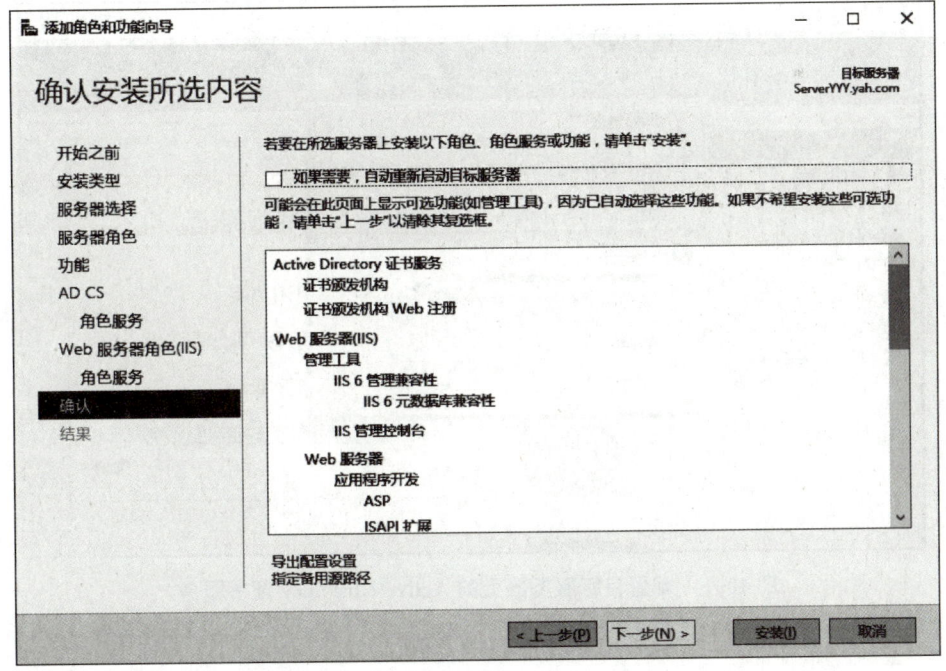

图 10-3　确认安装

步骤 5：完成安装界面中单击"配置目标服务器上的 Active Directory 证书服务"，如图 10-4 所示。若直接单击"关闭"按钮，请单击服务器管理器上的旗帜按钮，单击"配置目标服务器上的 Active Directory 证书服务"，如图 10-5 所示。

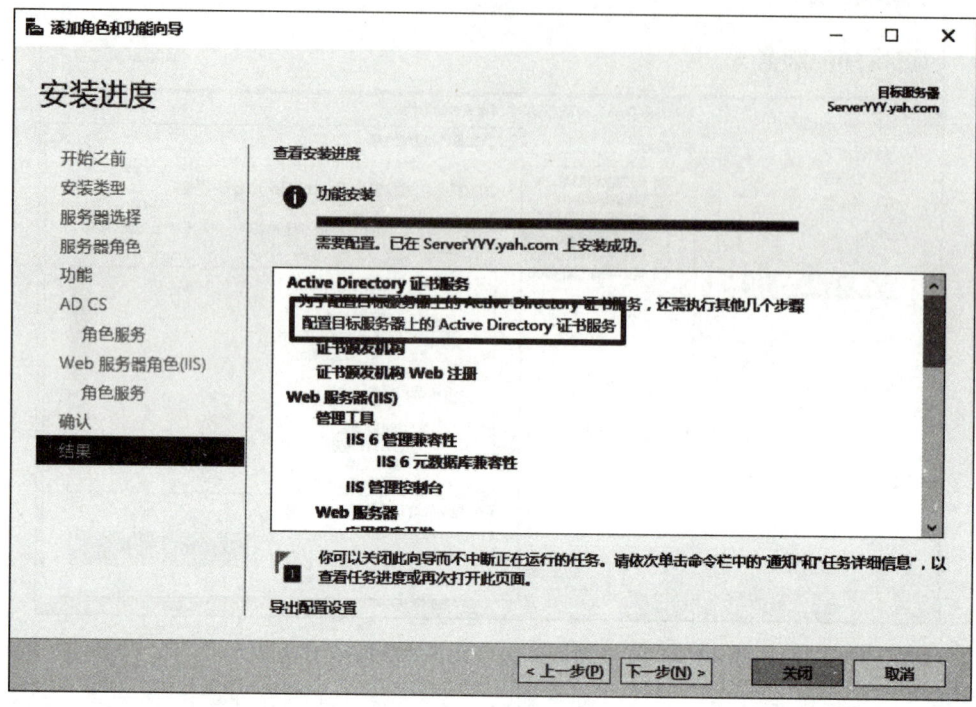

图 10-4　安装完成

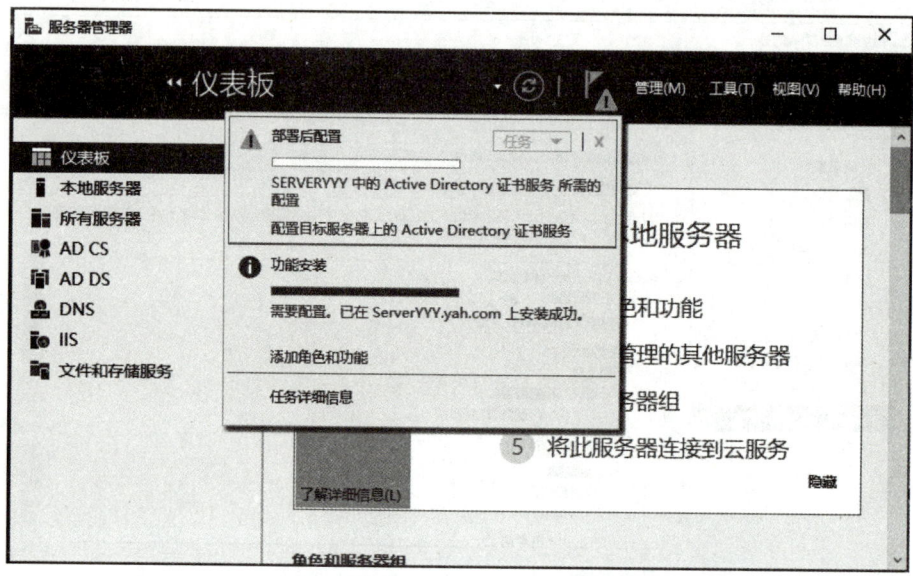

图 10-5　配置目标服务器上的 Active Directory 证书服务

步骤 6：单击"下一步"按钮，如图 10-6 所示。

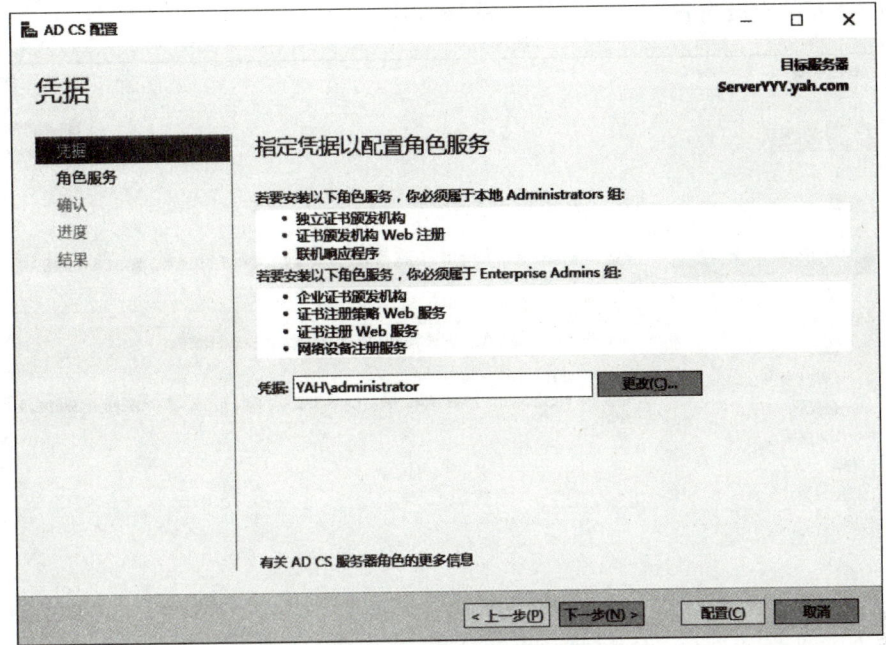

图 10-6　安装凭据

步骤 7：勾选"证书颁发机构"和"证书颁发机构 Web 注册"，如图 10-7 所示。

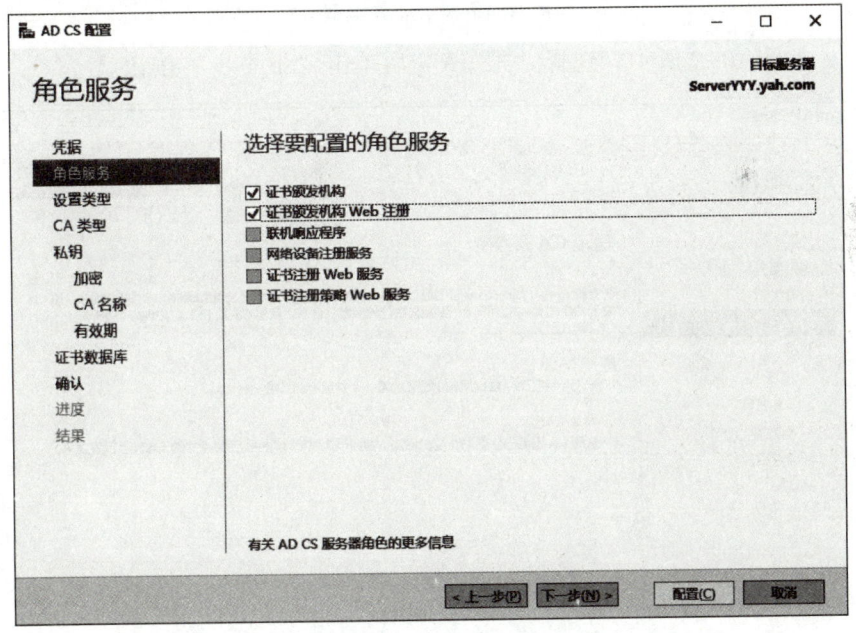

图 10-7　证书颁发机构和证书颁发机构 Web 注册

步骤 8：如图 10-8 所示，选择"企业 CA"，若此计算机是独立服务器或不是利用域 Enterprise Admins 成员身份登录，就无法选择企业 CA。

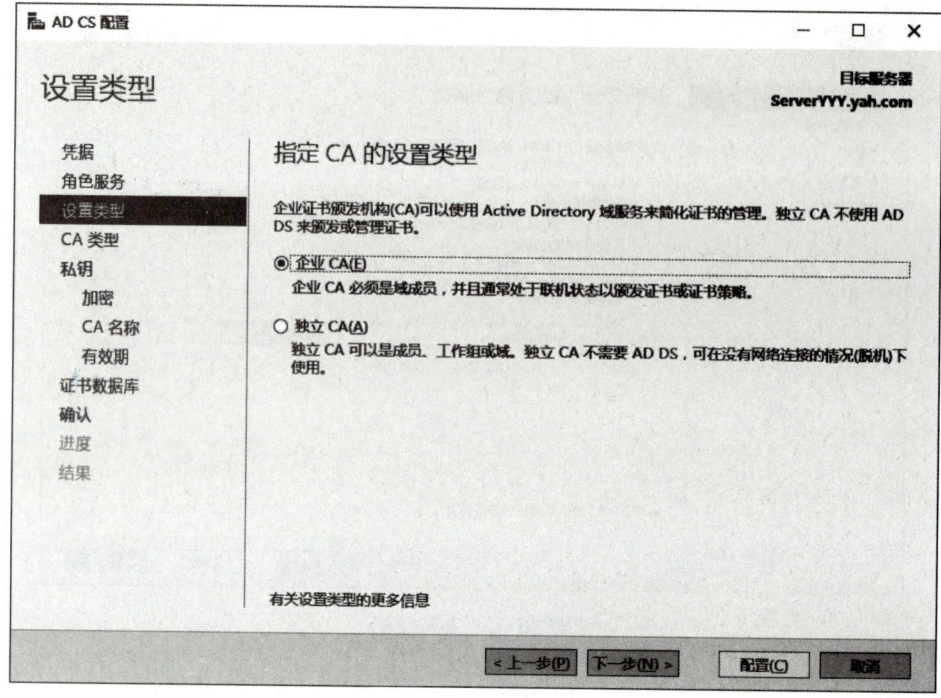

图 10-8　设置类型

步骤 9：如图 10-9 所示，选择"根 CA"后单击"下一步"按钮。

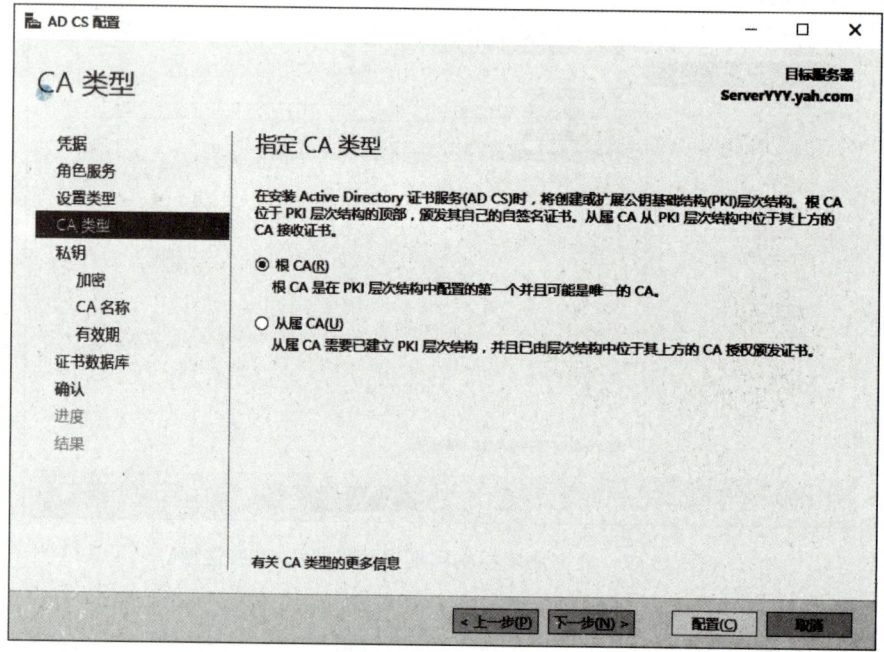

图 10-9　CA 类型

步骤 10：如图 10-10 所示，选择"创建新的私钥"后单击"下一步"按钮。CA 必须拥有私钥后才可以给客户端发放证书。

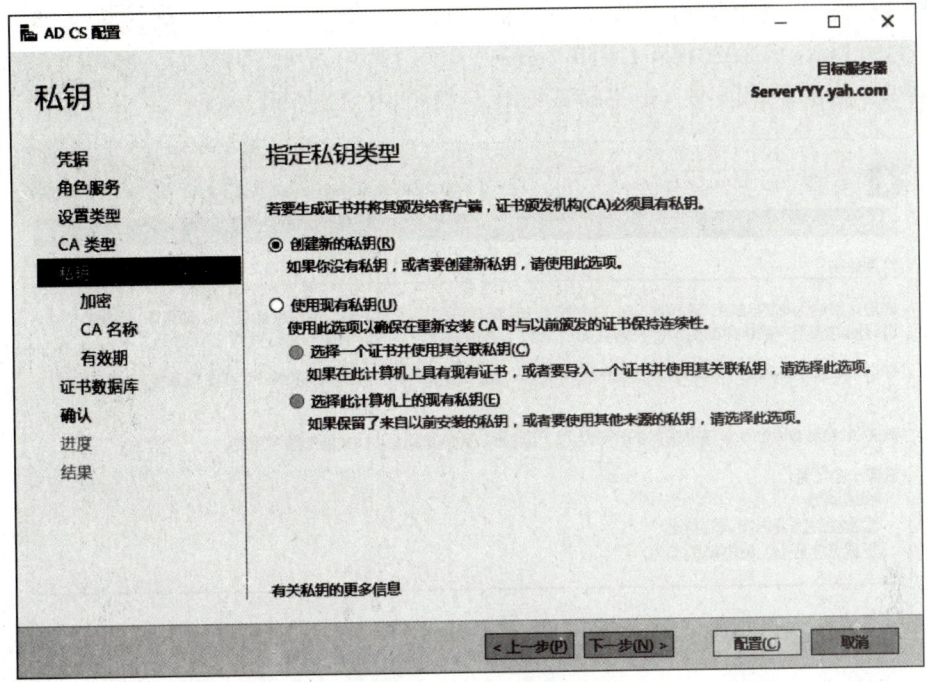

图 10-10　私钥类型

步骤 11：持续单击"下一步"按钮，在"确认"界面中单击"配置"按钮，在"结果"界面中单击"关闭"按钮，如图 10-11 所示。

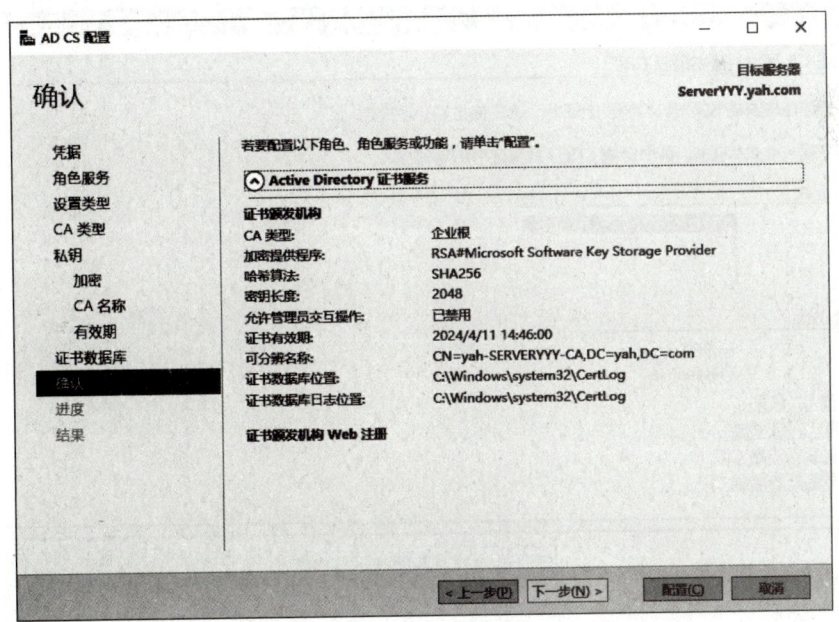

图 10-11　配置确认

2. 如何手动设置信任企业或独立 CA

步骤 1：在 IE 浏览器打开证书服务器的证书申请页：http：//证书服务器 IP 地址/certsrv，例如 http：//192.168.1.250/certsrv。

步骤 2：单击下载证书、证书链或 CRL，如图 10-12 所示。

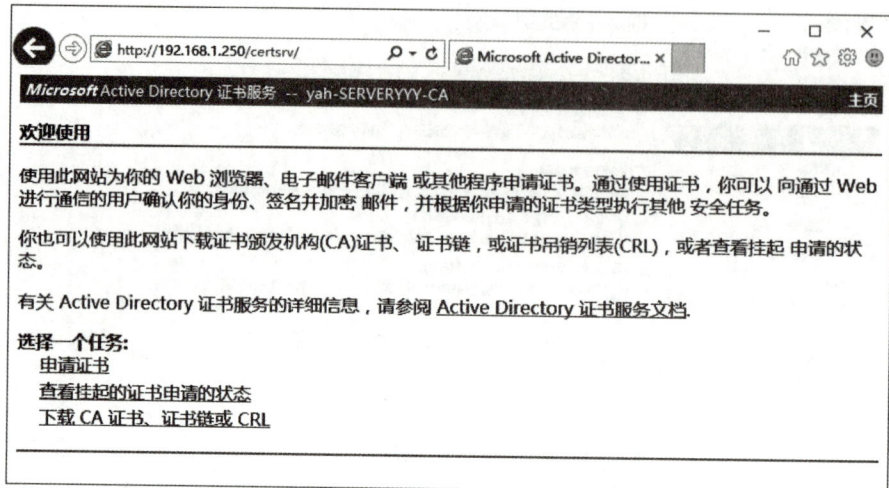

图 10-12　下载证书、证书链或 CRL

步骤 3：单击下载 CA 证书链或单击下载 CA 证书，如图 10-13 所示。

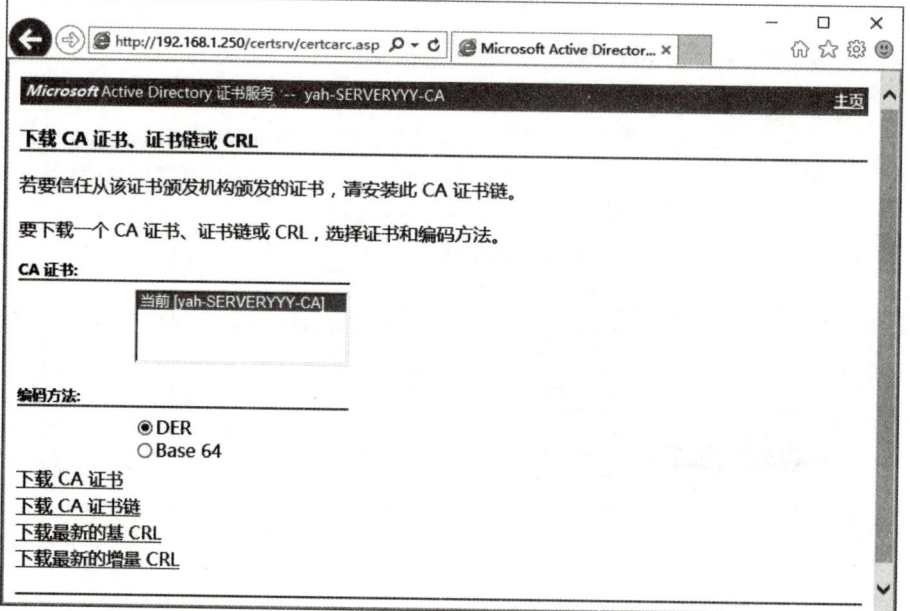

图 10-13　下载 CA 证书

步骤 4：将 Certnew.p7p 文件保存在本地，如图 10-14 所示。

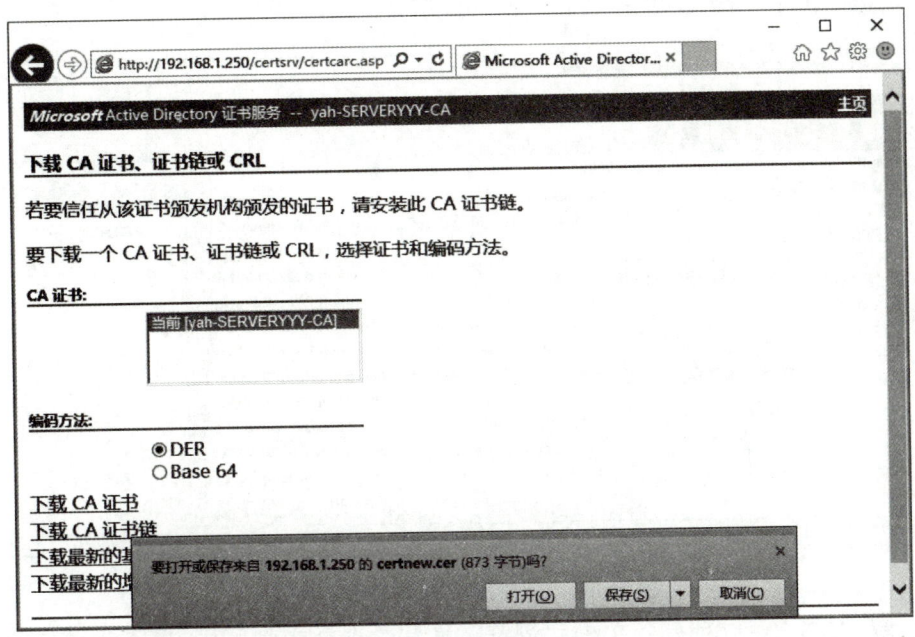

图 10-14　保存证书

步骤 5：按 Windows 键+R 键→输入 MMC 后按回车键→单击"文件"菜单→添加/删除管理单元→从可用的管理单元列表中选择证书后单击"添加"按钮→选择计算机账户后依序单击"下一步""完成""确定"按钮，打开如图 10-15 所示窗口。

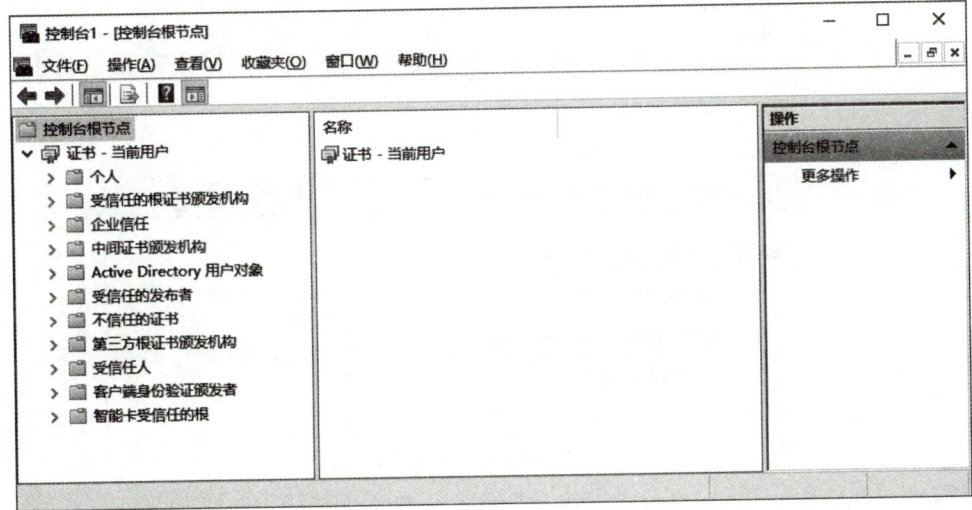

图 10-15　MMC 控制台-证书

步骤 6：展开到"受信任的根证书颁发机构"→选中"证书"并单击右键→所有任务→导入，如图 10-16 所示，单击"下一步"按钮。

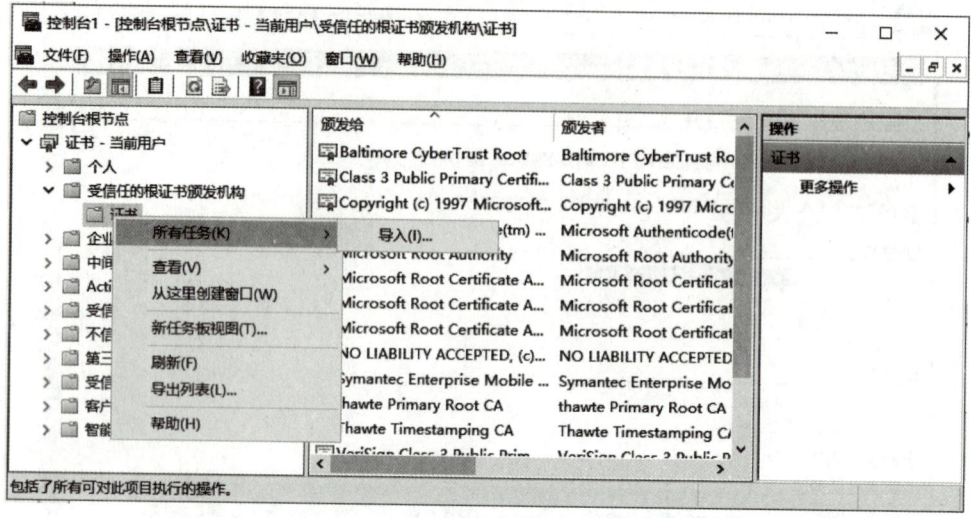

图 10-16　受信任的根证书颁发机构

步骤 7：如图 10-17 所示，单击"浏览"按钮，选择之前下载的 CA 证书链文件后单击下一步按钮。

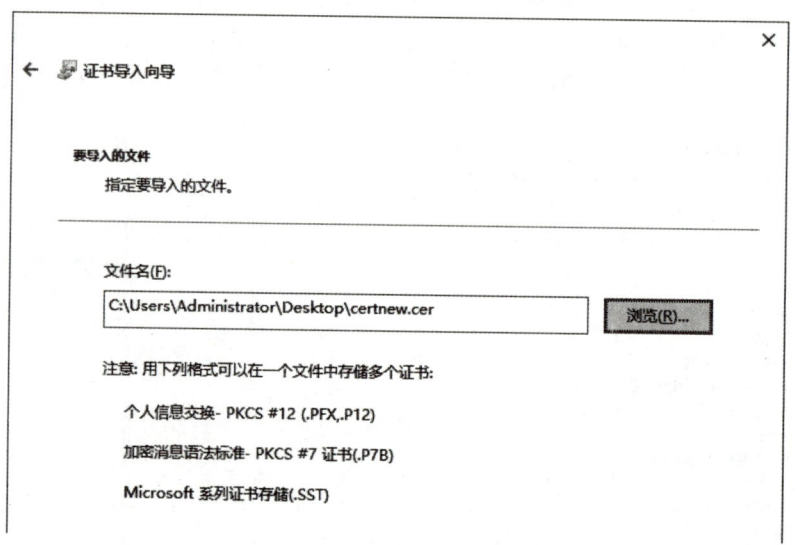

图 10-17　指定要导入的文件

步骤 8：依次单击"下一步""完成""确定"按钮，如图 10-18 所示。

项目 10　证书服务器的配置与管理

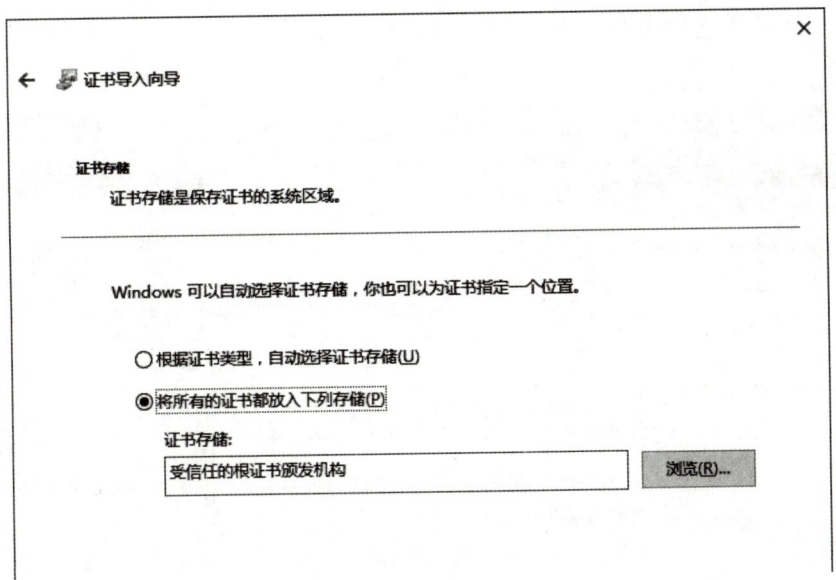

图 10-18　证书存储

任务 10-2　SSL 网站证书

我们必须替网站申请 SSL 证书，网站才会具备 SSL 安全连接的能力。

1. 在网站上创建证书申请文件

步骤 1：按 Windows 键切换到"开始"菜单→Internet 信息服务（IIS）管理器。

步骤 2：单击 server1，单击"服务器证书"，如图 10-19 所示。

图 10-19　服务器证书

步骤 3：单击"创建证书申请",如图 10-20 所示。

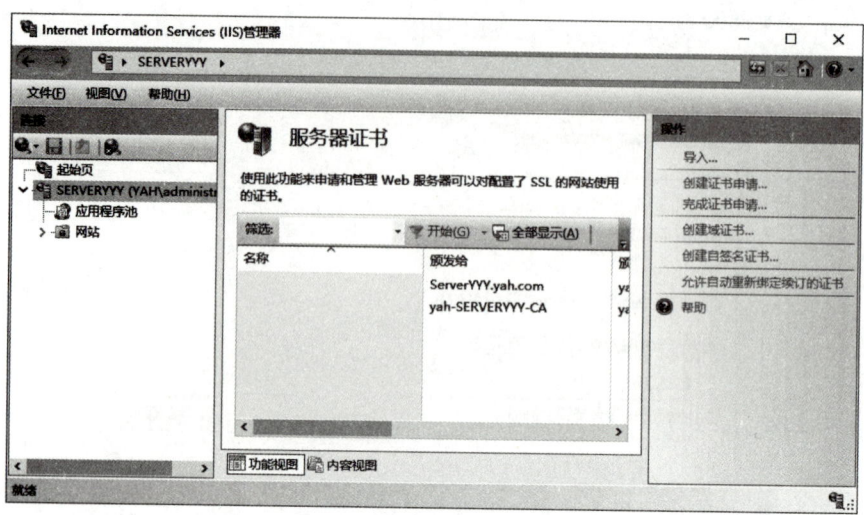

图 10-20　创建证书申请

步骤 4：在图 10-21 中输入网站的相关数据后单击"下一步"按钮。

提示：因为在"通用名称"处输入的网址被定义为 www.yah.com,因此客户端需要使用此网址来连接网站。

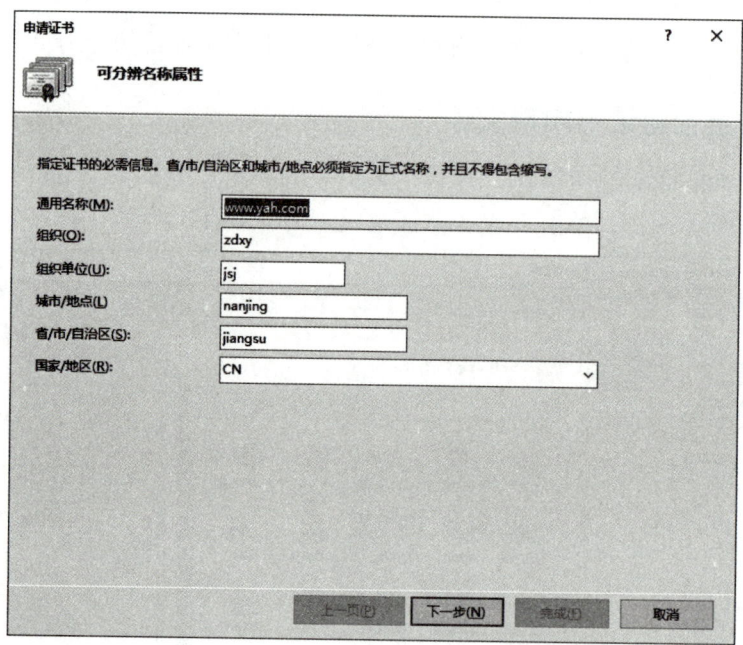

图 10-21　指定证书的必需信息

步骤 5：在图 10-22 中直接单击"下一步"按钮。

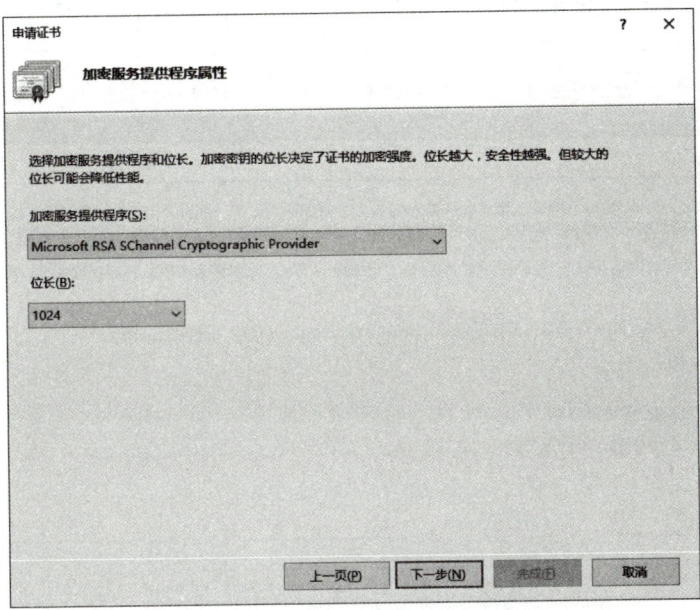

图 10-22　加密服务提供程序属性

步骤 6：在图 10-23 中指定证书申请文件的文件名与存储位置后单击"完成"按钮。

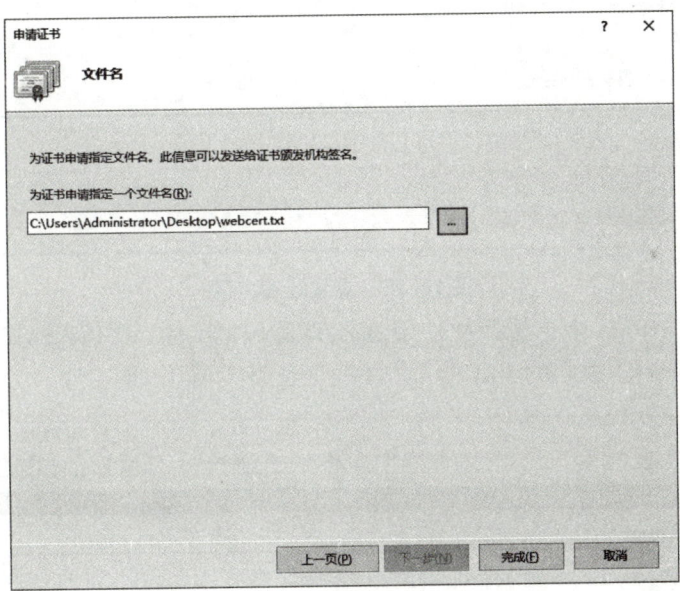

图 10-23　文件名

2. 申请证书与下载证书

步骤 1：将"IE 增强的安全配置"关闭，否则系统会阻挡其连接 CA 网站。

步骤 2：打开 IE 浏览器，在地址栏输入以下路径 http：//192/168.1.250/certsrv，其中 192.168.1.250 是 CA 的 IP 地址，也可以用主机域名。

步骤 3：在图 10-24 中选择"申请证书"，图 10-25 中选择"高级证书申请"。

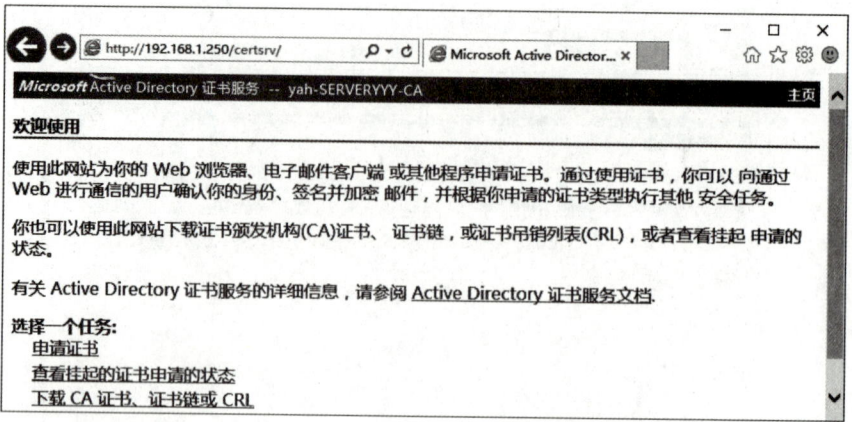

图 10-24　申请证书

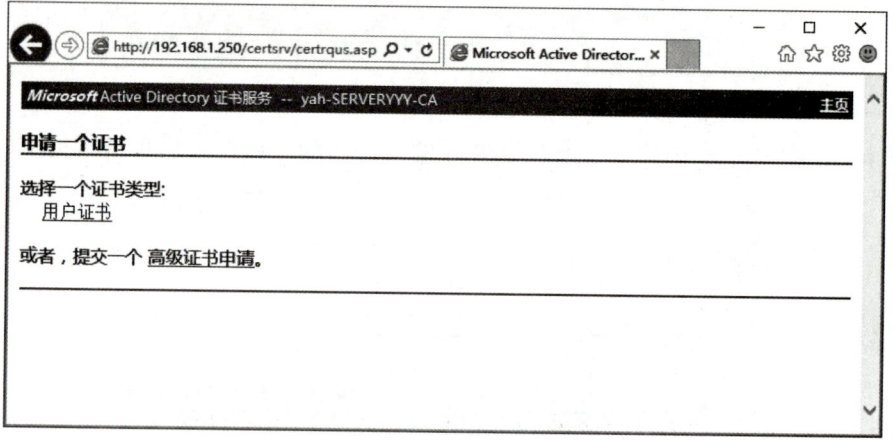

图 10-25　高级证书申请

步骤 4：在图 10-26 中，选择"使用 Base64 编码的 CMC 或 PKCS#10 文件提交一个证书申请，或使用 base64 编码的 PKCS#7 文件续订证书申请。"。

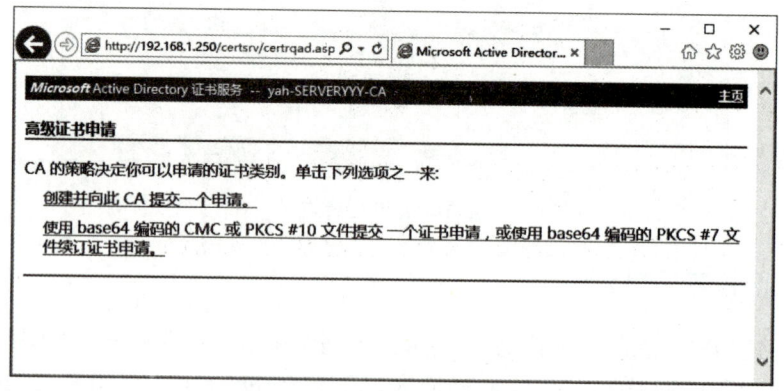

图 10-26　高级证书申请

步骤 5：用记事本打开前面的证书文件 webcert.txt，然后复制整个文件的内容。

步骤 6：将复制下来的内容粘贴到图 10-27 中的"Base-64 编码的证书申请处"，在"证书模板"处选择"Web 服务器"，完成后单击"提交"按钮。

提示：若是独立 CA，步骤六"证书模板"不需要选择。

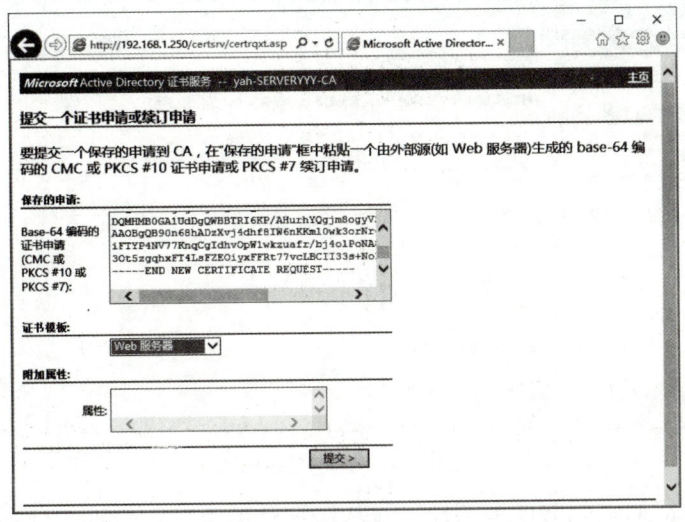

图 10-27 提交一个证书申请或续订申请

步骤 7：图 10-28 中，选择"下载证书"，并单击"保存"，将证书保存到本地，默认文件名为 certnew.cer。

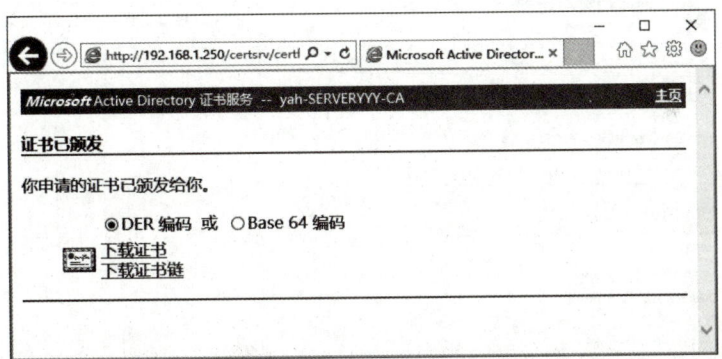

图 10-28 下载证书

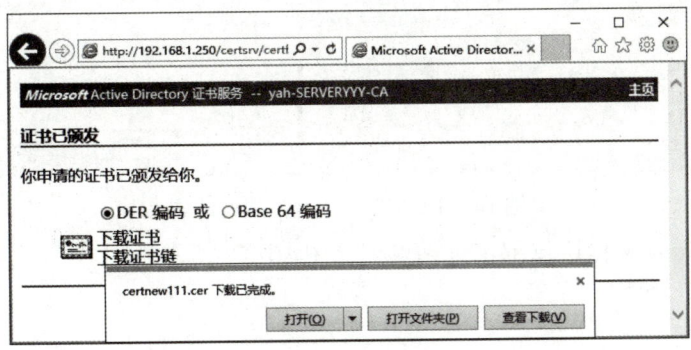

图 10-29 保存证书

3. 安装证书

步骤1：单击 serverYYY→服务器证书→完成证书申请，如图 10-30 所示。

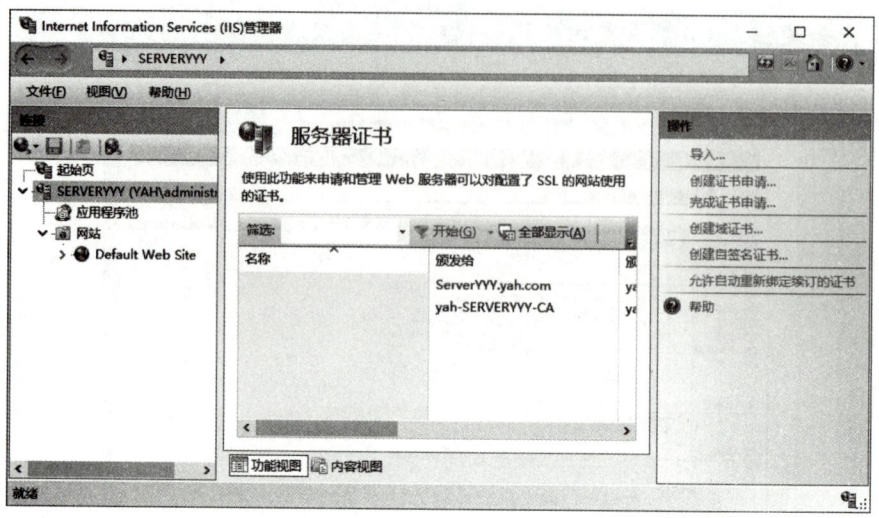

图 10-30　完成证书申请

步骤2：选择前面下载的证书文件，为其设置好记名称，将证书存储到个人证书存储区，单击"确定"按钮，如图 10-31 所示。

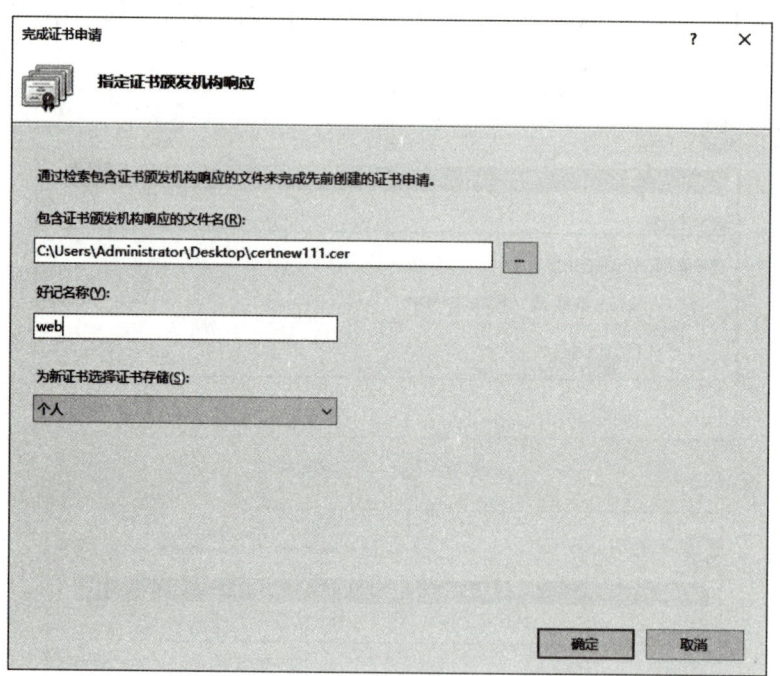

图 10-31　指定证书颁发机构响应

步骤4：将 https 通信协议绑定到站点，如图 10-32 所示。

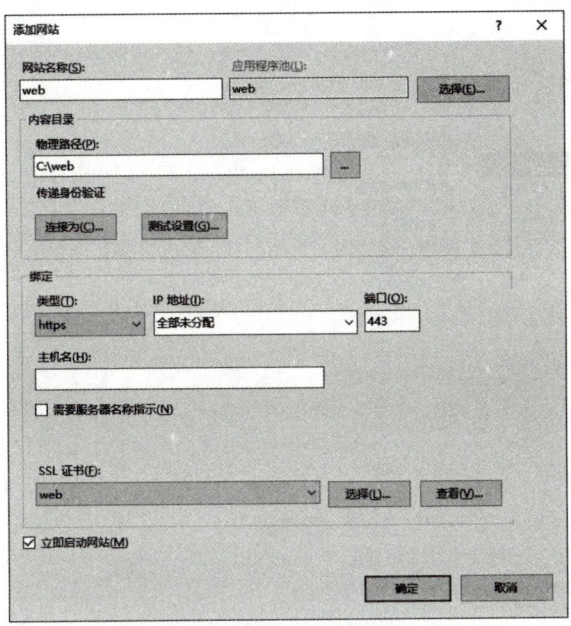

图 10-32 绑定证书

4. 建立网站测试页面

利用记事本建立一个网页，网页名字为 index.htm，存储到网站主目录下。在客户端 IE 浏览器地址栏输入：https：//www.zdxy.local，可看到如图 10-33 所示页面。

图 10-33 测试安全连接网站

任务 10-3 独立根安装与申请

1. 安装独立根 CA

步骤 1： 选择要配置的角色服务，选择"证书颁发机构"和"证书颁发机构 Web 注册"，如图 10-34 所示。

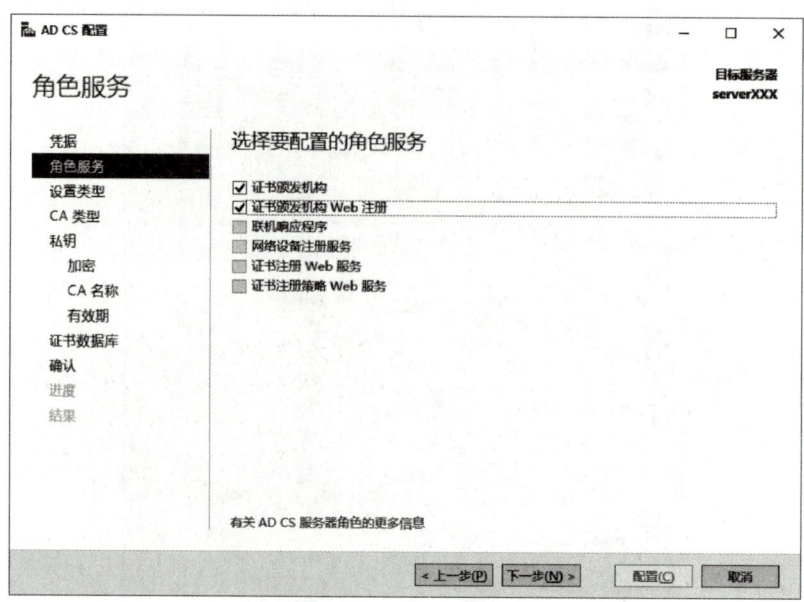

图 10-34　角色服务

步骤 2：如图 10-35 所示，指定 CA 的设置类型为"独立 CA（A）"。

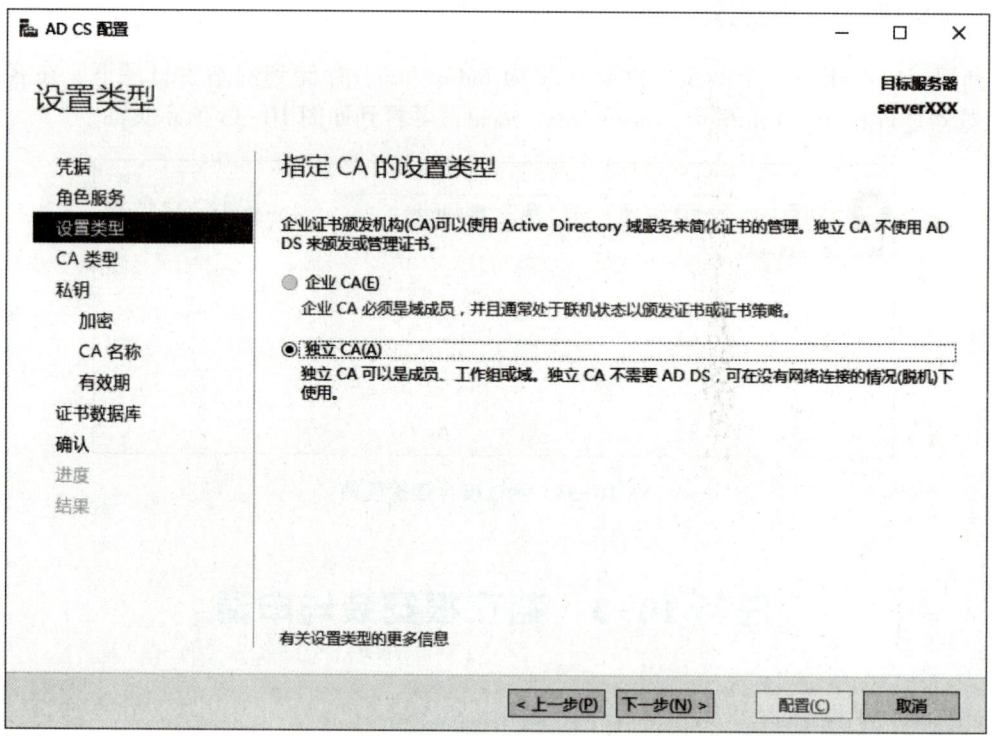

图 10-35　设置类型

项目 10　证书服务器的配置与管理

步骤 3：如图 10-36 所示，指定 CA 类型为"根 CA（R）"。

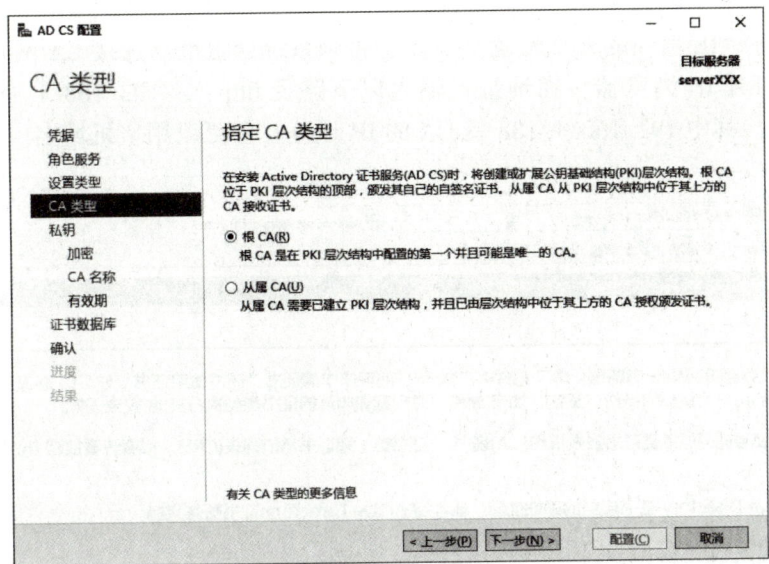

图 10-36　CA 类型

步骤 4：如图 10-37 所示，指定私钥类型为"创建新的私钥"。

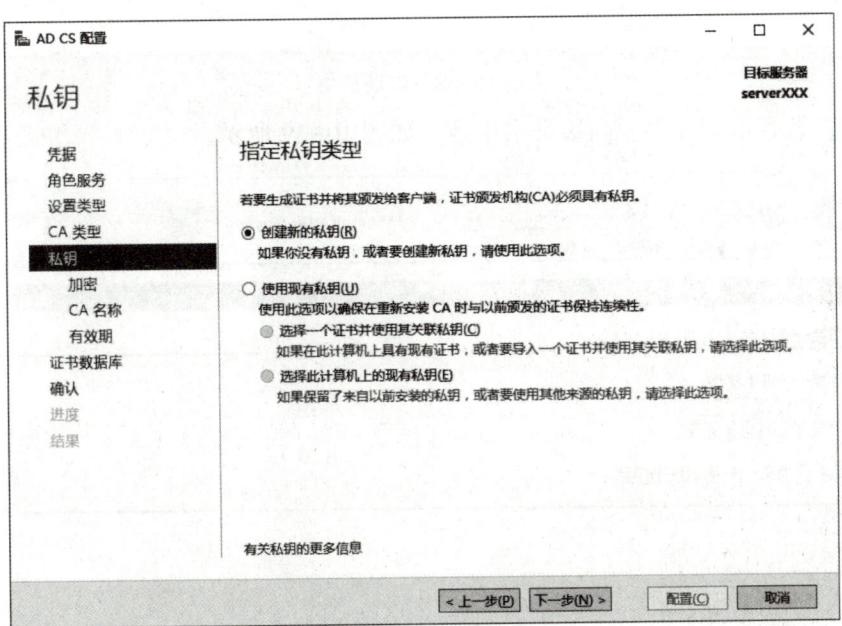

图 10-37　指定私钥类型

2. 申请证书与下载证书

步骤 1：将"IE 增强的安全配置"关闭，否则系统会阻挡其连接 CA 网站。

步骤 2：打开 IE 浏览器，在地址栏输入以下路径 http：//192/168.1.188/certsrv，如图 10-38 所示，其中 192.168.1.188 是 CA 的 IP 地址，也可以用主机域名。

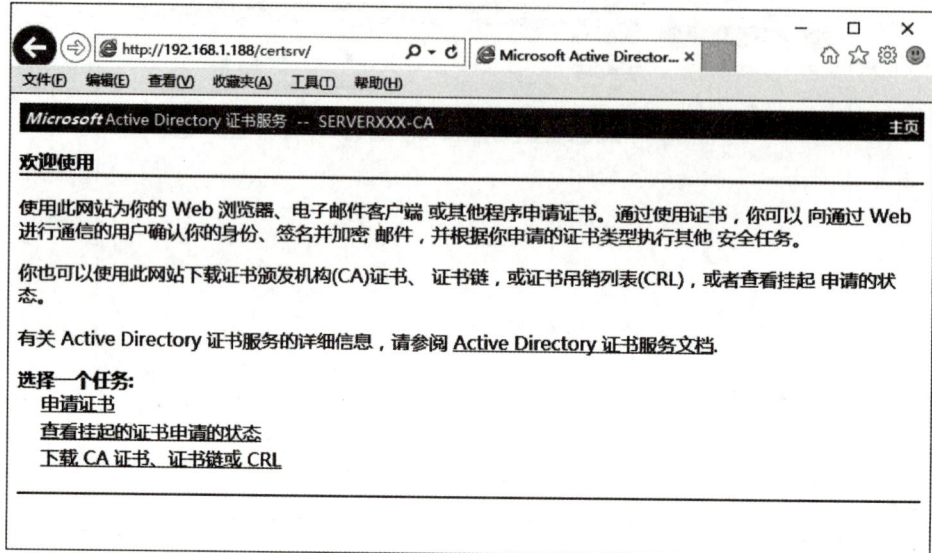

图 10-38　申请证书

步骤 3：选择申请证书、高级证书申请，如图 10-39 所示。

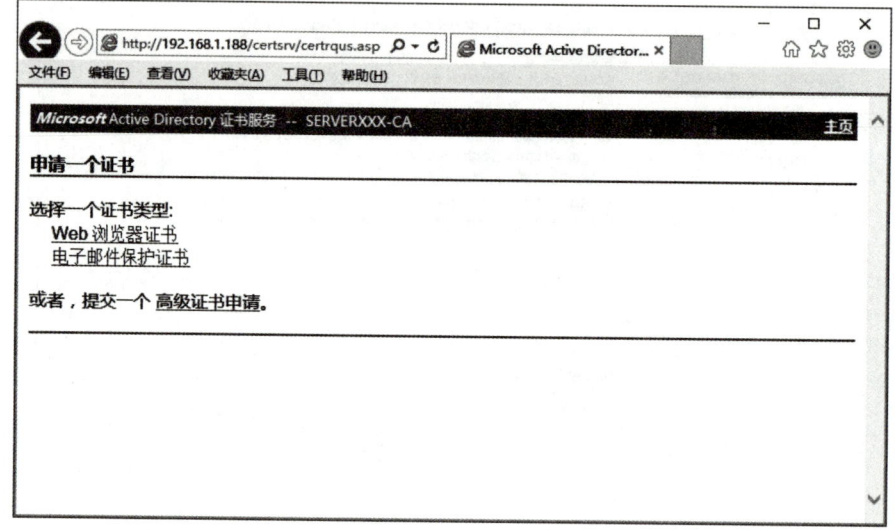

图 10-39　高级证书申请

步骤 4：图 10-40 中，选择"使用 Base64 编码的 CMC 或 PKCS#10 文件提交一个证书申请，或使用 base64 编码的 PKCS#7 文件续订证书申请。"

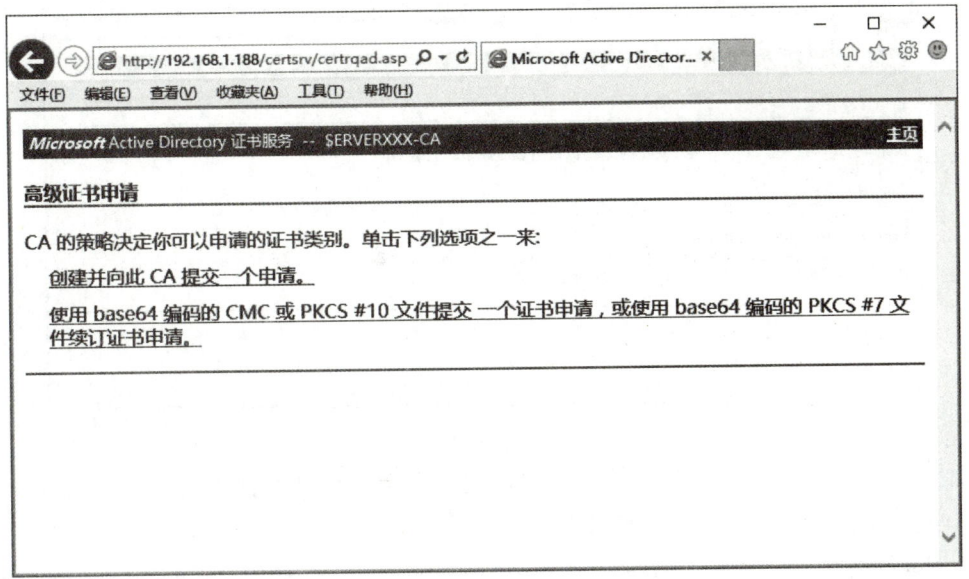

图 10-40　高级证书申请

步骤 5：用记事本打开前面的证书文件 webcert.txt，然后复制整个文件的内容。

步骤 6：将复制下来的内容粘贴到图中的"Base-64 编码的证书申请处"，完成后单击"提交"按钮，如图 10-41 所示。

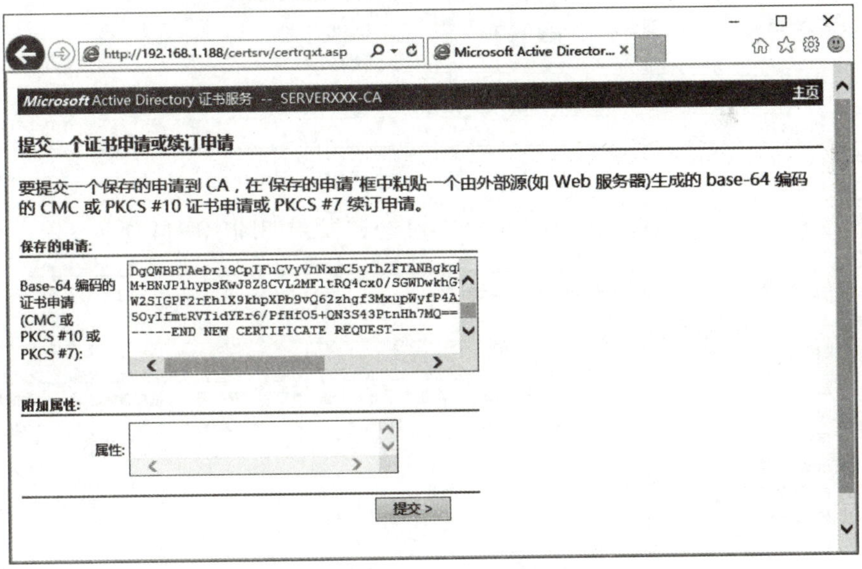

图 10-41　提交申请

步骤 7：提交后，如图 10-42 所示申请的的证书被挂起，需要管理员手动颁发。

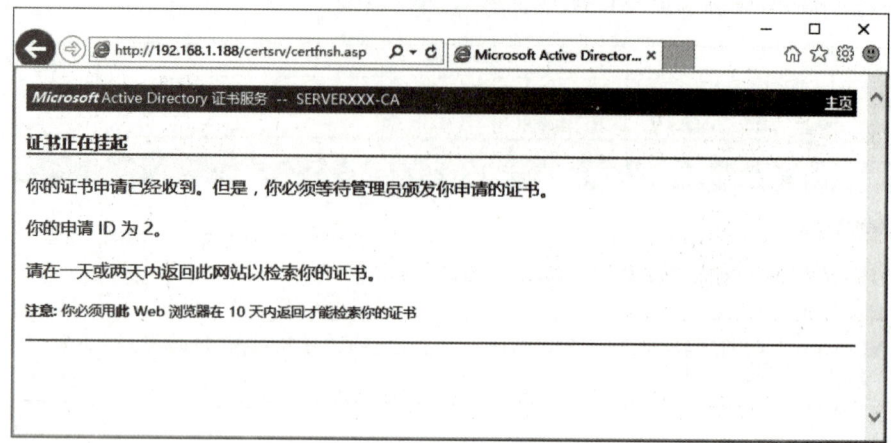

图 10-42　证书被挂起

步骤 8：打开"证书颁发机构"，在"挂起的申请"中选择请求 ID 为 2 的证书，右键 → 所有任务 → 颁发，如图 10-43 所示。

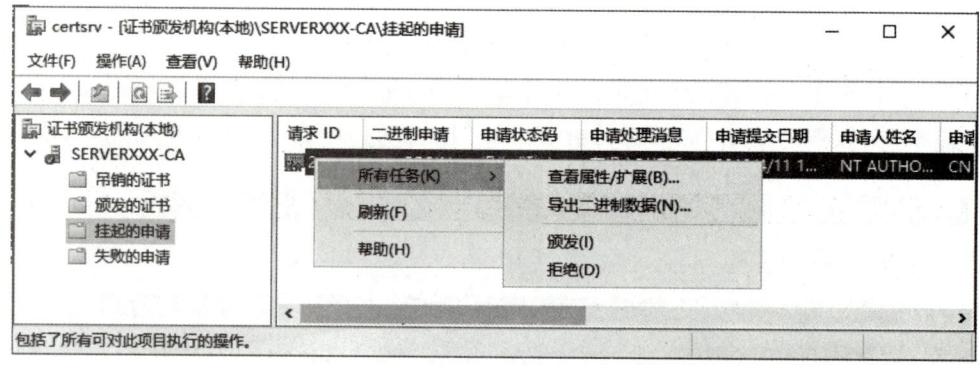

图 10-43　颁发证书

在"颁发的证书"可看见 ID 为 2 的证书已经颁发，如图 10-44 所示。

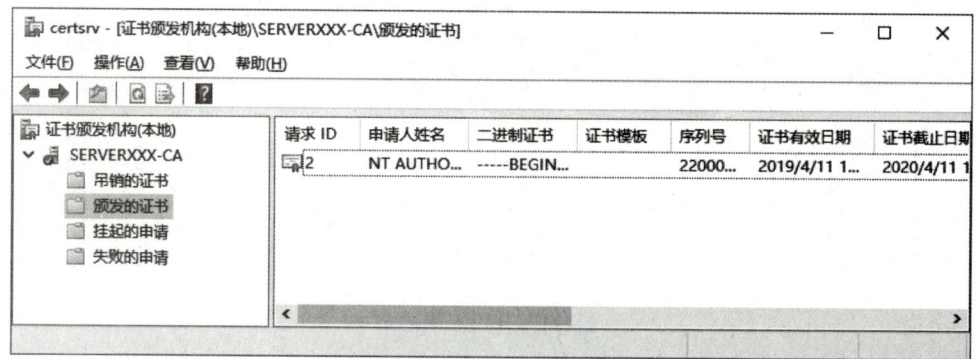

图 10-44　证书颁发结果

步骤 9：回到网站计算机上，打开网页浏览器→连接到 CA 网页：http：//192.168.1.253/certsrv→如图 10-45 所示选择"查看挂起的证书申请的状态"。

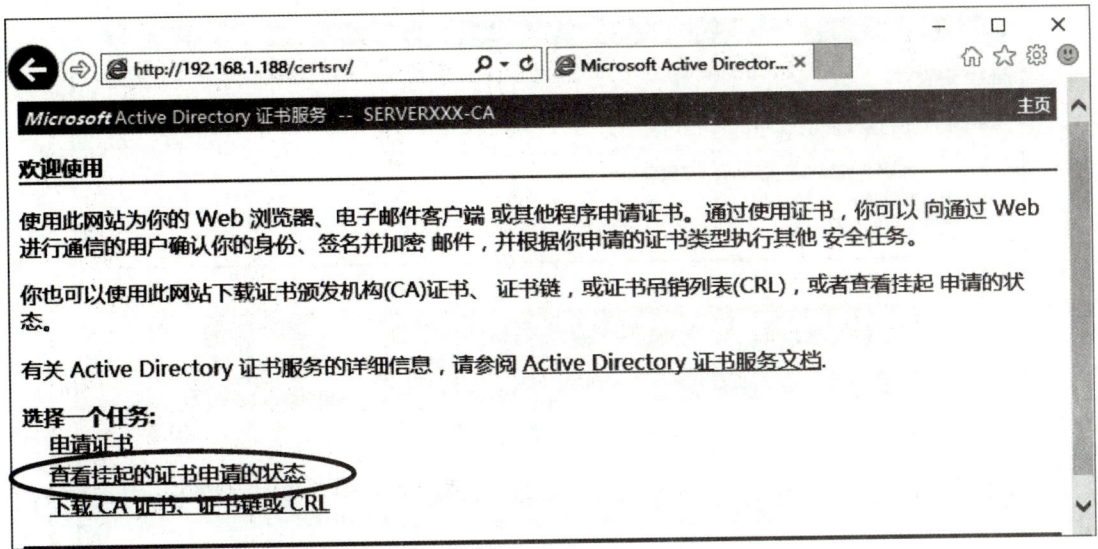

图 10-45　查看挂起的证书申请的状态

如图 10-46 所示，单击"保存的申请证书"。

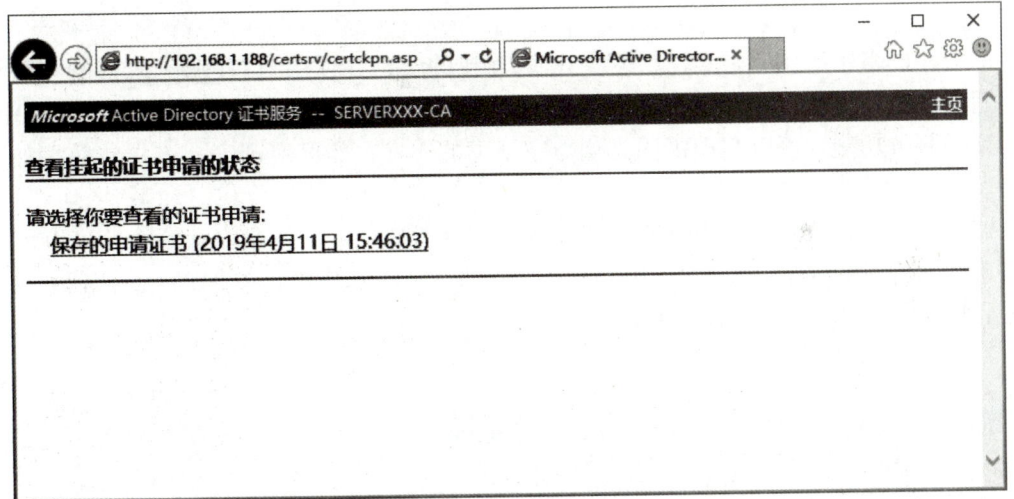

图 10-46　保存的申请证书

步骤 10：在图 10-47 中选择"下载证书"、单击"保存"按钮将证书保存到本地，默认的文件名为 certnew.cer。

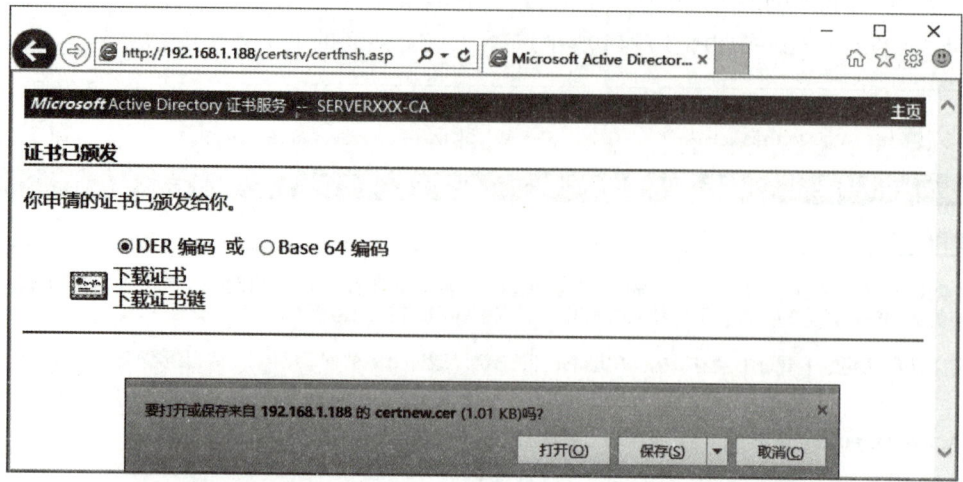

图 10-47　保存证书

提示：安装证书及网站测试同任务 10-2 的 3 和 4。

项目小结

证书在网络中应用非常广泛，安全 Web 连接的站点（使用 HTTPS）、邮件的签名和加密、网上银行在线交易等都需要证书来保护信息的安全。通过部署 Windows Server 2016 自带的证书服务功能，可以实现不同类型数字证书的颁发，即可实现安全连接、数据加密等功能。

Windows Server 2016 支持两种证书服务器，分别是应用于企业内部的企业证书服务器和用于企业外或 Internet 的独立证书服务器。企业 CA 的安装建立在 ADDS 的基础上，而独立 CA 则是建立在独立服务器的基础上。

上机实训

实验目的

掌握证书服务器的配置与管理方法。

实验内容

在一台安装了 Windows Server 2016 的服务器上部署证书服务，并替网站申请 SSL 证书。

实验步骤

实验一：企业根 CA 安装与证书申请

1. 安装企业根证书服务。

2. 让网站与浏览器计算机信任 CA。
3. 在网站上创建证书申请文件。
4. 申请证书与下载证书。
5. 建立网站的测试网页。
6. 续订证书。

习题

1. 什么是电子证书服务？
2. 企业证书和独立根证书有什么区别？

项目 11 VPN 服务

【项目导入】

公司有业务部、行政部和信息部等多个部门，每个部门都有自己的局域网。为满足公司业务发展需求，公司希望将各个部门网络连接起来并接入局域网，实现公司内部的相互通信、文件共享以及接入 Internet。

【项目分析】

路由器用于实现不同局域网之间的互连，通过路由器连接起来的各部门之间的网络已经实现了部门间的相互通信、资源共享。

本项目中，可以使用 Windows Server 2016 的"路由和远程访问"服务作为公司的路由器来实现各部门之间的连接，实现各部门的相互通信及资源共享。

【项目目标】

- 了解远程访问和 VPN 服务相关知识
- 掌握安装和配置远程服务的方法
- 掌握配置与管理 VPN 服务的方法

相关知识

在 Windows Server 2016 中，网络用户不仅可以将内部网络连接到广域网，而且可以使网络用户远程接入内部网络。通过 Windows Server 2016 的远程访问服务，远程访问客户端可以连接到远程访问服务器，并透明地连接到远程访问服务器所在的网络，就像与网络有了直接的物理连接一样。VPN（Virtual Private Network，虚拟专用网络）是 Windows Server 2016 中路由和远程访问服务的一部分，通过在 Internet 上建立一个专用网络，可以让远程用户通过 Internet 安全访问网络内部资源。

Windows Server 2016 的远程访问服务器，支持远程访问通信协议和局域网通信协议，可以让远程客户端连接并访问本地网络资源。

Windows Server 2016 的远程访问服务器支持以下 4 种远程访问通信协议。

（1）PPP 协议

PPP 是目前被广泛使用的远程访向通信协议，它的安全性能出色、扩充较强，可以满足网络用户当前与未来的需求。Windows Server 2016 的远程访问服务器支持客户端利用 PPP 来连接。

（2）SLIP 协议

SLIP（serial line internet protocol）是一个远程访问通信协议，一般在 UNIX 环境下使用。Windows Server 2016 的远程访问服务器并不支持客户端通过 SLIP 来连接，但 Windows 客户端仍然支持利用 SLIP 拨号连接。

（3）RAS 协议

Microsoft RAS Protocol 是 Microsoft 专有的通信协议，支持 NETBIOS 的标准。该协议是以旧版的操作系统所采用的远程访问通信协议，不过它只支持 NETBIOS 局域网通信协议，因此远程访问服务器与客户端都必须安装 NETBEUI 通信协议。

（4）ARAP 协议

ARAP（Apple Remote Access Protocol）的 Macintosh 客户端可以通过该通信协议来连接 Windows Server 2016 的远程访问服务器，但 Windows Server 2016 不能够利用 ARAP 来连接支持 ARAP 的远程访问服务器。

任务　VPN 服务器配置

1. 网络配置

在图 11-1 中，VPN 服务器有两个网络接口，一个接到企业内部，另一个接到 Internet 的接口。我们这里用 10.6.65.1/24 网络来模拟 Internet，VPN 客户直接接到 Internet 上。配置计算机的 IP 地址如下：

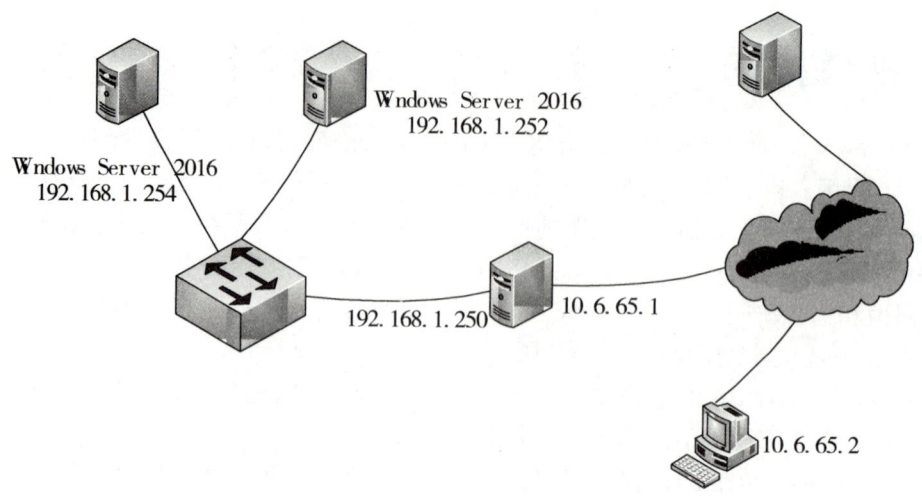

图 11-1　公司网络拓扑图

（1）VPN 客户端

IP 地址：10.6.65.2/255.255.255.0

网关：无

DNS：10.6.65.1

（2）VPN 服务器的外部网络

IP 地址：10.6.65.1/255.255.255.0

网关：无

DNS：10.6.65.1

（3）VPN 服务器的内部网络

IP 地址：192.168.1.254/255.255.255.0

网关：无

DNS：192.168.1.254

（4）Windows server 2016 服务器

IP 地址：192.168.1.250/255.255.255.0

网关：无

DNS：192.168.1.254

2. 安装 VPN 服务

步骤 1：单击"开始"→"服务器管理器"，打开如图 11-2 所示窗口。

项目 11 VPN 服务

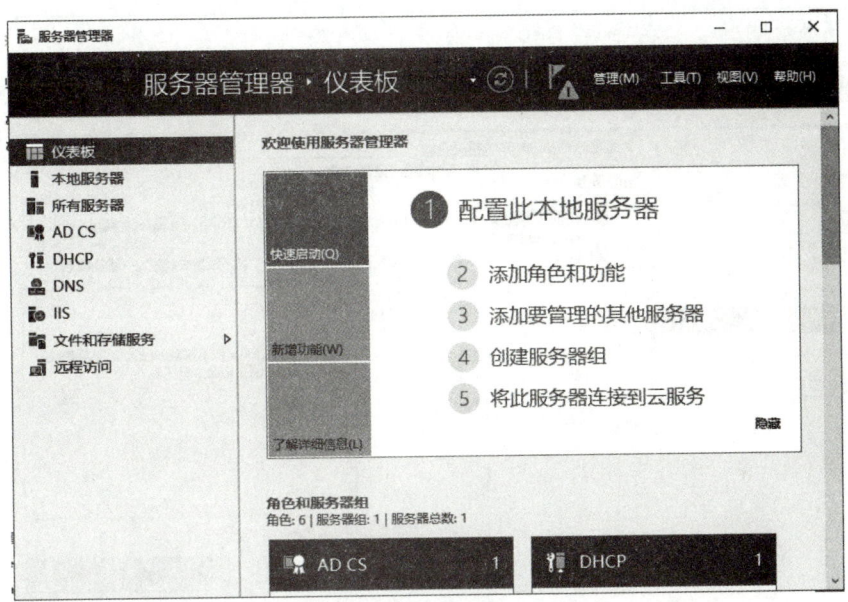

图 11-2 添加角色和功能

步骤 2：单击"仪表板"→"添加角色和功能"，持续单击"下一步"直到如图 11-3 所示窗口，选中"网络访问"。

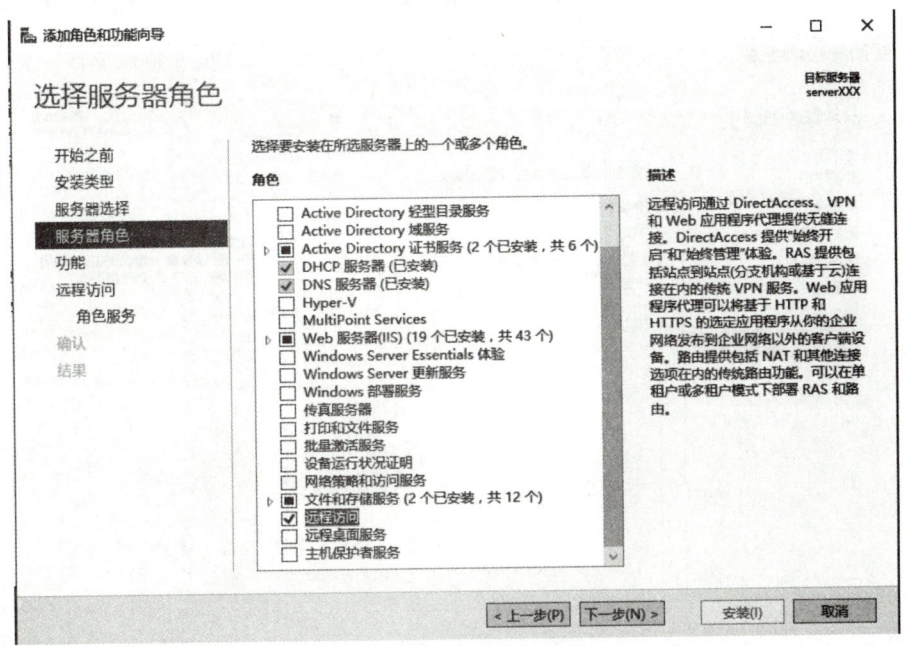

图 11-3 选择服务器角色

步骤 3：单击"下一步"，在如图 11-4 所示窗口中，勾选"DirectAccess 和 VPN（RAS）"，并在跳出的窗口，单击"添加功能"添加"DirectAccess 和 VPN（RAS）所需的功能"。

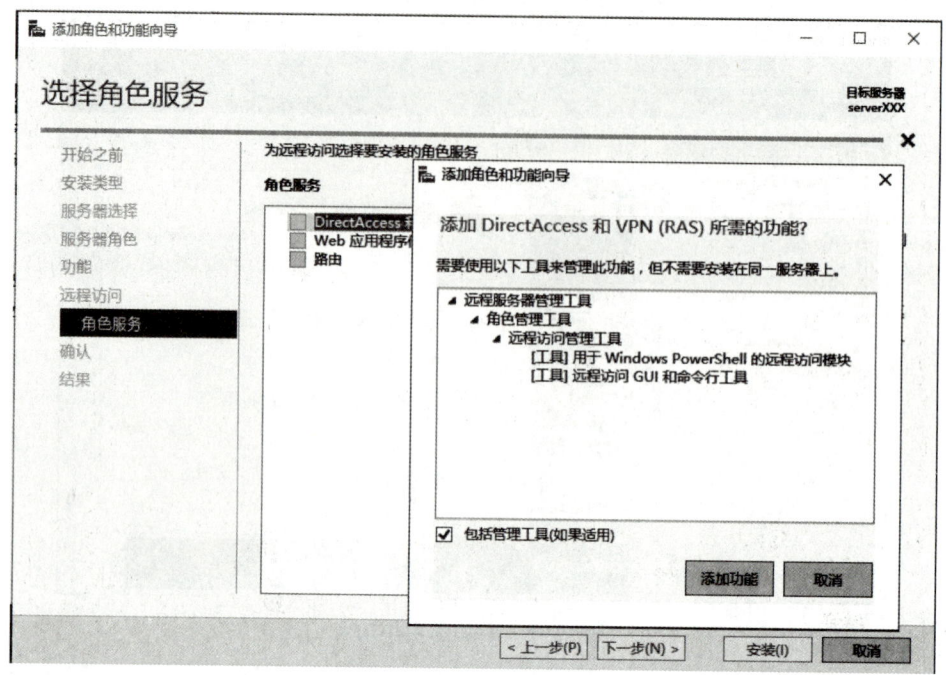

图 11-4　添加功能

步骤 4：在图 11-5 中，勾选"路由"和"Web 应用程序代理"。单击"下一步"。

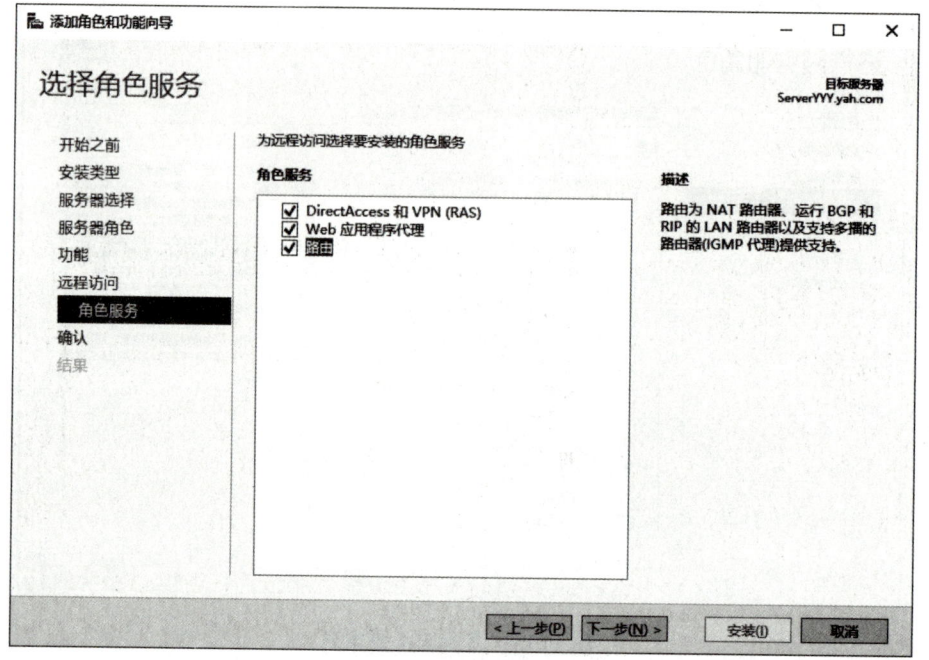

图 11-5　选择角色服务

步骤 5：单击"安装"，开始安装，如图 11-6 所示，安装完毕后，单击"关闭"按钮。

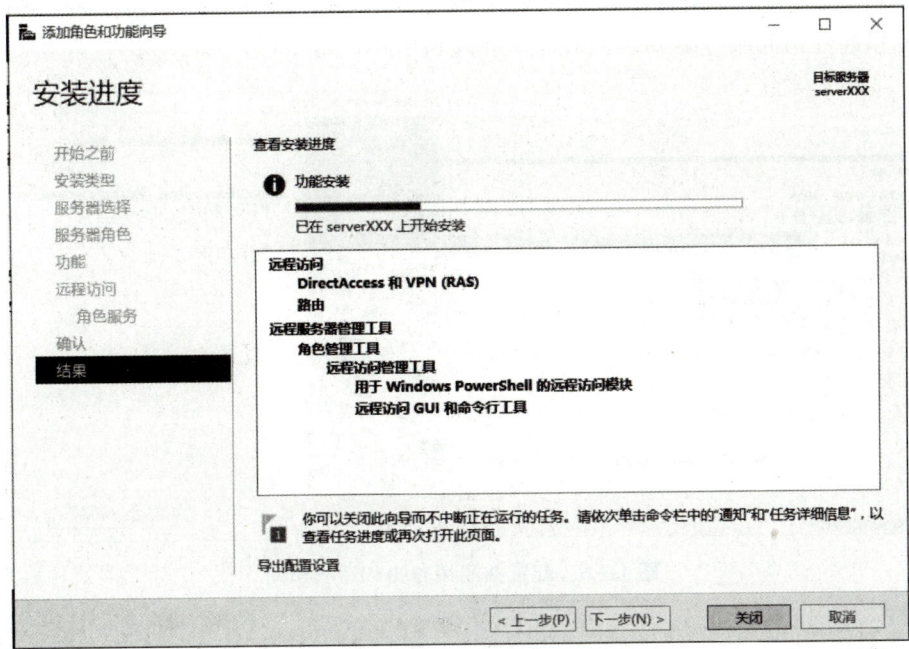

图 11-6 安装进度

3. 启用"路由和远程访问服务"

步骤 1：单击"开始"→"Windows 管理工具",打开"路由和远程访问"窗口,如图 11-7 所示。

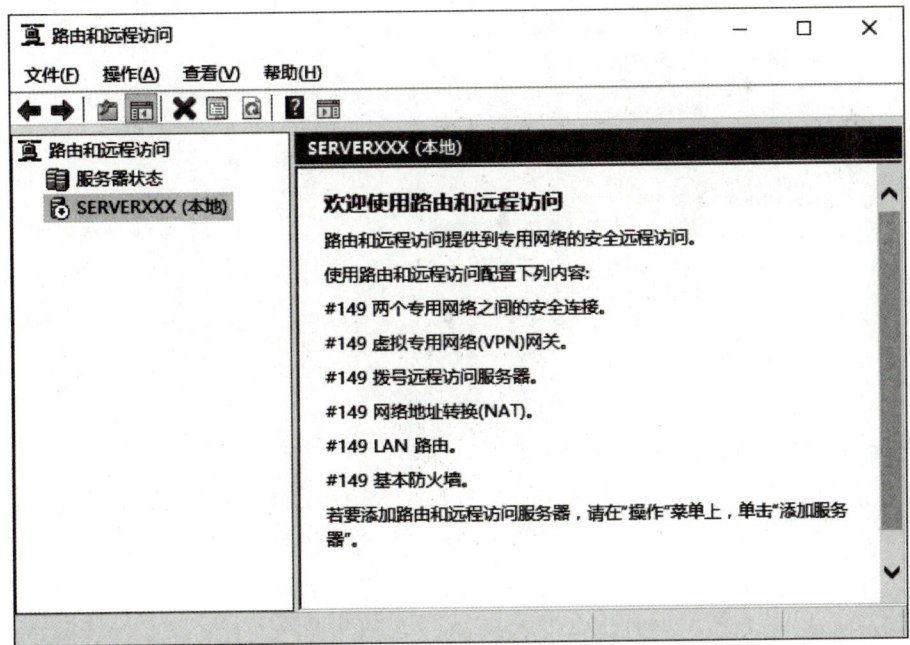

图 11-7 路由和远程访问

步骤 2：鼠标右键单击左侧计算机名，选择"配置并启用路由和远程访问服务"，打开"路由和远程访问服务器安装向导"，如图 11-8 所示，单击"下一步"。

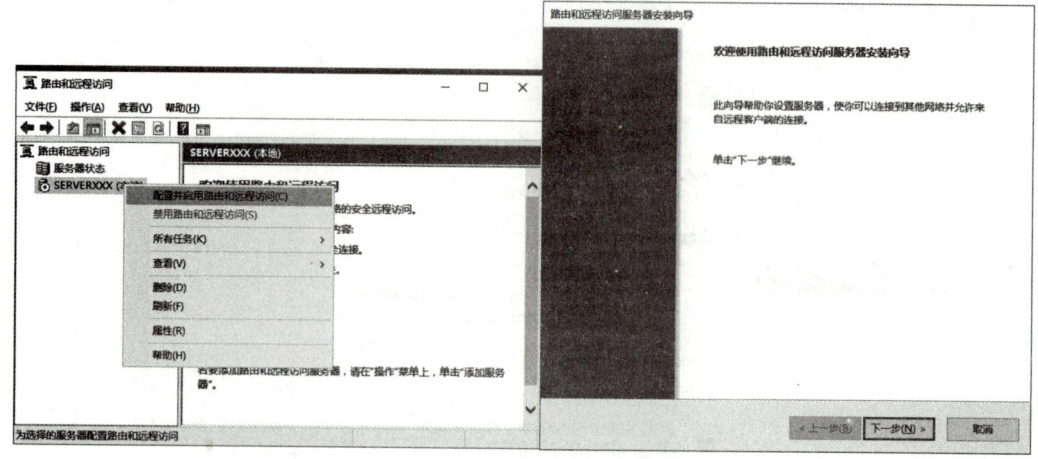

图 11-8　配置并启用路由和远程访问

步骤 3：图 11-9 中，选择"远程访问（拨号或 VPN）"选项，单击"下一步"。

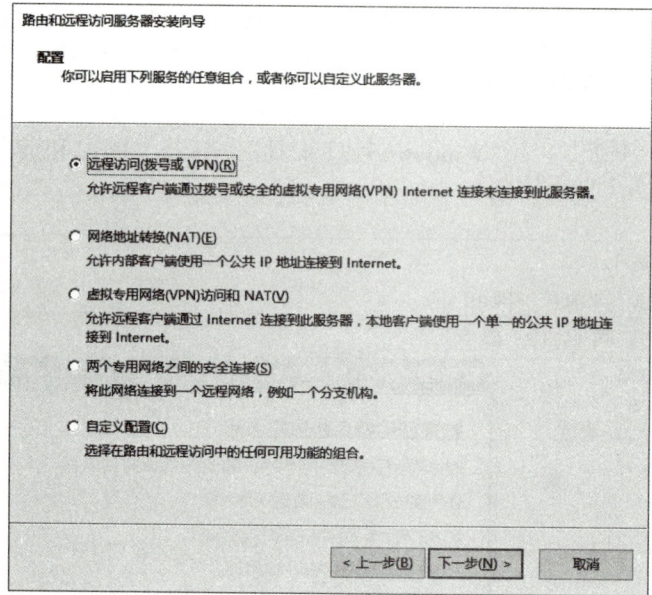

图 11-9　配置

步骤 4：图 11-10 中选择"VPN"选项，单击"下一步"。

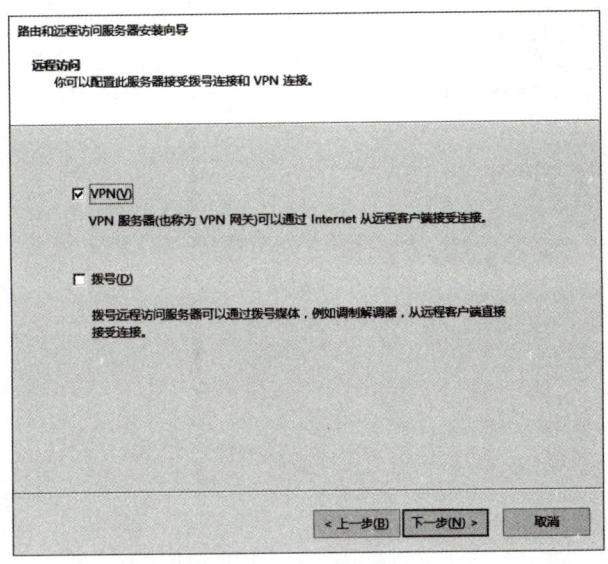

图 11-10 远程访问

步骤 5：图 11-11 中选择"本地连接 2"，将"本地连接 2"作为外网的接口，将"通过设置静态数据包筛选器来对选择的接口进行保护（E）。"的勾去掉。

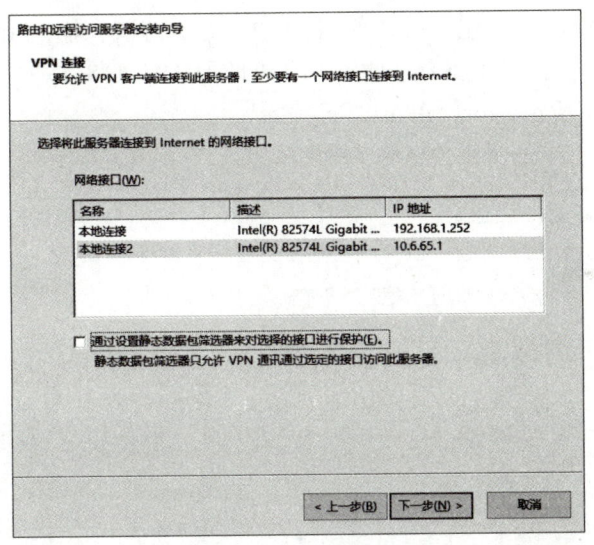

图 11-11 VPN 连接

步骤 6：图 11-12 选择用何种方法对远程计算机分配 IP 地址。如果选择"自动"，则 VPN 服务器从安装在该计算机上的 DHCP 服务器获得 IP 地址后分给客户端，我们这里选择"来自一个指定的地址范围"，则 VPN 服务器将设定地址池，从地址池分配 IP 地址给客户端，单击"下一步"。

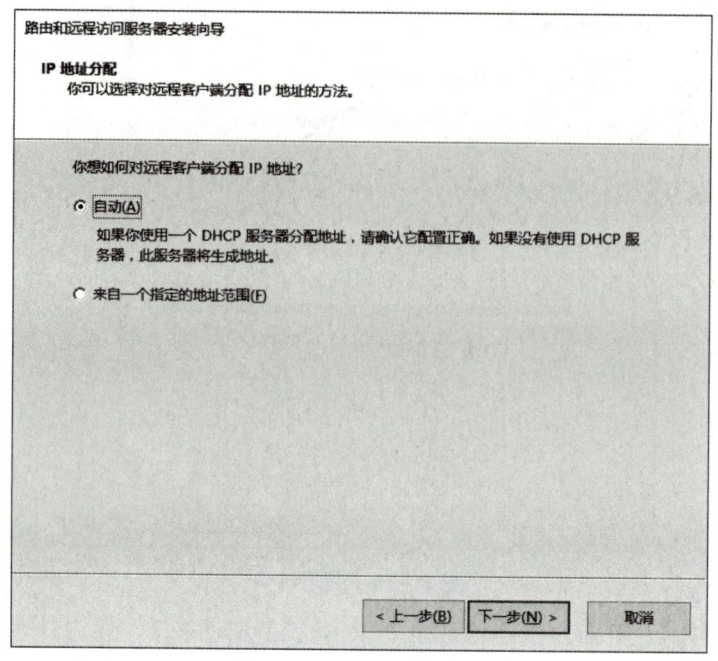

图 11-12 IP 地址分配

步骤 7：单击"新建"按钮，打开如图 11-13 所示窗口，输入 IP 地址，这里的 IP 地址可设私有 IP 地址，并且不能和企业内部的地址段 192.168.1.0/24 在同一网段，单击"确定"后，回到如图所示窗口，单击"下一步"。

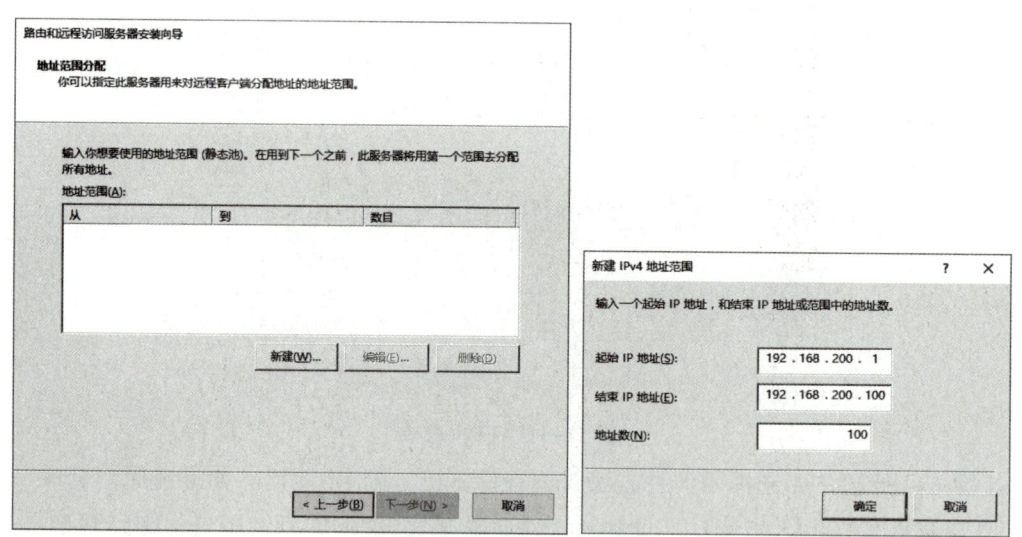

图 11-13 地址分配范围

步骤 8：如图 11-14 所示，远程用户拨入时，需要验证用户名和密码，可以在网络上架设专门的验证服务 RADIUS 来进行身份验证，这种方法适用于大型网络。这里，我们没有架设该服务，所以选择"否，使用路由和远程访问来连接请求进行身份验证"，我们将用户名和密码存在 VPN 服务器上或者是域控制器上，单击"下一步"。

项目 11　VPN 服务

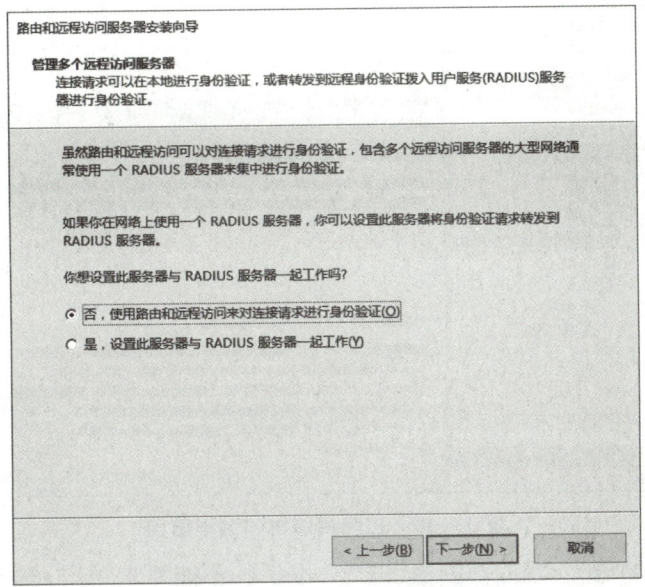

图 11-14　管理多个远程访问服务器

步骤 9：单击"完成"，系统提示"要支持中继来自远程访问客户端的消息，必须使用 DHCP 服务器的 IP 地址配置 DCHP 中继代理的属性"，如图 11-15 所示，单击"确定"按钮，随后完成启用工作。

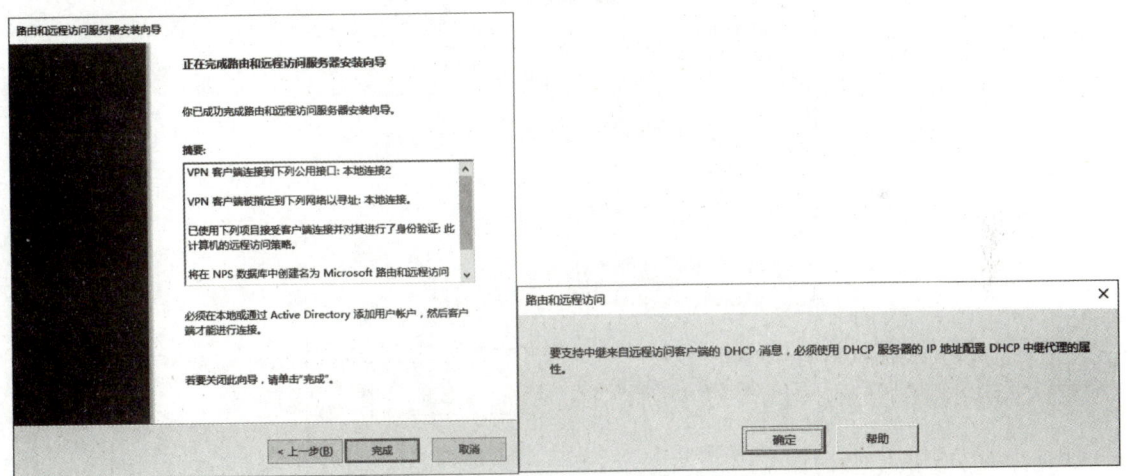

图 11-15　完成安装及信息提示框

步骤 10：系统启用"路由和远程访问"服务，如图 11-16 所示。

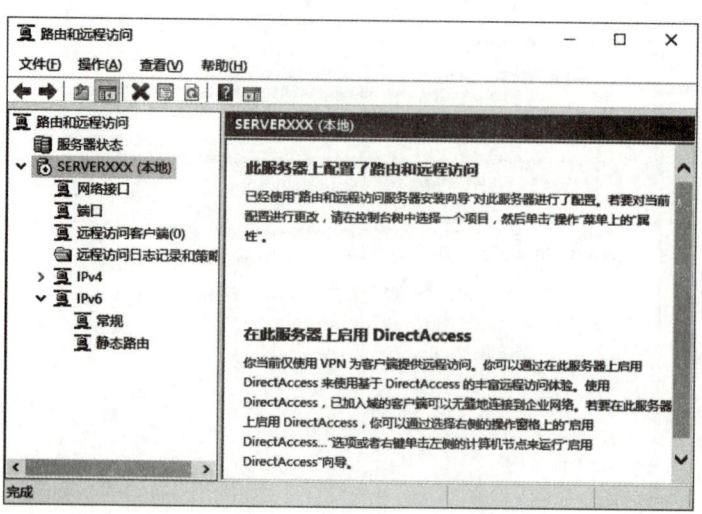

图 11-16　已启用路由和远程访问

步骤 11：在 VPN 服务器上，创建用户"zdxy"，不能要求用户 zdxy 下次登录时必须更改密码，并打开用户属性，选择"拨入"选项卡，选择"允许访问"选项，如图 11-17 所示，单击"确定"按钮保存。

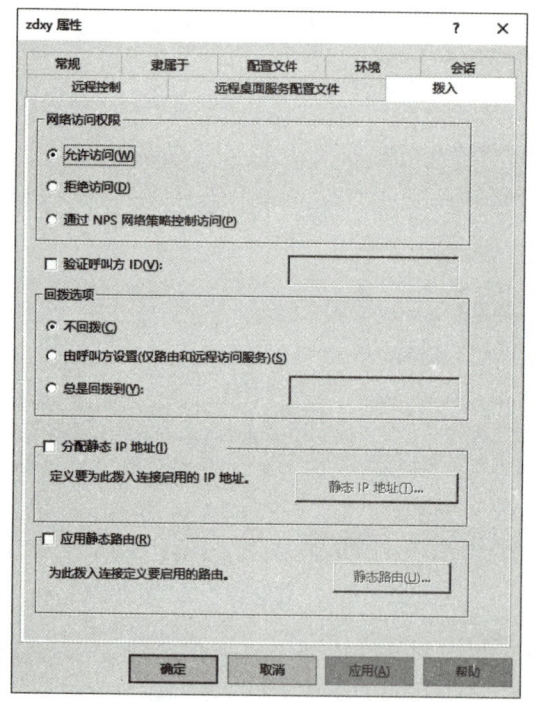

图 11-17　允许访问

4. 配置路由和远程访问服务

步骤 1：右击左侧计算机名"ServerXXX"，选择"属性"，打开如图 11-18 所示窗口，可以看到计算机启用 IPv4 路由功能和 IPv4 远程访问服务。

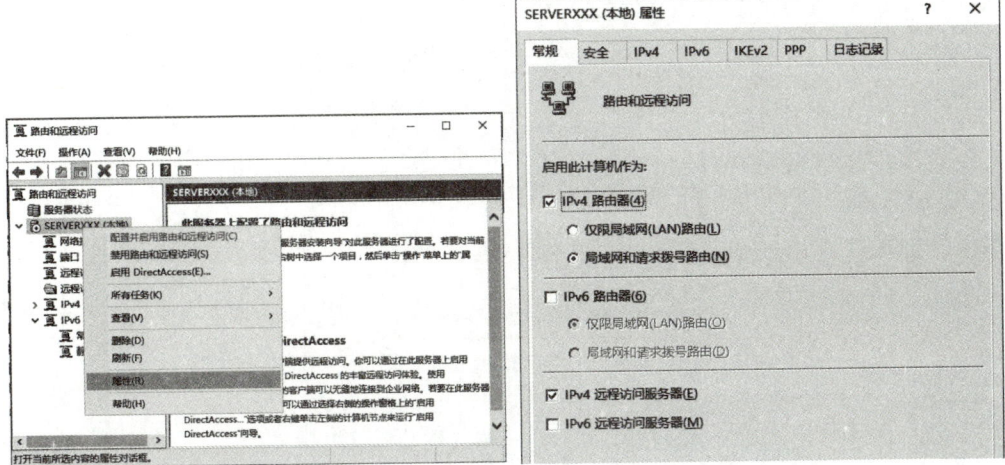

图 11-18 启用 IPv4 路由功能和 IPv4 远程访问服务

步骤 2：选择"安全"选项卡，可选择身份验证提供程序等。"允许 L2TP/IKEv2 连接使用自定义 IPSec 策略（L）"选项：指定 L2TP 连接是否可以使用自定义 IPSec 策略。选中此复选框，必须指定预共享秘钥，如图 11-19 所示，VPN 客户端计算机上也必须配置相同的共享秘钥。需要重启路由额远程访问，域共享秘钥才能生效。

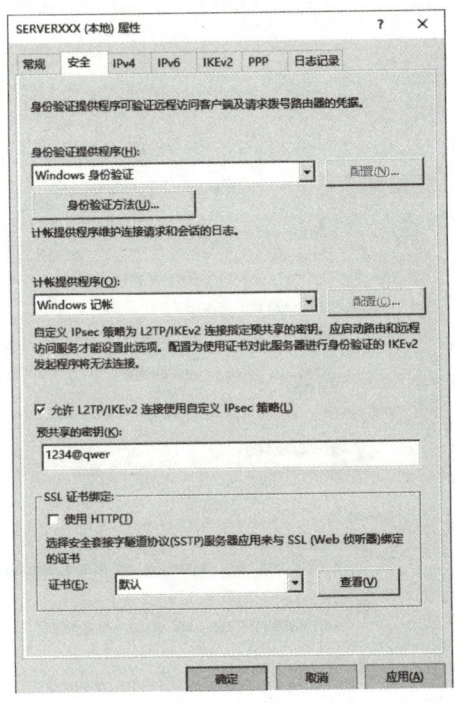

图 11-19 身份验证及预共享秘钥

步骤 3：选中"IPV4"选项卡，在"适配器"下拉列表中选中"本地连接"，如图 11-20 所示。VPN 客户端拨入时，VPN 服务器会为客户端分配 IP 地址，这里的"本地连接"会把自己网卡上的 DNS 等参数分配给客户端。

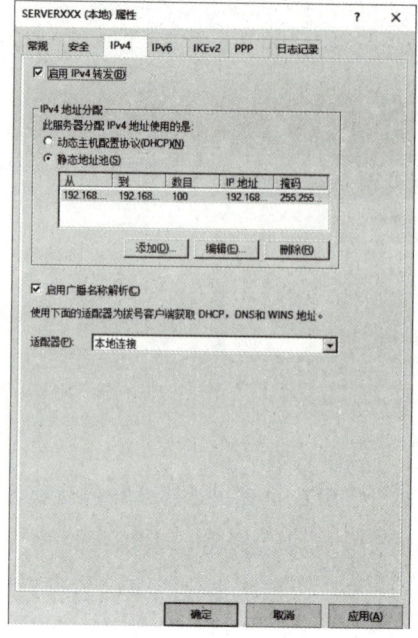

图 11-20　IPv4

5. 客户端测试

（1）PPTP 客户端

以 Win7 操作系统作为 VPN 客户端为例，步骤如下。

步骤 1：打开 Win7 "网络和共享中心"，单击 "设置新的连接或网络"，如图 11-21 所示。

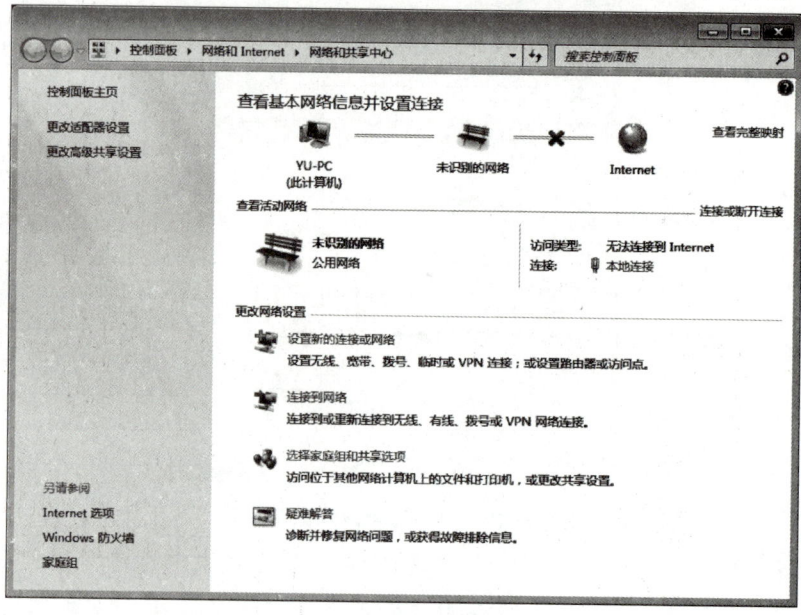

图 11-21　网络和共享中心

步骤2：如图11-22所示，选择"连接到工作区"，单击"下一步"。

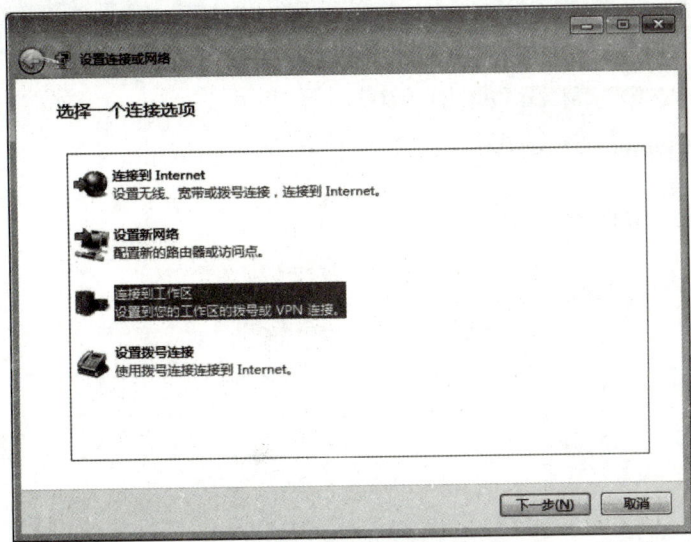

图11-22　连接到工作区

步骤3：图11-23中，单击"使用我的Internet连接（VPN）（I）"。

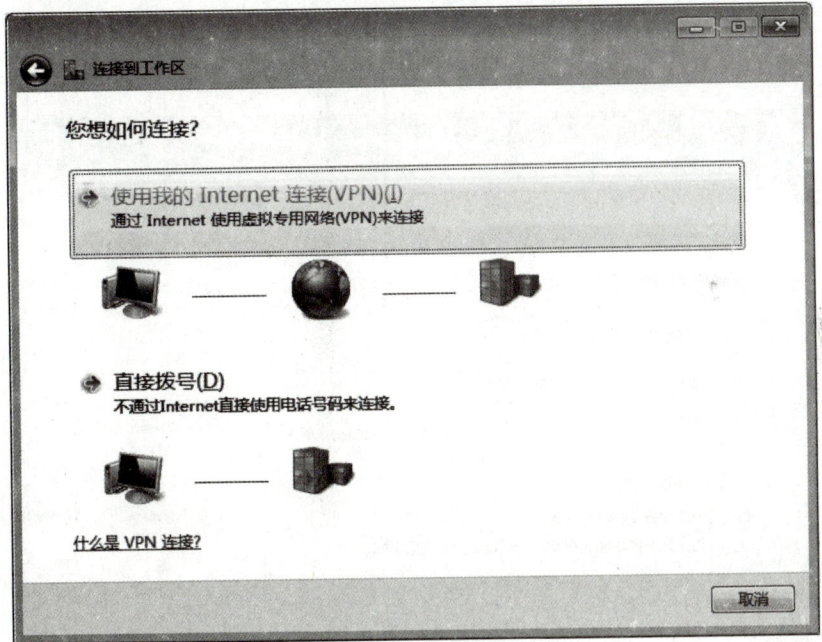

图11-23　使用我的Internet连接（VPN）（I）

步骤4：图11-24中，单击"我将稍后设置Internet连接（I）"。

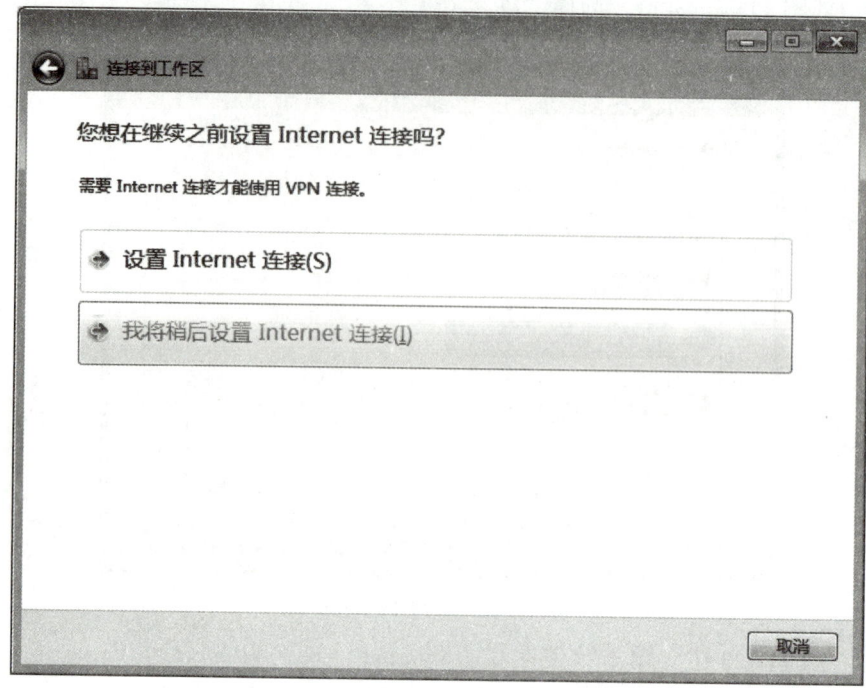

图 11-24　我将稍后设置 Internet 连接（I）

步骤 5：图 11-25 中，输入 VPN 服务器的 IP 地址 10.6.65.1，单击"下一步"。

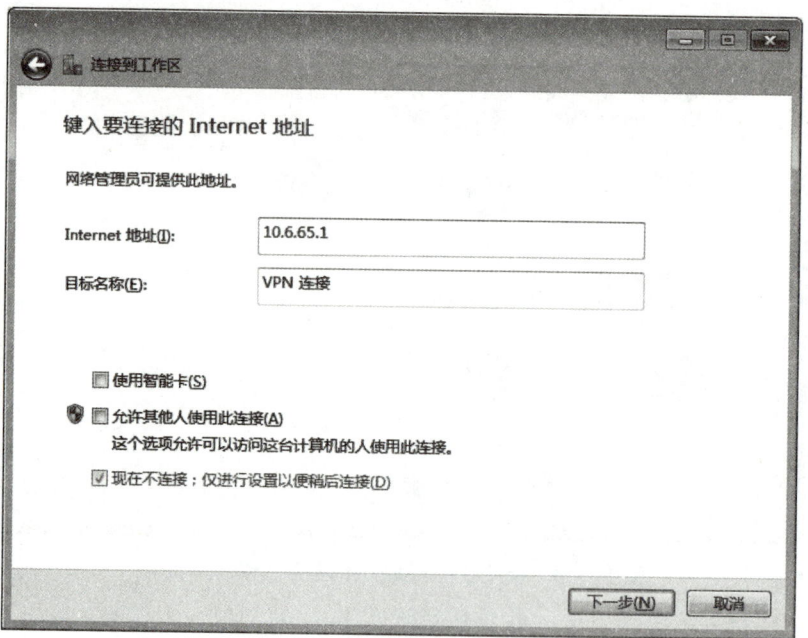

图 11-25　VPN 服务器的 IP 地址

步骤 6：图 11-26 中，输入用户名和密码，单击"创建"。

项目 11　VPN 服务

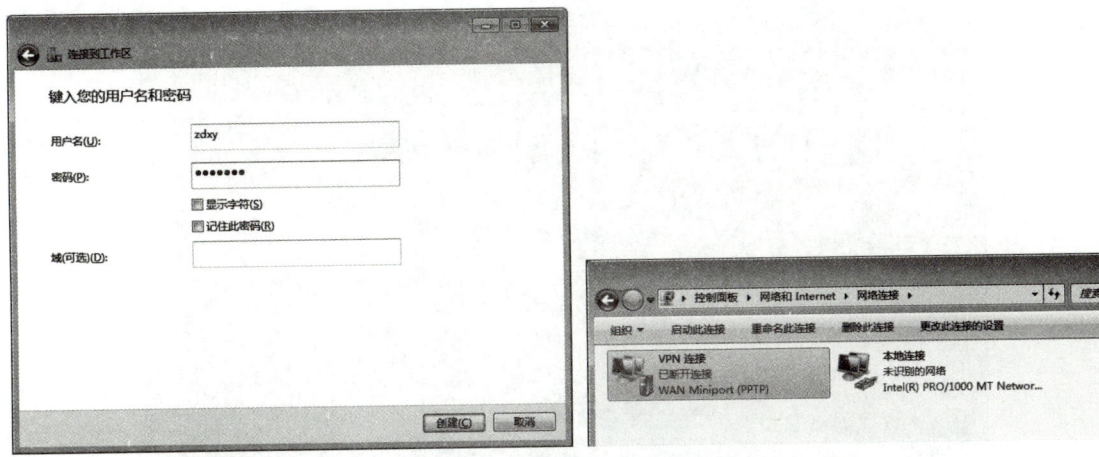

图 11-26　设置用户名和密码

步骤 7：右键单击图 11-26 中 "VPN 连接"，输入用户名 "zdxy" 和密码，单击 "连接"，如图 11-27 所示。

图 11-27　输入用户名和密码

步骤 8：使用 "ipconfig /all" 命令，可以看到 VPN 连接的 IP 地址、DNS 等信息，如图 11-28 所示。

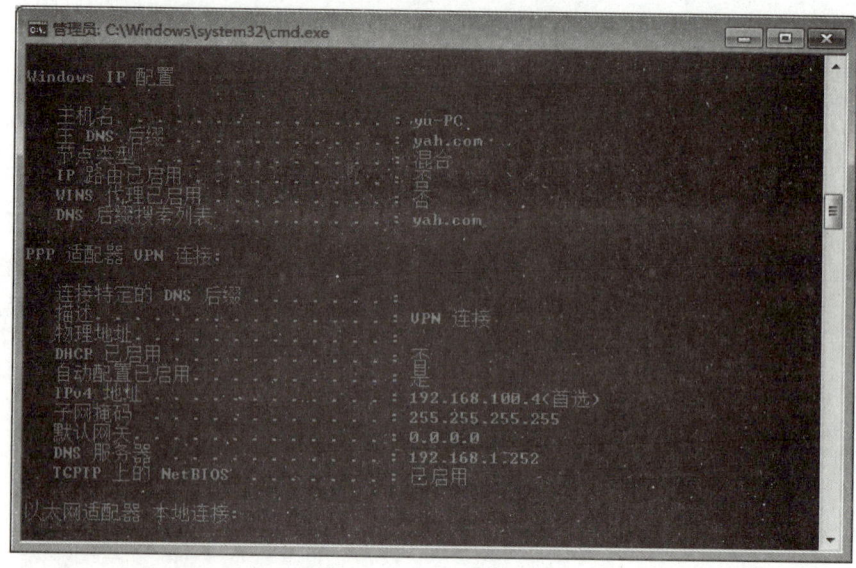

图 11-28 ipconfig /all 结果

步骤 9：使用 ping 命令，ping 企业内部网 192.168.1.252，访问企业内部网站 http：// 192.168.1.252，如图 11-29 所示。

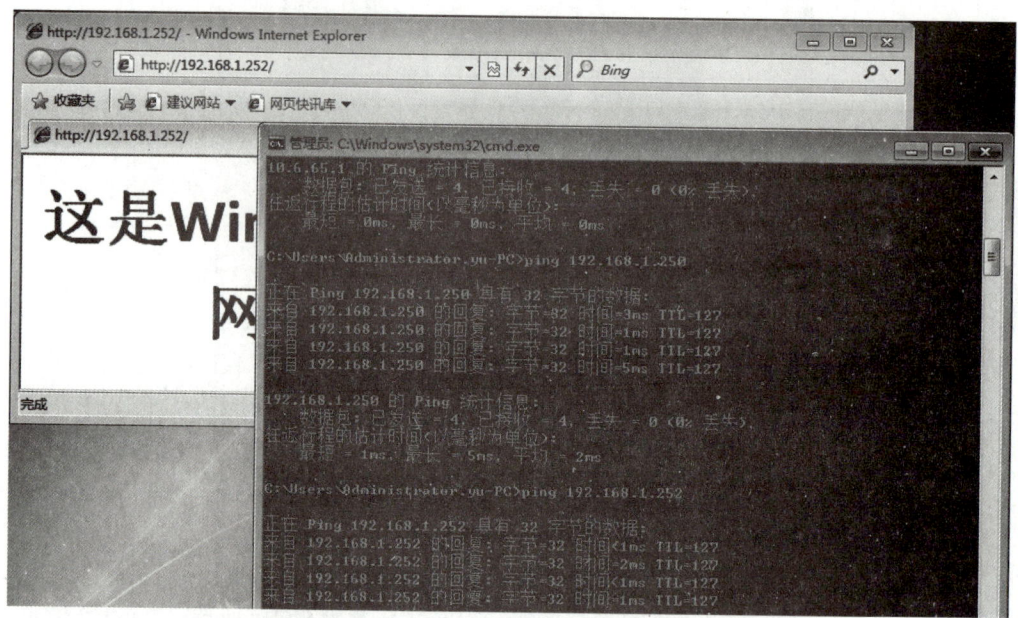

图 11-29 ping 企业内部 IP

（2）L2TP 客户端

从安全性来说 L2TP 应该比 PPTP 要安全，建议采用 L2TP 进行连接。如果要使用 L2TP，可以在客户端采用以下步骤。

步骤 1：右键点击"VPN 连接"，打开"属性"，选择"安全"选项卡，在"VPN 类型"下选择"L2TP IPSec VPN"，如图 11-30 所示。

项目 11　VPN 服务

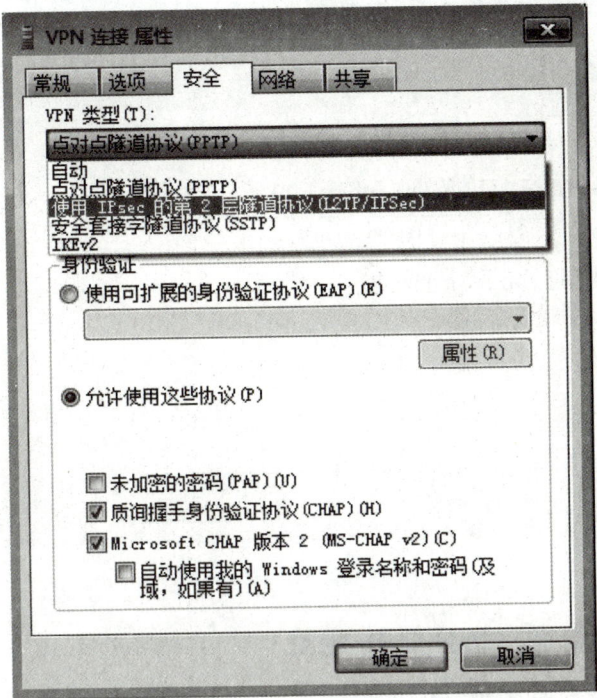

图 11-30　使用 IPSec 连接

步骤 2：图 11-31 中，单击"高级设置"。

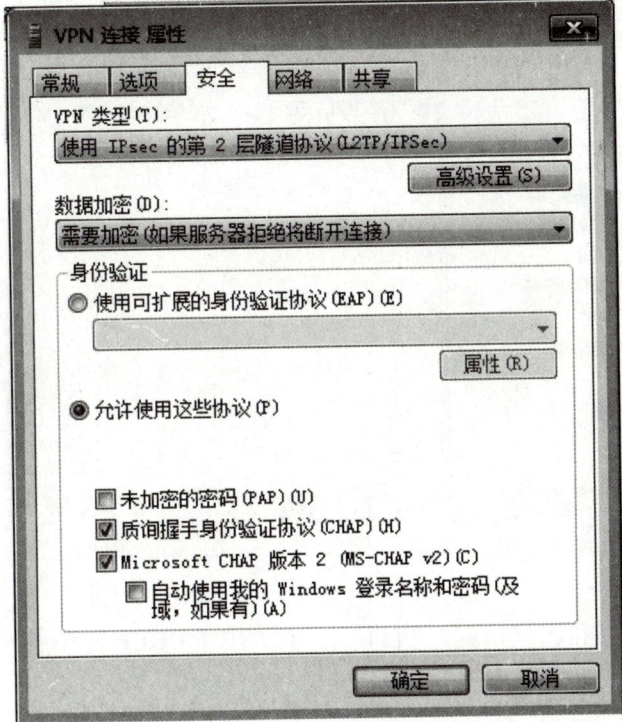

图 11-31　高级设置

步骤 3：图 11-32 中输入预共享的秘钥。

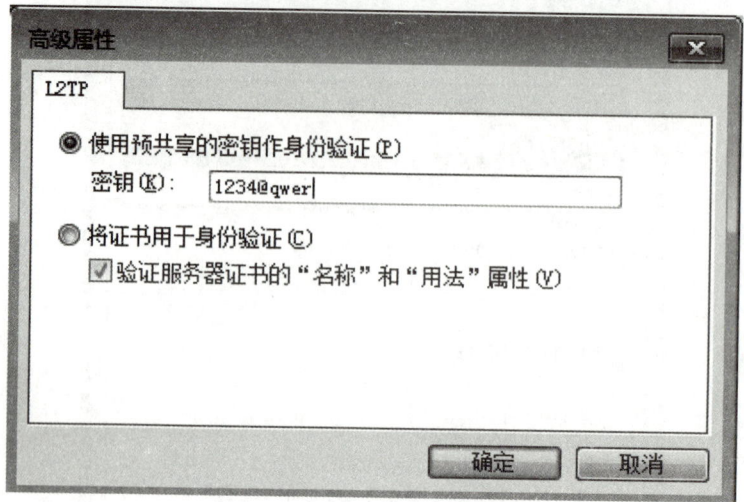

图 11-32　L2TP 设置

6. 使用 DHCP 给客户端分配 IP 地址

步骤 1：安装 DHCP 服务器，并设置 IP 地址池，如图 11-33 所示。

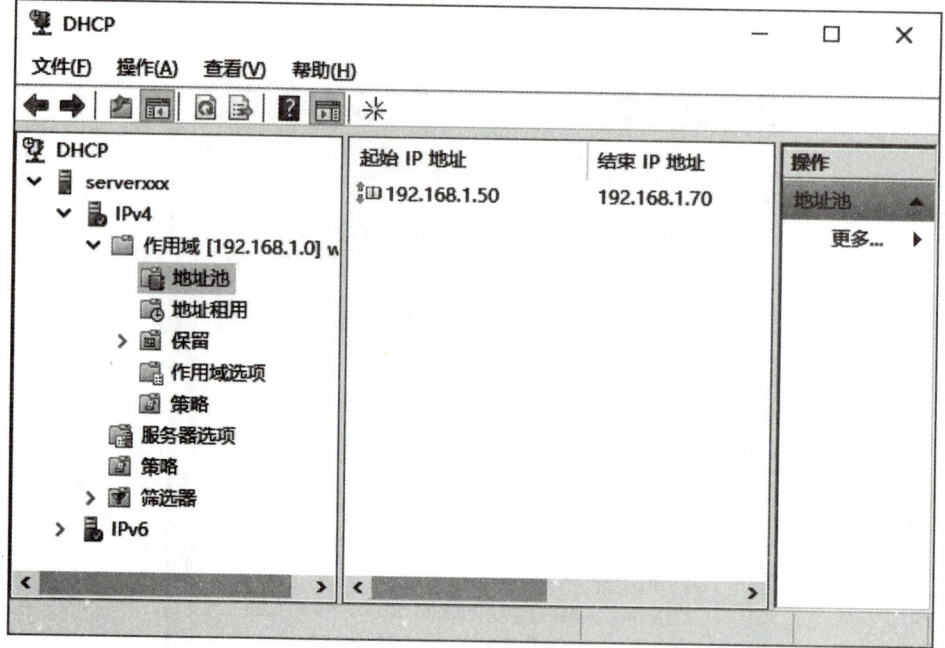

图 11-33　DHCP 服务

步骤 2：在"路由和远程访问"窗口，右键单击"DHCP 中继代理"，选择"属性"，如图 11-34 所示。

项目 11　VPN 服务

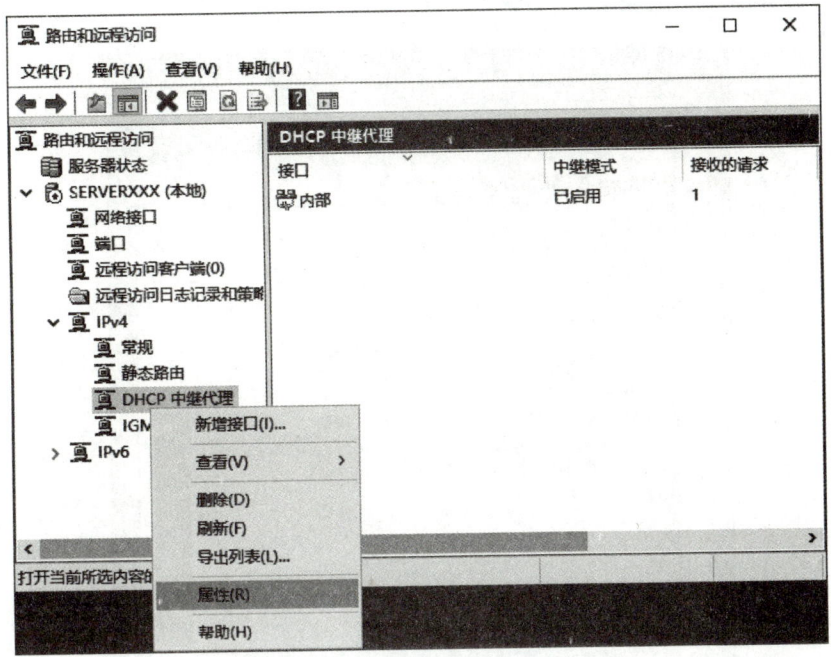

图 11-34　DHCP 中继代理

步骤 3：在"DHCP 中继代理属性"窗口，输入 DHCP 服务器 IP 地址，如图 11-35 所示。

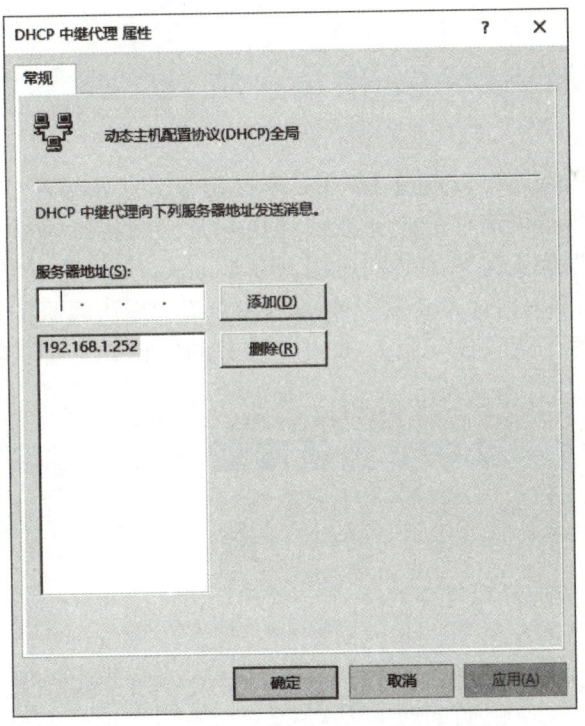

图 11-35　DHCP 服务器 IP 地址

步骤 4：在客户端连接测试，如图 11-36 所示。

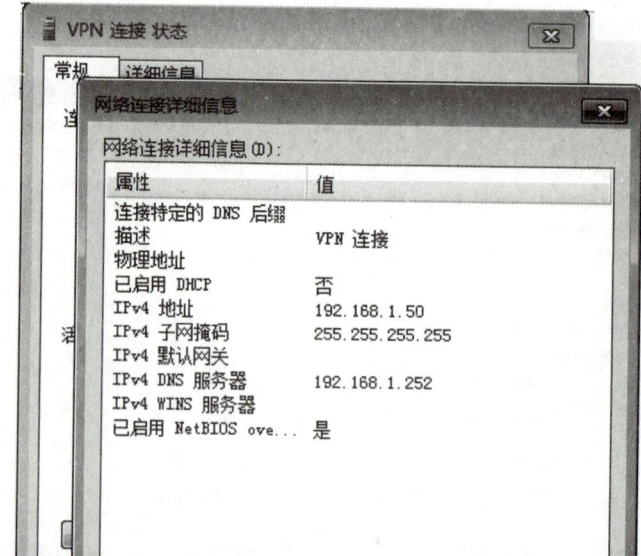

图 11-36　客户端获取 IP 地址

项目小结

企事业单位之间的网络可以通过 Internet 连接起来，但如果各个网络之间的数据需要机密传输，或者只提供给可信任的企业或伙伴访问时，就需要利用 VPN 技术，通过加密技术、验证技术及数据确认技术的共同应用，在 Internet 上建立一个专用网络，让远程用户通过 Internet 安全访问网络内部资源。本项目在介绍远程访问服务和 VPN 服务的有关知识的基础上，重点介绍了远程访问服务和 VPN 服务的安装、配置以及管理方法。

上机实训

实验目的
掌握 VPN 服务器的配置与管理方法。

实验内容
公司的财务部和业务部分别组建了局域网，你是公司的网络管理员，公司希望在一台安装了 Windows Server 2016 的服务器上部署 VPN 服务，实现两个局域网的互联。公司网络拓扑图如图 11-37 所示。

项目 11　VPN 服务

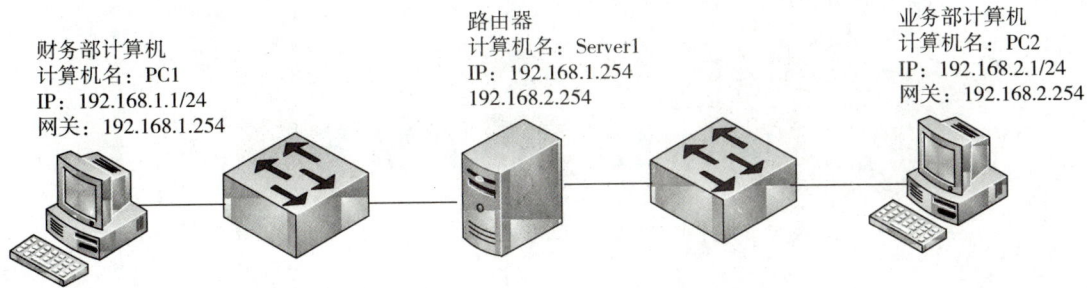

图 11-37　公司网络拓扑图

实验步骤

1. PC1 和 PC2 的配置。
2. 路由和远程访问服务的安装。
3. 路由和远程访问服务的配置。
4. 在 PC1 上利用 ping 命令检查与 PC2 的连接。
5. 在 PC2 上利用 ping 命令检查与 PC1 的连接。

习　题

1. 路由器在进行路由选择时，路由的类型主要有_____。
2. VPN 是_____的简称，中文是_____。
3. VPN 使用的两种隧道协议是_____和_____。

项目 12 NAT 服务

【项目导入】

公司向 Internet 服务提供商申请了几个公网的 IP，只有使用公网 IP 的计算机才能连接上 Internet，其他的计算机都没办法连上 Internet，因此公司希望改变网络拓扑结构，让公司的所有计算机和服务器都能连上 Internet，如图 12-1 所示。

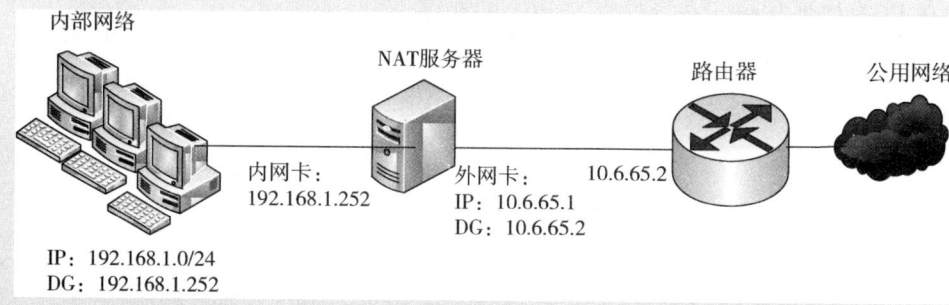

图 12-1 网络拓扑图

通过 NAT 技术可以实现：
① 通过 NAT 技术实现公司所有服务器和计算机都接入 Internet。
② 让 Internet 上的用户可以访问位于公司内部的网站。
③ 将公司内部的服务器映射到 Internet，允许管理员远程访问。

【项目分析】

计算机必须要有一个唯一的公网 IP 地址才能访问 Internet，企业内部的服务器也需要有公网 IP 才能被 Internet 上的计算机访问到。公司内部计算机很多，不可能每台计算机都申请一个公网 IP，因此，需要通过 NAT 技术实现公司内部多台计算机共用一个或几个公网 IP 来接入 Internet。

【项目目标】

- 了解 NAT 基本技术原理、NAT 类型，选择合适的 NAT 类型
- 会架设 NAT 服务器

1. NAT 的特色与原理

一般公司内部的计算机会使用私有 IP 地址，私有 IP 地址不必向 IP 地址发放机构申请，而且私有 IP 地址数量众多，不怕不够用，然而私有 IP 地址仅限于内部网络使用，不能暴露到因特网上，因此若要让使用私有 IP 地址的计算机可以连接因特网，便需使用具备 NAT（Network Address Translation，网络地址转换）功能的设备，例如防火墙、IP 共享设备或宽带路由器等。

Windows Server 2016 可以被配置为 NAT 服务器，它具有以下特点：

①支持内部多个局域网络内使用私有 IP 地址的计算机，可以同时通过 NAT 服务器连接因特网，而且只需要使用一个公共 IP 地址。

②支持 DHCP 功能来自动分配 IP 地址给内部网络的计算机。

③支持 DNS 中继代理功能来帮助内部局域网络的计算机查询外部主机 IP 地址。

④支持 TCP/UDP 端口映射功能，让因特网用户可以访问位于内部网络的服务器，例如网站、电子邮件服务器等。

⑤NAT 服务器的外部网络接口可以使用多个公网 IP 地址，然后搭配地址映射功能，让因特网的应用程序可以通过 NAT 服务器来与内部网络的应用程序通信。

2. NAT 的网络架构实例图

Windows Server 2016 NAT 服务器至少需要有两个网络接口，一个用来连接因特网，一个用来连接内部网络。图 12-2 是通过路由器连接因特网的 NAT 架构。图中的 NAT 服务器至少需要两块网卡，一块连接内部网络，一块连接路由器，并通过路由器来连接因特网，其中的外网卡应该要手动输入 IP 地址、默认网关与 DNS 服务器等。

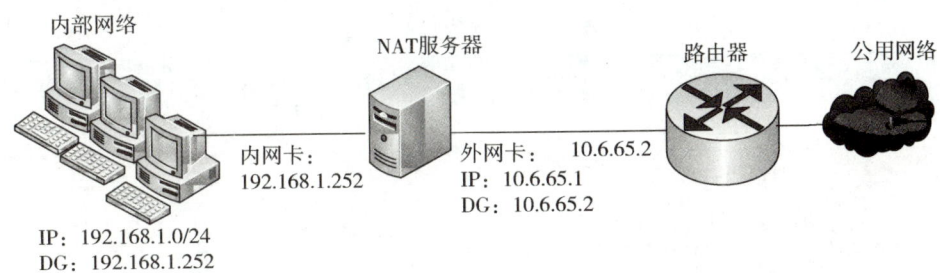

图 12-2　NAT 架构

注意：NAT 服务器也可以通过 XDSL 调制解调器或电缆调制解调器来连接因特网，其中外网卡的 IP 地址、默认网关与 DNS 服务器等由 ISP 提供，手动输入或自动获取。

3. NAT 服务器的 IP 地址

NAT 服务器的每一个网络接口都必须要有一个 IP 地址,且不同接口的 IP 地址有着不同的设置。

若是连接到因特网的公用网络接口,则其 IP 地址必须是 public IP 地址。

若是通过路由器或固接式 xDSL 连接因特网,则此 IP 地址由 ISP 事先分配,此时我们需要自行将此 IP 地址输入到该网卡的 TCP/IP 设置处;若是通过非固接式 xDSL 或电缆调制解调器连接因特网,则 IP 地址是由 ISP 动态分配的,不需要手动设置。

若是连接内部网络的专用网接口,则其 IP 地址可使用 private IP 地址。

private IP 地址可使用的范围如表 12-1 所示。我们在前面几个示例图中所采用的 private IP 地址的网络标识符为 192.168.1.0,子网掩码为 255.255.255.0。

表 12-1 私有 IP 地址

网络号	地址范围	默认掩码
10.0.0.0	10.0.0.1～10.255.255.254	255.0.0.0
172.16.0.0	172.16.0.1～172.31.255.254	255.255.0.0
192.168.0.0	192.168.0.1～192.168.255.254	255.255.255.0

4. NAT 的工作原理

支持 TCP 或 UDP 通信协议的服务都有一个或多个用来代表此服务的端口号。而客户端应用程序(例如网页浏览器)的端口号是由系统动态产生的,例如当用户在浏览器 Internet Explorer 内输入类似 http://www.nuaa.edu.cn/ 的 URL 路径上网时,系统就会为 Internet Explorer 建立端口号。

表 12-2 中列出一些最常用的服务器服务与端口号。客户端上网时,可以使用 netstat -n 命令来查看浏览器与网站所使用的端口号。

表 12-2 服务与端口号

服 务	TCP 端口号
HTTP	80
HTTPS	443
FTP 控制通道	21
FTP 数据通道	20
SMTP	25
POP3	110
NNTP	119

NAT 工作的基本程序,就是执行 IP 地址与端口号的转换工作。NAT 服务器至少有两个网络接口,其中连接因特网的网络接口需要使用 public IP 地址,而内部网络的网络接口

采用私有 IP 地址。NAT 服务器通过 IP 地址与端口的转换，让位于内部网络的计算机只需要使用私有 IP 地址就可以上网。NAT 服务器会隐藏内部计算机的 IP 地址，外界计算机只能接触到 NAT 服务器外网卡的公共的 IP 地址，无法直接与内部使用的私有 IP 地址的计算机通信，所以可以增加内部计算机的安全性。

任务 12-1 安装 NAT 服务

步骤 1：打开"服务器管理器"，单击"仪表板"的"添加角色和功能"，持续单击"下一步"，指导出现如图 12-3 所示"选择服务器角色"，勾选"远程访问"复选框，单击"添加功能"。

步骤 2：持续单击"下一步"，直到出现如图 12-3 所示的"选择服务器角色"，勾选"路由"复选框。

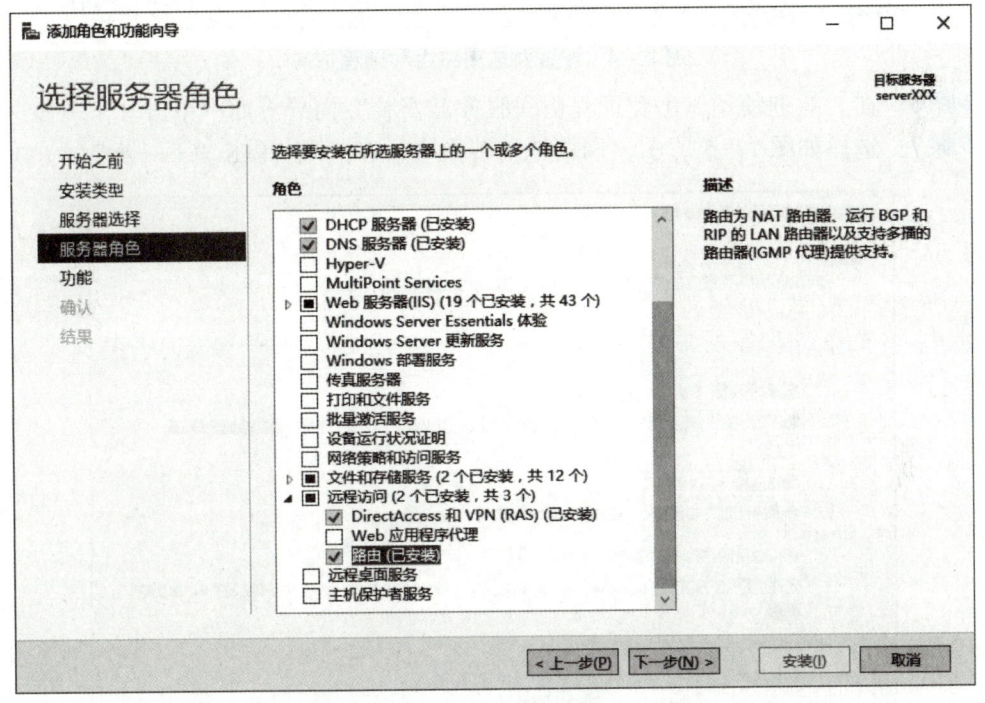

图 12-3 服务器角色

步骤 3：持续单击"下一步"，直到"确认安装选项"界面，单击"安装"按钮。
步骤 4：完成安装后，单击"关闭"按钮，重修启动计算机，以管理员身份登录。
步骤 5：按窗口键切换到"开始"菜单，单击"路由和远程访问"，如图 12-4 所示，选中本地计算机并单击右键，选中"配置并启用路由和远程访问"。

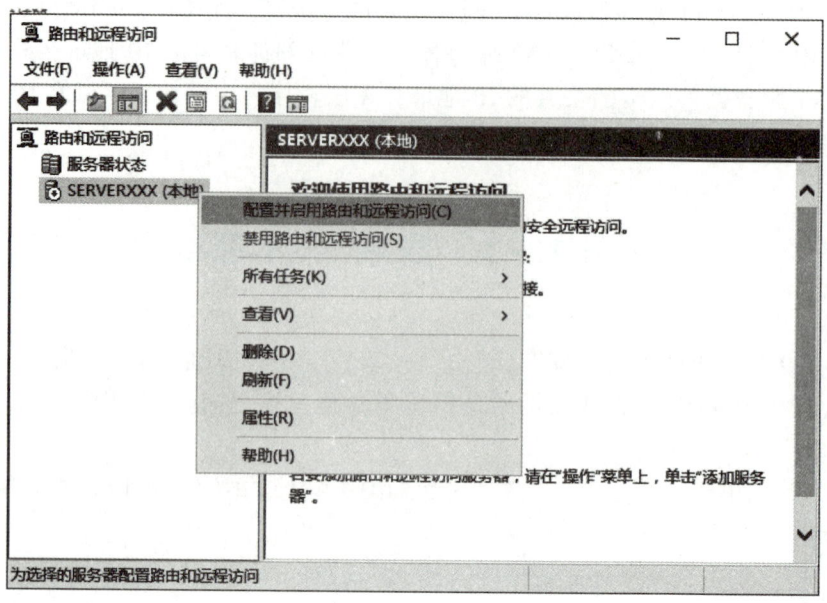

图 12-4　配置并启用路由和远程访问

步骤 6： 在"欢迎使用路由和远程访问服务器安装"向导界面中单击"下一步"。

步骤 7： 选择如图 12-5 所示"网络地址转换（NAT）"，单击"下一步"。

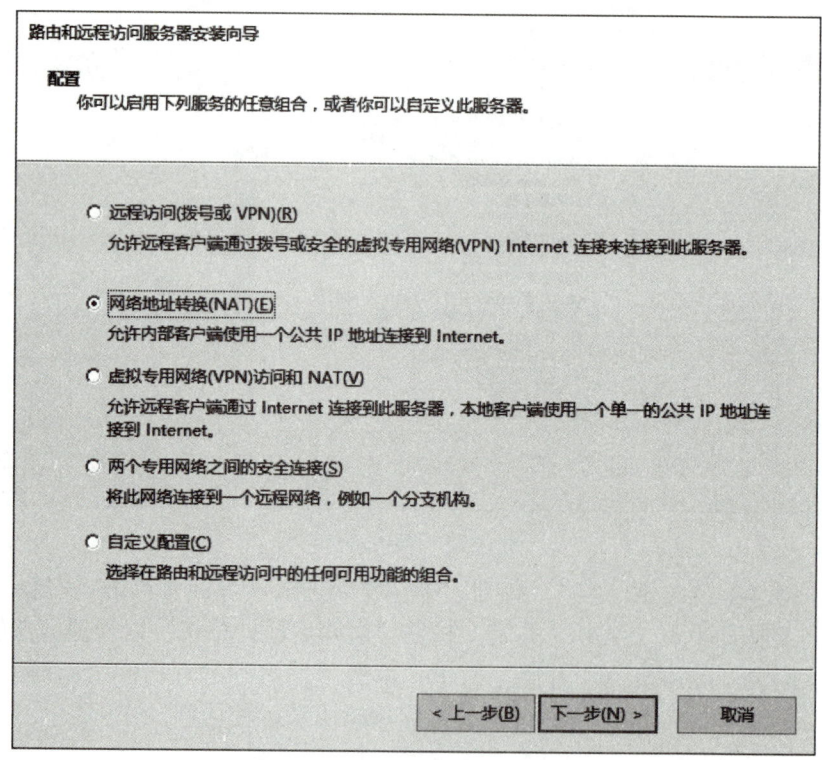

图 12-5　网络地址转换（NAT）

步骤 8： 选择"本地连接 2"，如图 12-6 所示，单击"下一步"按钮。

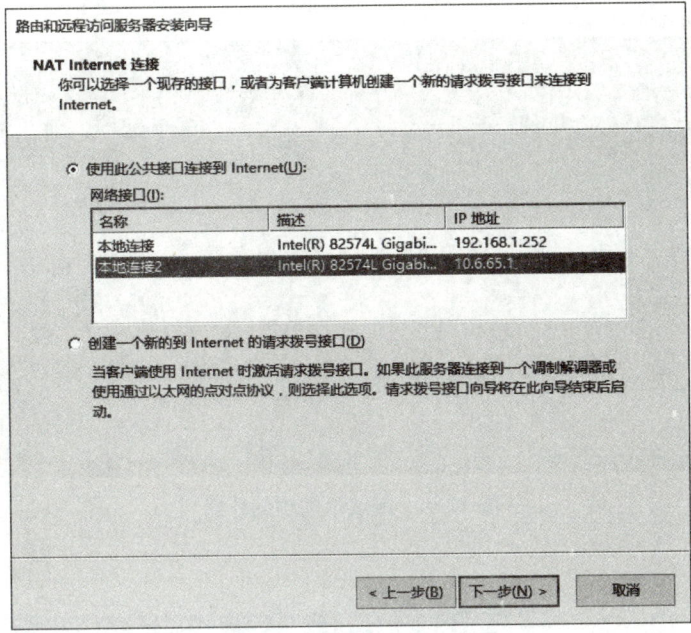

图 12-6　NAT Internet 连接

以上步骤完成后，内网的计算机就能访问外网（Internet），在内网计算机上配置 IP 地址如图 12-7 内网计算机 IPv4 所示。

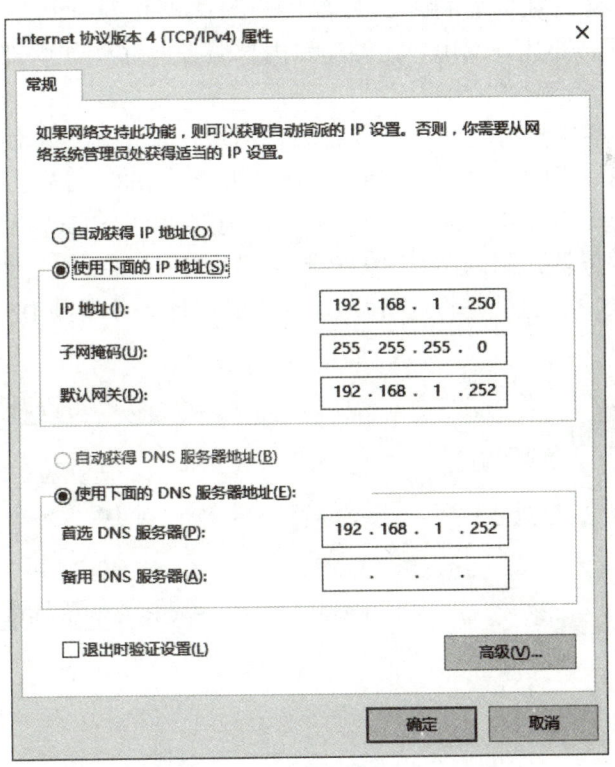

图 12-7　内网计算机 IPv4 参数

在内网计算机上 ping 10.6.65.2，结果如图 12-8 所示。

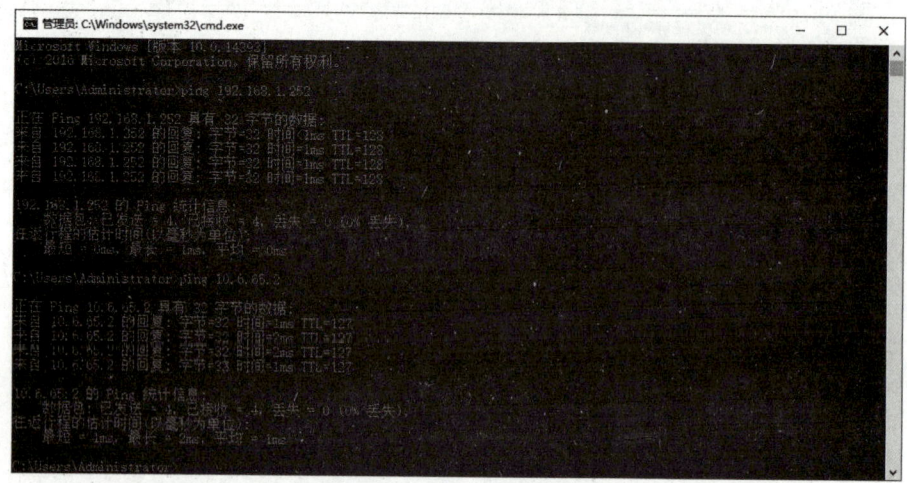

图 12-8　测试内网访问外网

任务 12-2　开放因特网用户来连接内部服务器

NAT 服务器让内部用户可以连接因特网，不过因为内部计算机使用 private IP 地址，这种 IP 地址不可以暴露在因特网上，外部用户只能够接触到 NAT 服务器的外网卡的 public IP 地址，因此若要让外部用户能够连接内部服务器（例如内部网站），就需要通过 NAT 服务器来转发。

通过 TCP/UDP 端口映射功能，可以让因特网用户来连接内部使用 private IP 的服务器。以图 12-9 为例来说明，内部网站的 IP 地址为 192.168.1.250，端口号为默认的 80，SMTP 服务器的 IP 地址为 192.168.1.251，端口号为默认的 25。若要让外部用户可以来访问此网站与 SMTP 服务器，则网站与 SMTP 服务器的 IP 地址要设置为 NAT 服务器的外网卡的 IP 地址 10.6.65.1，也就是将此 IP 地址（与其网址）注册到 DNS 服务器内。

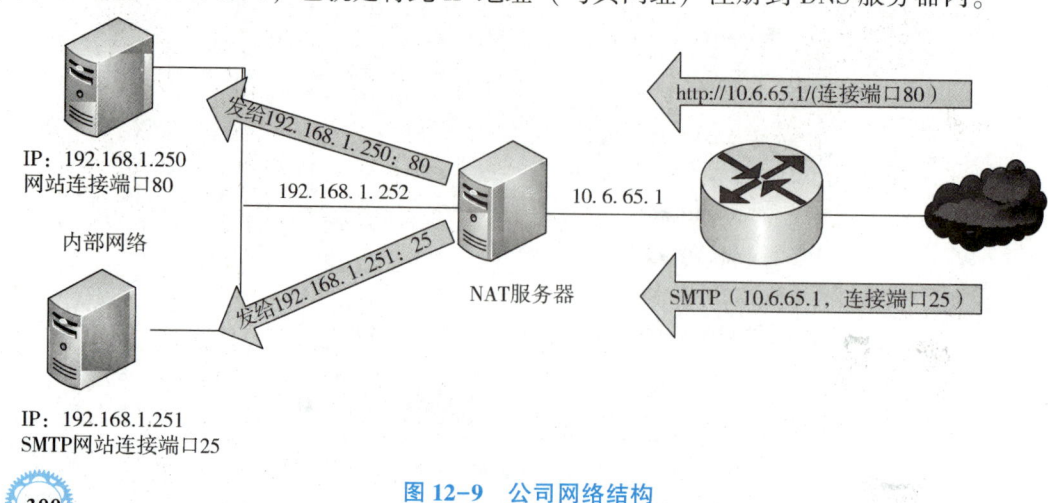

图 12-9　公司网络结构

当因特网用户通过 http：//10.6.65.1 路径来连接网站时，NAT 服务器会将此要求转发到内部计算机 A 的网站，网站将所需网页传送给 NAT 服务器，再由 NAT 服务器将其发送给因特网用户。

当因特网用户通过 IP 地址 10.6.65.1 来连接 SMTP 服务器时，NAT 服务器会将此要求转发到内部计算机 B 的 SMTP 服务器。

以图 12-9 为例，要将从因特网来的 Web 访问请求转发到内部计算机 A 的设置方法为：

步骤 1：如图 12-10 所示展开 IPv4，单击 NAT，选中"本地连接 2"并单击右键，属性。

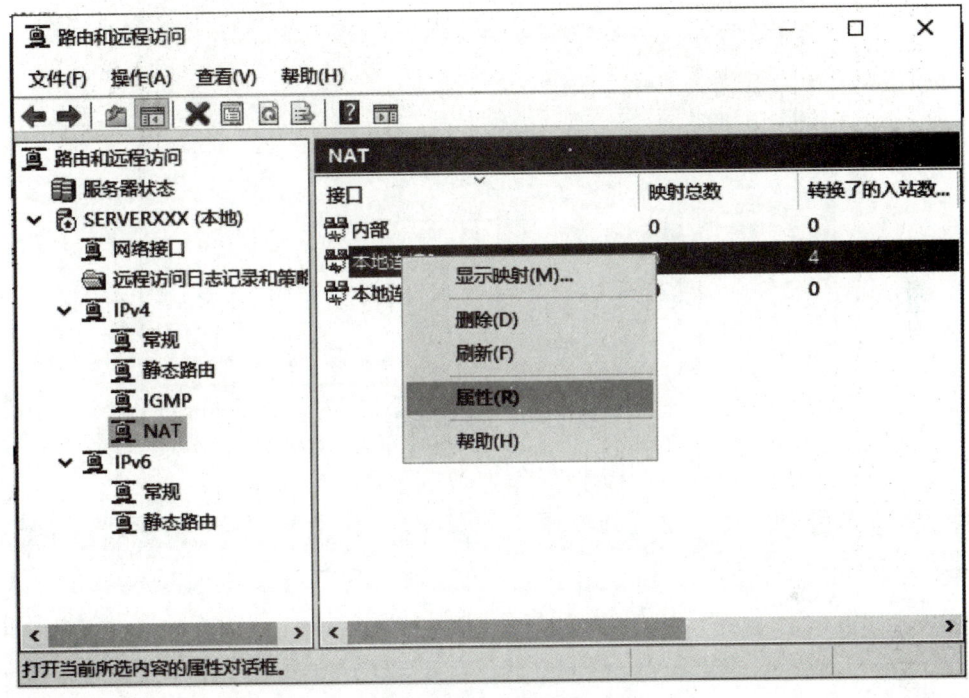

图 12-10　路由和远程访问-本地连接 2 属性

步骤 2：在图 12-11 中单击"服务和端口"选项卡勾选"Web 服务器（HTTP）"，在编辑服务界面的专用地址处输入内部网站的 IP 地址 192.168.1.250，图中公用地址处"在此接口"默认选中，它代表 NAT 服务器外网卡的 IP 地址，以图 12-9 公司网络结构为例，它就是 10.6.65.1。图 12-9 公司网络结构中完整的意思为：从因特网发送给 IP 地址为：10.6.65.1（公用地址）、端口号 80（传入端口）的 TCP 数据包（通信协议），NAT 服务器会将其转发给 IP 地址为 192.168.1.250（专用地址）、端口号为 80（传出端口）的服务来负责。

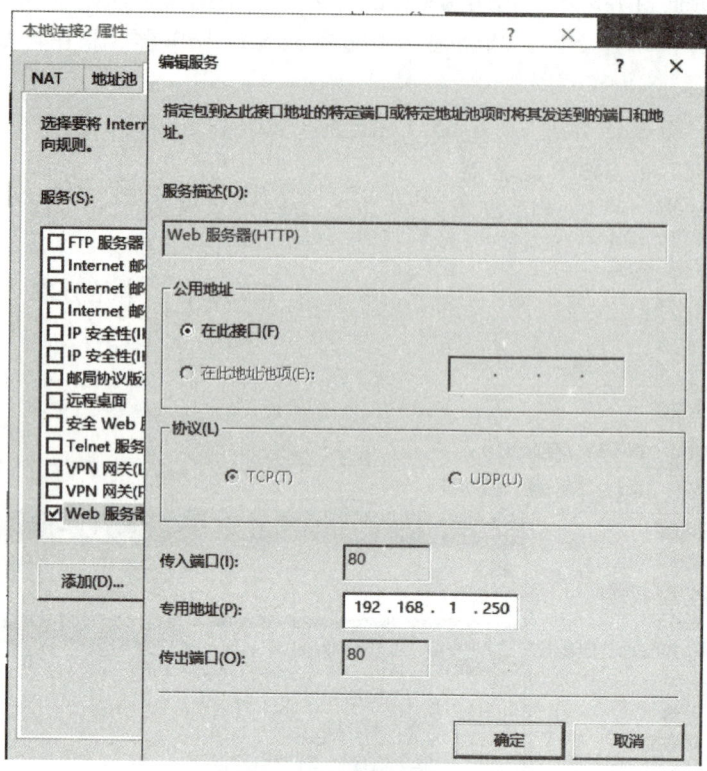

图 12-11 编辑服务

步骤 3：从外网访问网页，如图 12-12 所示。

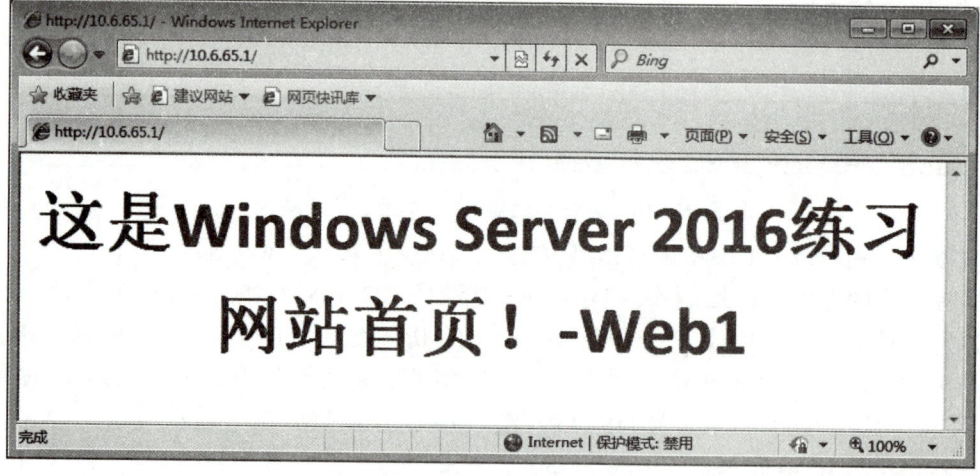

图 12-12 从外网访问内部网页

任务 12-3 地址映射

前一小节的端口映射功能,可以让从因特网送到 NAT 服务器外网卡(IP 地 22011.22.33)的不同类型的请求转交给不同的计算机来处理,例如将 HTTP 请求转发给计算机 A、将 SMTP 要求转发给计算机 B。

如果 NAT 服务器外网卡拥有多个 IP 地址,则可以利用地址映射(address mapping)方式来保留特定 IP 地址给内部特定的计算机,例如图 12-13 中 NAT 服务器外网卡拥有两个 public IP 地址(10.6.65.1 与 10.6.65.3),此时可以将第 1 个 IP 地址 10.6.65.1 保留给计算机 A,将第 2 个 IP 地址 10.6.65.3 保留给计算机 B,因此所有送到第 1 个 IP 地址 10.6.65.1 的流量都会转发给计算机 A,所有送到第 2 个 IP 地址 10.6.65.3 的流量都会转发给计算机 B。

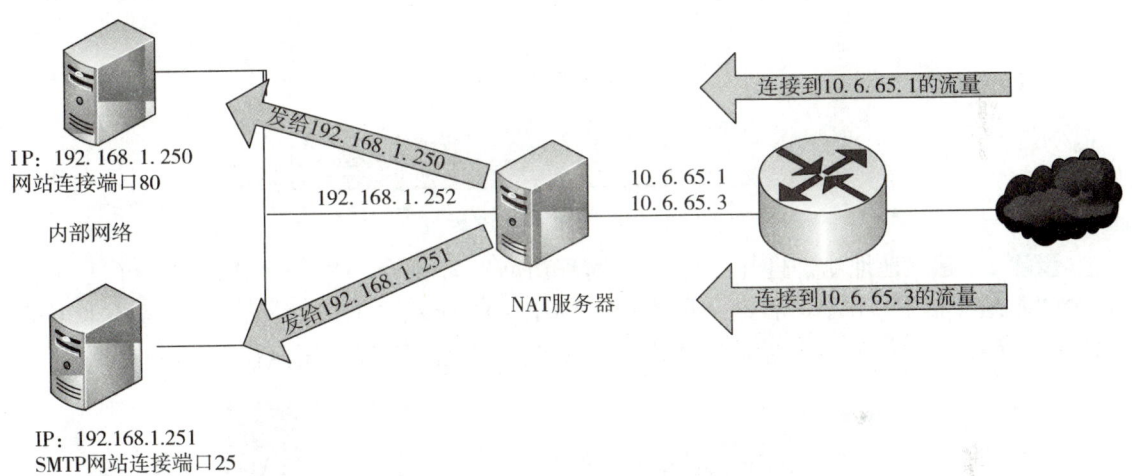

图 12-13 公司网络结构

同时,所有从计算机 A 发出的流量会通过第一个 IP 地址 10.6.65.1 发出,所有从计算机 B 发出的流量会通过第二个 IP 地址 10.6.65.3 发出。

NAT 服务器需要多个 public IP 地址,才可以享有地址映射的功能。假设 NAT 服务器外网卡除原有的 IP 地址 10.6.65.1 之外,还需要另外一个 IP 地址 10.6.65.3,则需要完成以下步骤工作。

步骤 1: 在外网卡的 TCP/IP 设置处添加第 2 个 IP 地址,按窗口键→"文件资源管理器"→选中网络并单击右键→属性→单击"更改适配器设置"→选中代表"本地连接 2"的连接并单击右键→属性→单击"Internet 协议版本 4(TCP/IP4)"→单击"属性"按钮→单击高级按钮→单击"IP 设置"选项卡处的"添加"按钮,如图 12-14 所示为完成后的界面。

图 12-14 添加外网 IP 地址

步骤 2：建立地址池，打开"路由和远程访问"控制台→展开"IPv4"→单击 NAT 选中"本地连接 2"并单击右键→属性→如图 12-15 所示，单击"地址池"选项卡下的"添加"按钮→输入 NAT 服务器"本地连接 2"的 IP 地址范围与子网掩码。

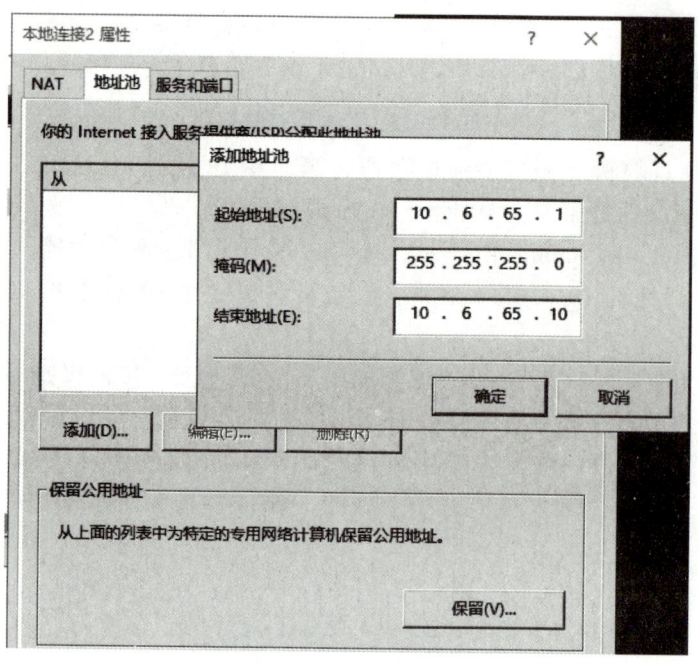

图 12-15 添加地址池

步骤 3：设置地址映射，点击图 12-16 的"本地连接 2 属性"右下方的"保留"按钮，将地址池中的公用 IP 地址 10.6.65.1 保留给内部使用私有 IP 地址 192.168.1.250 的计算机 A，如图 12-17 所示。

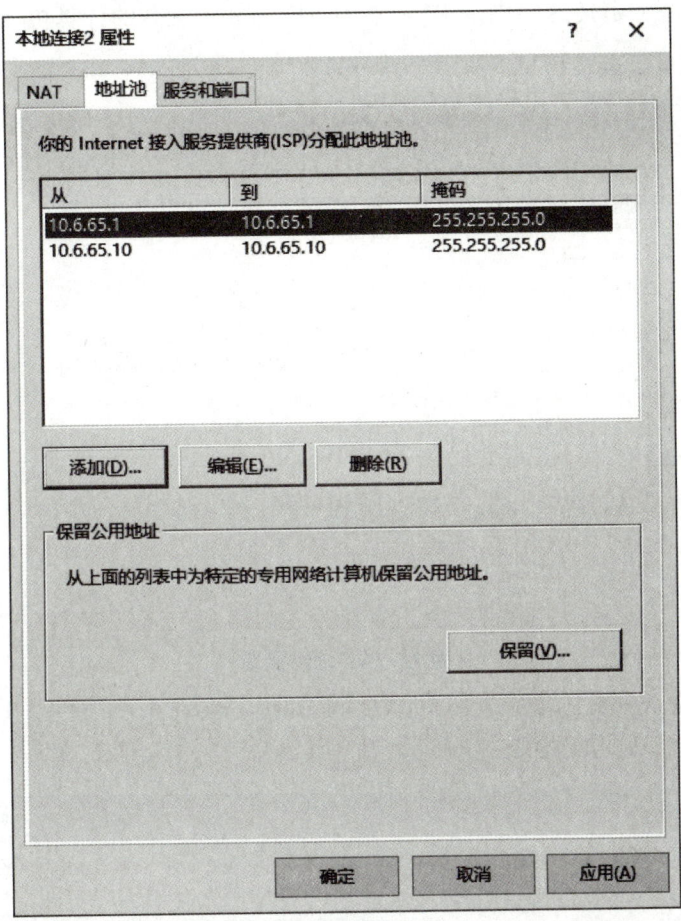

图 12-16　本地连接 2 属性

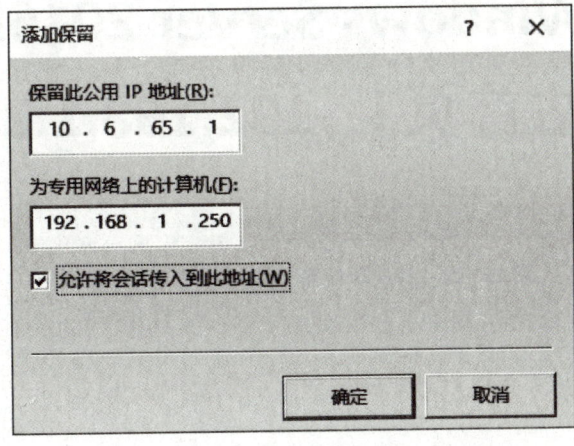

图 12-17　添加保留

完成以上设置后，保留结果如图 12-18 所示，所有由计算机 A（192.168.1.250）发出的外发流量都会从 NAT 服务的 IP 地址 10.6.65.1 发出；同时因为我们勾选了"允许将会话穿入到此地址池"，因此所有从因特网传送给 NAT 服务器 IP 地址 10.6.65.1 的数据包，都会被 NAT 服务器传送给内部 IP 地址为 192.168.1.250 的计算机 A。

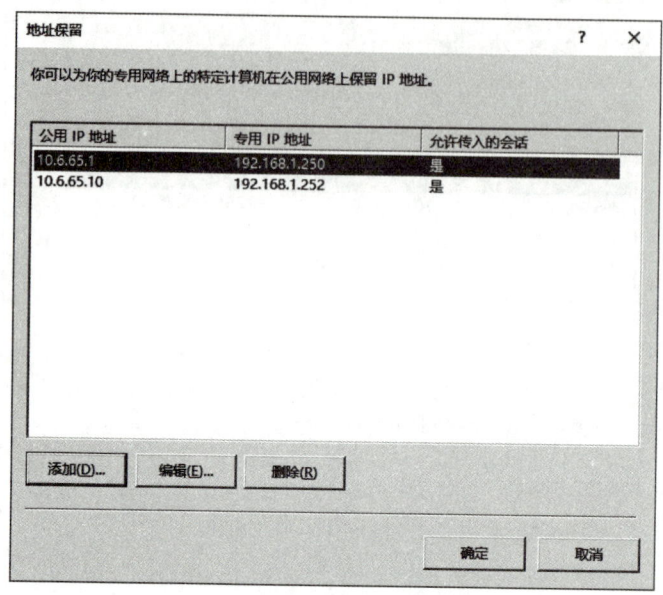

图 12-18　地址保留

测试：从 10.6.65.2 的计算机访问 http：//10.6.65.10/，访问到的是在 192.168.1.252 的网站，如图 12-19 所示。

图 12-19　从外部计算机访问网站 10.6.65.10

从 10.6.65.2 的计算机访问 http：//10.6.65.1/，访问到的是在 192.168.1.250 的网站，如图 12-20 所示。

项目 12　NAT 服务

图 12-20　从外部计算机访问网站 10.6.65.1

任务 12-4　因特网连接共享

网络连接共享是一个功能简单的 NAT，只要有一个 Internet 的 IP 地址，就可以让内部网络的多台计算机同时通过网络连接共享来连接因特网，但是因特网连接共享在使用上缺乏弹性，例如：

①只支持一个内部网络，也就是只有该接口所连接的网络内的计算机可以通过因特网连接共享来连接因特网。

②DHCP 分配器只会分配网络 ID 为 192.168.137.0/24 的 IP 地址。

③无法将 DHCP 分配器停用，也无法修改其设置，因此若内部网络已经有 DHCP 服务器在提供服务，必须小心设置，避免 DHCP 分配器与 DHCP 服务器地址池地址相冲突。

④只支持一个 Internet 的 IP 地址，无法进行地址映射。

因特网连接共享与路由和远程访问服务不可以同时使用，因此，需停用路由与远程访问才能开启因特网连接共享功能。

步骤 1：停用"路由与远程访问"，如图 12-21 所示。

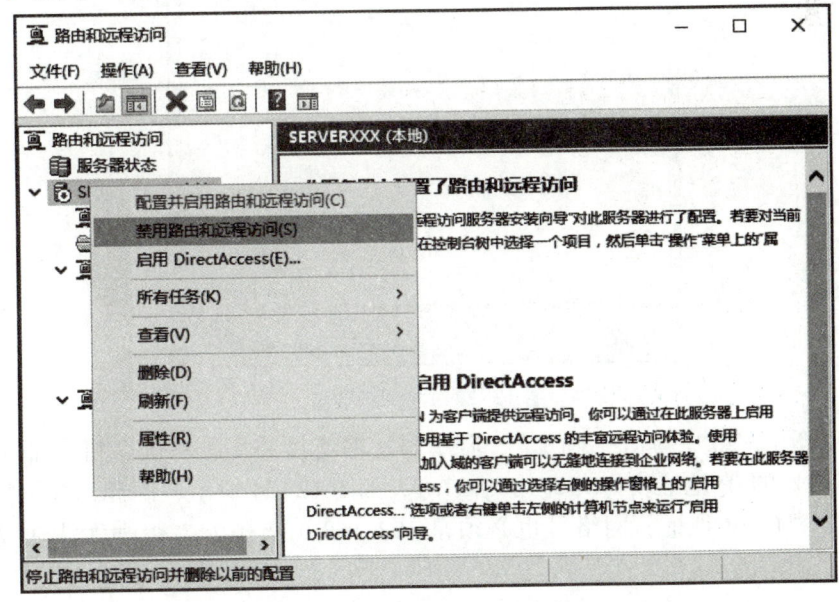

图 12-21　禁用路由和远程访问

步骤 2：打开"控制面板"→"网络和 Internet"→"网络和共享中心"，如图 12-22 所示。

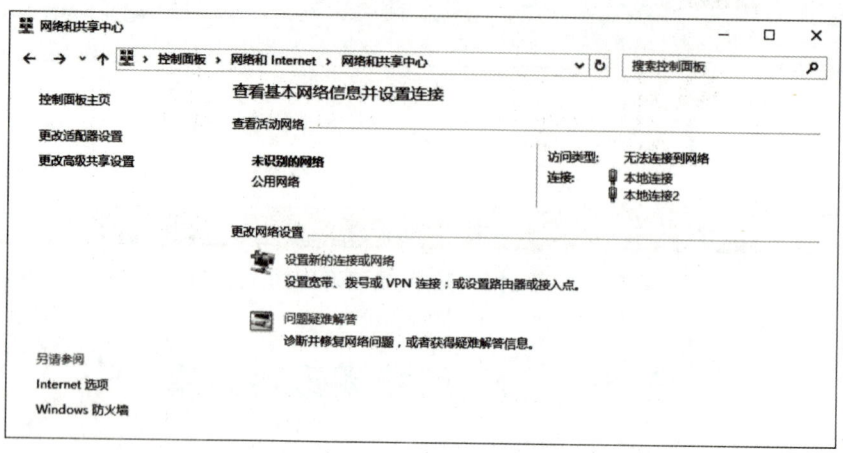

图 12-22　网络和共享中心

步骤 3：图 12-23 中单击连接因特网的连接"本地连接 2"→"属性"→"共享"，勾选"允许其他网络用户通过此计算机的 Internet 连接来连接（N）"。

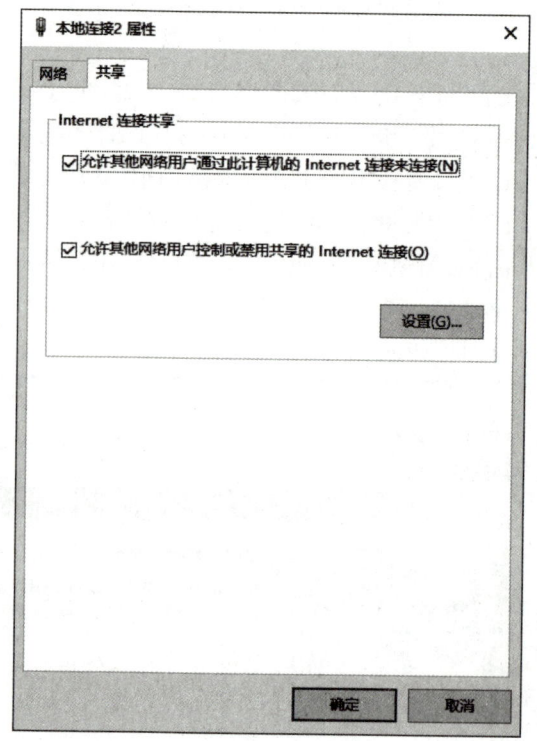

图 12-23　共享选项卡

步骤 4：图 12-23 中单击"确定"，启用因特网连接共享，系统会将内部网络专用接口（本地连接）的 IP 地址改为 192.168.137.1，如图 12-24 所示，因此，该网络接口连接的网络的计算机的 IP 地址，网络号也必须是 192.168.137.0/24，否则无法通过该共享来连接因特网。

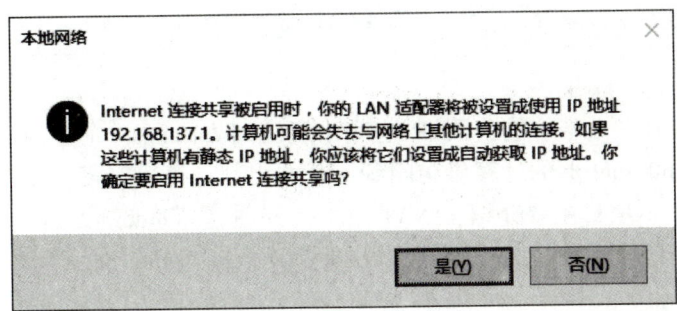

图 12-24　信息提示

客户机的 TCP/IP 设置方法与 NAT 客户端相同。一般来说，客户端的 IP 地址设置成自动获取即可，此时它们会自动向因特网共享连接的计算机获取 IP 地址、默认网关和 DNS 服务器等参数，就是它们获取的 IP 地址将是 192.168.137.0/24 网段，默认网关和 DNS 服务器将会被设置成 192.168.137.1。

步骤 5：更改内部网络专用接口（本地连接）的 IP 地址，来使内部网络的计算机能够连上因特网。这一步主要是我们的内部网络可能不是 192.168.137.0/24 网段，所以因特网连接共享计算机的内网卡和客户端计算机的 IP 地址都要手动输入成同一个网段的，如图 12-25 所示。网关设置成内网卡的 IP 地址，首选的 DNS 设置成内网卡的 IP 或者是任何一个 DNS 服务器的 IP 地址即可，例如 114.114.114.114。

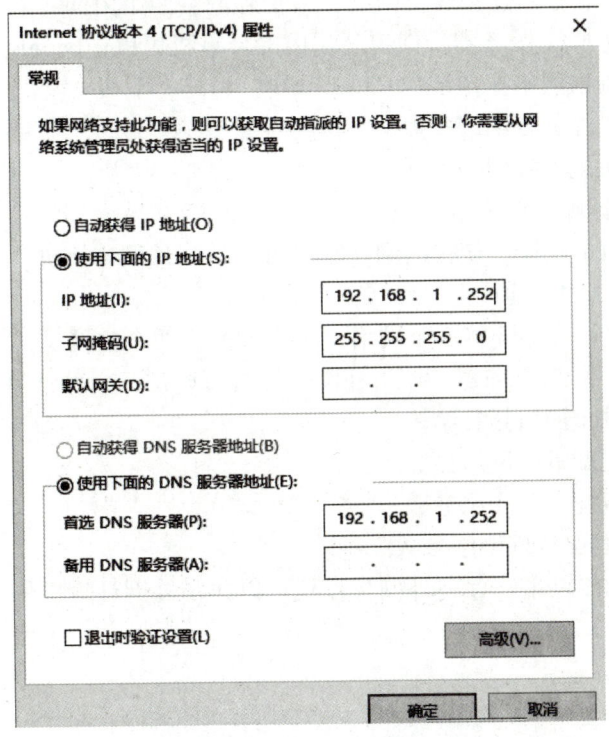

图 12-25　内网卡 IP 地址配置

项目小结

计算机必须要有一个唯一的公网 IP 地址才能访问 Internet，企业内部的服务器也需要有公网 IP 才能被 Internet 上的计算机访问到。公司内部计算机很多，不可能每台计算机都申请一个公网 IP。本项目主要介绍了 NAT 技术，并通过 Windows Server 2016 中的 NAT 技术实现公司内部多台计算机共用一个或几个公网 IP 来接入 Internet。

上机实训

实验目的
掌握 NAT 服务器的配置与管理方法。

实验内容
公司的财务部和业务部分别组建了局域网，你是公司的网络管理员，公司希望公司内部的计算机都能访问接入因特网，公司员工也能通过互联网访问公司内部网站。

实验步骤

实训一：动态 NAPT 实训

项目背景：NAT 服务器连接 3 个网络，一个外网，两个内网。
项目目的：配置 NAT 服务器，使得公司内网计算机可以访问外网计算机。
1. 设计网络并画出网络拓扑结构。
2. 为内网计算机配置好网络参数。
3. 为外网计算机配置好网络参数。
4. 为 NAT 服务器配置好网络参数。
5. 开启动态 NAPT 功能，使得内网计算机可以访问外网计算机。

实训二：静态 NAPT 实训

项目背景：NAT 服务器连接 3 个网络，一个外网，两个内网。
项目目的：配置 NAT 服务器，使得外网计算机可以访问内网计算机的 FTP 服务。
1. 设计网络并画出网络拓扑结构。
2. 为内网计算机配置好网络参数。
3. 为外网计算机配置好网络参数。
4. 为 NAT 服务器配置好网络参数。
5. 开启静态 NAPT 功能，使得外网计算机可以访问外网计算机的 FTP 服务。

习 题

1. NAT 技术在一定程度上解决了＿＿＿＿＿＿＿＿＿＿问题。
2. NAT 是＿＿＿＿＿＿＿＿的简称，中文是＿＿＿＿＿＿＿＿。
3. 网络地址转换的功能是什么？
4. 什么是专用地址和公用地址？

参 考 文 献

[1] 黄君羡,郭雅.Windows Server 2012 网络服务器配置与管理.北京:电子工业出版社,2014.
[2] 戴有炜.Windows Server 2012 网络管理与架站.北京:清华大学出版社,2014.
[3] 戴有炜.Windows Server 2012 系统配置指南.北京:清华大学出版社,2014.
[4] 戴有炜.Windows Server 2012 Active Directory 配置指南.北京:清华大学出版社,2014.
[5] 王隆杰. Windows Server 2008 网络管理.北京:中国水利水电出版社,2012.